예제로 배우는

오브젝티브-C의 정석

OBJECTIVE-C FUNDAMENTALS

지음
Christopher K.Fairbairn
Johannes Fahrenkrug
Collin Ruffenach

옮김
김은주

ITC
INFO-TECH COREA

 MANNING

Objective-C Fundamentals

by Christopher K. Fairbairn, Johannes Fahrenkrug, Collin Ruffenach

Original English language edition published by Manning Publications, 178 South Hill Drive, Westampton NJ 08060 USA.

머리말

10년 이상 모바일 플랫폼의 다양한 애플리케이션 개발에 참여하였지만, 2008년 iPhone
이 처음 도입되었을 때 흥미로운 것을 발견했다. iPhone은 소비자 관점에서 무형이고
정의 내리기 쉽지 않은 요소를 기기로 컴파일하여 고객과 지속적인 상호작용을 요구한
다. 사용자에게는 '편한' 기기와 단순한 작업을 수행하기 위한 수단이라기보다는 즐거움
을 제공한다.

iPhone에서 사용자 경험은 새롭고 신선한 일이 되면서 그것을 지원하는 개발 도구는
고유하게 되었다. Apple 제품에 경험이 없는 개발자에게는 새로운 용어, 도구, 그리고
이해가 필요한 개념으로 가득한 플랫폼이었다. 이 책은 iOS 애플리케이션에서 사용할
만한 기능을 포함하는 것에 중점을 두었으며, 이러한 기술의 소개를 위해 작성되었다.
새로운 환경의 학습을 위해서, 책의 어떤 한 부분은 읽지 않아도 되고 설계한 애플리케이
션의 구현을 시도하지 않아도 되며, Objective-C 또는 Mac OS X 애플리케이션을 데스크
톱에 적용하기 위해 논의된 Cocoa 기능을 실행하면 된다.

이 책을 읽고 즐거운 시간을 보내길 바란다. 또한, 이 책을 참고하여 iTunes 앱 스토어의
최상위 10개 애플리케이션을 개발해보기 바란다!

CHRISTOPHER FAIRBAIRN

감사의 글

기술 서적은 눈에 보이는 것 이상의 가치를 가지고 있다. 대부분의 기술은 기술적으로 정확해야 할 뿐만 아니라 읽기 좋아야 하고 보기 좋아야 하며 청중의 의도에 맞게 작성되어야 한다. Manning 직원이 없이는 이 책은 현재와 같은 형태로 존재할 수 없었다. 따라서 모든 Manning 직원에게 감사한다. 그들은 글의 문법 오류 수정 이상의 일을 도와주었다. 또한 이 책의 내용 구성에 대한 필수적인 결정에도 도움을 주었다. 이 결정은 이 책의 내용을 극적으로 개선하였다.

문장 스타일 향상에 도움을 준 Manning 출판에 Emily Macel에게 감사를 표한다. 또한 이 책의 초기 버전부터 개발에 함께해준 구매 편집장 Troy Mott에게 감사한다. 그리고 최종 원고의 전문 기술 편집뿐만 아니라 코드 테스트에 힘써준 Amos Bannister에게 감사한다.

마지막으로, 이 책의 막대한 향상을 위해 원고를 읽고 관대하게 동의해준 논평가에게 감사한다. Ted Neward, Jason Jung, Glenn Stokol, Gershon Kagan, Cos DiFazio, Clint Tredway, Christopher Haupt, Berndt Hamboeck, Rob Allen, Peter Scott, Lester Lobo, Frank Jania, Curtis Miller, Chuck Hudson, Carlton Gibson, Emeka Okereke, Pratik Patel, Kunal Mittal, Tyson Maxwell, TVS Murthy, Kevin Butler, David Hanson, Timothy Binkley-Jones, Carlo Bottiglieri, Barry Ezell, Rob Allen, David Bales, Pierre-Antoine Grégoire, Kevin Munc, Christopher Schultz, Carlton Gibson, Jordan Duval-Arnould, Robert McGovern, Carl Douglas, Dave Mateer, Fabrice Dewasmes, David Cuillerier, Dave Verwer, and Glen Marcus.

Christopher는 이 책을 집필하는 동안 아낌없는 지원과 격려를 해준 그의 약혼녀 Michele에게 감사를 표한다. 그녀는 네 번째 '작가'로써 많은 것을 기여했다. 또한 그는 도난 방지 및 세 개의 큰 지진 사건으로부터 지켜준 Manning 직원에게 감사를 표한다. 마지막으로 그는 그의 인생의 중요한 모든 사람들에게 감사를 표한다.

Johannes는 이 프로젝트와 함께 Troy Mott를 얻은 것에 감사한다. Aaron Hillegass는 첫 번째 장소에서 그를 돕기 위해 Mac 개발을 시작하였다. 그리고 모든 장소에서 좋은 사람이 되어주었다. 무엇보다, 그는 항상 지지해준 그의 사랑하는 아내 Simone(그는 이미 자신의 낡은 티셔츠를 버렸다)에게 감사한다. 그리고 그의 부모 Fred와 Petra에게도 감사한다.

Collin은 그토록 갈망했던 이 책 집필의 기회를 준 Manning 출판사에게 감사를 표한다. 그는 환상적인 언어로 이 모든 플랫폼의 헌신적인 전도사였던 Aaron Hillegass에게 감사한다. 그가 Objective-C에 대해 아는 것의 대부분이 Aaron 덕분이었다. 그는 Panic, OmniGraffle, Delicious Library, Rouge Amoeba, MyDreamApp.com에게도 감사한다. 그리고 환상적인 데스크톱 소프트웨어로 모바일 공간에서 높은 기준이었던 다른 소프트웨어 개발 회사에 감사한다. 그는 또한 이 노력을 너무나도 지지해준 ELC 기술에 감사한다. 그의 부모 Debbie와 Steve의 지지와 이 책의 아이디어 구상에 도움을 준 그의 형 Brett와 Stephen에게도 감사를 표한다. 누구보다도 그에게 헌신하고 집중해준 그의 여자친구 Caitlin에게 가장 많이 감사한다. 마지막으로, Brandon Trebitowski와 젊은 개발자들의 교육을 위해 이 플랫폼에 헌신 해준 Manning 편집물의 저자에게 감사를 표한다.

이 책에 대하여

이 책, 즉 '오브젝티브-C의 정석'의 도입부에서 소개되는 내용은 iOS 4와 같은 iPhone과 iPad 애플리케이션 개발에 초점을 둔 다른 책을 보완하는 데 주력하였다. iOS 애플리케이션 개발 방법에 대해 작성된 책은 많다. 대부분이 Apple 개발 플랫폼의 기초인 Objective-C보다는 특정 API와 기기에서 제공하는 프레임워크에 초점을 두어 설명하였다. 이 플랫폼을 확실히 이해하기 위해서는 당신이 이 책에서 얻고자 하는 이 언어를 배우는 확실한 목표가 있어야 한다. 이 책, '오브젝티브-C의 정석'은 iOS 애플리케이션 개발 맥락에서 Objective-C를 학습하는 것이다. iOS에 관련되지 않은 언어의 요소나 관점은 논의하지 않는다. 모든 예제들은 당신이 소유한 iOS의 강력한 기기에서 적용 가능하다. 이 책의 1장에서 14장까지를 정독할 것을 권장한다. 이 플랫폼을 소개하는 이 책의 구성은 iPhone과 iPad에서의 프로그래밍 방법을 단계별로 진행한다.

독자에게

우리는 Objective-C 기반 개발 툴을 사용하여 성공적인 iOS 애플리케이션 구축에 관심이 있는 모든 사람이 이 책을 통해 학습할 수 있도록 최선을 다했다. iOS 프로그래밍을 배우기 원한다면 일반적으로 프로그래밍 경험이 있어야 한다. C 언어 또는 적어도 객체 지향 언어에 대한 지식이 있다면 좋지만 필수적인 것은 아니다. 이 지식이 없다면, 부록 B에서 C 프로그래밍 언어에 대한 소개를 읽어보고 일반적인 프로그래밍 기술에 대해 이해하기를 원한다.

일반적으로 Objective-C, Cocoa 또는 Apple 프로그래밍을 잘 알고 있어야 할 필요는 없다. Apple의 독특한 프로그래밍 스타일에 익숙해지는 데 필요한 모든 것을 제공할 것이다. 객체 지향 개념을 알고 있다면 이 책에 나온 개념을 더 빨리 숙지할 테지만 반드시 필요한 것은 아니다(이 책의 3장의 내용을 읽어보자).

각 장의 요점

1장에서는 Objective-C와 iOS 애플리케이션 개발을 위한 툴에 대해 살펴보고 간단한 게임을 만들어 기기에서 실행해본다.

2장에서는 Objective-C 기반 애플리케이션에 데이터를 저장하고 표현하는 방법을 살펴본다.

3장에서는 Objective-C에서 데이터의 작은 양을 다루는 방법과 클래스(class)의 컴포넌트를 재사용하기 위한 논리와 패키지에 대해 다룬다.

4장에서는 클래스에 대해 살펴보고, 관련 데이터를 나누어 저장하기 위한 Cocoa 터치 박스에 대해 다룬다.

5장에서는 사용자 정의 클래스와 객체의 생성 방법에 대해 논의한다. 사용자 정의 클래스의 생성을 배우는 이유는 제품 개발자가 되기 위한 중요한 기본 요소이다.

6장에서는 만들려는 기능을 다 구현할 필요가 없이 기존 클래스에서 제공하는 기능을 사용하거나 사용자 정의 버전을 재사용하는 방법을 배운다.

7장에서는 공통 기본 클래스로부터 상속된 모든 클래스에서 요구하는 것을 재정의할 필요 없이 클래스의 특정 기능을 정의하여 사용하는 방법에 대해 논의한다.

8장에서는 Objective-C의 고유한 기능을 자세히 살펴본다. 메시지 전송과 메소드 호출에 대한 논의와 강력한 프로그래밍 기술을 보이는 데모를 살펴보는 것은 중요하다.

9장에서는 Objective-C 애플리케이션의 메모리 할당의 관리 방법에 대해 살펴본다. 가비지 컬렉터(garbage collector)를 자동으로 이용할 수 없기 때문에 메모리 누수 없이 애플리케이션을 생성할 수 있는 간단한 규칙에 대해 논의한다.

10장에서는 NSError와 예외에 대한 실제 사용 사례에 대해 설명한다. 정상적으로 오류를 처리하는 데 도움이 되는 툴이다.

11장에서는 Key Value Coding(KVC)과 NSPredicate 기반 쿼리에 대해 살펴본다. Cocoa 터치 기반 애플리케이션의 검색과 데이터 정렬 및 필터링을 위해 놀라울 정도로 유연한 방법이다.

12장에서는 Core Data를 설명하고 가장 공통적인 데이터를 유지하는 데 필요한 Core Data에 대한 모든 것을 설명한다.

13장에서는 블록을 소개하고 복잡한 프로그래밍을 어떻게 Grand Central Dispatch (GCD)가 간단하게 멀티 스레드 프로그래밍으로 할 수 있는지 데모를 살펴본다. 실행 시간을 단축하는 완벽한 응용 프로그램은 없다.

그래서 14장에서는 원치 않은 로직 오류와 메모리 누수를 빠르고 효율적으로 해결하도록 도와줄 디버깅 기술에 대해 논의한다.

부록은 본문 내용과 흐름에 맞지 않은 추가 정보로 구성된다. 부록 A는 소유하고 있는 애플리케이션을 실행하기 위한 iOS 개발자 프로그램 등록 방법과 물리적인 iPhone이나 iPad 기기를 설정 방법에 대해 살펴본다. 부록 B는 Objective-C가 C 프로그래밍 언어의 확장이라는 것에 대한 기본적인 개요를 소개한다. 이 부분은 C 기반 언어와 Ruby, Python, 또는 Java와 같은 언어를 사용해본 경험이 있는 개발자들을 위해 다룰 것이다. 부록 C는 iOS 애플리케이션 개발을 위해 사용할 수 있는 대안 중 일부를 소개한다. 그리고 그들과 Objective-C와의 장점과 단점에 대해 논의한다.

이 책을 완성하기 위해 아주 협력적으로 노력했다. Chris는 1장부터 5장, 8장, 9장, 11장, 14장, 그리고 부록 B와 C를 썼다. Johannes는 10장, 12장, 13장, 그리고 부록 A를 작성했으며, Collin은 6장과 7장을 작성하였다.

코드와 다운로드

코드 예제는 이 책의 전반에 걸쳐서 나타난다. 긴 리스트는 제목 아래에 나타난다. 그리고 짧은 코드는 텍스트들 사이에 나타난다. 모든 코드는 일반적인 글꼴과 구별되어 consolas 폰트로 작성되어 있다. 클래스 이름은 또한 코드 글꼴로 작성되어 있다. 컴퓨터에 그 글꼴이 설치 되어있다면 그 글꼴로 확인 할 수 있을 것이다.

코드를 요약한 몇 개의 예제를 제외하고는 모든 코드의 부분은 잘 실행될 것이다. www.manning.com/Objective-CFundamentals에 접속해서 전체 코드를 다운로드 받을 수 있으며, SDK 프로그램 각각에 대한 ZIP 파일을 찾을 수 있다. 책의 진도대로 프로그램을 실행해보는 것을 권장하며, 전체 코드를 책에 추가하지 않았으며 추가 코드는 위의

url에 접속하여 확인할 수 있다. 이 코드를 직접 작성해봐야 정확히 이해할 수 있을 거라고 생각한다.

이 책에 포함된 일부 코드와 함께 자세한 설명이 추가되었다. 몇 개의 코드 옆에는 짧은 주석을 추가하였고, 어떤 코드는 줄별로 번호를 매겨서 실행 순서와 함께 설명을 추가하였다.

소프트웨어 요구사항

iOS 애플리케이션을 개발하기 위해서는 OS X 10.6에서 실행되는 Intel 기반 Macintosh 또는 그 이상의 버전이 필요하다.

Xcode IDE를 다운로드해야 하며, iOS SDK, Xcode를 Map 앱 스토어에서 구매하여 이용할 수 있는데. iOS SDK의 다운로드 비용은 무료이다. 그러나 Xcode를 설치하고 iOS 애플리케이션을 개발하기 위한 좋은 방법은 iOS 개발자 프로그램(http://developer. apple.com/programs/ios/)에 연간 구독 요금을 지불하는 것이다. 이것뿐만 아니라 실제 iPhone, iPad 그리고 iTunes App Store에서의 애플리케이션의 테스트 및 배포, Xcode와 iOS SDK 다운로드는 무료이다.

저자 온라인 포럼

'오브젝티브-C의 정석(Objective-C Fundamentals)'에 대한 Manning 출판사의 비공개 웹 포럼이 있다. 이 책에 대한 조언을 남길 수 있고, 기술적인 질문도 할 수 있으며, 저자나 다른 사용자로부터 도움을 받을 수도 있다. 이 포럼에 가입하기 위해서는 웹 브라우저로 www.manning.com/Objective-CFundamentals에 접속하면 된다.

이 페이지에서는 포럼 가입 방법, 이용 방법, 글 게시하는 방법에 대한 정보를 제공한다. 독자에게 Manning이 하는 약속은 독자와 저자 간, 또는 독자 간의 의미 있는 대화의 창을 제공한다는 것이다. 저자 온라인 포럼은 저자의 참여 횟수가 제한되는 것이 아니며 무료로 제공된다.

당신이 공부하는 데 길을 잃지 않도록 도전적인 질문을 올려보도록 하자!!

포럼 바로가기
http://www.manning-sandbox.com/forum.jspa?forumID=608

겉표지 그림에 대하여

'오브젝티브-C의 정석' 책의 겉표지 그림은 크로아티아의 아드리아 해 Istria의 반도 안에 있는 마을의 'A man from Tinjan, Istria'이다. 이 그림은 2003년 크로아티아 스플릿에 있는 Ethnographic 박물관에 전시된 Nikola Arsenovic의 19세기 중엽부터 이어진 크로아티아인 전통 의상 앨범을 재현하여 그려졌다. 이 그림은 서기 304년, Emperor Diocletian의 폐허가 된 궁전이 있는 마을의 중세기 로마의 상황을 묘사하며, 스플릿의 Ethnographic 박물관의 사서로부터 얻게 되었다. 이 책은 의상과 일상생활에 대한 설명과 함께 크로아티아 여러 지역의 인물을 색감 있게 잘 묘사하였다.

크로아티아 지역에서 남성 전통 의상은 화려한 자수 장식으로 장식된 검은색 모직 바지, 재킷 및 조끼로 구성되어 있다. 표지의 남성은 검은색 리넨 바지와 흰색 리넨 셔츠 위에 착용한 검은색 리넨 재킷으로, 무더운 크로아티아 여름을 위해 디자인된 전통 의상을 입고 있다. 회색 벨트와 검은색 챙이 넓은 모자는 차림새를 완벽하게 한다.

복장 코드와 라이프스타일은 지난 200년 이상을 지나며 변화되었고, 당시 부자의 지역별 다양성은 사라져 버렸다. 이것은 몇 마일로 구분된 마을 또는 아주 작은 마을에 홀로 있는 다른 대륙의 주민과 구별하기 어렵다. 어쩌면 더 다양하고 첨단 기술 생명을 위한 다양한 개인에 대한 문화적 다양성을 상징한다.

Manning 책은 두 세기 전의 지역 생명의 풍부한 다양성을 바탕으로 컴퓨터 사업의 창의성과 주도권을 찬양했으며, 이와 같은 오래된 책과 모음에서 그림으로 삶을 묘사했다.

역자 머리말

처음 2009년 후반 한국의 iPhone 출시는 이후 국내 스마트폰의 폭발적인 보급 증가, 통신 환경 변화를 가지고 왔습니다. 이는 2009년 초만 해도 누구도 예상할 수 없었던 일이었습니다. 국내 스마트 폰 시장과 애플리케이션 시장이 팽창함에 따라 iPhone 및 iPad 개발자에 대한 수요도 증가하였습니다. 이즈음부터 서점에는 애플리케이션 개발에 대한 서적들이 넘쳐났습니다. 그러나 그 책들은 iPhone App 개발 예제와 부족한 설명 위주의 입문서이거나 너무 딱딱하게 Objective-C의 문법을 설명하는 문법서였습니다.

이 책은 이러한 iPhone App 개발 서적과는 달리 풍부한 예제와 함께 Objective-C 문법 설명에 포커스를 맞추고 있어 초보자보다는 다른 언어의 개발 경험이 있는 중상급 이상 사용자의 애플리케이션 개발 방법 및 Objective-C 문법 학습을 위한 것입니다. 이 책에서 배운 여러 가지 기술을 응용하여 양질의 애플리케이션 개발을 할 수 있고, 향후 Mac OSX 데스크 탑 개발 등에 배운 기술을 응용할 수 있을 것으로 예상됩니다.

이 책의 원서가 처음 출판 되었을 때는 Xcode 4.1 환경이었지만, 출판 이후 iOS 5.0버전을 지원하기 위하여 많은 부분이 변경된 XCode 4.2가 발표되었고, 번역이 마무리 되는 시점에서 Xcode 4.3이 발표되었습니다(자세한 변경사항은 http://developer.apple.com 에서 확인하실 수 있습니다). 이 책을 번역하는 동안 가능한 한 최신 버전을 반영할 수 있도록 노력하였지만, 빠른 변화에는 역부족이었던 것 같습니다. 향후 변경 내용은 ITC 홈페이지 등을 통해 반영하도록 하겠습니다.

이 책을 번역할 기회를 준 ITC 출판사 여러분, 특히 늦어지는 원고 때문에 마음 고생이 정말 많으셨을 고광노 실장님께 감사드립니다. 또, 중간에서 애를 많이 쓰셨던 초심디자인의 김영진 님과 조찬영 님에게도 감사드립니다. 번역을 시작할 즈음부터 번역 작업 내내 함께하였던 11인치 Macbook Air, 번역 작업을 가장 많이 했던 숭실대 앞 카페 카렌에게도 감사를 전합니다. 번역 후반부에 정말 많은 도움을 줬던 후배 최정화와 숭실대 BI 연구실 선후배들, ㈜세이프티아 임직원 여러분도 정말 감사합니다.
마지막으로 가족들 정말 고맙습니다!!!

2012년 9월
김은주

차례

3장 객체 소개

9장 메모리 관리

3부 프레임워크 기능 최대한 사용하기

10장 오류와 예외 처리

부록A iOS SDK 설치하기

부록B C의 기초

부록C Objective-C의 대안

제 1 부

Objective-C 시작하기

iOS 애플리케이션 개발자가 되기 위해서는 Xcode IDE, Objective-C 프로그래밍 언어와 같은 여러 가지 새로운 도구와 기술에 정통해야 한다. 온라인에는 포토 뷰어나 RSS 뉴스 피드 디스플레이 애플리케이션과 같은 간단한 예제 애플리케이션을 개발하기 위한 여러 단계별 입문 튜토리얼이 많이 있지만, 이것들은 일반적으로 자신만의 디자인을 가지는 애플리케이션을 개발하기 위한 백그라운드 정보를 제공하지는 않는다.

1부에서는 Objective-C와 관련된 개발 도구와 친숙해지기 위하여 학습 예제로 간단한 게임을 개발한다. 1부에 포함된 각 장들을 따라가다 보면 게임 개발 과정의 각 단계나 작업에서 설명된 이론 및 목적 뒤의 더 많은 의미나 목적을 발견하게 될 것이다.

이 부의 마지막에는 Xcode를 가지고 새로운 프로젝트를 생성하고, 각 파일의 목적을 파악하며, 각 코드의 부분적인 의미를 파악할 수 있을 것이다.

1장

첫 번째 iOS 애플리케이션 만들기

이 장에서 배우는 것

- iOS 개발 환경 이해하기
- XCode와 Interface Builder 사용법 배우기
- 첫 번째 애플리케이션 만들기

개발자로서 iOS 플랫폼을 시작하기 위해서는 빠른 시간 안에 수많은 새로운 기술과 개념을 학습해야 한다. 이러한 정보 과다의 중심에는 친숙하지 않은 프로그래밍 도구와 여러 회사들과 역사적 사건들에 의해서 만들어진 독특한 프로그래밍 언어가 있다.

일반적으로 iOS 애플리케이션은 Objective-C라는 프로그래밍 언어로 개발되었고, Cocoa Touch라는 지원 라이브러리(support library)가 있다. 만약 이 기술과 비슷한 데스크톱 버전인 Mac OS X 애플리케이션을 개발한 경험이 있다면 익숙할 것이다. 그러나 iOS 버전에서는 Mac OS X의 동일한 기능을 제공하지 않으므로 모바일 장치에 대한 제한사항, 한계, 향상된 기능 등을 배워야 한다. 심지어 일부 사례에 대해서는 데스크톱 개발에서 배운 것을 잊어야 할지도 모른다.

iOS 애플리케이션을 개발하는 동안 대부분의 일은 **XCode**에서 이루어진다. XCode IDE 의 최신 버전인 XCode 4에는 사용자 인터페이스를 생성하기 위한 Interface Builder가 내장되어 있다[1]. XCode 4는 소프트웨어 개발 라이프사이클에 따라 애플리케이션을 생성, 관리, 배포, 디버그할 수 있다. iOS를 이용하여 한 가지 이상 종류의 장치를 지원하는 애플리케이션을 만들고자 할 때, 같은 코어 애플리케이션 로직(core application logic)을 이용하여 장치 유형에 따라 각기 다른 사용자 인터페이스를 제공할 수 있다. 만약 model-

---

[1] XCode 3에서는 Interface Builder가 독립된 프로그램으로 존재하였으나, XCode 4부터는 XCode 에 내장되었다.

view-controller 분리 개념을 사용한다면 XCode 4에서 쉽게 이용할 수 있을 것이다.

1장에서는 XCode를 이용하여 iPhone을 위한 간단한 게임을 만드는 과정을 포함하고 있다. 그러나 기술적인 단계에 들어가기 앞서 iOS 개발 도구와 방법의 배경에 대하여 다루어보도록 한다.

1.1 iSO 개발 도구 소개

Objective-C는 절차적 C 프로그램 언어를 지원한다. 이것은 Objective-C의 향상된 기능을 사용하지 않더라도 어떤 유효한 C 프로그램은 유효한 Objective-C 프로그램이 되는 것을 의미한다.

Objective-C는 C에 객체지향 기능을 추가하여 확장한 것이다. 이 객체지향 프로그래밍 모델은 객체에 메시지를 보내는 것을 기반으로 하므로 객체에 직접 메서드를 호출하는 C++와 Java 모델과 다르다. 이러한 차이점은 미묘하지만, Ruby나 Python과 같은 동적 언어(dynamic language)로서 Objective-C의 많은 기능들을 가능하게 한다.

그러나 프로그래밍 언어는 지원 라이브러리에서 드러난 특성과 다르지 않다. Objective-C는 조건부 로직과 반복 구문을 제공하지만, 네트워크 리소스에 접근하거나 파일을 읽는 등의 사용자와 상호작용하는 어떠한 지원은 제공하지 않는다. 처음부터 이러한 유형의 기능을 작성하지 않고 애플리케이션에서 사용하기 위해 Apple은 SDK에 **Cocoa Touch**라는 지원 라이브러리 집합을 포함시켰다. 기존의 Java 혹은 .NET 개발자라면 Coca Touch Library는 Java Class Library나 .NET의 Base Class Libraries(BCL)와 유사한 목적으로 사용하는 것이라 생각할 수 있다.

1.1.1 모바일 장치를 위한 Cocoa 프레임워크의 적용

Cocoa Touch는 여러 개의 프레임워크(framework)로 구성(일반적으로 **키트**라고 부름)된다. 프레임워크는 공통 목적이나 작업에 의하여 그룹 지어진 클래스(class)들의 모음이다. iPhone 애플리케이션에서 사용되는 두 가지 메인 프레임워크는 Foundation Kit와 UIKit이다. Foundation Kit는 자료구조와 네트워크, 파일 IO, 날짜, 시간, 문자열처리 함수가 포함된 비그래픽(nongraphical) 시스템 클래스의 모음이다. 그리고 UIKit는 풍부한 애니메이션을 포함하는 GUI를 개발하는 데 도움이 되도록 디자인된 프레임워크다.

Cocoa Touch는 Mac OS X에서 데스크톱 애플리케이션을 개발하기 위해 사용된 Cocoa 프레임워크에 기초한다. 그러나 Apple은 iPhone을 위하여 프레임워크를 하나하나 변환하여 Cocoa Touch를 만들기보다는 iPhone과 iPod touch에서 사용하기 적합하도록 최대한으로 최적화하였다. Apple은 기능, 성능 또는 사용자 경험(user experience)의 향상을 얻을 수 있다고 생각되는 경우 일부 Cocoa 프레임워크를 완전히 교체해버렸다. 예를 들어 UIKit의 경우는 데스크톱 버전의 AppKit 프레임워크를 대체한 것이다.

그림 1.1에서는 원시 iOS 애플리케이션을 위한 런타임 환경을 보여준다. 가장 낮은 수준에서 Mac OS X은 iOS로 교체되고 Cocoa 레이어에서 일부를 대체하였으나 기본적으로 데스크톱 애플리케이션을 위한 소프트웨어 스택과 같다.

비록 Cocoa Touch 프레임워크가 Objective-C 기반의 API지만, iOS 개발 플랫폼은 표준 C 기반 API에 접근하는 것이 가능하다. Objective-C 애플리케이션에서 C(혹은 C++) 라이브러리 재사용 기능은 상당히 강력하다. 이것은 다른 모바일 플랫폼에서 독창적으로 개발한 소스나 많은(라이센스가 허가된) 오픈 소스 라이브러리 등을 현재의 소스코드로 재사용하는 것을 가능하게 하여 시간과 노력을 낭비할 필요가 없다는 것을 의미한다. 예를 들어, Google의 퀵 서치를 이용하여 증강현실(augmented reality), 이미지 분석, 바코드 감지 등과 같은 C 기반 소스코드를 찾을 수 있을 것이고, 이 모든 것을 바로 Objective-C 애플리케이션에 사용할 수 있다.

그림 1.1 운영체제와 Objective-C 런타임, Cocoa Touch 프레임워크 레이어로 이루어진 iOS 애플리케이션을 위한 소프트웨어 런타임 환경.

1.2 개발 시 제한사항

이미 개발 환경에 친숙한 Mac OS X 개발자에게는 iPhone이 단지 오래된 노트북, 태블릿 혹은 넷북과 비슷한 또 다른 미니어처 컴퓨팅 장치라고 잘못 생각할 수도 있다. 이 생각은 사실과 다르지 않다. iPhone은 단순한 휴대폰보다는 능력이 좋지만, 표준 데스크톱 PC보다는 성능이 낮다. 컴퓨터 장치로는 한곳에서 오랫동안 사용하기보다는 다양한 상황과 환경에서 하루 종일 좀 더 가볍고 비정기적인 사용에 적합하도록 설계된 넷북과 비슷한 마켓 환경에 적당하다.

1.2.1 하드웨어 사양 요약(2010년 중반)

처음 iPhone 4를 접하게 되면, 의심할 여지없이 3.5인치 스크린, 960×640 픽셀에 주시하게 될 것이다[2]. 장치와 사용자 간의 상호작용을 위한 유일한 방법인 터치스크린이 이러한 일반적인 크기에 내장되어있다는 사실은 애플리케이션에 중요한 이슈가 될 것이다. 960×640은 다른 휴대폰보다 크지만 300개 열과 900개 행을 가진 스프레드시트를 보여주기는 불가능하다.

현재 확인할 수 있는 하드웨어 사양을 예를 들면, 표 1.1은 2010년 중반 사용가능한 iPhone과 iPod Touch, iPad 모델의 공동적인 상세 아웃라인을 보여준다. 일반적으로, 하드웨어 사양은 데스크톱 PC와 비교하여 수년 정도 뒤쳐진다. 그러나 애플리케이션이 카메라나 블루투스, GPS와 같은 통합된 하드웨어 액세서리에서 얻을 수 있는 장점이 실질적으로 충분히 더 뛰어나다.

비록 각 장치의 하드웨어 특성 및 사양을 확인하기 편하더라도 일반적으로 애플리케이션 개발자는 세부사항에 관심을 둘 필요는 없다. 새로운 모델이 출시되고 iOS 플랫폼이 발전됨에 따라 가능한 변종을 추적하기 어려워지게 된다.

대신 실행할 대상이 되는 특정 장치의 런타임에 적용할 수 있도록 애플리케이션을 작성해야 한다. 특히, 일부 장치에만 존재하는 기능을 사용할 때는 명확하게 대상 기능의 존재 여부에 대하여 테스트를 수행하고 만약 사용할 수 없는 경우 프로그래밍 방식으로 처리한다.

---

2) 2011년 10월 출시된 iPhone 4S도 동일한 화면 크기를 제공한다.

표 1.1 다양한 iPhone과 iPodTouch 장치의 하드웨어 스팩 비교

특징	iPhone 3G	iPhone 3GS	iPhone 4[3)4)]	iPad	iPad2
메모리	128MB	256MB	512MB	256MB	512MB
플래시 메모리	8-16GB	16-32GB	16-32GB	16-64GB	16-64GB
프로세스	412MHz ARM11	600MHz ARM Cortex	1GHz Apple A4	1GHz Apple A4	1GHz dual-core Apple A5
무선망	3.6Mbps	7.2Mbps	7.2Mbps	7.2Mbps (선택사항)	7.2Mbps (선택사항)
Wi-Fi	지원	지원	지원	지원	지원
카메라	2MP	3MP AF	5MP AF(뒤) 0.3MP(앞)	—	0.92MP(뒤) 0.3MP(앞)
블루투스	지원	지원	지원	지원	지원
GPS	지원 (나침반없음)	지원	지원	지원 (3G 모델만)	지원 (3G 모델만)

예를 들어 iPad의 일부 모델에서는 카메라를 제공하기 때문에 iPhone에서 실행할 때만 카메라를 존재한다고 결정하는 것보다 카메라의 존재 여부를 미리 파악하는 것이 더 좋다.

1.2.2 인터넷 연결

요즘과 같은 클라우드 컴퓨팅(Cloud Computing) 시대에 일부 iOS 애플리케이션은 인터넷 연결이 필요하다. iOS 플랫폼에는 무선 연결을 위하여 802.11 Wi-Fi 로컬 영역과 다양한 셀룰러 데이터 표준(cellular data standard)을 이용한 광역 영역 두 가지 유형이 있다. 이는 초당 300킬로비트에서 54메가비트 사이의 다양한 속도를 제공한다. 이것 또한 비행모드, 외국에서의 휴대폰 로밍 비활성화, 엘리베이터나 터널에 들어가는 것과 같이 연결이 차단될 수 있다.

---

3) 원서에서는 블루투스와 GPS 지원이 안 된다고 나와 있으나, 실제 Apple 사이트에서는 지원하는 것으로 되었다.

4) iPhone 4S에서는 플래시 메모리는 16-64GB, 프로세스는 1GHz Apple A5, 카메라는 8MP AF(뒤), 0.9MP MP(뒤)를 제공하고 있다(다른 사양은 iPhone 4와 동일함).

항상 네트워크가 연결되는 데스크톱과 달리 대부분의 개발자는 네트워크의 연결을 오래할 수 없거나 예기치 않게 중단되는 것에 대처하도록 설계되어야 한다. 회의에 늦어 뛰어 가면서 중요한 정보를 확인할 때, 인터넷 연결을 할 수가 없어서 '죄송합니다. 서버에 연결할 수 없습니다.'라는 오류메시지를 만나게 된다면 그것은 고객에게 최악의 사용자 경험이 될 것이다.

일반적으로, 지속적인 iOS 애플리케이션이 실행되는 환경을 인식하는 것이 중요하다. 개발 기법은 장치의 메모리와 프로세스에 대한 제약뿐만 아니라 사용자와 애플리케이션 간의 상호 작용까지 구체화해야 한다. 이 정도의 배경 정보면 충분하다.

이제 바로 뛰어들어 iOS 애플리케이션을 만들자!

1.3 XCode를 사용한 간단한 동전 던지기 게임 만들기

비록 iTunes App Store를 강타할 대단한 아이디어가 있더라도 일단, 너무 자세한 기술과 개발 도구의 독특한 특성을 이용하지 않고 따라 하기 쉬운 간단한 애플리케이션을 사용하여 시작해보자. 책을 따라가다 보면, 시연되는 모든 것의 전문적 지식 속으로 더 깊게 들어갈 수 있다. 지금부터 중요한 것은 각 기술의 특성 보다는 일반적인 프로세스를 이해하는 것이다.

사용자 인터페이스는 그림 1.2와 같다. 동전의 앞면을 의미하는 Heads와 뒷면을 의미하는 Tails라고 적힌 두 개의 버튼으로 구성되어 있다. 사용자는 이 버튼을 눌러 새로운 동전 던지기를 요구하고 바라는 목표 결과를 선택할 수 있다. iPhone은 사용자의 선택이 맞는지 틀린지를 나타내기 위하여 동전 던지기를 시뮬레이트하고 결과를 스크린에 업데이트한다.

그림 1.2
간단한 동전던지기 게임

이 게임을 개발하기 위해 필요한 첫 번째 도구는 XCode이다.

1.3.1 Apple의 IDE-XCode 소개

이 장의 서두에 언급한 바와 같이 XCode는 소프트웨어 개발 프로젝트의 전체 라이프사이클을 관리하는 것이 가능한 포괄적인 기능을 설정하는 IDE이다. 초기 프로젝트를 생성하는 것, 클래스와 데이터 모델을 정의하는 것, 소스코드를 수정하는 것, 애플리케이션을 빌드하는 것, 그리고 마지막으로 디버깅과 최종 애플리케이션의 성능 개선을 하는 것 모두 XCode에서 수행된다.

XCode는 LLVM(the open source Low-Level Virtual Machine), GCC(the GNU compiler), GDB (the GNU debugger), DTrace(instrumentation and profiling by Sun Microsystems) 와 같은 여러 가지 오픈 소스 도구를 토대로 빌드된다.

1.3.2 간단한 XCode Launching

iOS 소프트웨어 개발 키트(SDK)를 설치하고 나면 XCode를 사용하기 위하여 설치된 위치를 찾는 첫 번째 도전을 하게 된다. 대부분의 Mac에서 사용하는 애플리케이션이 /Application 폴더에 설치되는 것과 달리 Apple은 /Developer/Application 폴더 안에 개발과 관련된 도구를 구분해놓았다.

XCode를 찾는 가장 편한 방법은 표 3.1과 같이 Finder를 사용하여 루트 Macintosh HD 폴더를 여는 것이다. 거기서부터 Developer 폴더를 아래에 있는 애플리케이션 폴더까지 찾아갈 수 있다[5]. 개발자는 XCode를 주로 사용하게 될 것이므로 XCode 아이콘을 Dock에 둘 수도 있고, 더 쉬운 접근으로 Finder sidebar에 폴더를 위치시킬 수도 있다.

일단 개발자 애플리케이션 폴더인 /Developer/Applications를 찾으면 쉽게 XCode를 실행할 수 있다.

XCode가 개발을 위한 유일한 옵션이 아니라는 것이 중요하다. XCode는 애플리케이션을 개발하기 위한 필요한 모든 기능을 제공한다. 그러나 개발자가 즐겨 쓰는 다른 도구들을 사용할 수 없다는 것을 의미하지는 않는다. 예를 들어, 즐겨 사용하는 더 생산적인 텍스트 에디터가 있다면, XCode의 내장 기능을 이용하여 외부 텍스트 에디터를 사용하도록

---

[5] Lion 이상의 Mac OS X을 사용한다면, Launchpad를 이용하여 Developer 폴더 아래에 있는 XCode를 쉽게 찾을 수 있다.

그림 1.3 Finder 윈도우가 iPhone 개발과 관련된 도구와 문서를 포함하고 있는 Developer 폴더를 보여준다.

> 도와주세요! Xcode 애플리케이션을 찾을 수가 없어요.
>
> 만일 Developer 폴더가 없거나 xcode에서 iPhone 혹은 iPad 프로젝트 템플릿을 실행할 때, 어떠한 레퍼런스를 볼 수 없다면 부록 A를 참조하여 다운로드 및 요구되는 소프트웨어 설치 방법에 대한 도움을 받아라.

구성할 수 있다. 정말 힘들게 예전 방법인 makefile과 커맨드 라인(command line)을 이용할 수도 있다.

1.3.3 프로젝트 생성

첫 번째 프로젝트를 생성하기 위하여 파일 메뉴에서 새로운 프로젝트 옵션을 선택한다 (Shift-Cmd-N)[6]. XCode는 그림 1.4와 같이 새 프로젝트 다이어그램을 표시한다.

첫 번째 선택은 생성하기 원하는 프로젝트 유형을 선택하는 것이다. 이것은 소스코드의 유형을 결정하는 템플릿을 선택하고 XCode가 자동으로 프로젝트를 시작하도록 추가하도록 설정한다.

---

6) XCode 4.2 이상을 사용하면 New 메뉴를 선택한 후 New Project를 선택한다.

그림 1.4 XCode에서 View-based Application 템플릿을 보여주는 새 프로젝트 다이어로그.

동전 던지기 게임에서는, View-based Application[7] 템플릿을 이용한다. 왼쪽 패널에 있는 iOS 헤더 아래의 애플리케이션을 선택하고, View-based Application을 선택한다. 그런 다음 오른쪽 하단의 Next 버튼을 클릭하면, 프로젝트 이름과 iOS 개발자 계정과 애플리케이션을 연결하는 데 필요한 회사 식별자(company identifier)를 지정한다. 이 프로젝트에서는 CoinToss라는 프로젝트 이름을 사용하며 적당한 회사 식별자를 넣는다.

XCode는 **번들 식별자**(bundle identifier)라는 것을 생성하기 위하여 제품 이름과 회사 식별자를 사용한다. iOS는 이 문자열을 사용하여 각 애플리케이션을 식별하게 된다. 동전던지기 게임이 실행되도록 하기 위해서는 설치된 장치의 규정 프로파일과 이 번들 식별자가 일치되어야 한다. 만일 그 장치에서 적절한 프로파일을 찾을 수 없다면 그 애플리케이션 실행이 거절된다. 이것은 Apple이 애플리케이션을 엄격하게 통제하고 있

---

7) XCode 4.2 이상을 사용하면 Single View Application을 선택한다.

다는 것을 보여주는 것이다. 만일 적절한 회사 식별자를 찾지 못했거나 뭐라고 적어야 할지 확실치 않다면, 이 장의 다음 부분을 진행하기 전에 부록 A를 참조하라.

세부사항들을 다 입력했으면, Include Unit Tests 체크박스의 선택을 해제하고 Next 버튼을 누른 후 생성된 소스코드 파일과 프로젝트가 저장될 곳을 정한다[8].

> 도와주세요! iOS 관련 옵션을 찾지 못하겠어요.
>
> 만약 새로운 프로젝트 다이얼로그에서 iOS 기반 템플릿을 찾지 못한다면 이것은 iOS SDK를 정확히 설치하지 못했기 때문일 것이다. 사용 중인 xcode가 Mac OS X 설치 DVD에서 복사하였거나 Apple Developer connection(ADC) 웹사이트에서 직접 다운로드하였다면, 이것은 데스크톱 버전의 애플리케이션 개발만 가능하다.
>
> 부록 A에서와 같이 iPhone과 iPad 개발을 위한 지원이 포함된 업데이트 버전으로 iOS SDK를 설치하고 xcode를 대치해야 한다[9].

다른 종류의 프로젝트 템플릿에 대해서도 알아보자. 표 1.2는 중요 iOS 프로젝트 템플릿을 보여준다. 어떤 템플릿을 선택해야 하는가는 개발하고자 하는 애플리케이션의 사용자 인터페이스 유형에 따른다. 그러나 템플릿 선택에 너무 열중하지 마라. 이 선택은 생각한 것만큼 그리 결정적이지 않다. 쉽지는 않지만 프로젝트가 생성되고 난 후 애플리케이션 스타일을 변경할 수는 있다. 왜냐하면 개발에 요구하는 모든 소스코드가 자동적으로 삽입되는 프로젝트 템플릿은 없기 때문에 개발자 스스로 소스코드를 수정하여 쓰는 것이 필요하기 때문이다.

---

8) XCode 4.2 이상을 사용하는 경우에는 추가로 Use Storyboard와 Use Automatic Reference Counting 체크박스의 선택을 모두 해제한다. Use Storyboard 옵션을 선택하면, UI 디자인 시에 xib/nib를 이용하지 않고 Storyboard를 이용하여 UI를 디자인하므로, 이 장의 다음 부분 진행에 지장을 줄 수도 있다. Use Automatic Reference Counting 체크가 되어 있으면 dealloc 함수 사용 시 에러가 생겨서 개발한 애플리케이션을 실행 못할 수도 있다.

9) Lion 이상의 Mac OS X을 사용한다면 별도의 작업 없이 App Store에서 바로 다운로드 및 설치가 가능하므로 Lion 이상의 버전을 사용한다면 App Store을 이용하는 것을 추천한다.

표 1.2 새 iOS 프로젝트 생성을 위하여 XCode에서 사용할 수 있는 프로젝트 템플릿

프로젝트 타입	설명
Navigation-based Application	주소록과 비슷한 스타일의 탐색바(navigation bar)가 있는 애플리케이션을 생성[10].
OpenGL ES Application	게임 등에 적합한 OpenGL ES 기반의 그래픽 애플리케이션 생성[11].
Split View-based Application	iPad에 내장된 메일 애플리케이션 스타일과 비슷한 애플리케이션 생성[12]. 한 화면에 마스터와 디테일스타일 정보를 표현함.
Tab Bar Application	시계 애플리케이션과 비슷한 바닥 전체에 탭 바가 있는 애플리케이션 생성[13]
Utility Application	주식과 날씨 애플리케이션 스타일과 비슷하게 제2의 화면(속화면)으로 전환할 수 있는 애플리케이션 생성.
View-based Application	단일 화면을 포함하는 애플리케이션 생성. 사용자 뷰에 터치 이벤트를 이용하여 그리거나 반응할 수 있음[14].
Window-based Application	컨트롤을 드래그앤드롭할 수 있는 단일 윈도우를 포함하는 애플리케이션 생성[15].

이제 새로운 프로젝트 다이얼로그가 완성되면 그림 1.5와 유사한 프로젝트 윈도우가 표시될 것이다. 이것이 XCode의 메인 윈도우이며 왼쪽에 프로젝트 내비게이터(Project Navigator)가 오른쪽에 콘텐츠-반응 에디터(context-sensitive editor)가 위치한다.

왼쪽 패널은 애플리케이션을 구성하는 모든 파일들을 목록화한다. CoinToss로 레이블된 그룹은 전체 게임을 대표하고 노드를 확장하여, 작은 하위 그룹으로 내려가다보면 그 프로젝트를 구성하는 파일들에 도달한다. 어떤 방식으로 파일을 관리하던지 파일의 체계

10) XCode 4.2 이상에서는 Master-Detail Application으로 변경되었다.
11) XCode 4.2 이상에서는 OpenGL Game으로 변경되었다.
12) XCode 4.2 이상에서는 이 템플릿이 없어졌다. 만약 이 탬플릿과 유사한 기능을 사용하고 싶다면 Master-Detail Application을 이용하면 된다.
13) XCode 4.2 이상에서는 Tabbed Application으로 변경되었다.
14) XCode 4.2 이상에서는 Single view application으로 변경되었다.
15) XCode 4.2 이상에서는 삭제된 템플릿이다. 만약 이 템플릿을 사용하고 싶다면, Empty application을 선택 한 후 추가 설정을 해야 한다.

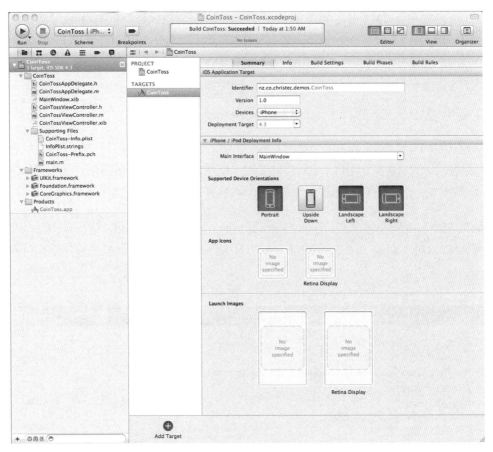

그림 1.5 동전던지기 그룹을 완전히 확장하여 프로젝트의 여러 가지 소스코드를 보여주는 메인 XCode 화면.

화를 돕기 위하여 자유롭게 그룹을 만들 수 있다.

왼쪽 패널에서 파일을 클릭하면 오른쪽 패널에 선택된 파일 형식에 알맞은 적당한 편집기가 제공된다. *.h나 *.m 소스 파일을 위해서는 전통적인 소스코드 텍스트 편집기가 제공되지만, 다른 파일(예를 들어 *.xib 리소스 파일)은 그에 연관된 복잡한 그래픽 편집기를 제공한다.

왼쪽 패널의 몇몇 그룹은 그것과 연관된 특별한 행동을 가지고 있거나, 혹은 아예 파일들을 표현하지 않는다. 예를 들면, 프레임워크 그룹 아래의 목록화된 아이템들은 그것을 사용한 최근 프로젝트인 사전 컴파일된 코드 라이브러리를 나타낸다.

XCode에서 애플리케이션을 개발을 진행함에 따라 프로젝트 네비게이터 패널에서 제공한 다양한 세션을 이용하는 것에 더 익숙해질 것이다. 새로운 발견을 시작하기 위해, 첫 번째 클래스를 위한 소스코드를 작성해보자.

1.3.4 소스코드 쓰기

View-based Application 템플릿은 iPhone에 정말 간단한 기본 게임을 표시하기 위한 충분한 소스코드를 제공한다. 사실 이는 정말 기본만 제공하는 것으로 지금 당장 게임을 실행한다면, 스크린에서 단순한 회색 사각형을 볼 수 있을 것이다

이제 XCode 윈도우에서 CoinTossViewController.h[16] 파일을 열어 게임 구현을 시작해보자. 그리고 다음 리스트에 따라 콘텐츠를 대체하기 이하여 텍스트 에디터를 사용해보자.

리스트 1.1 CoinTossViewController.h[17]

```
#import <UIKit/UIKit.h>

@interface CoinTossViewController : UIViewController {
  UILabel *status;
  UILabel *result;
}

@property (nonatomic, retain) IBOutlet UILabel *status;
@property (nonatomic, retain) IBOutlet UILabel *result;

- (IBAction)callHeads;
- (IBAction)callTails;

@end
```

리스트 1.1의 내용들이 이해가 되지 않더라도 걱정하지 마라. 이 단계에서, 이 코드들의 의미 전체를 이해하는 것은 중요하지 않다. 자세한 내용을 배우는 것은 이 책의 나머지 부분에서 공부할 수 있게끔 디자인되어 있어, 그때에 모든 것을 이해하게 될 것이다.

---

16) XCode 4.2 이상에서는 파일 이름 앞에 프로젝트 이름이 붙지 않기 때문에 ViewController.h 파일을 연다.

17) XCode 4.2 이상에서는 두 번째 줄을 '@interface ViewController : UIViewController'로 수정한다.

일단 Objective-C 기반 프로젝트의 일반적인 구조를 이해하는 것에 초점을 맞추자. Objective-C는 객체지향 프로그래밍 언어이며 이는 코딩 능력의 대부분이 새로운 클래스 (객체의 타입)를 정의하는 데 쓰일 것을 의미한다. 리스트 1.1에서는 CoinTossView Controller라는 새로운 클래스를 정의하였다. 관례상, 클래스의 정의는 *.h 파일 확장 자를 사용하는 헤더파일에 저장된다.

CoinTossViewController 헤더파일의 첫 번째 두 줄은 사용자 인터페이스에 위치한 두 개의 UILabel 컨트롤의 세부 사항을 저장한 클래스를 선언한다. UILabel은 한 줄짜 리 텍스트를 화면의 표시할 수 있으므로 동전 던지기의 결과를 화면에 표시하기 위해 사용한다.

두 번째 문장은 이 클래스 외부에 있는 UILable를 사용한다는 것을 말해준다. 마지막으 로 이 클래스가 callHeads와 callTails라고 불리는 두 가지 메시지에 반응을 보이도록 지정한다. 이 메시지는 사용자가 앞면 또는 뒷면을 말해주면, 새로운 동전 던지기가 시작되어야 한다는 것을 알려준다.

헤더파일(*.h)은 어떤 클래스가 포함되어야 하는지와 다른 소스코드와의 상호작용을 하 는 방법을 지정한다. 헤더파일을 업데이트했다면, 반드시 지정한 기능들의 실질적으로 실행하는 방법을 제공해야 한다. CoinTossViewController.m 파일을 열고 다음 리스트 1.2의 내용으로 변경하라[18].

리스트 1.2 CoinTossViewController.m

```
#import "CoinTossViewController.h"
#import <QuartzCore/QuartzCore.h>

@implementation CoinTossViewController

@synthesize status, result;                    ⟵————————❶ @property와 일치

- (void) simulateCoinToss:(BOOL)userCalledHeads {
  BOOL coinLandedOnHeads = (arc4random() % 2) == 0;
```

18) XCode 4.2 이상에서는 ViewController.m 파일을 리스트 1.2 내용으로 대체한다. 이때, 첫 번째 문장은 '#import "ViewController.h"'로 수정하고 새 번째 '@implementation ViewController' 으로 수정한다.

```
    result.text = coinLandedOnHeads ? @"Heads" : @"Tails";

    if (coinLandedOnHeads == userCalledHeads)
      status.text = @"Correct!";
    else
      status.text = @"Wrong!";

    CABasicAnimation *rotation = [CABasicAnimation          ◀——————————— ❷ 두 객체 설정
      animationWithKeyPath:@"transform.rotation"];
    rotation.timingFunction = [CAMediaTimingFunction
      functionWithName:kCAMediaTimingFunctionEaseInEaseOut];
    rotation.fromValue = [NSNumber numberWithFloat:0.0f];
    rotation.toValue = [NSNumber numberWithFloat:720 * M_PI / 180.0f];
    rotation.duration = 2.0f;
    [status.layer addAnimation:rotation forKey:@"rotate"];

    CABasicAnimation *fade = [CABasicAnimation              ◀——————————— ❸ 레이블에 영향을 줌
      animationWithKeyPath:@"opacity"];
    fade.timingFunction = [CAMediaTimingFunction
      functionWithName:kCAMediaTimingFunctionEaseInEaseOut];
    fade.fromValue = [NSNumber numberWithFloat:0.0f];
    fade.toValue = [NSNumber numberWithFloat:1.0f];
    fade.duration = 3.5f;
    [status.layer addAnimation:fade forKey:@"fade"];
}

- (IBAction) callHeads {
  [self simulateCoinToss:YES];
}

- (IBAction) callTails {
  [self simulateCoinToss:NO];
}

- (void) viewDidUnload {
  self.status = nil;
  self.result = nil;
}

- (void) dealloc {
  [status release];                              ❹ 메모리 관리
  [result release];
  [super dealloc];
}

@end
```

리스트 1.2의 첫인상은 코드가 길고 두렵다는 것이다. 그러나 각각의 단계를 따라가다보면 이 코드는 상대적으로 이해하기 쉬울 것이다.

첫 ❶ 문장은 CoinTossViewController.h의 @property 선언과 일치한다. 속성의 특성과 이것들이 합성되는 것에 대한 장점은 5장에서 좀 더 깊게 탐구할 것이다.

CoinTossViewController.m 파일에서 사용자가 새 동전 던지기 결과를 원할 때 마다 호출되는 대부분의 로직은 simulateCoinToss에 포함되어 있다. 첫 번째 줄은 동전의 앞면과 뒷면을 각각 표현하기 위해 0과 1사이 임의의 수를 발생하여 동전 던지기를 시뮬레이션한다. 그 결과는 coinLandedOnHeads라고 불리는 변수에 저장된다.

동전 던지기 결과가 저장되면, 사용자 인터페이스에 있는 두 개의 UILabel 컨트롤은 결과에 맞추어 갱신된다. 첫 번째 조건 절은 동전 던지기의 결과가 앞면인지 뒷면인지를 나타내기 위하여 결과 레이블을 업데이트한다. 두 번째 절은 사용자가 동전던지기의 결과를 맞췄는지를 나타낸다.

simulateCoinToss의 나머지 코드는 동전의 상태 레이블에 결과를 나타내기 위하여 그 자리에서 회전하고 시간을 지체하며 페이드되며 디스플레이 하도록 두 CABasicAnimation 객체 ❷와 ❸을 설정한다. 그렇게 하기 위하여 UILabel의 transform.rotation 속성을 부드럽게 2초 동안 0도에서 720도 회전하게 설정하고 opacity 속성을 3.5초 동안 0%(0.0)에서 100%(1.0)으로 페이드 되도록 요청한다. 이러한 애니메이션은 선언적 방식으로 수행된다는 것이 중요하다. 개발자가 원하는 변경 사항이나 효과를 지정하면 이를 실제로 구현하기 위해서 요구되는 타이밍과 화면 갱신에 연관된 로직에 대해서는 걱정할 필요 없이 프레임워크에게 맡겨두게 된다.

simulateCoinToss 메서드는 사용자가 동전 던지기의 결과가 앞면인지 뒷면인지를 표시하는 userCalledHead라는 단일 매개변수를 요구한다. 두 가지 부가적인 메서드 callHeads와 callTails은 simulateCoinToss를 호출하는 간단한 메서드이다.

마지막 메서드인 ❹dealloce은 메모리 관리 관련 이슈에서 다룬다. 메모리 관리는 9장에서 좀 더 심도 있게 다루고자 한다. Objective-C에서 중요한 것은 사용하지 않는 메모리를 자동으로 가비지 컬렉션하지 않는다는 것이다. 이것은 개발자가 메모리나 시스템 리소스를 할당했다면, 이것의 해제 또한 책임이 있다는 것을 의미한다. 이렇게 하지 않으면, 애플리케이션이 필요 이상으로 더 많은 자원을 소모하고, 최악의 경우 장치의 한정된 자원이 고갈되게 되어 애플리케이션 충돌의 원인이 될 것이다.

이제 게임 개발의 기본적인 로직을 가지게 되었으며, 앞으로 XCode에서 사용자 인터페이스를 생성하고 CoinTossView 컨트롤러 클래스의 코드와 연결해야 한다.

1.4 사용자 인터페이스 연결

이 단계에서는 CoinTossViewController 클래스의 정의로부터 사용자 인터페이스는 적어도 두 개의 UILabel 컨트롤을 가지며, 사용자가 새로운 동전 던지기 결과를 원할 때마다 callHeads나 callTails 메시지를 가져온다는 것을 결정할 수 있다. 아직까지 화면에 레이블이 어디에 위치하는지 혹은 동전던지기에서 어떻게 사용자의 요구가 만들어지는지는 지정되지 않았다.

이러한 세부 사항들을 열거하는 두 가지의 방법이 있다. 첫 번째는 사용자 인터페이스 컨트롤을 생성하는, 폰트 사이즈, 색상, 그리고 스크린에서의 위치와 같은 특성을 구성하는 소스코드를 직접 작성하는 것이다. 이렇게 코드를 작성하기 위해서는 시간이 낭비될 수도 있고, 어떻게 사물을 스크린에 보일 수 있는지를 시각화하기 위해 많은 시간을 소비할 수도 있다.

더 나은 대안은 XCode를 사용하는 것이다. 이것은 시각적으로 레이아웃과 사용자 인터페이스 컨트롤을 구성할 수 있으며, 소스코드와 연결할 수 있다. 대부분의 iOS 프로젝트 템플릿은 이 기술을 사용하며, 일반적으로 시각적인 사용자 인터페이스를 설명하기 위한 하나 이상의 *.xib 파일을 포함한다[19]. 이 프로젝트도 예외가 아니기 때문에 프로젝트 탐색 패널에 CoinTossViewController.xib 파일을 클릭하면 파일의 콘텐츠가 나타나는 편집기 패널이 표시된다(그림 1.6).

편집기 패널의 왼쪽 가장자리에 몇 가지 아이콘이 있다. 각 아이콘은 게임이 실행될 때 만들어지는 개체를 나타내고 툴팁(tooltip)으로 이름을 나타낸다. File's Owner를 표시하는 와이어프레임(wireframe) 박스는 CoinTossView 컨트롤러 클래스의 인스턴스를 하

---

19) XCode 4.2 이상에서는 스토리보드(storyboard) 개념이 추가되었다. 스토리 보드는 애플리케이션의 모든 화면 사용자 인터페이스를 포함하고 있으며, 뷰 간의 관계를 그래프를 이용하여 나타내게 된다. XCode 4.2에서는 스토리보드 모드가 기본 설정되어있다.

얀색 사각형은 애플리케이션의 메인 뷰(혹은 스크린)를 나타낸다. XCode를 이용하여 시각적으로 객체들의 속성과 연결을 설정할 수 있다.

1.4.1 뷰에 컨트롤 추가하기

동전던지기 게임을 위한 사용자 인터페이스를 정의하는 첫 번째 단계는 뷰에 필요한 사용자 인터페이스 컨트롤을 배치하는 것이다.

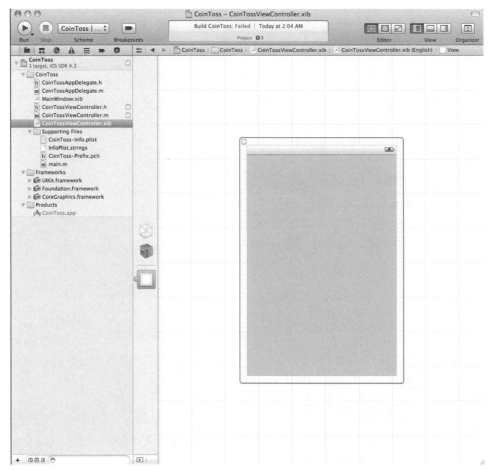

그림 1.6 메인 XCode 윈도우에서 *.xib 파일 수정하기. 에디터의 왼쪽 가장자리에 세 가지 아이콘을 볼 수 있으며, 이것은 각각 xib 파일에 저장된 다른 개체나 GUI 구성 요소를 나타낸다.

19

컨트롤을 추가하기 위하여 사용이 가능한 사용자 인터페이스 컨트롤의 카테고리를 포함하는 라이브러리 윈도우에서 찾아 뷰 안으로 드래그 앤 드롭(drag and drop)한다. 만약 라이브러리 윈도우가 보이지 않는다면 View 〉 Utilities 〉 Object Library 메뉴[20] 옵션 (Control-Option-Cmd-3)을 클릭하여 열 수 있다. 동전 던지기 게임에는 두 개의 레이블과 두 개의 둥근 사각형 버튼이 필요하므로 이것들을 뷰 안에 끌어다 놓는다. 그림 1.7은 뷰 안에 컨트롤을 드래그 앤 드롭한 것을 보여주고 있다.

뷰 안에 컨트롤을 넣은 다음 각자의 미적 감각에 알맞도록 컨트롤의 사이즈를 조절하고, 원하는 위치로 조정할 수 있다. 버튼이나 레이블 컨트롤에 표시되는 텍스트는 컨트롤을 더블클릭하고 텍스트를 입력하여 수정한다. 글꼴의 크기나 색깔과 같은 다른 속성을 변경하기 위해서는 View 〉 Utilities 〉 Attributes Inspector 메뉴[21] 옵션을 클릭하면 볼 수 있는 Attributes Inspector 패널을 이용할 수 있다. 그림 1.2을 참조하여 뷰를 꾸민다.

사용자 인터페이스에 컨트롤을 위치 제어로 유일하게 남은 작업은 이전에 작성한 코드와 연결하는 것이다. CoinTossViewController.h 해더파일에 정의된 클래스는 사용자 인터페이스로부터 세 가지를 필요로 했던 것을 기억하자.

- 사용자가 새로운 동전을 던지고자 할 때마다 callHeads나 callTails의 메시지를 전달.
- 최근 동전던지기 결과(앞면 혹은 뒷면)를 보여줄 UILable.
- 최근 동전 던지기 게임의 상태(정답 혹은 오답)를 나타내는 UILabe.

---

20) XCode 4.2 이상에서는 View 〉 Utilities 〉 Show Object Library 메뉴 옵션을 선택한다.
21) XCode 4.2 이상에서는 View 〉 Utilities 〉 Show Attributes Inspector 메뉴 옵션을 선택한다.

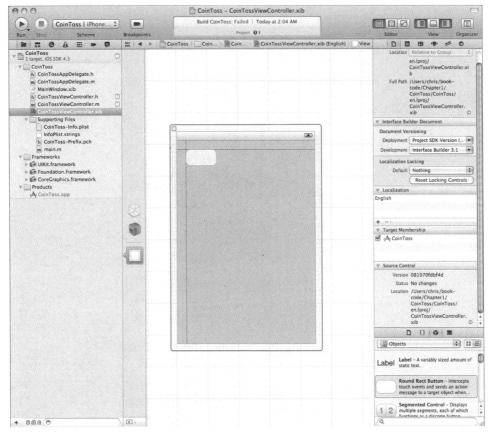

그림 1.7 뷰에 새로운 컨트롤 배치하기. iOS 사용자 인터페이스 가이드라인(HIG)을 준수하기 위하여 사용자 인터페이스에 선이 표시된다.

1.4.2 소스코드와 컨트롤 연결하기

방금 만든 사용자 인터페이스는 여러 요구사항을 충족하고 있지만, 코드에서는 어떤 버튼이 사용자가 앞면 혹은 뒷면을 호출하는 것인지 알 수 없다(사람은 버튼 위에 텍스트로 구분할 수 있더라도). 대신 XCode에서는 그래픽을 이용하여 명시적으로 연결을 설정한다.

컨트롤키를 누른 채 Head라고 적힌 버튼을 드래그하여 편집기의 왼쪽 가장자리에 있는 `CoinTossViewController` 인스턴스(File's Owner)으로 가져간다. 드래그하는 동안 두 요소 사이에 파란 선이 나타난다.

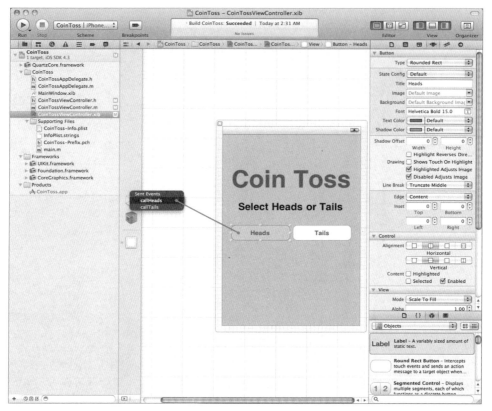

그림 1.8 아이템 간의 드래그 앤 드롭으로 버튼 컨트롤과 CoinTossViewController 클래스 사이의 연결하는 화면.

마우스를 가져다 놓으면 그림 1.8에서처럼 해당 버튼을 클릭할 때마다 CoinTossView Controller 객체에 전달할 메시지를 선택할 수 있도록 팝업 메뉴가 나타난다. 여기서 버튼 생성 시 생각했던 것과 일치하는 메시지를 보내야 하므로 callHeads를 선택한다.

같은 방법으로 Tails라고 적힌 버튼을 callTails 메서드와 연결한다. 이렇게 사용자 인터페이스에서 두 개의 연결을 만드는 것은 버튼 중 하나를 눌러 CoinTossViwe Controller 클래스에서 논리를 실행하게 된다는 것을 의미한다. 프로그래밍 방식보다 그래픽을 이용하여 연결을 지정하는 것은 빠르고 쉽게 주위 컨트롤을 변경하고 연결을 다시 설정하는 다른 사용자 인터페이스 개념에 실시할 수 있어 더 유연한 접근이다.

만약 XCode가 사용자 인터페이스 컨트롤과 객체 사이에 연결을 거부한다면 대부분은 간단한 오타나 잘못된 데이터 형식을 사용하는 것과 같은 소스코드 오류가 원인이다.

이러한 경우, 연결을 다시 시도하기 전에 애플리케이션이 컴파일 되는지 확인하고 나타나는 오류를 수정한다.

CoinTossViewController 클래스에서 가장 최근의 동전 던지기의 결과를 사용자 인터페이스에 업데이트하는 코드에 레이블 컨트롤을 연결하는 것이 남았다.

레이블 컨트롤을 연결하기 위해서는 이전 작업과 비슷하게 드래그 앤 드롭을 이용한다. 이번에는 컨트롤키를 누르며 CoinTossViewController 인스턴스를 클릭하여 뷰 안의 레이블로 가져간다. 마우스 버튼을 놓으면 레이블과 연결하고자 하는 CoinTossView Controller 클래스의 속성을 선택할 수 있는 팝업 메뉴가 나타난다. 이 과정은 그림 1.9와 같다. 이 과정을 이용하여 'Coin Toss'라고 적힌 레이블에 상태 속성인 status를 연결하고, 'Select Heads or Tails'라고 적힌 레이블에 결과 속성인 result 연결할 수 있다.

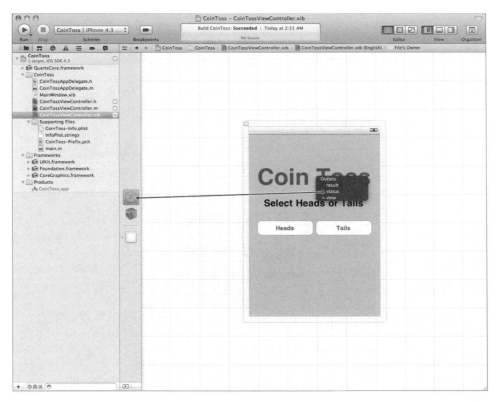

그림 1.9 컨트롤키를 누른 채 아이템 간의 드래그 앤 드롭으로 상태 인스턴스 변수와 사용자 인터페이스에 레이블 컨트롤을 연결하는 화면.

객체 사이의 연결 방법이 결정되면 정보 흐름도 고려해야 한다. 버튼의 경우 버튼을 누르면 애플리케이션이 실행된다. 반면 레이블에 연결되는 경우 클래스의 인스턴스 변수의 값이 변경되면 사용자 인터페이스를 업데이트한다.

XCode가 어떤 항목을 팝업 메뉴에 표시하는지 궁금할 수도 있다. 리스트 1.1로 돌아가면 그 해답은 **IBOutlet** 및 **IBAction** 키워드에 있다. XCode는 소스코드를 분석하여 특수한 속성 중 하나를 사용자 인터페이스와 연결할 수 있게 한다.

이 단계에서 잘못된 연결이 있다면 정확히 원하는 것으로 변경할 수도 있다. 컨트롤키를 누른 상태에서 **CoinTossViewController** 인스턴스를 나타내는 아이콘을 클릭하면 객체와 관련된 모든 outlets과 action의 연결을 검토할 수 있는 팝업 메뉴가 나타난다. 팝업 메뉴의 연결 중 하나에 마우스를 가져가면 XCode에서는 관련 개체를 강조 표시한다. 이러한 특징은 그림 1.10에서 확인할 수 있다.

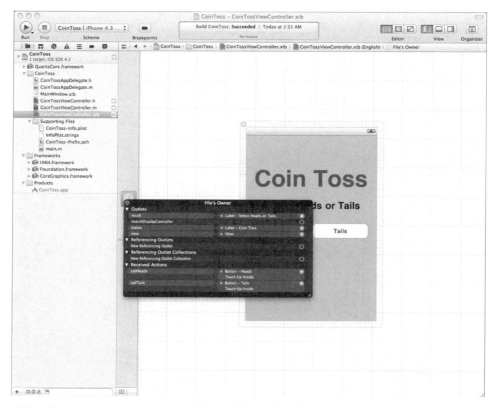

그림 1.10 CoinTossViewController 객체에서 생성된 연결 확인.

이 단계에서는 사용자 인터페이스를 이용하여 작업을 수행하였다. 준비가 다 되었다면 실수가 있는지 확인하고 게임이 얼마나 잘 실행되었는지 확인하라.

NIB vs. XIB

iOS 애플리케이션을 위한 사용자 인터페이스는 .xib 파일로 저장된다. 그러나 문서와 Cocoa Touch 프레임워크에서는 이러한 파일을 일반적으로 nib라고 부른다.

이러한 용어는 상호 교환하여 사용할 수 있다. .xib 파일은 리버전 컨트롤 시스템 등에서 쉽게 파일이 저장되도록 새로운 XML 기반 파일 포맷을 사용한다. 반면에 .nib는 파일 사이즈, 파싱 속도 등이 효율적인 예전의 바이너리 포맷의 파일을 사용한다.

Xcode가 프로젝트를 빌드할 때 *.xib 파일은 *.nib 파일로 자동으로 변환되기 때문에 문서는 일반적으로 NIB 파일 대신에 XIB 파일이라고 한다.

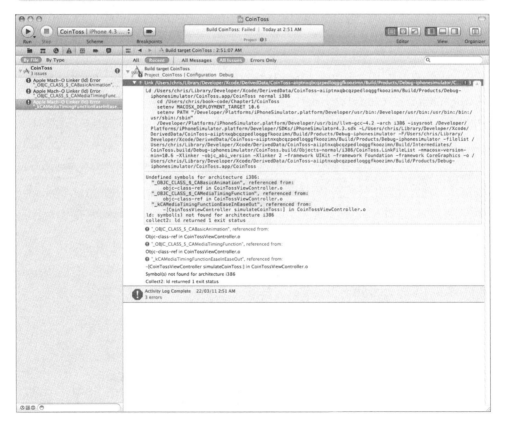

그림 1.11 소스코드의 컴파일 오류 부분을 하이라이트로 표시한 XCode의 텍스트 편집기. 성공적으로 오류를 수정한 후 빌드하면 나타나게 된다.

1.5 동전 던지기 게임 컴파일

이제 애플리케이션의 코딩을 끝내기 위하여 iPhone에 유용한 형태로 소스코드를 변환해야한다. 이 과정을 **컴파일**(compiling) 또는 **빌드**(building)라고 한다. 게임을 빌드하기 위해서 Product 메뉴에 Build를 선택한다(또는 Cmd-B를 누른다).

프로젝트를 빌드하는 동안 도구 모음 중간에 progress indicator를 보고 컴파일러의 진행 상황을 추적할 수 있다. 빌드에 성공하였다면 'Build CoinToss: Succeeded.'라는 메시지[22]를 볼 수 있고, 만약 실패하였을 때는 'Build CoinToss: Failed.'와 비슷한 메시지[23]를 볼 수 있다. 이 경우에는, 텍스트 아래 빨간 느낌표 아이콘[24]을 클릭(혹은 Cmd-4를 누름)하면 해결해야 하는 에러와 경고 리스트가 표시된다.

그림 1.11에서와 같이 목록에서 오류를 클릭하면 오류가 있는 소스코드의 라인이 강조된다. 모든 문제가 해결될 때까지 문제를 수정하고 난 후 다시 애플리케이션을 빌드하는 과정을 반복할 수 있다.

동전던지기 게임을 컴파일하면 `CAMediaTimingFunctionEaseInEaseOut`과 `CAMediaTimingFunction`, `CABasicAnimation`에 대한 에러 메시지를 볼 수 있을 것이다. 이 에러를 수정하기 위해서 프로젝트 네비게이터에서 CoinToss 프로젝트(트리보기에서 최상위 항목)를 선택한다. 이때, 나타나는 편집 창에서 Build Phases 탭으로 전환한 후 Link Binary With Libraries 섹션을 확장한다. 확장된 영역은 이 애플리케이션에서 요구하는 추가 프레임워크의 목록을 표시하게 된다. 사용자 인터페이스 애니메이션이 작동하기 위해서는 창 하단의 + 버튼을 클릭하고 목록에서 `QuartzCore.framework`를 선택한다.

이 과정을 좀 더 깔끔하게 처리하고 싶으면 QuartzCore 프레임워크를 프로젝트 탐색기 트리의 프레임워크 섹션 아래 이동시켜 이 애플리케이션을 참조하는 다른 프레임워크와 함께 레퍼런스로 추가한다.

---

22) XCode 4.2 이상에서는 화면 중간에 아이콘과 함께 'Build Succeeded'라는 메시지가 보인다.

23) XCode 4.2 이상에서는 화면 중간에 'Build Failed'라는 메시지가 보인다.

24) 만약 빨간 느낌표 아이콘이 보이지 않으면 View 메뉴 –〉 Show Issue Navigator를 클릭하여 왼쪽 내비게이터 창에서 리스트를 볼 수 있다.

1.6 동전던지기 게임 테스트 실행

이제 게임을 컴파일하고 명백한 컴파일 오류를 수정하고 나면 제대로 작동하는지 확인하기 위한 준비가 끝났다. 게임을 바로 실행하여 잘못된 작동이나 충돌을 확인할 수 있지만 먼저 천천히 내부에서 무슨 일이 일어나는지 추측해볼 수 있다. 이 상황을 위하여 XCode는 애플리케이션의 라인별로 실행하고 변수의 값의 변화를 관찰하기 위해 일시 중지시킬 수 있는 통합된 디버거를 제공한다. 그러나 디버거를 사용하기 전에 약간의 우회로를 지나야 한다.

1.6.1 테스트 환경 선택

애플리케이션을 테스트하기 전에 어디서 실행할 것인지를 선택해야 한다. 초기 개발하는 동안 iOS 시뮬레이터(simulator)을 이용하여 애플리케이션을 테스트한다. 시뮬레이터는 Mac OS X 데스크톱 컴퓨터의 윈도우에서 마치 iPhone이나 iPad 장치에서 실행하는 것처럼 가장하는 것이다. XCode에서는 실제 iPhone에서 작동하는 것 보다 시뮬레이터에서 애플리케이션을 전송하고 디버깅하는 것이 더 빠르기 때문에 시뮬레이션을 사용하면 애플리케이션 개발 속도를 높일 수 있다.

다른 모바일 플랫폼 개발 경험이 있는 개발자는 모바일 장치의 에뮬레이터(emulator) 사용법을 잘 알고 있을 것이다. **시뮬레이터**와 **에뮬레이터**는 같은 의미를 가지지 않는다. 하드웨어 수준에서 장치를 에뮬레이트하는 하는 것(또, 실제 장치와 동일한 펌웨어를 실행할 수 있음)과 달리 시뮬레이터는 API의 호환성을 가지는 환경을 제공한다.

iOS 시뮬레이터는 데스크톱 컴퓨터의 Max OS X에서 애플리케이션을 실행한다는 것은 시뮬레이터와 실제 iPhone이 가끔은 다를 수도 있다는 것을 의미한다. 시뮬레이션에서 파일이름의 '누수'현상이 그 간단한 예이다. 실제 iPhone에서 파일이름은 대소문자를 구분하지만, iOS 시뮬레이터에서는 구별하지 않는다.

기본적으로 대부분의 프로젝트 템플릿은 iOS 시뮬레이터를 이용하여 애플리케이션을 배포하도록 구성되어 있다. 실제 iPhone 애플리케이션을 배포하려면, iPhone 시뮬레이터에서 iOS 장치로 대상을 변경해야 한다. 그림 1.12와 같이 변경하는 가장 쉬운 방법은 XCode의 메인 창에서 도구 모음의 왼쪽에 있는 드롭-다운 메뉴에서 원하는 대상을 선택[25]하는 것이다.

iOS 장치로 대상이 변경되면 XCode가 실제 iPhone 애플리케이션 배포를 시도하지만, 이것의 성공을 위하여 추가 변경이 필요하다.

항상 실제 iPhone, iPod 터치, iPad 장치에서 테스트하기

이 책의 소스코드 샘플은 iOS 시뮬레이터에서 실행하도록 디자인되었다. 이것은 장치와 연결 문제나 실제 장치에 애플리케이션 전송 지연 없이 반복적으로 개발하는 빠르고 쉬운 방법이다. iOS 시뮬레이터는 iPhone의 완벽한 복제가 아니기 때문에, 시뮬레이터에서 작동하지만, 실제 장치에서 실패할 수도 있다. 실제 장치에서 테스트해보지 않으면 iTunes App Store에 발행하지 말아야 한다. 더 좋은 방법은 iPhone과 iPod Touch와 같은 다양한 기기에서 테스트하는 것이다.

1.6.2 실행중인 애플리케이션의 상태를 확인을 위한 중단점 이용하기

일반적으로 애플리케이션을 테스트하면서 소스코드 일부분의 동작을 조사하길 원하게 된다. 애플리케이션을 게시하기 전에 특정 지점에 도달할 때마다 자동으로 일시 정지되는 디버거를 구성하는 것이 편리할 수 있다. 이를 위하여 **중단점**(breakpoint)을 사용한다.

중단점은 사용자가 알고 싶은 변수의 현재값을 디버거가 확인할 수 있도록 소스코드의 한 부분을 자동으로 나타낼 수 있다. 디버거가 자동으로 사용자가 알고 싶은 변수의 현재값을 확인할 수 있도록 소스코드의 한 점을 나타낼 수도 있다.

그림 1.12 XCode 윈도우의 왼쪽 위 코너의 모습.
CoinToss | iPhone 4.3 시뮬레이터 드롭-다운 메뉴를 이용하여
iPhone 시뮬레이터와 iOS 장치를 변경할 수 있다.

동전던지기 게임에서 `sinulateCoinToss:`의 시작 부분에 중단점을 추가하자. CoinToss ViewController.m 파일을 열고 `simulateCoinToss:` 함수가 구현된 소스코드로 이동한다. 첫 번째 줄의 왼쪽 여백을 클릭하면, 그림 1.13처럼 작은 파란 화살표가 나타난다.

---

25) 만약 그림 1.12와 같은 아이콘이 도구 모음이 나오지 않는 다면 파일 이름이 보이는 제목표시줄에서 View 〉 Show Tool Bar를 선택한다.

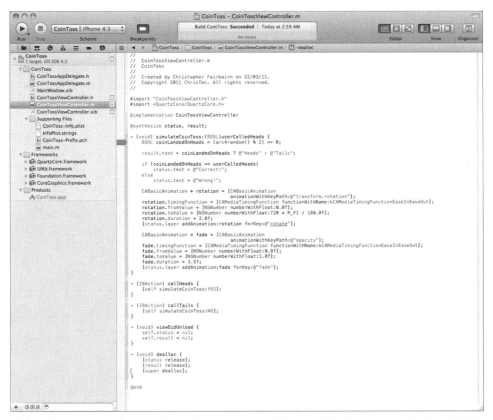

그림 1.13 simulateCoinToss: 메서드의 첫 번째 줄이 호출될 때 실행을 중단하고 디버거를 실행하도록 중단점 설정한다. 여백의 화살표는 중단점이 활성화됨을 나타낸다.

파란 화살표는 이 라인의 중단점이 활성화됨을 나타낸다. 만약 중단점을 다시 클릭하면 연한 음영의 파랑색 화살표로 변경되고 중단점이 비활성되며, 디버거는 중단점을 다시 클릭하여 활성화시킬 때까지 중단점을 무시한다. 영구적으로 중단점을 제거하기 위해서는 중단점을 클릭하며 여백 밖으로 드래그한다. 마우스 버튼을 놓으면, '쏙' 없어지는 애니메이션을 보이며 중단점이 제거된다.

1.6.3 iPhone 시뮬레이터에서 동전 던지기 게임 실행하기

중단점을 추가하면 드디어 애플리케이션을 실행할 준비가 되었다. Product 메뉴에서 Run(Cmd-R)을 선택한다. 몇 초가 지나면 iPhone에 애플리케이션이 나타난다. 그 모든 노력이 마침내 결실을 이뤘다. 드디어 공식적인 iPhone 개발자가 된 것을 축하한다.

게임을 실행할 때마다 중단점이 활성화되지 않게 하기 위해서는 하나하나 개별적으로 비활성화하여 중지할 수도 있다. 그러나 이렇게 하는 것은 시간이 오래 걸린다. 또한, 다시 중단점을 사용하기 위하여 수동으로 활성화하는 것도 필요하다. 편리한 방법으로는 Product 〉 Debug 〉 Deactivate Breakpoint(Cmd-Y)로 모든 중단점을 일시에 비활성화할 수 있다.

1.6.4 디버거 제어하기

이제 첫 번째 iPhone 애플리케이션이 실행되었다. Heads나 Tails 버튼 중 하나를 누르고 싶은 충동을 느꼈을 것이다. 이 버튼을 누르면 XCode 윈도우가 앞으로 튀어 나온다는 것을 기억해야 한다. 디버거가 애플리케이션의 실행 중에 중단점이 삽입된 지점에 도달했음을 감지하였기 때문이다.

XCode 윈도우는 그림 1.14와 비슷하게 나타난다. XCode 윈도우의 메인 패널에는 현재 실행되는 메서드의 소스코드가 표시된다. 소스코드에서 변수 위로 마우스를 올려놓으면 데이터 팁으로 변수의 현재값을 보여준다. 실행되고 있는 부분의 소스코드 라인은 강조되고 오른쪽 여백에 녹색 화살표가 표시된다.

디버거가 실행되는 동안 XCode 윈도우의 왼쪽 패널은 애플리케이션에서 각 스레드의 호출 스택(call stack)을 표시하게 될 것이다. 호출 스택은 현재 실행되는 호출되어 실행하는 메서드의 순서를 나열한다. 나열된 메서드의 대부분은 Cocoa Touch 프레임워크의 내부의 세부 메서드이기 때문에 소스코드를 나타낼 수 없어 회색으로 표시된다.

또한, 화면 하단에 새로운 패널이 표시된다. 이것은 디버거에서 현재 위치에 관련된 모든 변수나 인자의 현재값을 보여준다.(참조 그림 1.14)

아래 디버그 패널의 상단에 그림 1.15에서 보이는 것과 비슷한 작은 도구 모음 버튼이 나타날 것이다.

이러한 도구 모음 옵션은 애플리케이션을 일시중지하거나 중단점을 중지하는 것과 같이 디버그를 제어할 수 있기 때문에 중요하다. 도구 모음 버튼의 기능은 다음과 같다(모든 위치에서 매번 나오지 않을 수 있음).

□ Hide: 텍스트 편집기로 제공되는 화면을 최대화하기 위하여 디버거의 콘솔창과 변수 패널을 숨김.

□ Pause: iPhone 애플리케이션을 즉시 중지하고 디버거로 전환.

□ Continue: 다른 중단점까지 애플리케이션 실행.

□ Step Over: 코드의 다음 라인을 실행하고 디버거로 돌아감.

□ Step Into: 코드의 다음 라인을 실행하고 디버거로 돌아감. 만약 그 라인이 다른 메서드를 호출하면 그 코드도 단계별로 실행함.

□ Step Out: 현재 메서드가 반환될 때까지 코드 실행을 계속함.

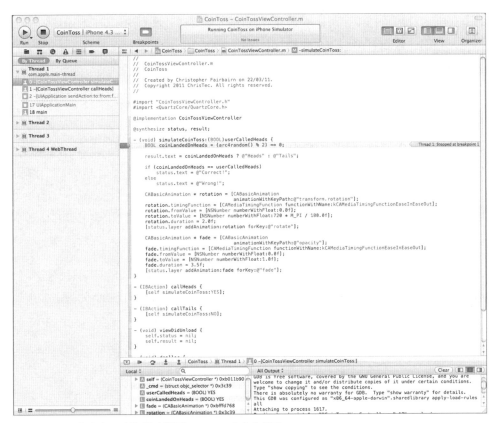

그림 1.14 중단점에 도달한 후 실행된 XCode 디버거 화면.

디버거는 동전 던지기의 시뮬레이션 시작 부분에서 중단점을 시행하고 일시 정지한다. 만약 변수 패널을 보거나 userCalledHeads 인자 위에 마우스를 가져다 놓으면 사용자가 heads(YES)나 tails(NO)를 선택하였는지를 확인할 수 있다.

그림 1.15 디버거를 컨트롤하기 위한 XCode의 도구모음 옵션.

simulateCoinToss: 메서드의 첫 번째 라인은 난수 0과 1을 선택하여 동전을 던지는 시뮬레이션을 한다. 현재 디버거는 여백 부분에 빨간 화살표[26]로 표시된 이 라인에 있으며, 이 라인의 구문이 아직 실행되지 않았다.

디버거가 소스코드의 한 라인을 실행한 후 디버거로 돌아가려면 Step Over 버튼을 눌러 소스코드의 다음 라인으로 진행할 수 있다. 이로 인하여 동전던지기가 시뮬레이트되고 빨간 화살표는 소스코드의 다음 라인으로 점프하게 된다. 이 단계에서, 다시 한 번 coinLandedOnHeads 변수 위에 마우스를 높으면 변수 결과를 알 수 있다. YES는 heads를 의미하고 NO는 tails을 의미한다.

step-over 기능을 두어 번 더 이용하면 결과와 사용자 인터페이스에서 상태 UILabels를 업데이트하는 두 개의 if 문으로 이동할 수 있다. 그러나 기대하는 것과 달리 이 상황에서의 iPhone 장치를 체크해보면 레이블이 업데이트되지 않는다. 이는 Cocoa Touch의 내부 작동 방법 때문이다: 화면은 디버거를 릴리즈할 때만 한 번 업데이트되고, 이후 운영체제로 반환한다.

iPhone에서 사용자 인터페이스를 업데이트하고 새로운 동전 던지기의 결과를 전달하는 세련된 애니메이션을 보려면 Continue(Cmd-Option-P)를 클릭하거나 iPhone을 보면 동전던지기의 결과가 마침내 화면에 나타나는 것을 볼 수 있다.

---

26) XCode 4.2 이상에서는 녹색 화살표로 표시된다.

1.7 정리

첫 번째 iPhone 애플리케이션 개발을 축하한다! 친구나 가족에게 자랑해라. 이것이 릴리즈되어 차세대 iTunes App Store 블록버스터가 되지 않을 수 있지만, 이 애플리케이션을 만드는 동안 XCode IDE의 많은 중요 기능들을 마스터했고, 개발에 성공하였다.

Objective-C는 여러 가지 기능을 가진 강력한 언어이지만, XCode와 같은 시각적 도구를 사용하면 애플리케이션의 초기 프로토타입을 설정하는 동안의 생산성을 향상시킬 수 있다. 사용자에게 제공되는 방법에서의 애플리케이션 로직과의 감결합은 과소평가하지 말아야 할 강력한 메커니즘이다. 처음부터 애플리케이션의 사용자 인터페이스를 완벽하게 디자인하는 것은 힘든 일이므로 코드를 한 줄도 수정하지 않고 사용자 인터페이스를 수정할 수 있는 것은 강력한 장점이다.

이와 마찬가지로 게임의 많은 기능을 구현하기 위해 세밀한 점을 처리하기 위하여 Cocoa Touch 프레임워크를 의존할 수 있다. 예를 들어 애니메이션은 상당히 선언적인 방식으로 구현되었다. 회전 및 페이드하는 명령어를 위한 특별한 시작과 종료 지점을 지정하고 나면 스크린에 다시 그리고, 애니메이션을 전환하고 효과를 종료할 때 속도를 빠르게 하거나 느리게 하는 것에 대한 작업은 Quartz core 프레임워크에게 맡겨둔다.

개발을 진행함에 따라 Cocoa Touch 프레임워크의 대단한 힘임을 계속 보게 될 것이다. 만약 특정 기능을 위한 방대한 양의 소스코드를 직접 작성한다면, Cocoa가 제공하는 최대 장점을 누리지 못할 것이다.

제2장에서는 데이터 형식, 변수나 상수를 소개하며 이 책 전반을 통해 개발하게 될 Rental Manager 애플리케이션을 소개한다.

2장

데이터 형,
변수 그리고 상수

이 장에서 배우는 것

– 수치, 논리, 문자 기반 데이터 저장하기
– 데이터 형 생성하기
– 다른 데이터 유형 사이의 값 변환하기
– 표현을 위한 값 형식화하기
– Rental Manager 예제 애플리케이션 소개하기

거의 모든 애플리케이션에서는 일정의 약속 목록이나 뉴욕의 현재 날씨, 게임의 하이 스코어 목록 등과 같은 종류의 데이터를 저장(store), 표현(represent), 처리(process)한다.

Objective-C는 변수를 선언할 때마다 변수에 저장할 것이라고 예측하는 데이터의 형을 지정해야 하는 정적 형식 언어이다. 예를 들어 다음의 변수 선언에서 변수의 이름은 zombieCount이고, 변수의 타입은 int이다.

```
int zombieCount;
```

정수(integer)를 의미하는 int는 −2,147,483,648에서 +2,147,483,647 사이의 값을 저장하는 데이터 형이다. 2장에서 실생활의 값 범위를 저장할 수 있는 여러 가지의 데이터 형을 발견하게 될 것이다. 그러나 더 깊게 들어가기 전에 이 책에서 주로 다루고 있는 Rental Manager 애플리케이션에 대해 소개하고자 한다.

2.1 Rental Manager 애플리케이션 소개

이 책의 각 장은 큰 예제 애플리케이션에 이론을 반영함으로써 이전에 배웠던 것을 보강해간다. 이 애플리케이션은 임대 포트폴리오에서 임대 부동산을 관리하고 장소, 부동산의 형태, 주당 임대료, 현재 임차인 리스트 등의 상세 정보를 보여주도록 디자인

되었다. 그림 2.1은 이 책의 최종 단계에서 보게 될 애플리케이션이다.

임대 포트폴리오를 관리하지 않게 되더라도 Rental Manager 애플리케이션의 개념을 관심이 있는 다른 애플리케이션 개발에 적용할 수 있다. 예를 들어, 스포츠 팀이나 달리기 레이스 참가자의 세부사항을 관리하는 애플리케이션으로 변환할 수 있다.

2.1.1 기초 확립하기

Rental Manager 애플리케이션 개발을 시작하기 위하여 XCode를 열고 File 〉 New 〉 New Project를 선택한다. 다음 나타나는 대화상자에서 'Navigation-based Application' 템플릿[1]을 선택하고 RentalManager라고 프로젝트 이름을 넣는다[2]. 설정이 종료되면 XCode에 그림 2.2와 비슷한 화면이 보일 것이다.

그림 2.1 이 책에서 개발한 Rental Manager 애플리케이션의 다양한 모습을 보여주는 스크린 샷. 작은 예제들과 마찬가지로 큰 예제 프로젝트를 위하여 각 장에서 기능을 추가하여 콘셉트를 강화함.

---

1) XCode 4.2 이상에서는 Master-Detail Application을 선택한다.
2) XCode 4.2 이상에서 이 책을 이용하여 실습을 하는 경우에는 Use Storyboard와 Use Automatic Reference Counting 체크박스의 선택을 모두 해제해야 한다. 1장 실습을 한 경우에는 기본적으로 해제되어 있다.

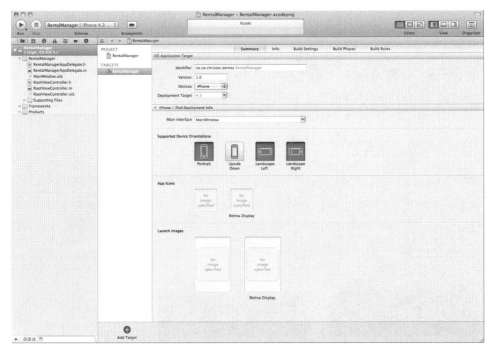

그림 2.2 Navigation−based Application 템플릿을 이용하여 Rental Manager 애플리케이션을 생성한 후의 XCode의 메인 프로젝트 윈도우.

Cmd-R을 눌러 애플리케이션을 실행하면 빈 iPhone 화면과 비슷한 화면이 표시될 것이다 - 그러나 이 화면은 View-based Application[3)](1장의 동전던지기에서 본 것 같이)을 실행했을 때의 완전히 빈 화면과는 다르다. Navigation-based Application 템플릿은 상위의 독특한 파란 내비게이션 바와 같은 몇 가지 사용자 인터페이스 요소가 삽입되어 있다. Rental Manager 애플리케이션 개발을 하면서 주어진 다양한 기능을 확장해가지만 지금 당장은 임대 부동산 목록의 표시 기능을 추가하는 것에 집중하자.

애플리케이션을 실행하면, 연한 회색 선으로 구분되고 손가락을 사용하여 목록을 위아래로 슬라이드할 수 있는 몇 개의 행으로 나누어진 하얀 배경화면이 표시된다. 이 컨트롤은 프로젝트 템플릿에 의해 추가된 **UITableView**라고 한다. 이 컨트롤에서 데이터를 표시하려면, 얼마나 많은 행을 추가해야하는지 그리고 각 행은 어떤 내용을 포함하는지 소스코드의 작은 부분을 작성해야 한다.

---

3) XCode 4.2 이상에서는 single−view Application이다.

RootViewController.m 파일[4]을 선택하고 수정하기 위하여 연다. 프로젝트 템플릿은 개발자의 편의를 위하여 이 파일에 필요한 소스 코드를 삽입하였다(현재는 대부분 주석으로 처리됨).

tableView:numberOfRowsInSection:와 tableView:cellForRowAtIndexPath: 메서드를 찾아서 다음 리스트의 코드로 교체하여라.

리스트 2.1 테이블에서 표시할 내용을 위한 UITableView 요청 처리하기

```
- (NSInteger)tableView:(UITableView *)tableView
  numberOfRowsInSection:(NSInteger)section {
{
  return 25;                                          ❶ 행의 수 지정
}

- (UITableViewCell *)tableView:(UITableView *)tableView
  cellForRowAtIndexPath:(NSIndexPath *)indexPath {
{
  static NSString *CellIdentifier = @"Cell";
  UITableViewCell *cell = [tableView
    dequeueReusableCellWithIdentifier:CellIdentifier];
  if (cell == nil) {                                  ❷ 테이블 뷰
    cell = [[[UITableViewCell alloc]                     셀 생성
            initWithStyle:UITableViewCellStyleDefault
            reuseIdentifier:CellIdentifier] autorelease];
  }

  cell.textLabel.text = [NSString                     ❸ 텍스트
    stringWithFormat:@"Rental Property %d", indexPath.row];  라인 수 설정

  NSLog(@"Rental Property %d", indexPath.row);

  return cell;
}
```

Rental Manager 애플리케이션을 실행하는 동안 얼마나 많은 행을 표시하는지를 결정하기 위하여 ❶에서처럼 UITableView 컨트롤은 tableView:numberOfRowsSection: 메서드를 호출한다. 그런 다음 사용자가 각 표시 행에 대한 내용을 얻기 위하여 해당 목록을

---

4) XCode 4.2 이상에서는 MasterViewController.m 파일을 연다.

위 아래로 슬라이드하게 되면 `tableView:cellForRowAtIndexPath:`를 호출한다.

`tableView:cellForRowAtIndexPath:`는 두 가지 단계로 구현되었다. 첫 번째 단계인 ❷는 `UITableViewCell`로 새로운 테이블 뷰 셀(table view cell)을 생성한다. 이 스타일은 크고 굵은 글씨의 단일 라인을 표시한다(환경설정이나 iPod 음악 플레이어 애플리케이션의 레이아웃과 비슷한 기본 내장된 스타일). 다음 단계인 ❸에서는 %d 대신에 현재 행의 인덱스 위치가 대체되는 'Rental Property %d' 텍스트 라인이 설정된다.

Cmd-R을 눌러 애플리케이션을 실행하면 메인 화면에 25개의 임대 부동산 리스트가 표시된다. 이 장에서의 도전은 각 임대 속성에 연습 정보를 표시하기 위하여 `tableView:cellForRowAtIndexPath:` 메서드를 확장하기 전에 애플리케이션에 데이터를 저장하는 방법을 배우는 것이다.

다른 부분을 확인하기 전에 `tableView:cellForRowAtIndexPath:`를 보면, 함수의 마지막 줄에 NSLog라는 함수를 호출한다. 이 메서드는 화면 테이블 뷰 셀에 표시하는 문자열을 생성하는 `NSString`의 `stringWithFormat:`과 비슷한 인자를 가진다.

`NSLog`는 배우고 사용하기 쉬운 함수이다. 이것은 문자열 형식일 뿐 아니라 XCode 디버거 콘솔에 결과를 보낸다(그림 2.3 볼 것). `NSLog`는 중단점에 의지하지 않고 애플리케이션의 내부 작동을 진단하는 유용한 방법이 될 것이다.

그림 2.3과 같이 Rental Manager 애플리케이션이 실행하는 동안 NSLog에 의해 호출된 결과를 디버거 콘솔(Shift-Cmd-Y)에서 볼 수 있을 것이다. 임대 속성 리스트를 위아래로 스크롤하면 `UITableView`가 세부사항을 요청하는 행 로그가 콘솔 창에 나타난다.

이제 Rental Manager 애플리케이션을 소개하고 초기 설정한 후 실행하였다. 이제 주제로 돌아가서 애플리케이션에 데이터를 저장하는 방법을 설명한다. 이 장 나머지 부분 전반에 걸쳐 `tableView:cellForRowAtIndexPath:` 부분에 자유롭게 다양한 코드를 추가하여 실험한다. 마지막 부분에는 실제 애플리케이션에 적용하도록 구체화한다.

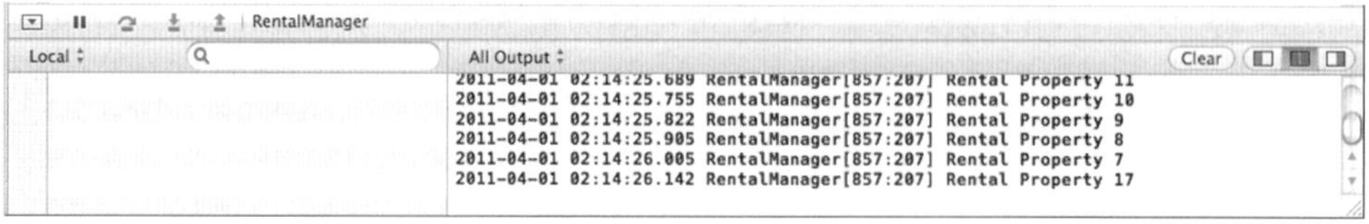

그림 2.3 실행 중인 애플리케이션의 내부 동작 진단 메시지를 보여주는 디버거 콘솔 창.

2.2 기본 데이터 형

Objective-C 언어는 단순한 쌓기 블록(building blocks)처럼 제공되는 표준 데이터 형 (standard data type) 집합이 정의되어 있다. 내장된 데이터 형은 자주 원시 데이터 형(primitive data type)이라고 불린다. 왜냐하면 각 데이터 형은 하나의 값만 저장할 수 있고, 더 작은 단위로 나눌 수 없기 때문이다.

한번 원시 데이터 형의 사용법을 마스터하게 되면 크고 더 복잡한 복합 데이터 형을 생성하기 위하여 여러 개의 원시 데이터 형을 조합하는 것이 가능하다. 이 복합 데이터 형을 **열거형**(enum), **공용체**(union), **구조체**(struct)라고 한다.

이 장에서는 int와 float, double, char, bool을 포함하는 원시 데이터 형을 다룬다. 자 이제 Rental Manager 애플리케이션에 수치 데이터 저장에 사용할 수 있는 여러 데이터 형에 대하여 논의하자.

2.2.1 손가락 수 세기 – 진정수(integral number)

정수(integer)는 프로그래밍 언어의 진정수 부분이다. 정수는 음수(negative)나 양수 (positive)가 될 수 있는 모든 수이다. 27, -5, 0과 같은 값은 정수가 되지만 0.82와 같이 소수점을 포함하기 때문에 아니다.

정수 변수를 선언하기 위하여 다음 예와 같이 int(정수를 의미하는 integer의 줄임말) 데이터 타입을 사용한다.

```
int a;
```

기본적으로 int 변수는 부호를 가지므로(signed) 음수와 양수를 모두 표현할 수 있다. 가끔 양수만 저장되도록 정수 변수를 제한할 수도 있다. 이럴 때는 다음 변수 선언처럼 데이터 형 앞에 특별한 한정자(qualifier)인 unsigned를 추가한다.

```
unsigned int a;
```

이것은 변수가 양수만 저장되길 허락한다는 의미이다.

반대로 signed 한정자를 이용하여 양수, 음수 모두 저장이 가능한 명백한 signed 정수 변수를 생성할 수도 있다.

```
signed int a;
```

`int` 형의 변수는 대부분의 애플리케이션에서 기본적으로 signed이기 때문에 이 **signed** 한정자를 보기 힘들다 - 이것을 사용하는 것은 다소 과잉이다.

한번 변수가 선언되면 등호(equal sign)로 표현되는 대입 연산(assignment operator)자를 이용하여 값을 할당한다. 예를 들어 다음 명령문은 a라는 새로운 변수를 선언하고 15를 할당한 것이다.

```
int a;
a = 15;
```

일반적으로 변수를 선언하고 초기 값을 할당하기 때문에 두 명령문을 혼합하여 사용할 수 있다.

```
int a = 15;
```

할당하는 명령문에서 사용된 15는 **상수**(constant)라고 부른다. 상수는 애플리케이션이 실행되는 동안 절대 변하지 않는 값이다. 상수는 단일 값만 가지는 것은 아니다. 다음 예와 같이 상수 값을 만들어 변수를 선언할 수 있다.

```
int a = 5 + 3;
```

표현식 5+3을 계산한 값은 8 이외의 숫자가 발생할 수 없다. Objective-C 컴파일러는 이 표현식을 계산하여 상수값으로 대체한다.

기본적으로 정수 상수는 대부분의 사람들에게 친숙한 표기법인 10진수(decimal)로 표현된다. 또한, 표 2.1에 자세하게 나온 것처럼 특별한 접두사(prefix)를 숫자 앞에 사용하여 다른 진수의 정수로 지정할 수도 있다.

새로운 개발자들이 종종 하는 실수는 10진수 숫자에 앞에 0을 포함하는 것이다. Objective-C에서 017와 17는 같은 값이 아니다. 첫 번째 상수 앞의 0은 8진법을 나타내기 위한 숫자이므로 10진수 15와 같은 값이다.

표 2.1 정수 상수 15의 여러 가지 표현법. 각 포맷은 특별한 접두사에 의해 식별됨.

이름	진수	접두사	상수의 예
8진법(Octal)	8	0	017
10진법(Decimal)	10	–	15
16진법(Hexadecimal)	16	0x	0x0F

이상보다 열악한 현실에 직면하기

iPhone은 기존의 휴대전화보다 하드웨어와 메모리의 제약이 광범위하게 개선되었지만 여전히 애플리케이션에 사용될 수 있는 메모리가 고정되어 실제 현실 세계에서는 제한적이다. 이상적인 세계의 개발자는 정수의 값에 어떠한 제약 – 양수나 음수 모두 무한대 – 이 없는 것을 원하지만, 불행히도 제약은 존재한다. int 형의 변수를 선언하면 값을 저장할 만큼 메모리에 할당하고 제한된 범위의 값만 나타낼 수 있다. 만약 무한하게 큰 값을 저장하고자 하면 변수는 무한한 크기의 메모리를 요구하게 되며, 이는 불가능하다.

이것이 unsigned와 signed 한정자를 가지고 있는 이유이다. unsigned 한정자를 사용하면 음수를 저장할 수 있는 공간에 양수를 저장하도록 전환하여 동일한 크기의 메모리에 두 배 범위의 양수를 저장할 수 있다. 다른 한정자에는 int 데이터 형의 크기를 축소하거나 확장하는 short과 long이 있다. 표 2.2에 가장 일반적인 크기를 나열하였다.

표 2.2 일반적인 정수 데이터 형. 다양한 접두어를 이용하여 변수의 크기와 값을 안전하게 저장할 수 있게 유효범위를 바꿀 수 있음.

데이터 형	크기(bit)	Unsigned 범위	gned 범위
short int	16	$0 - 65,535$	$-32,768 - 32,767$
int	32	$0 - 4,294,967,295$	$-2,147,483,648 - 2,147,483,647$
long int	32	$0 - 4,294,967,295$	$-2,147,483,648 - 2,147,483,647$
long long int	64	$0 - (2^{64} - 1)$	$-2^{63} - (2^{63} - 1)$

Objective-C에서 int는 변수와 인자를 위한 기본 데이터 형이다. 이것은 변수를 선언하는 명령문에서 int 키워드를 제거하여도 대부분의 경우 여전히 컴파일된다는 것을 의미한다. 그러므로 아래 두 변수 선언문은 동일하다.

```
unsigned a;
unsigned int a;
```

첫 번째 변수 선언은 암묵적으로 unsigned 한정자가 존재하는 데이터 형 int를 선언하는 것을 의미한다. 두 번째 선언문에는 int 데이터 형이 존재하므로 명시적으로 선언한 것이다.

계속되는 진보의 유산 – NSInteger, NSUInteger과 그들의 가족

Cocoa Touch를 공부하다보면 대부분의 API가 int와 unsigned int 대신에 NSInteger 나 NSUInteger와 같은 이름의 데이터 형을 사용하는 것을 볼 수 있을 것이다. 이것은 Apple이 64 - bit 컴퓨팅을 위하여 추가한 것이다.

현재, 모든 iOS 장치(Mac OS X 이전 버전)는 32 - bit 주소 공간을 이용하는 ILP32 프로그 래밍 모델을 사용한다. Mac OS X 10.4 이후 데스크톱은 64 - bit 주소 공간을 지원하는 다른 프로그래밍 모델인 LP64을 사용한다. LP64 모델에서는 int와 같은 다른 원시 데이 터 형의 크기가 그대로인 것에 반하여 long int 형의 변수는 크기와 메모리의 주소가 64 - bit로 증가(표 2.2에서 32 - bit와 비교)하였다.

64 - bit 플랫폼을 최대한 활용하기 위하여 Cocoa는 64 - bit 플랫폼에서 같은 코드를 컴파일하면서 32 - bit 플랫폼의 32 - bit 정수형을 64 - bit 정수로 변환하는 NSInteger 데이터 형을 발표하였다. 이것은 32 - bit 시스템에서 과도한 메모리를 사용하지 않으면 서 64 - bit 정수에 의하여 제공되는 향상된 범위를 활용할 수 있다.

예리한 개발자는 왜 long int와 같이 같은 역할을 수행하는 기존 데이터 형이 있음에도 NSInteger와 같은 새로운 데이터 타입이 필요한지에 이상하게 여길 것이다. NSInteger 는 64 - bit 플랫폼에서 64 - bit 정수를 사용하기 위해서 존재하지만, 32 - bit 플랫폼에서 는 long int 대신 int로 사용해야 한다.

> ### 미래의 귀찮은 문제에 대비하기 위한 좋은 습관
>
> NSInteger나 NSUInteger와 같은 데이터 형을 선언하는 것은 소스 코드가 미래지향적으로 고려 되었다고 할 수 있다. 현재의 iPhone에서는 컴파일하였을 때 int와 unsigned int와 동일할지라 도 나중에는 어떻게 바뀌게 될지 모른다. 아마도 미래의 iPhone이나 iPad는 64 – bit 장치가 될 것이다. 또는 소스코드를 비슷한 데스크톱 애플리케이션에서 재사용하길 원할 수도 있다.
>
> 지금보다 앞으로 이러한 이식 문제를 해결하는 데 NSInteger나 NSUInteger와 같은 이식이 용이한 데이터 형을 사용하는 습관을 확립하는 것이 훨씬 쉬워진다(즉각적으로 이득이 되지 못할 지라도).

2.2.2 틈새 채우기 – 부동소수점 숫자

실제 현실을 모델링하면 일반적으로 0.25나 1234.56과 같이 소수 부분을 포함하는 숫자를 발견하게 된다. 정수 변수에는 이러한 값을 저장할 수 없다. 그래서 Objective-C에서는 이와 같은 값을 저장하기 위하여 `float`과 `double`이라고 하는 대체 데이터 형을 제공한다. 예를 들어 다음과 같이 `float` 데이터 형의 변수 `f`를 선언하고 그 값에 `1.4`를 할당할 수 있다.

```
float f = 1.4;
```

부동 소수점(floating-point) 상수는 지수(exponent)에서 가수(mantissa)부분을 분리하고 문자 e를 이용하는 과학적(scientific) 혹은 지수(exponential) 표기법으로 표현할 수 있다. 다음의 두 변수는 동일한 값으로 초기화한다.

```
float a = 0.0001;
float b = 1e-4;
```

첫 번째 변수는 친숙한 10진수 상수로 `0.0001`을 할당하였다. 두 번째 변수는 동일한 값을 할당하지만 이번에는 과학적 표기법을 사용하였다. 상수 `1e-4`은 $1×10^{-4}$를 간단하게 표기한 것으로 계산 결과가 `0.0001`으로 산출된다. e는 10의 거듭제곱을 곱하는 것을 표현한 것으로 생각할 수 있다.

표 2.3에서처럼 Objective-C에서 부동소수점 변수는 가능한 값의 범위와 사용하는 메모리의 크기에 따라 결정된 두 가지 데이터 형을 이용할 수 있다.

유사한 크기의 int에 훨씬 작은 범위의 값을 저장할 수 있을 때, `float`이나 `double` 형 변수가 어떻게 더 넓은 범위의 값을 저장할 수 있는지 궁금할 수도 있다. 그 대답은 부동소수점 변수가 값을 저장하는 방법에 달려있다.

표 2.3 일반적인 부동소수점 데이터 형. `double`은 `float`보다 두 배의 메모리를 사용하지만 상당히 큰 값을 저장할 수 있음.

데이터 형	크기(bit)	범위	유효 숫자 (대략적인)
float	32	$±1.5×10^{-45}$ to $±3.4×10^{38}$	7
double	64	$±5.0×10^{-324}$ to $±1.7×10^{308}$	15

iPhone에서는 최근 현대적인 플랫폼과 마찬가지로 IEEE 754 표준(http://grouper.ieee.org/groups/754) 형식에 따라 부동소수점을 저장한다. 이 형식은 과학적 표기법과 비슷하다. 더 복잡한 세부사항은 생략하기로 하고 float이나 double을 32-bit나 64-bit에 가수와 지수로 표현된 두 작은 부분으로 나누어 구성된 것이라고 생각할 수 있다.

지수 형식을 사용하면, 매우 크거나 작은 숫자를 표현할 수 있다. 그러나 대부분과 마찬가지로 이것에도 제한이 있다. 가수로 사용할 수 있는 값이 한정(가수를 저장하기 위해 할당된 bit의 수가 한정되었기 때문에)되어 있기 때문에 표현할 수 있는 모든 범위에 있는 값을 지수로 표현할 수 없다. 이것은 특정 소수값을 정확하게 저장할 수 없다는 흥미로운 발견에 이르게 된다. 예를 들어 다음 코드의 결과를 보면 놀랄 것이다.

```
float f = 0.6f;
NSLog(@"0.6 = %0.10f", f);
```

NSLog에게 %0.10f가 소수점 이하 10 자리수를 출력하도록 요청했을 때, 0.6000000000 대신 0.6000000238이 출력하게 된다. 이렇게 부정확한 이유는 10진수 0.6을 2진수나 2의 거듭제곱 형태로 변경하였을 때, 무한 시퀀스(10진수에서 1을 3으로 나누었을 때, 0.33이 나오는 것과 비슷하게)를 생성하였기 때문이다. 왜냐하면 실수값은 저장할 수 있는 비트만으로 관찰될 수 있기 때문에 이런 오류가 생긴다.

부동소수점을 이용한 많은 계산은 32-bit에 맞춰 반올림하여 결과를 산출한다. 일반적으로 float 형 변수는 7개의 유효숫자를 가지는 데 반하여 double은 15개로 확장되었다.

부동소수점을 사용할 때, 면밀한 검토가 필요하다. 지정된 범위 안에 모든 값을 표현할 수 있는 정수 값과 달리 부동소수점 숫자는 최악의 경우 결과의 근사치만을 계산한다. 이것은 드물게 두 부동소수점 숫자 간의 동등 관계 비교가 안 될 수도 있다는 것을 의미한다. 대신, 부동소수점 숫자는 전통적으로 한 값과 다른 값 간의 차이가 적당하게 작은 엡실론(epsilon) 값보다 작은지를 비교한다.

> **부동소수점이란**
>
> 계산에서 **부동소수점**이란 숫자에서 10진수(혹은 기수)의 소수의 점(point) 위치가 움직일 수 있는 "부동(float)"이라는 것을 의미한다. 소수점은 숫자 체계에서 유효 숫자 사이 어디에도 삽입될 수 있다.
>
> 고정 소수점과 비교하면 고정 소수점의 소수점은 항상 자리수가 고정된 위치에 있다.
>
> Objective-C는 어떠한 표준 고정 소수점 데이터 형도 제공하지 않는다. 일반적으로 현재 있는 정수형 데이터 형을 이용하여 구현한다. 예를 들어 센트(cent)를 포함하는 화폐값을 저장할 때, 마지막 두 10진수 자리수 전에 소수점이 위치하는 고정소수점을 고려할 수 있다. 정수값 12345이 저장되면 이는 $123.45의 표현으로 받아드릴 수 있다.

2.2.3 문자형과 문자열

수치형 데이터를 저장할 수 있는 데이터 형에 다른 범주의 데이터가 저장될 수 있다. 예를 들어 char 데이터 형은 애플리케이션에서 문자 데이터를 저장하기 위한 기본이 된다.

태초에 데이터형 char가 거기 있었다.

char 변수에는 알파벳 a나 숫자 6, 별표[5])와 같은 특수 문자 등 단일 문자를 저장할 수 있다. 일부 문자(예를 들어 세미클론 또는 중괄호 등)는 이미 Objective-C에서 특별한 의미를 가지고 있기 때문에 문자 상수를 정의할 때 특별한 주의가 필요하다. 일반적으로 문자 상수는 원하는 문자를 작은따옴표로 둘러싸고 있는 형태로 선언한다. 예를 들어 다음은 변수에 알파벳을 할당하는 것이다.

```
char c = 'a';
```

char 데이터 형은 작은 8 · bit 정수로도 볼 수 있으므로, ASCII 문자표를 참조하여 숫자 값을 직접 할당하는 것도 가능하다.

```
char d = 97;
```

ASCII 문자표를 참조하면 **97**은 소문자 a를 나타내므로 변수 c와 d에는 모두 동일한

---

5) 프로그램에서 곱셈의 기호로 사용하는 *를 말하며 애스터리스크(asterisk)라고 부른다.

값이 저장된다.

작은따옴표를 이용하면 문자화가 가능한 모든 문자를 문자 상수로 지정할 수 있다. 그러나 캐리지리턴(carriage return)이나 개행(newline) 문자와 같은 몇 가지는 이 방법으로 소스코드에 입력하는 것이 불가능하다. Objective-C에서는 이러한 특수문자를 문자 상수로 사용하기 위해서 이스케이프 시퀀스(escape sequences)를 인식한다. 일반적인 역슬러쉬(backslash) 이스케이프 시퀀스 목록은 다음 표 2.4를 참조한다.

기본적으로 char은 0부터 255를 저장할 수 있는 unsigned이다. signed 한정자를 이용하면 −128부터 127까지의 값을 저장할 수도 있다. 그러나 숫자를 저장하길 원하는 경우에는 아마 int 데이터 형을 사용하게 될 것이다.

표 2.4 문자 상수에 특수한 문자를 지정하는 데 사용하는 일반적인 역슬래시 이스케이프 시퀀스. 이 표의 대부분 문자열은 인쇄 페이지에 눈에 보이게 표시되지 않기 때문에 특별한 처리가 필요함.

이스케이프 시퀀스	설명	이스케이프 시퀀스	설명
\r	캐리지리턴	\"	큰 따옴표
\n	개행	\'	작은 따옴표
\t	수평적인 탭(tab)	\\	역슬래시

단일 문자 저장이 가능한 변수를 선언한 다음에는 단어나 문장, 단락 등 단일 문자의 시퀀스(sequences of characters)를 저장하도록 확장하길 원하게 될 것이다. Objective-C는 이러한 문자의 시퀀스를 **문자열**(string)이라고 한다.

문자열과 함께 생각할 것

문자열은 차례로 나열된 문자이다. Objective-C에서는 두 가지 문자열 데이터 형을 제공한다. Objective-C에서 전통적인 C를 계승한 C 스타일의 string과 새로운 객체지향형 데이터형인 NNString이다.

C 스타일 string 변수는 char * 데이터 형으로 선언된다. 문자열 상수는 큰 따옴표(" ")로 묶여진 문자들의 집합으로 표시되며, 표 2.4에 나온 이스케이프 시퀀스를 사용할 수 있다. 다음은 myString이라는 변수에 "Hello, World!"라는 문자열을 저장한 예이다:

```
char *myString = "Hello, World!";
```

표준 C 런타임 라이브러리(standard C runtime library)는 C 스타일 string에서 활용할 수 있는 다양한 함수를 제공한다. 예를 들어 특정 문자열의 길이를 측정하는데 strlen 함수를 사용할 수 있다.

```
int length = strlen(myString);
```

C 스타일 문자열을 사용할 때, 작업 중 생길 수 있는 문자열을 저장할 충분한 메모리를 확보하여야 할 책임이 있다. 이것은 기존 문자열에 문자를 추가하는 strcat이나 strcpy 와 같은 함수를 사용할 때, 특히 기억해야 하는 중요한 사실이다. 다음 명령문은 이미 문자열이 저장된 msg 변수의 문자열 끝부분에 두 문자열의 연결하는 strcat 함수를 사용하여 "are awesome!"이라는 텍스트를 추가하는 것이다:

```
char msg[32] = "iPhones";
strcat(msg, " are awesome!");
```

이 코드에는 문제가 없지만 함수 실행 결과가 31자 이상이 되는 경우 문제가 생긴다. msg 변수 뒤의 대괄호는 컴파일러가 31개의 문자를 위한 공간을 할당하도록 한다(문자열 의 끝을 의미하는 NULL 문자가 하나 포함됨). 만약 결과가 할당된 공간보다 큰 문자열이라 면, 어떠한 변수가 저장되어 있을지라도 할당된 메모리의 다음 공간을 덮어쓴다. 이러한 상황을 **버퍼 오버런**(buffer overrun)이라고 하며, 이는 애플리케이션과 사용자가 상호작 용하는 방법에 따라 변수가 임의로 변경되거나 애플리케이션 충돌과 같은 감지하기 힘든 버그를 발생시키게 된다.

그러므로 Objective-C에서는 **NNSSTring**이라는 좀 더 실용적인 데이터 형을 정의하였으 며, 이는 3장에서 깊게 다루기로 한다.

Hello, hola, bonjour, ciao, 餒, привет

문자 데이터 형은 소프트웨어의 국제화가 이루어지지 않았을 때 만들어졌다. 그러므로 C 스타일 문자열을 사용하는 대부분의 iPhone 애플리케이션에서는 unichar와 같이 유사한 데이 터 형을 사용한다. unichar는 UTF-16 형식의 문자 데이터를 저장하는 16-bit 문자 데이터 형이다.

2.2.4 부울 진리(Boolean truths)

일반적으로 많은 프로그래밍 언어에서는 TRUE와 FALSE라고 부르는 두 상태를 저장할
수 있는 부울(Boolean) 데이터 형을 가지고 있다. Objective-C도 예외가 아니다. YES와
NO(TRUE와 FALSE로 정의되기도 하지만)로 미리 정의된 값을 저장하도록 BOOL 데이터
형을 제공한다. 다음과 같이 간단한 상수값을 지정할 수 있다.

```
BOOL result = YES;
```

그러나 다음 예시와 같이 일반적으로 다른 데이터 형의 하나 이상의 값의 비교를 수행하
여 부울 값을 계산한다.

```
int a = 10;
int b = 45;
BOOL result = a > b;
```

대부분의 언어에서 > 연산자는 왼쪽 값과 오른쪽 값을 비교하여 오른쪽에 비하여 왼쪽
값이 크면 참을 반환한다. 표 2.5는 Objective-C에서 사용할 수 있는 일반적인 비교
및 논리 연산자이다.

표 2.5 Objective-C의 부울 표현식에서 사용할 수 있는 일반적인 비교 및 논리 연산자. &&, || 연산자와
&, | 연산자는 다른 작업을 수행하므로 혼용하지 말 것.

연산자	설명	표현식 예
>	크다	x > y
<	작다	x < y
>=	크거나 같다	x >= y
<=	작거나 같다	x <= y
==	같다	x == y
!=	같지 않다	x != y
!	Not (논리적 부정)	!x
&&	논리적 And	x && y
||	논리적 Or	x || y

일부 언어에서의 부울 데이터 형과 달리 Objective-C의 BOOL 형은 YES와 NO 값만 저장하
도록 제한하지 않는다. 내부적으로 프레임워크는 이전에 논의된 `signed char` 데이터

형의 다른 이름으로 BOOL 정의한다. Objective-C는 부울 표현식을 평가할 때, 0이 아닌
값은 참을 0은 거짓을 나타낸다. 저장 체제의 이러한 결정은 몇 가지 흥미로운 엉뚱한
결과를 가져올 수 있다. 예를 들어 다음 소스 코드의 일부는 Bool 변수가 동시에 참과
거짓 모두의 값을 저장하는 것을 시도한다.

```
BOOL result = 45;
if (result) {
    NSLog(@"the value is true");
}
if (result != YES) {
    NSLog(@"the value is false");
}
```

이 엉뚱한 결과는 결과 변수에 0이 아닌 값(참을 의미)을 저장하지만, (1)에서 정의한
YES와 같은 값을 저장하지는 않기 때문에 일어났다. 일반적으로 BOOL의 값은 NO와 비교
하는 것이 좋다. 이것은 거짓을 의미하는 유일한 값이기 때문에 위의 소스코드와 같은
증명이 어려운 오류가 발생하지 않아 안심할 수 있다.

지금까지 내장된 원시 데이터 형으로 값을 저장하고 선언하는 방법을 알아보았다. 이
책의 나머지 부분 전반에 걸쳐 나머지 데이터 형에 대해 배우게 될 것이다.

2.3. 값의 표시와 변환

값 저장을 위하여 변수를 이용하는 것은 유용하지만, 어떤 경우에서는 사용자에게 값을
보여줘야 한다. 이때 보통 더 보기 편한 형태로 값의 포맷을 변환할 것이다. 예를 들어,
부동 소수점 계산 결과값이 1.000000000000276으로 나온 경우 사용자가 이정도의 정밀
한 수준의 답에는 관심이 없을 수도 있다(실제로 2.2.2에서 논의된 것처럼 잠재적인 부정확
을 가진 가장 정밀한 결과일지라도). 1.00처럼 소수점 이하 2자리까지의 값만 제공하는
것이 더 적당할 수도 있다.

다음 절에서는 NSLog의 인자 형태로 제공된 **포맷 문자열**(format string)을 이용하여 표시
를 변경하는 방법에 대하여 이야기할 것이다. 또한, 수치값의 다양한 표현 방법과 계산
결과에 미치는 영향에 대해서도 간략하게 알아볼 것이다.

2.3.1 NSLog과 포맷 지정자

NSLog에서 첫 번째 인자는 **포맷 문자열**을 지정한다. NSLog에서는 문자열을 처리하여 XCode의 디버거 콘솔에 표시한다. 대부분의 경우 포맷 문자열은 % 문자로 나타내는 하나 이상의 지정 문자열(placeholder)을 포함한다. 지정 문자열이 존재하면, NSLog는 적당한 숫자를 전달해줄 추가 인자가 있다고 기대하게 된다. NSLog는 각 자리의 지정 문자열을 다음 인자의 값으로 대체하여 메시지를 표시한다. 예를 들어 다음 코드의 일부가 실행되면, NSLog는 첫 번째 %d를 변수 a로, 두 번째를 변수 b로 대체하고 디버그 콘솔에 "Current values are 10 and 25" 메시지를 표시한다.

```
int a = 10;
int b = 25;
NSLog(@"Current values are %d and %d", a, b);
```

지정 표시자 정의에서는 % 바로 뒤 문자로 다음 인자의 데이터 형과 값의 포맷을 명세하게 된다. 표 2.6는 일반적으로 사용하는 몇 가지 데이터 형식과 이에 연결된 포맷 지정자를 소개한다.

표 2.6 NSLog 포맷 문자열에서 사용하는 일반적인 포맷 지정자. 일부 데이터 형은 다양한 형태의 값으로 표현하기 위한 다수의 포맷 지정자를 지닌다. 예를 들어 정수 값은 10진수, 8진수, 16진수 형태로 표현할 수 있다.

데이터 형	포맷 지정자
char	%c (혹은 unichar를 위한 %C)
char * (C-style string)	%s (혹은 unichar *를 위한 %S)
Signed int	%d, %o, %x
Unsigned int	%u, %o, %x
float (혹은 double)	%e, %f, %g
Object	%@

표 2.6에서 몇 가지를 살펴보자. 정수의 경우 10진수는 %d(혹은 %u)를 8진수는 %o를 16진수는 %x를 선택하여 값을 표기할 수 있다. 정수형 변수는 여러 크기가 있기 때문에 인자의 크기를 나타내는 문자를 포맷 지정자 앞에 붙여 추가할 필요가 있다. short 형은 h, long 형은 1, long long 형은 11을 추가한다. 예를 들어 16진수 long long int 형을 위한 포맷 지정자는 %11x를 이용한다.

비슷한 방식으로 float과 double 형도 세 가지 옵션을 가진다. %e는 과학적 표기법, %f는 소수점 표기법을 사용하며 %g는 NSLog가 두 표기법 중 가장 적당한 표기법으로 결정하도록 한다.

% 문자는 포맷 문자열에서 특별한 의미를 가지므로 생성되는 텍스트에서 %을 포함시키려면 특별한 주의가 필요하다. 새로운 지정 문자열이 아닌 퍼센트(%)를 의미하는 상징으로 % 기호를 사용하고 싶으면 두 개를 연속(%%)하여 삽입해야 한다. 이것은 백분율 값을 표시할 때 편리하다. 다음 소스의 실행 결과는 "Satisfaction is currently at 10%"가 된다.

```
int a = 10;
NSLog(@"Satisfaction is currently at %d%%", a);
```

64-bit로 이식하는 것은 처음 생각처럼 결코 간단하지 않다.

이전 조언에 따라 NSInteger와 NSUInteger와 같은 데이터 형을 사용하는 경우, 포맷 지정자를 이용하여 NSLog와 같은 함수를 사용하는 데 특별하게 신중해야 한다. iPhone과 같은 32-bit에서는 다음 소스 코드 예제에서처럼 일반적으로 정수값을 위하여 %d 지정자를 이용한다.

```
NSInteger i = 45;
NSLog(@"My value is %d", i);
```

이 코드를 64-bit 기반 데스크톱 애플리케이션에서 재사용한다면, 부정확한 답이 나올 것이다. 64-bit 환경에서 int 형은 여전히 32-bit로 변수가 선언되는데 반하여 NSInteger 형은 long과 동일한 크기로 재정의되었으므로 64-bit 크기의 변수로 선언된다. 따라서 64-bit 환경에서 NSInteger 형의 올바른 포맷 지정자는 %ld이다.

```
NSLog(@"My value is %ld", i);
```

이러한 현상을 방지하기 위하여 Apple의 64-bit Transition Guide for Cocoa에서는 항상 long이나 unsigned long으로 캐스트하기를 추천한다. 예를 들면,

```
NSLog(@"My value is %ld", (long)i);
```

NSLog에서 long으로 데이터 형 캐스트는 현재 플랫폼이 32 bit이더라도 항상 64 bit 인자를 제공하는 것을 보장한다. 이것은 %ld가 항상 올바른 지정자가 될 것이라는 것을 의미한다.

값의 표현을 좀 더 제어하기 위하여 %와 데이터 형 사이에 숫자를 넣을 수 있다. 이것은 데이터의 최소 폭을 설정하고 만약 충분히 길지 않으면 공간에 공백을 채워서 오른쪽으

로 정렬되도록 한다. 예를 들면 다음과 같다.

```
int a = 92;
int b = 145;
NSLog(@"Numbers:\nA: %6d\nB: %6d", a, b);
```

콘솔 창에 표시되는 결과는 다음과 같다.

```
Numbers:
A: 92
B: 145
```

숫자 앞에 마이너스 기호(-)를 넣으면 NSLog는 문자를 왼쪽 정렬하고, 0을 넣으면 숫자 앞의 공백 대신에 0을 채우게 된다. 부동 소수점은 숫자를 최소 필드 너비 지정자를 이용하여 소수점과 소수점 이하 자리수를 정할 수 있다. 예를 들어 다음 코드 일부는 "Current temperature is 40.54 Fahrenheit"라는 문자열이 출력된다.

```
float temp = 40.53914;
NSLog(@"Current temperature is %0.2f Fahrenheit", temp);
```

2.3.2 데이터 형 캐스트와 데이터 형 변환

다른 데이터 형의 변수와 상수가 포함된 표현식에 대하여 계산을 수행하는 것이 일반적이다. 예를 들어, float 형 변수와 다른 int 형 변수가 포함된 표현식을 계산할 수 있다. CPU는 일반적으로 비슷한 형의 값을 계산하기 때문에 이때는 컴파일러가 임시적으로 적어도 한 가지 값을 대체 가능한 포맷으로 변경해야 한다.

이러한 변환은 두 가지 카테고리가 있다. 수동으로 코드를 변환하는 명시적 변환과 컴파일러에 의해 자동으로 수행되는 묵시적 변환이다. 다음의 표현식을 알아보자. 당신은 다음에 입증되듯이 float 타입의 변수가 나눗셈의 결과를 저장 할 수 있는 정답이라고 생각할 수 있다.

```
int a = 2, b = 4;
int c = a / b;
NSLog(@"%d / %d = %d", a, b, c);
```

이 코드는 변수 a와 b 사이의 나눗셈을 수행하고 결과를 c에 저장한다. 언뜻 보기에는 2 나누기 4의 계산기 결과 때문에 변수 c의 값은 0.5라고 생각할 것이다. 그러나 코드를 실행했을 때 답은 0일 것이다. 변수 c는 정수 데이터 형이므로 정수만 저장할 수 있기 때문에 0.5를 저장할 수 없다.

다음 예제처럼 float 형에서는 결과를 저장할 수 있을 것이라 생각할 수 있다.

```
int a = 2, b = 4;
float c = a / b;
NSLog(@"%d / %d = %f", a, b, c);
```

불행히도 이 코드의 일부도 오답이 출력된다. 계산의 결과가 부동소수점 변수에 저장할 지라도 나눗셈 기호는 두 변수(변수 a, b)가 int 형이라고 본다. 나눗셈은 정수 나눗셈 (integer division)이 수행된다(학교에 다닐 때 2 나누기 4가 0 나머지 2로 계산된다는 것이 기억날 것이다). 정수 나눗셈의 결과가 계산되었을 때, 컴파일러는 float형 변수에 정수 값이 저장되길 원한다고 알아채고 두 숫자 사이의 묵시적 형변환이 수행된다.

나눗셈이 실수 형으로 수행되기 위해서는 적어도 하나의 피연산자를 float 형으로 변환 해야 한다. a 또는 b 데이터 형을 바꿀 수 있을 지어도 모든 시나리오에서 현실적이지 못하다. 대체적인 방법으로 하나 이상의 피연산자 앞에 (float)을 붙여 표현식을 수정할 수 있다.

```
int a = 2, b = 4;
float c = (float)a / b;
NSLog(@"%d / %d = %f", a, b, c);
```

괄호 안의 데이터 형의 이름이 넣는 것은 컴파일러에게 현재값(혹은 표현식)을 명시한 데이터 형으로 변환할 것을 요청하게 된다. 이것을 컴파일에게 노골적으로 변환할 데이 터 형을 제공해야 하기 때문에 **명시적형 변환**(explicit type conversion) 또는 데이터 형 캐스트라고 한다.

주어진 코드에서 변수 a는 나머지 표현식이 계산되기 전에 억지로 float 값으로 변환한 다. 이 말은 나눗셈 연산이 한 연산자는 float 형으로 다른 것은 int형으로 본다는 것을 의미한다. 컴파일러는 다른 피연산자를 서로 계산될 수 있게 변환하기 위하여 묵시 적으로 float 형으로 바꾸고 부동소수 나눗셈을 수행한다. 이 계산은 원하는 결과 0.5를 나타낸다.

모든 데이터 형 캐스트의 결과가 완벽하게 전환되지 않는 다는 것을 아는 것이 중요한다. 데이터가 "누락"될 수도 있고, 데이터의 일부가 손실될 수도 있다. 예를 들어 다음 명령문 을 실행하였을 때, 부동소수점 상수와 int 데이터 형 사이의 명시적 데이터형 캐스트로 데이터가 손실된다.

```
int result1 = (int)29.55 + (int)21.99;
int result2 = 29 + 21;
NSLog(@"Totals are %d and %d", result1, result2);
```

부동소수점 상수를 포함하는 첫 번째 표현식은 29 + 21의 계산 결과와 동일한 결과가 나온다. 부동소수점 숫자를 정수로 바꾸는 데이터 형 캐스트는 소수점 뒷자리를 모두 지워버린다. 반올림이 아닌 버림을 수행한다(결과1에서 합계 52가 나온 것처럼).

Objective-C 개발자가 이용할 수 있는 원시 데이터 형을 알아보았다. 이러한 데이터형을 이용하여 int와 float는 수치형을 BOOL은 부울을 char, char*, NSString와 같은 다양한 데이터 형은 문자형 데이터를 표현할 수 있다.

그러나 이런 데이터 형이 부족한 상황을 맞을 때도 있다. 예를 들어 값이 가지는 한계 값을 저장하거나 여러 가지 연관된 값을 묶어 저장하길 원할 수도 있다. 이러한 경우, Objective-C에서는 사용자 정의 데이터 형을 만들 수 있다. 다음 토픽에서 자세히 다룰 것이다.

2.4 사용자 정의 데이터 형 만들기

Objective-C는 사용자 정의 데이터 형을 정의할 수 있게 몇 가지의 언어를 제공한다. 이것은 존재하는 데이터 형에 이름을 추가하는 것처럼 쉽거나 여러 가지 정보의 요소를 저장하여 새로운 타입을 만드는 것과 같이 복잡할 수 있다. 우리가 조사하게 될 첫 번째 사용자 정의 데이터 형은 **열거자**(enumeration)라고 한다. 이것은 정수 변수에 저장 할 수 있는 값의 유효한 집합을 제한한다.

2.4.1 열거자

현실 세계를 분석할 때 데이터는 여러 개의 가능한 값의 작은 집합으로 요약될 수 있다. 어제 11도라고 말하기보다는 덥다, 따뜻하다, 쌀쌀하다, 춥다고 상황을 이야기하는 것이 좋다. 마찬가지로 대출에는 승인, 대기, 거부라는 상황이 있고, 전자 나침반에도 동서남북이 있다.

지금까지 설명한 값을 저장하기 위한 가장 좋은 방법은 정수 변수를 사용하고 각 상태에 대해 고유의 값을 할당하는 것이다. 예를 들어 나침반에서 1은 북쪽을 나타내는 값으로 2는 동쪽을 나타내는 값으로 설정할 수 있다. 그러나 사람은 이러한 것을 숫자 변환하여 생각하지 않기 때문에 헷갈릴 수가 있다. 값 2를 보는 순간 '동쪽'을 바로 떠올리지 못할 것이다. Objective-C는 다음과 같이 나침반의 방향을 지정하는 열거자 데이터 형을 선언할 수 있다.

새로운 열거자 데이터 형은 enum이라는 특별한 키워드를 사용한다. 이 다음 이름을 넣고 다음 중괄호 안에 가능한 리스트를 열거한다. 예를 들어 나침반 방향을 저장하기 위한 열거자 데이터 타입은 다음과 같이 선언된다.

```
enum direction { North, South, East, West };
```

새로운 열거자 데이터 형이 선언되면 direction이라는 이름의 enum 데이터 형에 값으로 North를 할당할 수 있다.

```
enum direction currentHeading = North;
```

열거형 데이터 형을 선언하는 동안 North를 표현하는 정수값을 명시하지 않았기 때문에 어떤 값으로 표현되었는지 모를 것이다. 기본적으로 첫 번째로 열거된 값(North)은 정수 0이 되고 그 후 1씩 증가된다. 열거자를 선언할 때 이 법칙을 무시할 수 있다. 다음 선언을 예로 들어보자.

```
enum direction { North, South = 10, East, West };
```

North는 첫 번째로 열거된 값이므로 0이 된다. South는 명시적으로 초기화되어서 10이 되고, 바로 다음에 나오는 East와 West는 11과 12가 된다. 이런 경우 두 값은 다르다고 할 수도 없고, 한 가지 이상의 이름에 같은 값을 표기하는 것도 가능하다.

이론적으로 열거자 데이터 형은 열거된 목록에 특별한 한 가지의 정수값을 지정하여야 한다. 불행히도. 이 규칙이 위반되는 경우에도 Objective-C에서는 경고하지 않는다. 예를 들어 다음은 완벽하게 유효한 Objective-C이고 대부분의 경우 컴파일 에러나 경고가 발생하지 않는다.

```
enum direction currentHeading = 99;
```

만약 이것이 가능할지라도 이것에 너무 의지해서는 안 된다. 데이터 선언에 구체화된 상징적인 이름을 저장하고 비교하는 데만 쓰도록 제한해야 한다. 그렇게 되면, 쉽게 한곳에서 값을 변경할 수 있고, 애플리케이션이 제대로 올바르게 업데이트될 것이라는 자신감이 생긴다. 만약 열거자 데이터 형의 값에 의존해서 예측한다면(아무런 정수 값을 저장한다면) 상징적 이름과 특정한 값의 연관이라는 가장 중요한 이점을 얻지 못한다.

그림 2.4에서 보듯이 정수 값과 상징적 이름을 연관하여 사용하는 것은 디버깅이 편하다는 것을 포함한 여러 가지 이점이 있다.

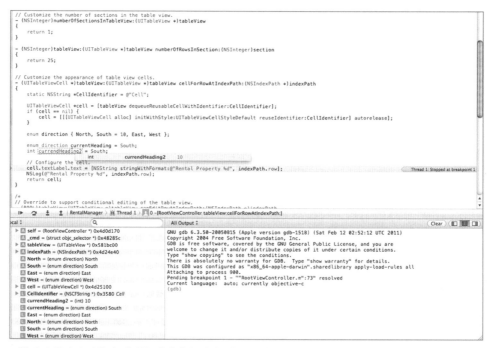

그림 2.4 열거자 사용의 이점은 디버깅에 있다. 변수 패널에는 원시 정수 값 대신에 현재 값과 연관된 이름을 표시해준다. currentHeading2가 south(currentHeading1와 같이)를 표기한다고 해도 디버거는 int 형 10을 표시한다.

이 코드에서는 currentHeading1과 currentHeading2 모두 south로 설정되어 있지만, 하나의 변수는 enum direction형이고 다른 하나는 int형이다. 여기서 볼 수 있듯이 디버거는 변수가 열거자 데이터 형일 때는 원시 정수 값이 아닌 변수의 현재 값과 연관된 이름을 표기한다. 이것은 열거된 값이 애플리케이션에 표기될 때까지의 오랜 디버깅 시간 동안 엄청난 이득을 준다.

2.4.2 구조체

복잡한 애플리케이션에서 보이는 흔한 시나리오는 콘셉트와 관련된 변수의 세트를 갖는 것이다. 예를 들어 박스의 너비, 높이, 깊이를 기록하고 싶을 수 있다. 이 정보를 개별 변수로 표현할 수도 있다.

```
int width;
int height;
int depth;
```

만약 여러 개의 박스의 정보를 저장하고 싶다면 다음과 비슷하게 여러 개의 변수를 복사할 수 있다.

```
int width_box1, width_box2, width_box3;
int height_box1, height_box2, height_box3;
int depth_box1, depth_box2, depth_box3;
```

이렇게 하면 만약 나중에 박스의 색과 같은 항목을 추가하기 힘들다. 박스의 모든 항목을 찾아야 하고 변수의 선언을 수동으로 업데이트해야 한다.

개별적 변수를 사용하는 것은 특정한 박스의 정보를 다른 함수에게 전달하는 데 더 어려움을 준다. 오히려 한 가지 변수만 전달하는 것보다 여러 가지의 변수를 전달해야 하므로 박스의 너비와 높이를 표현하는 변수가 실수로 뒤바뀌는 일이 있을 수 있다. 이와 같은 버그는 발견하기 어렵다.

박스 데이터 형의 변수를 선언하면 컴파일러가 자동으로 너비, 높이, 깊이 값을 위한 공간을 제공하는 것이 좋다. 이렇게 하면 쉽게 전달할 수 있는 단일 변수와 박스를 구성하는 단일 선언문을 가질 수 있다.

Objective-C는 **구조체**(structure)라는 사용자 정의 데이터 타입이 있다. 구조체는 struct 키워드와 함께 선언되고 세미콜론으로 구분하는 속성의 이름으로 구성되어 있다. 박스 구조체는 다음과 같이 정의할 수 있다.

```
struct box {
    int width;
    int height;
    int depth;
};
```

이 명령문은 박스의 너비, 높이, 깊이라는 세 가지 정수형 속성을 가진 box 데이터 구조체를 선언한다. 한번 구조체가 선언되면, struct box 형의 변수를 생성할 수 있고, 세 가지 정수 값을 저장하기 위한 공간을 할당할 것이다. 예를 들어 다음은 5가지 박스에 대한 정보를 저장하기 위한 충분한 변수가 만들어진다.

```
struct box a, b, c, d, e;
```

각 변수는 이것과 연관된 고유의 너비, 높이, 깊이 값을 가지고 있다. 구조체 기반 변수를 사용할 때, 사용하길 원하는 특정한 부분의 속성을 지정해야 하며, 변수명 다음에 마침표를 넣고 원하는 속성명을 넣으면 된다. 예를 들어, 두 번째 박스에 폭을 정하고 싶을 때, 다음의 명령문을 사용할 수 있다:

```
b.width = 99;
```

또 다른 예로, 다음과 같이 박스 b이 부피를 계산할 수 있다.

```
int volume = b.width * b.height * b.depth;
```

원시 데이터형의 변수와 마찬가지로 구조체 변수도 초기값으로 초기화할 수 있다. 이것은 두 가지 구문의 형태로 가능하다. 첫 번째는 중괄호를 이용하여 각 속성의 값을 제공하는 것이다.

```
struct box a = { 10, 20, 30 };
```

이 한 줄의 명령은 박스 a를 너비 10, 높이 20, 깊이 30로 초기화한다. 중괄호 안에 들어 있는 값은 구조체 선언에서 정의된 것과 같이 속성을 설정한다. 만약 속성 수에 맞는 충분한 초기값이 제공되지 않으면, 초기값이 없는 그 속성은 초기화되지 못한다.

다음과 같이 또 다른 구문은 초기화하는 속성의 이름을 구체화한다.

```
struct box a = { .width=10, .height=20, .depth=30 };
```

이 두 번째 구문은 초기화 목적이 뚜렷하고 구조체 선언에서의 속성의 순서가 바뀌어도 잘 처리된다. 이 구문을 사용할 때 정해진 속성만 초기화하는 것도 가능하다.

```
struct box a = { .depth=30 };
```

마지막 예는 깊이만 30으로 정하고 너비와 높이는 초기화하지 않는다. 여기서 **초기화하지 않는다는 것**(uninitialized)은 변수의 기억 영역의 분류가 다르더라도 0이나 이와 동등한 nil과 같은 값을 가지게 됨을 의미한다.

구조체는 관련된 여러 개의 변수를 관리하기 쉬운 큰 덩어리로 만들어서 편리하지만 여러 개의 아주 비슷한 객체에 대한 정보를 저장할 때의 모든 문제를 해결하지는 못한다. 예를 들어 모든 박스의 너비의 합계를 계산할 때, 이것을 하려면 다음과 유사한 표현식을 사용한다.

```
struct box a, b, c, d, e, f;
int totalWidth = a.width + b.width + c.width + d.width + e.width;
```

5개의 상자를 관리하는 것은 가능하지만, 150개의 다른 상자의 정보를 저장할 경우 얼마나 많은 표현식을 사용할지를 상상해보자. 거기에는 반복되는 아주 많은 양의 타이핑이 포함되고, 일부의 상자를 빼먹거나 여러 번 사용할 수도 있다. 매번 애플리케이션의 박스 수를 바꿀 때마다 저장하고, 이 표현식을 업데이트해야 한다. 이 말은 아주 고통스럽게 들릴 것이다. 표현식을 사용하면서 원하는 것은 "모든 박스에 폭을 더하세요."라는 말에 애플리케이션의 상자의 수와 상관없이 명령문을 수정하지 않는 것이다. 놀랄 것이 없이 Objective-C는 이러한 문제를 도와줄 데이터 타입이 있다.

2.4.3 배열

또 다른 흔한 시나리오는 같은 데이터 형의 값을 여러 개 저장해야 할 필요가 있는 경우이다. Objective-C는 이러한 일을 쉽게 하는 **배열**(array)라는 편리한 자료 구조(data structure)를 제공한다. 배열은 항목의 목록을 저장하는 자료 구조이다. 각 항목(또는 요소(element))는 메모리에 하나씩 연속적으로 저장되고 상대적인 위치를 이용하여 접근할 수 있다. 이 위치는 종종 항목의 **인덱스**(index)라고 불린다. 150개의 상자의 정보를 저장할 수 있는 배열을 선언하기 위하여 이와 비슷한 변수 선언을 써야 한다.

```
struct box boxes[150];
```

이 명령문은 150개의 상자를 저장할 수 있는 충분한 공간이 선언되었지만 모든 상자를 식별하기 위해서는 단 한 가지의 변수명 box를 사용한다. 대괄호 사이의 숫자는 배열에 저장될 수 있는 항목의 숫자를 알려준다. 각 상자의 정보를 알기 위해서는 목표 요소의 인덱스 값을 배열 이름과 같이 제공해야 한다. 관례상 배열의 첫 번째 원소는 인덱스 값이 0이고 그 이후 나오는 요소는 하나씩 증가된 값을 가진다. 150개의 요소를 가진 배열의 마지막 요소는 인덱스 149을 통해 접근할 수 있다. 다음의 문장에서는 6번째 상자의 너비를 찾아 출력한다.

```
NSLog(@"The 6th box has a width of %d inches", boxes[5].width);
```

6번째 요소를 찾기 위해 인덱스를 5로 설정한 것을 알 수 있다. 그 이유는 인덱스가 흔히 생각하는 1이 아닌 0부터 시작하기 때문이다. 배열 요소를 찾을 때는 항상 상수를 이용할 필요는 없다. 정수값을 나타내는 모든 표현식을 사용할 수 있다. 이것은 애플리케이션의 상태에 따라 다른 배열 항목을 찾아내는 코드를 작성할 수 있게 해준다. 예를 들어, 모든 150개의 상자의 너비를 더하는 코드 샘플을 보자.

```
int totalWidth = 0;
for (int i = 0; i < 150; i++) {
  totalWidth = totalWidth + boxes[i].width;
}
```

이 예는 변수 i 값이 0에서 149까지 증가하는 동안 명령문 totalWidth = totalWidth + boxes[i].width를 반복하기 위하여 for 반복문을 이용하였다. 2.4.2의 끝부분에 언급된 표현식과 반대로 이 방법은 두 번째 줄에 있는 150을 수정하여 쉽게 상자의 숫자를 업데이트할 수 있을 것이다. 이 시나리오에서는 배열을 사용하는 것이 더 쉽고 유지보수도 편하다.

배열 초기화하기

배열 변수를 선언할 때, 배열의 각 요소에 초기값을 함께 제공하는 것이 효과적이다. 이를 위하여 구조체의 초기화와 비슷하게 중괄호 사이에 콤마 구분자로 구분된 초기값

리스트를 넣는다.

```
int count1[5] = { 10, 20, 30, 40, 50 };
int count2[] = { 10, 20, 30, 40, 50 };
```

이 코드에서는 5개의 요소를 가진 두 정수형 배열을 생성한다. 각 배열에서는 처음 요소
에 10, 두 번째 요소에 20 식으로 저장한다.

첫 번째 배열에서는 다섯 개의 요소를 저장하기 위하여 크기를 정하였다. 배열 크기보다
더 많은 초기값을 제공하면 오류가 발생하지만, 더 적은 개수를 제공하면 마지막 부분에
초기화하지 않은 요소는 0으로 설정된다.

두 번째 배열은 초기화할 때, 배열의 크기를 누락하여도 된다는 것을 보여준다. 이 시나
리오는 Objective-C 컴파일러가 제공된 초기화 값의 개수로부터 크기를 추론한다.

배열은 다른 데이터형과 어떻게 다른가?

배열은 지금까지 언급했던 다른 데이터 형과 다르게 작동한다. 예를 들어 두 번째 배열을
첫 번째 내용으로 설정하는 대입문 **array2 = array1** 때문에 다음 코드 일부분의 결과가
A=1, B=2, C=3을 출력할 것이라고 예상할 수 있다.

```
int array1[3] = { 1, 2, 3 };
int array2[3] = { 4, 5, 6 };

array2 = array1;
NSLog(@"A=%d, B=%d, C=%d", array2[0], array2[1], array2[2]);
```

그러나 이 코드 샘플을 빌드하면 "incompatible types in assignment."라는 수수께끼
같은 컴파일 오류를 발견하게 될 것이다. 이 오류는 변수 **array2**가 값을 할당하는 것을
의미하는 기호(=)의 왼쪽에 사용할 수 없다는 것을 의미한다. 여기서 나온 것과 같이
새로운 값을 할당할 수 없다.

3장에서는 Objective-C의 객체지향 특징에 대해서 논의하고 왜 Objective-C가 완벽하게
처리할 수 있을 것 같은 요청을 거부했는지 설명을 도와 줄 포인터, 값과 참조형의 차이점
과 같은 개념을 탐구한다.

2.4.4 서술적 이름의 중요성

Objective-C는 **형 정의(type definition)** 또는 줄여서 typedef로 알려진 명령문을 이용하여 존재하는 데이터 형의 대체 이름을 선언하는 방법을 제공한다. typedef는 내장된 데이터 형이 충분히 설명하지 못하거나 물리적 데이터 형의 목적이나 의미를 구분하길 원할 때 유용하다(어느 순간 바꾸고 싶을 때).

비록 설명하지는 않았지만 이미 typedef를 보았을 것이다. 앞서 나온 **NSInteger**와 **NSUInteger** 데이터 형은 내장된 **int**와 **long int** 데이터 형을 필요로 하는 typedef이다. 이것은 Apple의 특별한 기술이 아닌 모든 Cocoa Touch 애플리케이션에 자동으로 내장된 미리 구성된 소스코드의 일부일 뿐이다.

나만의 typedef를 선언할 때 **typedef** 키워드 뒤에 이미 존재하는 데이터형을 사용하고 그것과 관련되어 사용하길 원하는 새로운 이름(혹은 완전히 새로운 이름)을 사용한다.

예를 들어 다음과 같은 형 선언을 추가함으로써 전에 선언했던 **box** 구조체 데이터 형의 새로운 이름인 **cube**를 줄 수 있다:

```
typedef struct box cube;
```

또는 **box** 구조체의 선언에 **typedef** 명령문을 합칠 수 있다:

```
typedef struct box {
  int width;
  int height;
  int depth;
} cube;
```

두 데이터 형의 선언 모두 **box** 구조체는 **cube**에 의해 참조될 수 있다는 것을 말한다. 이것은 애플리케이션에서 다음과 같이 변수로 선언될 수 있다.

```
struct box a;
cube b;
```

새로운 데이터 형 **cube**는 syntactic sugar[6]의 요소인 **typedef** 명령문으로 생성된다. Objective-C 컴파일러에게는 **box** 구조체와 **cube** 모두 같은 뜻을 의미한다. 개발자의

---

6) 그냥 쓰면 어렵고 복잡한 문장을 알아보기 쉽게 바꾸는 것을 의미함.

편의를 위하여 대체 이름을 사용하였다.

열거자, 구조체, 공용체의 이름을 재설정하기 위하여 typedef를 사용할 수도 있지만, int와 double과 같은 원시 데이터 형에 대한 대체 이름을 제공하는 데도 유용하다. 기본 수치 데이터 형의 한 가지 문제점은 그것만 따로 분리하여 생각하면 가끔 아무런 의미가 없을 때도 있다는 것이다.

```
double x= 42;
```

위와 같은 명령문에서 42가 무엇을 의미하는지 알 수 없을 것이다. 이것이 온도인지 무게인지 가격인지 아니면 개수를 세는 것인지 알 수 없다. 기존 데이터 타입에서 새로운 이름을 짓는 것은 명령문 자체를 좀 더 설명적으로 만든다. 예를 들면, 리스트 2.2는 Core Location API에 있는 GPS 위치를 담당하는 데이터 형 선언을 보여준다.

리스트 2.2 Core Location의 CLLocation.h 헤더파일의 typedef 예

```
// CLLocationDegrees
//    WGS 84에 속하는 위도(latitude)나 경도(longitude)
//    좌표를 표현하기 위해 사용되는 데이터 형
//    양수(북위와 동경)와 음수(남위와 서경)가 사용됨
typedef double CLLocationDegrees;
```

데이터 형 선언은 **double**의 대체 이름이지만 다음과 비슷한 명령문을 이용하여 변수 선언을 할 수 있다.

```
CLLocationDegrees x = 42;
```

이 새로운 명령문은 근본적으로는 그 전과 동일하지만, 42라는 값을 더 분명하게 해준다.

좋은 변수명이 역시 중요하다.

typedef 명령문을 사용하는 것이 기존 데이터 형에 더 서술적인 이름을 제공하더라도 이 기능은 단독적으로 의존하면 안 된다. 예를 들어, 다음의 변수 선언을 보자.

```
CLLocationDegrees x = 42;
```

이것은 typedef 대신에 더 좋은 변수 명을 사용함으로써 더 서술적일 수 있다. 예를 들어,

```
double currentHeadingOfCar = 42;
```

대부분 식별자의 형태로 가능한 기술하려고 노력하지만, 변수, 데이터 형, 메서드나 인자 이름으로 하는 것이 더 효과적이다. 코드가 더 설명적일수록 일정기간이 지난 이후 다시 봤을 때 유지보수가 더 쉽다.

이 장에서 배운 콘셉트를 포트폴리오의 부동산 임대 정보를 표현하는 Rental Manager 애플리케이션을 실행하기 위하여 나머지 임무를 완성하여 연습해 보자.

2.5 Rental Manager v1.0 완성하기, 앱 스토어 기다려!

이제 Objective-C 애플리케이션에 어떻게 데이터를 저장하는지와 여러 데이터 형을 사용하는 법을 잘 이해했으니, 다시 Rental Manager 애플리케이션으로 돌아가 보자.

이 장 초반에 25가지의 임대 부동산 리스트를 보여주는 것을 기억할 것이다. 하지만, 각 부동산은 'Rental Property x.'라고 되어있다. 각 부동산을 자세하게 제공하지 않았다! 이제 이 문제를 해결할 지식과 기술이 있다.

첫 번째 단계는 각 임대 부동산에 관계된 정보를 정의하는 것이다. 작업을 시작하기 적합한 몇 가지 정보는

- 부동산의 주소
- 부동산의 주당 임대료
- 부동산의 형태(townhouse, unit, mansion)

이 정보를 저장하려면 구조체 기반의 사용자 정의 데이터 형을 정의해야 한다. RootView Controller.h[7] 헤더파일을 열고 기존 내용의 아래에 다음과 같이 정의된 리스트를 삽입한다.

---

7) XCode 4.2 이상에서는 MasterViewController.h를 열어 편집한다.

리스트 2.3 RootViewController.h

```
typedef enum PropertyType {
  Unit,
  TownHouse,
  Mansion
} PropertyType;

typedef struct {
  NSString *address;
  PropertyType type;
  double weeklyRentalPrice;
} RentalProperty;
```

처음으로 추가된 사항은 PropertyType이라는 열거형의 정의이다. 이것은 세 가지 분명한 카테고리인 큰 부동산 내의 unit이나 townhouse, mansion으로 된 부동산 임대를 그룹 지어주는 데 사용된다.

두 번째 추가사항은 임대 부동산에 대한 모든 상세정보가 완벽하게 캡슐화된 Reantal Property라고 부르는 사용자 정의 데이터 형이다. 이 typedef 명령문은 각 주소, 부동산 형태, 그리고 주당 임대료 속성을 포함하는 RentalProperty 데이터 형을 선언한다. 만약 세심한 주의를 기울인다면 struct 키워드 다음에 구체화된 이름이 없다는 것을 알게 될 것이다. typedef를 사용할 때 struct의 이름을 명명할 필요는 없다. 왜냐하면 이러한 경우 사람들이 데이터 형을 사용하지 않고 typedef의 이름을 사용하기 때문이다.

임대 부동산 정보 저장에 관하여 새로운 데이터 형을 구체화하기 위하여 RootView Controller.h을 수정하면 초기 임대 부동산에 상세정보를 선언할 준비가 되었다. RootViewController.m[8]파일을 열고 #import "RootViewController.h"[9] 바로 아래 다음의 리스트 내용을 삽입한다.

---

8) XCode 4.2 이상에서는 MasterViewController.m를 열어 편집한다.

9) XCode 4.2 이상에서는 #import "MasterViewController.h" 바로 아래 삽입한다.

리스트 2.4 RootViewController.m

```
#define ARRAY_SIZE(x) (sizeof(x) / sizeof(x[0]))
RentalProperty properties[] = {
  { @"13 Waverly Crescent, Sumner", TownHouse, 420.0f },
  { @"74 Roberson Lane, Christchurch", Unit, 365.0f },
  { @"17 Kipling Street, Riccarton", Unit, 275.9f },
  { @"4 Everglade Ridge, Sumner", Mansion, 1500.0f },
  { @"19 Islington Road, Clifton", Mansion, 2000.0f }
};
```

리스트 2.4에서 가장 비중이 큰 부분은 `properies`라고 불리는 변수를 선언한 것이다. 이것은 `RentalPropery` 구조체 배열이다. 이 배열은 이 장의 초반에 언급된 배열과 구조체의 초기화 구문을 조합하여 5개의 예제 부동산의 상세정보를 초기화한다.

이제 남은 일은 `tableView:numberOfRowsInSection:`과 `tableView:cellForRowAt IndexPath:`에 요구에 맞는 부동산 배열 데이터를 제공하는 것이다. 이는 다음의 리스트에서 볼 수 있다.

리스트 2.5 RootViewController.m

```
- (NSInteger)tableView:(UITableView *)tableView
  numberOfRowsInSection:(NSInteger)section {
{
  return ARRAY_SIZE(properties);
}

- (UITableViewCell *)tableView:(UITableView *)tableView
  cellForRowAtIndexPath:(NSIndexPath *)indexPath {
{
  static NSString *CellIdentifier = @"Cell";

  UITableView *cell =
    [tableView dequeueReusableCellWithIdentifier:CellIdentifier];
  if (cell == nil) {
    cell = [[[UITableViewCell alloc]
            initWithStyle:UITableViewCellStyleSubtitle
            reuseIdentifier:CellIdentifier] autorelease];
  }

  cell.textLabel.text = properties[indexPath.row].address;
  cell.detailTextLabel.text =
```

```
    [NSString stringWithFormat:@"Rents for $%0.2f per week",
     properties[indexPath.row].weeklyRentalPrice];

return cell;
}
```

tableView:numberOfRowsInSection:에서 구현된 것은 알아보기 힘들다. 이것은 부동산 행렬 (5)에서 표현될 수 있는 항목의 수를 반환한다. 이 숫자를 알아내기 위하여 리스트 2.4에서 정의된 C 전처리 매크로를 사용하지만 이것은 나중에 더 이야기할 것이다.

tableView:cellForRowAtIndexPath:에는 몇 가지 변화가 있었다. 첫 번째는 테이블 뷰의 셀 스타일의 변화이다. 이제 텍스트에 두 개의 수평선이 있는 iPod 애플리케이션 스타일 셀을 제공하는 UITableViewCell-StyleSubtitle을 요구한다. 메인은 추가적인 상세정보를 보여주는 회색 선과 검은 선으로 이루어진다.

tableView:cellForRowAtIndexPath:에서 indexPath.row 속성을 통해 데이터를 원하는 UITableView에 제공한다. 주소와 같은 부동산의 상세정보를 알 수 있도록 부동산 배열의 인덱스를 알기위하여 이 표현을 사용할 수 있다. 비슷하게, 상세 라인을 이용하기 위하여 부동산 임대료를 소수점 둘째자리까지 알려주는 문자열을 구성할 수도 있다.

이 애플리케이션을 빌드하고 실행(cmd-R)하면 훨씬 보기 좋은 임대 부동산 목록을 볼 수 있을 것이다. 첫 Rental Manager 애플리케이션의 실용적인 버전이 완성되었다!

2.6 정리

모든 소프트웨어 애플리케이션은 본질적으로 데이터와 사용자에게 그것을 해석하고 수행하고 표현하는 방법이다. 모든 게임은 맵을 저장, 적의 위치, 점수 정보를 저장해야한다. 예를 들어 애플리케이션에서 어떻게 데이터를 표현하고 저장하는지를 아는 것은 매우 중요하다.

2장에서는 int, float, bool과 같은 Objective-C 개발자들이 사용가능한 기본적인 데이터 형을 알게 되었다. 그리고 모든 값을 정확하게 표현할 수 없는 부동 소수점형 숫자와 같은 데이터 형에서 생길 수 있는 잠재적 이슈에 대하여 알아보았다.

프로그램이 발전하고 복잡해짐에 따라 다수의 변수를 관리하기 어렵게 되어 여러 속성이나 상수를 그룹 지을 수 있는 열거자, 구조체, 배열과 같은 Objective-C의 기능들에 대해서 알아보았다.

3장에서는 객체(object)의 개념에 대하여 논의하여 이 책에서 다루는 Objective-C 데이터 형의 범위에 대한 논의를 완료한다. 객체는 다른 형태의 데이터 형이지만 Objective-C는 명백히 **객체**라는 말에서 기인하였고 Objective-C를 성공적으로 이용하기 위하여 객체를 이해하는 것이 필요하기 때문이다.

3장

객체 소개

이 장에서 배우는 것

- 객체, 클래스, 인스턴스의 개념
- 클래스 계층구조, 상속, 다형성
- Foundation Kit
- NSString 클래스

Objective-C에서 객체지향 프로그래밍(object-oriented programming) 사용은 선택적이다. 왜냐하면 Objective-C는 C foundation에 기반하기 때문이다. C 스타일 기능(이전 장에서 **NSLog**라고 불리는 것에 의해서 증명되었듯이)을 사용하는 것이 가능하지만, Objective-C의 진면목은 오직 이 객체지향 확장을 최대한 사용할 때만 드러나는 것이다.

이 장에서는 Foundation Kit에서 제공하는 **NSString** class가 텍스트와 상호작용하는 코드의 강건함을 증가시키는 동시에 어떻게 생산성을 높일 수 있는지에 대해 다루면서 몇 가지 객체지향 기법 개발의 이익에 대해서 알아볼 것이다.

이 주제에 대해 아주 깊게 들어가기 전에 먼저 객체지향 프로그래밍의 가장 기초적인 개념에 대해 알아보도록 하자.

3.1 객체지향 프로그래밍 개념 둘러보기

이 장에서는 객체지향 프로그램(줄여서 OOP라 부름)과 관련된 모든 개념을 다룰 수는 없다. 대신, 이 장의 목표는 객체지향 프로그래밍의 기본적인 개념과 장점의 이해와 전문용어에 대한 실용적인 지식을 가지는 것이다. 이 책을 통하여 Objective-C에 적용되는 객체지향 프로그램의 개념과 이 장에서 다루는 것에 대하여 논의한다. C가 무엇이 문제인지에 대하여 배워보자.

69

3.1.1 C와 같은 절차기반 언어에는 무슨 문제가 있는가?

매우 광범위한 범위에서 절차적 언어는 객체지향 언어에 비하여 수동적으로 강제된 것과 형식적이지 않은 규칙에 대한 집중과 강제가 필요하다.

그 이유 중 하나는 절차적 언어가 애플리케이션의 소스코드를 개별적인 함수로 나누는데 집중하지만, 일반적으로 데이터의 접근 통제 능력은 떨어지는 것이다. 데이터는 일반적으로 특정한 함수에 속하거나 어느 함수에서든지 전역(global)으로 접근할 수 있을 것이다. 이는 여러 개의 함수가 같은 데이터를 접근할 필요가 있을 때 문제가 생길 수 있다. 하나 이상의 함수에서 이용이 가능하기 위해서는 변수가 전역이어야 하지만, 전역변수는 아무 함수든지 접근이 가능하다(아니면 더 심각하게 부적절한 방법으로 수정될 수도 있다).

반대로 객체지향 프로그래밍은 이 두 가지 개념을 합치려고 시도한다. 새로운 애플리케이션을 개발할 때, 먼저 대표하는 다양한 종류의 물체(things)를 생각하고, 그것을 저장하는 데 필요한 데이터 형을 생각한 후 각각의 물체가 수행하게 될 행동(action)을 생각하게 된다. 이러한 '물체'를 보통 **객체**(object)라고 부른다.

3.1.2 객체란 무엇인가?

객체지향 애플리케이션을 개발할 때, 시스템의 축소 모델을 만들게 된다. 그 모델은 **객체**라 부르는 하나 이상의 쌓기 블록으로 구성된 것이다.

예를 들어 그림그리기 애플리케이션에서 사용자는 하나의 원과 두 개의 직사각형 등 세 개의 객체를 만들 수도 있다. 각 객체는 그것 자신과 관련된 데이터를 가진다. 원 객체 데이터는 반지름으로 표현하면 되지만, 직사각형은 아마도 너비와 높이를 필요로 할 것이다.

한 애플리케이션의 객체는 보통 비슷한 형태로 묶여질 수 있다. 예를 들어, 모든 원에는 크기, 모양 그리고 색을 표현하기 위하여 명세된 것과 같은 속성이 필요로 할 것이다. 그러나 원을 표현하기 위해 필요한 속성들은 직사각형 타입 객체를 위해 필요한 모든 요구사항과는 많이 다를 것이다.

한 애플리케이션 안의 개별적인 객체는 **클래스**(class)라 불리는 같은 형틀[1]로부터 만들어졌다. 클래스는 객체에 반드시 저장해야할 데이터의 형과 그것을 수행할 수 있는 액션의 형태나 명령어들을 명세한다.

3.1.3 클래스란 무엇인가?

클래스는 시스템 안의 비슷한 목적을 공유하는 하나 또는 그 이상의 객체들의 구조를 묘사하기 위하여 만들어진 명세서 또는 청사진이다. 클래스는 Objective-C안의 캡슐화 (encapsulation)의 가장 기본적인 형태이다. 데이터와 함께 작업을 수행하는 관련 함수들의 세트를 가진 적은 양의 데이터를 갖추고 있다.

클래스가 정의되고 나면 클래스의 이름은 변수를 선언할 수 있는 새로운 데이터 형이 된다. 클래스는 과자를 요구하면 과자를 생산해내는 공장의 인입선과 같다. 예를 들어, 각각의 새로 만들어진 객체는 클래스에 의해 정의된 데이터의 복사본과 메서드를 가지고 있다. 관례적으로 클래스의 이름은 대부분 소문자로 시작되는 메서드와 인스턴스 변수 이름과의 구분을 위하여 대문자로 시작된다.

3.1.4 상속과 다형성

객체지향 프로그래밍의 장점은 존재하는 클래스를 여러 번 계속해서 다시 사용할 수 있는 것이다. 적은 노력으로 추가적인 객체를 만들 수 있을 뿐만 아니라 다른 클래스를 기반으로 새로운 클래스를 만들 수도 있다. **상속**(hierarchy)이라고 부르는 이 기술은 가계도와 비슷하다. 시스템의 한 클래스는 다른 것으로부터 상속을 받거나 파생된다.

상속은 두 가지 주요 장점을 가진다.

- **코드 재사용**(Code reuse) - 서브클래스(subclass)는 슈퍼클래스(superclass)라 정의된 클래스의 모든 데이터와 로직을 상속받는다. 이것은 비슷한 클래스의 정의에서 똑같은 코드를 반복하여 복제하는 것을 피한다.
- **상세화**(Specialization) - 서브클래스는 추가적인 데이터나 로직을 덧붙일 수 있다. 그리고/또는 슈퍼클래스에 의해 제공되는 기존 행동을 무시할 수 있다.

---

1) 원서에는 cookie-cutter-type template라고 표기되어 있다. 이는 과자 반죽에 원, 하트, 별, 곰 인형 모양을 찍어내어 모양과자를 만들 수 있는 틀을 의미한다.

클래스 클러스터(class cluster)

Objective-C를 공부하는 동안에 클래스 클러스터의 개념을 발견할 수 있을 것이다. 이것은 상속과 다형성의 예이다. 클래스 클러스터에서 몇몇의 서브클래스가 의도적으로 문서화하지 않는 것에 반하여 슈퍼클래스는 문서화한다(private으로 구체적으로 세부사항을 구현함).

예를 들어, 이 책을 포함한 사실상의 모든 Objective-C 튜토리얼은 텍스트 저장을 위한 NSString 클래스를 사용하는 것에 대하여 논의한다. 그러나 대부분의 경우 생성된 애플리케이션에 NSString 형의 객체가 절대 없다는 것에 놀랄 것이다.

대신, 새로운 NSString을 요청하면, NSCFString과 같은 이름을 가진 몇 개의 서브클래스 중 하나가 그 자리에 만들어져 있을 것이다. 이 서브클래스는 NSString으로부터 상속을 받기 때문에 사용할 수 있을 것이다. 옛말에 이런 말이 있다. "만약 오리처럼 걷고, 오리처럼 꽥꽥 울고, 오리처럼 수영한다면, 그것은 아마도 오리일 것이다.[2]"

NSString은 생성된 각각의 문자열의 특정된 메모리와 자원 사용이 최적화되어 '숨겨진' 서브 클래스를 사용한다.

다음에 XCode 디버거가 있다면 마우스를 NSString 형 변수 위에 올려보자. 나타난 데이터 팁에서는 NSCFString라고 나오는 객체의 데이터 형을 보게 될 것이다. 이것이 작동 중인 클래스 클러스터이다.

상속의 중심적인 개념은 서브클래스가 슈퍼클래스의 디욱 전문화된 버전이 되는 것이다. 오히려 처음부터 서브클래스에 포함된 모든 로직을 설명하기보다는 슈퍼클래스의 동작에서 나타나는 차이점만 지정해야 한다.

다형성(Polymorphism)은 만약 어떤 클래스가 슈퍼클래스로 분류된 것처럼 보일지라도 클래스가 무엇이든 상관없이 어떠한 객체라도 다룰 수 있도록 해주는 개념이다. 이것은 서브클래스가 클래스의 동작을 단지 확장하거나 수정하는 것만 가능하고, 기능적으로 제거할 수 없다.

---

2) 원서에는 "If it walks like a duck, quacks like a duck, and swims like a duck, it's probably a duck."라고 되어 있다. 이는 귀납적 추론의 한 예로 자세한 사항은 위키피디아의 Duck test를 참조한다(http://en.wikipedia.org/wiki/Duck_test).

3.2 사라진 데이터 형: id

2장의 애플리케이션에서 데이터를 표현할 수 있는 데이터 형에 대해 논의할 때 눈에 띄게 한 가지를 생략하였다. 바로 어떻게 객체를 저장해야 하는지를 다루지 않았다. **Objective**란 단어로 시작하는 언어에서 중요한 것이다.

Objective-C에서 변수는 객체를 표현할 수 있는 `id`라는 이름의 데이터 형을 사용한다. 예를 들어,

```
id name = @"Christopher Fairbairn";
```

`id`는 어떤 형태의 객체 참조도 저장할 수 있게 하는 특별한의 데이터 형이다. Objective-C는 또한 변수에 저장하기를 원하는 객체의 형태를 구체적으로 할 수 있다. 예를 들면, 다음과 같이 선언된 선언문을 더 많이 볼 것이다.

```
NSString *name = @"Christopher Fairbairn";
```

여기서 `id` 데이터 형을 `NSString`으로 대체하였다. 변수에 저장되길 원하는 객체 형을 명확하게 하는 것은 컴파일 시간동안 확인이 가능하여 몇 가지 도움을 준다. 우선 첫 번째로, 컴파일러는 만약 변수에 다른 형의 객체를 할당하거나 저장하려고 한다면 오류를 생성해낼 것이고 만약 컴파일러의 지식에서 다룰 수 없는 메시지를 객체에 전달하려고 시도하면 경고할 것이다.

---

id에는 마법이 없다.

id 데이터 형에 어떤 마법이 있을 것이라 생각할 수 있다. 어떻게 id 형의 변수에 어떤 데이터 형의 객체라도 저장할 수 있으며, 왜 NSString과 같은 다른 클래스 이름과 마찬가지로 데이터 형 뒤에 * 문자를 지정할 필요가 없는 것일까? 이 질문에 답하기 위하여 id 형의 변수를 선언하고 Cmd 키를 누른 채로 그것을 더블클릭하자. 그러면 다음과 유사한 것을 보게 될 것이다.

```
typedef struct objc_object { Class isa; } * id;
```

이것은 id 데이터 형의 선언이다. objc_object라고 부르는 구조체의 포인터(pointer)의 다른 이름이다(형정의). objc_object 구조체는 Objective-C 런타임에서 낮은 수준의 'plumbing (배관)'으로 간주할 수 있다. 손을 조금 흔들면서 그것은 NSObject와 같다고 간주할 수 있다.

Objective-C에서 모든 객체는 궁극적으로 NSObject로부터 파생되기 때문에, id 형의 변수는 유형에 관계없이 어떠한 객체의 포인터를 저장할 수 있다. id 데이터 형의 선언은 *을 포함하기 때문에 애플리케이션에서 사용될 때는 필요가 없다.

NSString 예에서 변수 이름 전에 * 문자가 온다는 것을 눈치챘을 것이다. 이 문자는 특별한 의미를 가지고 있다(이것은 또한 사이드 바에서 논의했던 id 데이터 형의 선언에서 나타났었던 것을 알게 될 것이다). 이 추가적 문자는 데이터 형의 포인터를 나타낸다. 이것은 정확히 무슨 뜻일까?

3.3 포인터와 참조, 값 유형 간의 차이점

애플리케이션의 변수는 네 가지 구성 요소를 포함한다.

- 이름
- 위치(메모리의 저장 위치)
- 유형(저장할 데이터의 종류)
- 현재 값

지금까지 변수가 어디에 위치하고 이름이 아닌 의미에 의해 접근 가능한지에 대하여 다루지 않았다. 이 개념을 이해하는 것은 포인터의 개념과 밀접한 관련이 있다.

3.3.1 메모리 맵(Memory map)

iPhone의 메모리는 바이트(byte)가 차례대로 쌓여있는 큰 덩어리라고 생각할 수 있다. 각각의 바이트는 집에 번지가 있듯이 관련된 숫자를 가지고 있는데 이것을 **주소**(address)라고 한다. 그림 3.1은 iPhone 메모리의 일부를 924에서 시작하여 940까지의 몇 개의 바이트로 나타낸 것이다.

애플리케이션에서 변수를 선언할 때, 컴파일러는 확실한 량의 메모리를 확보하게 된다. 예를 들어, int x = 45와 같은 명령문에서 컴파일러는 x의 현재값을 저장하기 위하여 4바이트의 메모리를 확보한다. 이것은 그림 3.1에 주소가 928로 시작하는 4바이트로 나타난다.

3.3.2 변수의 주소를 얻는 법

표현식 안의 변수의 이름을 언급하는 것은 현재의 값에 접근하거나 갱신하게 된다는 것이다. 변수 이름 앞에 주소 연산자(&)를 넣음으로써 현재 저장되어 있는 변수의 주소를 알 수 있다.

다른 변수의 주소를 저장할 수 있는 변수는 다른 변수의 위치를 가리키기 때문에 **포인터**(pointer)라고 한다. 다음의 코드는 어떻게 주소 연산자를 사용하는지를 설명한다.

```
int x = 45;
int *y = &x;
```

이 코드에서는 45로 초기화된 정수형 변수 x를 선언한다. 또한, y변수는 int * 데이터형으로 선언된다. 데이터 형 끝에 위치한 *는 포인터를 나타내며, 실제 정수 변수를 저장하지 않고 메모리의 주소를 저장한다는 것을 의미한다. 이 포인터는 주소연산자를 사용하여 변수 x의 주소로 초기화된다. 만약 변수 x가 주소 928(전에 언급한 것처럼)에 저장되어 있다면 그림 3.2에 나타난 것과 같이 실행 결과를 메모리 맵에 갱신하여 도표로 나타낼 수 있다.

어떻게 변수 y를 저장하기 위해 할당되어 있던 4바이트에 928이 저장되는지 보자. 주소라고 설명하였을 때, 화살표에 의해 보인 것처럼 변수 x의 위치를 나타낸다. y = &x라는 표현은 '변수 x의 주소를 변수 y에 저장해라'라는 것을 의미한다.

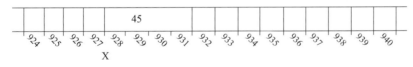

그림 3.1 변수 x의 위치를 보여주는 iPhone의 메모리 영역 표현.

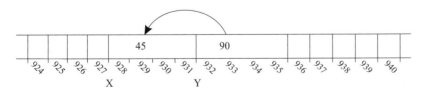

그림 3.2 어떻게 변수 y에 변수 x의 주소저장 하는지를 보여주기 위한 메모리 맵의 업데이트.

3.3.3 포인터 따라가기

포인터 변수에 주소가 저장된다면, 무엇을 가리키고 있던지 간에 그 주소에 저장된 값을 알고자 하는 것은 자연스러운 현상이다. 이것을 포인터의 **역참조**(dereferencing)라고 부르고 이 역시 *을 사용하여 구현될 수 있다.

```
int x = 45;
int *y = &x;
NSLog(@"The value was %d", *y);
```

마지막 줄의 명령문은 변수 y 앞에 있는 *는 컴파일러가 포인터를 따라가서 현재 가리키는 값에 접근하도록 만들어주기 때문에 "The value was 45"라는 메시지를 출력한다. 게다가 값을 읽을 뿐 아니라 다음과 같이 대체할 수도 있다. 혼란스럽겠지만, 이 역시 * 연산자를 이용한다.

```
int x = 45;
int *y = &x;

*y = 92;
```

마지막 줄의 명령문은 변수 y에 저장된 주소의 실제 값을 92로 설정한다. 그림 3.2에서 볼 수 있듯이 변수 y가 주소 928을 저장하기 때문에 이 식을 실행하면 이 식에서 절대 언급하지 않았던 변수 x의 값이 갱신된다.

배열은 일종의 포인터이다.

C 스타일의 배열의 변수 식별자는 어떤 점에서 포인터라고 생각할 수 있다. 이 포인터는 항상 배열의 첫 번째 요소를 가리킨다. 예를 들어, 다음은 완벽하게 유효한 Objective-C 소스코드이다.

```
int ages[50];
int *p = ages;
NSLog(@"Age of 10th person is %d", p[9]);
```

& 연산자를 사용하지 않고 직접 배열 변수를 포인터 변수에 할당할 수 있음을 알 수 있다. 그리고 친근한 [] 구문을 사용하여 포인터로부터 오프셋을 계산할 수 있다. p[9]는 *(p+9)로 표현할 수 있다. 이것은 '포인터의 현재 값에 9를 더하고 이것을 역참조하라'를 짧게 표현한 것이다.

구조체 기반의 데이터 형으로 포인터를 실행할 때, -> 연산자를 이용하여 포인터를 역참조하는 것과 특정한 필드로 접근하는 것을 허락하는 특별한 역참조 구문을 사용할 수 있다.

```
struct box *p = ...;
p->width = 20;
```

두 번째 줄에 있는 -> 연산자는 포인터 p를 역참조하고 구조체 안의 width 필드에 접근한다. 가리키고 있는 값을 읽거나 바꾸기 위해 포인터를 따라가는 동안 만약 포인터들이 같은 값을 가리킨다면, 그 두 포인터를 확인하기 위해 비교하는 것이 때때로 필요하다.

3.3.4 포인터의 값 비교하기

두 포인터의 값을 비교할 때, 계획된 비교를 수행하고 있음을 확실히 하는 것이 중요하다. 다음 코드를 따라가 보면,

```
int data[2] = { 99, 99 };
int *x = &data[0];
int *y = &data[1];

if (x == y) { NSLog(@"The two values are the same"); }
```

아마 이 코드가 "두 개의 값은 같다"라는 메시지를 발행하길 기대하겠지만 그렇게 되지 않는다. x == y라는 명령문은 각각의 포인터의 주소를 비교하는 것이고 x와 y 둘 다 데이터 배열의 다른 요소를 가리키기 때문에 명령문의 결과는 No가 되는 것이다.

만약 각각의 포인터가 가리키는 값이 동일한 것으로 하고 싶다면, 두 포인터를 모두 다 역참조해야 한다.

```
if (*x == *y) { NSLog(@"The two values are the same"); }
```

이제 포인터의 개념을 이해하고 어떻게 다수의 포인터가 같은 객체를 참조 표시할 수 있는지 알았으므로 객체와 의사소통할 준비가 되었다. 객체와 의사소통하는 것은 그것을 저장한 상세 정보를 얻거나, 객체가 마음대로 사용할 수 있는 정보와 자원을 이용하여 특별한 일을 수행하는 것을 요구할 수 있게 해준다.

값의 부재를 나타내는 것

가끔 포인터 변수가 현재 관련한 어떤 것을 가리키고 있는지 알고 싶을 것이다. 이를 위하여 포인터에 특별한 NULL이나 nil 상수 중 하나로 초기 설정하고자 할 수 있다.

```
int *x = NULL;
NSString *y = nil;
```

이 두 가지 상수는 0과 동일하게 포인터가 현재 아무것도 가리키지 않음을 나타내는 데 사용한다. Objective-C의 정책은 객체를 참조하고 과거 C 스타일의 데이터 형과 함께 사용하기 위하여 NULL을 격하시킬 때 nil을 사용한다.

포인터가 이렇게 특별한 값으로 초기 설정하는 것은 포인터가 현재 무언가 가리키고 있다고 설정하여 if (y != nil)의 판별이 가능하게 해준다. 왜냐하면 nil은 0과 동일한 값이기 때문에 if (!y)와 같은 판별식으로 볼 수 있다.

또한, NULL 포인터를 역참조하지 않도록 조심하여라. 아무것도 가리키지 않고 있는 포인터로부터 읽고 쓰는 것은 애플리케이션에 즉시 액서스 바이엘레이션 오류(access violation error)가 발생할 수 있다.

3.4 객체와 통신하기

C++, Java, C#과 같은 많은 C 계열 언어들에서 개발자들은 객체에 의해 구현된 메서드를 호출한다. 그러나 Objective-C를 사용하는 개발자들은 객체에 곧바로 메서드를 '호출(call)'하지 않는다. 대신 객체에 메시지 '전달(send)'한다. 객체는 메시지를 '수신(receive)'하면 보통 같은 이름을 가진 메서드를 불러와 이것을 실행할 것인지 결정한다. 이는 근본적으로 색다른 접근이며, 어떻게 메서드 전파가 일어나는지를 객체가 매끄럽게 통제할 수 있기 때문에 Objective-C를 더욱 역동적인 언어로 만들어주는 여러 특징 중 하나이다.

3.4.1 객체에 메시지 전달하기

그림 3.3에서는 객체에 메시지를 보내기 위한 기초적인 Objective-C 구문의 아웃라인을 보여준다. 소스코드에서 메시지의 전송은 대괄호에 의해 표현된다. 열리는 대괄호 바로 옆이 목표(target) 객체이며, 객체 이름 바로 다음이 메시지(message)이다. 목표는 메시지를 받아야하는 객체를 평가하는 어떠한 표현도 될 수 있다.

그림 3.3에서 보는 것과 같이 기본 메시지 전달하는 것은 편지 봉투의 수신 란에 사람의 이름과 주소를 넣는 것과 유사한 형태가 될 수 있다. 이것은 받아야 하는 사람에게 배달될 수 있도록 컨테이너를 배치하는 것이다.

```
[ myObject myMessage ]:
```
목표   메시지

그림 3.3 Objective-C에서 객체에 메시지를 보내기 위한 기본적인 구문. 대괄호 안의 목표 (또는 메시지를 받을 객체)가 지정되면 그 메시지는 그 이름을 따라감.

가끔 객체가 메시지를 이해할 수 있게 하기 위하여 편지나 청구서를 봉투에 넣는 것처럼 추가 정보가 함께 보내진다. 메시지에 들어가는 추가 정보는 **인자**(argument)라고 부르는 하나 이상의 값에 의해 나타난다. 메시지를 보낼 때, 인자는 그림 3.4에서처럼 메서드 이름 뒤에 콜론(:) 문자를 붙여 사용한다.

인자

```
myString stringByReplacingOccurrencesOfStrings@"Hello" withStrings@"Goodbye"]:
```
목표

메시지

그림 3.4 객체가 사용할 수 있도록 하나 이상의 인수를 함께 전달 메시지로 보낼 수 있음.

myString가 그림 3.4에서 보낸 메시지를 받을 때, 이것은 @"Hello"와 @"Goodbye"라는 값에 접근하는 것이다. 그림 3.4에서 알아 챌 수 있는 흥미로운 점은 어떻게 여러 인자를 메시지로 다루는가이다. 그림에서 보이는 `stringByReplacingOccurrencesOfString:withString:`라는 메시지에서 여러 콜론 문자는 인자가 어디에 위치하는지 알려준다. 인자가 거의 작은 문장을 만들만큼 설명적이고 장황한 것은 Objective-C 메시지 이름에서 흔한 일이다. 그림 3.4는 "string by replacing occurrences of string hello with string goodbye."라고 읽을 수 있다.

3.4.2 클래스에 메시지 전달하기

강아지(dog) 형의 두 객체가 있고 하나는 Puggsie, 다른 하나는 MrPuggington이라고 불린다고 하자. 만약 두 강아지를 모두 앉히고 싶다면 각각의 객체에 개별적으로 앉으라고 sit 메시지를 보낼 수 있을 것이다. 두 강아지 모두 이 메시지를 받을 것이고 (강아지는 마음대로 할 수 없다는 가정 하에) 요청에 따라 앉을 것이다.

가끔 특정 클래스의 인스턴스에 정보를 요구하거나 제한되지 않는 명령을 제공하고 싶을
것이다. 예를 들어 가능한 강아지 품종의 수에 대해 묻고 싶을 수 있다. 이 질문을 Mr
Puggington이나 Puggsie(강아지 클래스 예)에게 묻는 것은 말이 되지 않지만 질문 자체는
강아지와 분명 연관된 개념이다.

이런 경우, 클래스에 직접적으로 메시지를 보내는 것이 가능하다. 이 구문은 객체에
메시지를 보내는 것과 비슷하나 메시지를 전달할 특정 객체가 없기 때문에 클래스의
이름을 목표로 사용한다.

```
int numberOfDogBreeds = [Dog numberOfDogBreeds];
```

Puggsie와 Mr Puggington에게 요구할 수 있는 것은 많지만 어떤 것을 요구할 수 있느냐
에는 제한이 있다. 예를 들어, 강아지 객체(아마도 Mr Puggington)에게 주인을 위하여
세 가지 코스의 저녁 식사를 만들라는 makeThreeCourseDinnerForHumanOwner 메시지
를 호출한다고 해서 저녁 식사에서 음식을 내놓지는 않을 것이다. 많은 언어의 컴파일러
는 실행 불가능한 메서드 호출과 같은 것을 감지할 수 있고, 발견되는 대로 편집을 중지할
수 있다. 그러나 Objective-C는 이런 실행이 불가능한 요구들이 가능하게 허용한다. 누가
아는가, 강아지가 차세대 아인슈타인이 될지.

3.4.3 존재하지 않는 메시지 전달하기

메시지 전달 개념에서는 다룰 수 없을지도 모르는 메시지를 객체에 보내는 것이 가능하
다. 호출을 위하여 메서드가 반드시 선언되어야만 하는 C++와 같은 언어와 다르게 메시
지를 보내는 것을 요구하는 것은 단지 요구일 뿐이다.

Objective-C의 역동적인 타이핑으로 인하여 메시지를 받는 쪽이 어떻게 그것을 실행하는
지에 대하여 이해했는지 보장할 수 없고, 컴파일 시간에 그것이 존재하는지 확실하게
확인할 수 없다. 다음 코드에서는 NSString 클래스가 mainBundle이라 불리는 메서드를
실행하지 않더라도 성공적으로 컴파일될 것이다.

```
NSString *myString = @"Hello World!";
[myString mainBundle];
```

Objective-C 컴파일러가 이러한 상황에서 할 수 있는 최선의 방법은 편집하는 동안 다음

경고를 발생시키는 것이다.

```
'NSString' may not respond to '-mainBundle'
```

아마 왜 Objective-C가 다른 언어에 비하여 편집하는 동안 더 엄격하고 치명적인 오류를 만들 때마다 경고를 발생하는지 궁금할 것이다. 정답은 Objective-C에서는 객체가 역동적으로 메서드를 추가하고 삭제하는 것이 허용되며, 다루지 않는 메시지도 실행할 수 있도록 기회를 주기 때문이다. 결과적으로 컴파일러는 런타임 중에 특정 객체가 임의의 메시지에 대답하지 않을 것임을 확신할 수 없다.

만약 컴파일 시간에 경고를 없애고 싶을 때, 가장 쉬운 방법은 변수의 데이터 형을 id로 변경하는 것이다.

```
id myString = @"Hello World!";
[myString mainBundle];
```

대안으로 형변환도 사용할 수 있다.

```
NSString *myString = @"Hello World";
[(id)myString mainBundle];
```

컴파일러는 id 데이터 형이 어떠한 형태의 객체도 참조할 수 있기 때문에 더욱 경고에 관대하다. 만약 이러한 양보가 없다면, 컴파일러에 어떠한 메서드 존재도 분명하게 선언하지 않은 id와 같은 객체에 전달된 모든 메시지에 경고를 하게 될 것이다.

비록 이 절의 소스코드가 성공적으로 컴파일되었더라도 NSString이 mainBundle이라는 메시지를 다루지 않기 때문에 런타임에 모두 실패할 것이라는 것을 알아채는 것이 중요하다. 만약 목표 객체가 적당한 메서드를 정의하지 않는다면, 메시지는 결국 거부되고 다음과 같은 디버깅에서 치명적 오류를 만나게 될 것이다.

```
*** Terminating app due to uncaught exception 'NSInvalidArgumentException',
    reason: '*** -[NSCFString mainBundle]: unrecognized selector sent to
    instance 0x3b0a1e0'
```

이것은 Objective-C가 궁극적으로 이 메시지를 다룰 알맞은 메서드 찾기에 실패했다는 신호이다. 어떻게 클래스가 잘 모르는 메서드를 가로채기 위해 수정되는지와 다른 메서드로 전용되는 것과 같은 속임수를 쓰는지 8장에서 다시 다룰 것이다.

비록 치명적인 예외를 일으킬 메시지를 전달하는 것은 현명하지 않다고 하더라도, 이 기술은 실용적이다. 예를 들면, 이 기술은 12장에서 논의될 것처럼 Core Data 프레임워크에 의해 빈번히 사용된다.

많이 사용되는 메시지 전달 실행에서의 또 다른 특이점은 주소 없이 편지를 보내는 것과 비슷하게 nil에 메시지를 보내는 것이다.

3.4.4 nil에 메시지 전달하기

Objective-C의 흥미로운 특징은 메시지의 주소가 없어 목표가 nil일 때 메시지를 전달하는 행동이다. 많은 언어에서, 이렇게 하면 런타임에 NULL 참조 예외(NULL Reference exception)라는 치명적인 오류가 발생할 것이고, 이런 오류에 대비해서 개발자는 보통 다음과 비슷한 소스코드를 사용한다.

```
NSString *str = ...expression which returns a string or nil...;
NSUInteger length;

if (str != nil)
    length = [str length];
else
    length = 0;
```

if 명령문에서는 str 변수가 현재 유효한 객체를 가리키고 있는지를 조사하고 유효한 객체를 이용할 수 있으면 length 메시지를 보낸다. 만약 str이 nil을 가지고 있어 현재 메시지를 보낼 수 있는 객체가 없음을 나타낸다면, 기본 길이인 0으로 추정한다. Objective-C에서는 다음과 같이 간단한 코드를 사용할 수 있기 때문에 이러한 체크를 보통 사용하지 않는다.

```
NSString *str = ...expression which returns a string or nil...;
NSUInteger length = [str length];
```

두 개의 코드는 모두 같은 행동을 한다. 단순화된 코드를 보면, 아마 어떻게 목표가 nil일 때 문장 [str length]을 안전하게 실행하는지 궁금할 것이다. 그 정답은 Objective-C가 메시지 전달 과정의 일부로 먼저 타깃이 nil인지 체크하고 메시지 전달을 피한다는 것이다. 만약 Objective-C 런타임이 메시지를 보내지 않기로 결정한다면 반환 값은 0이 될 것이다(혹은 이와 동일한 0.0이나 NO).

이제 객체지향 프로그래밍의 개념, 객체와 클래스의 차이 그리고 객체와의 의사소통 방법을 파악하였다. 거의 모든 애플리케이션에서 의심할 여지없이 사용되는 일반적인 클래스 NSString에 대해 알아보자. NSString은 문자의 시퀀스를 표현한다.

NSString 클래스는 객체지향 프로그래밍의 이득의 좋은 예를 제공한다. 먼저, 이 클래스를 위해서 코드를 작성하지 않아도 된다. 각각의 애플리케이션에 쓸데없는 시간을 낭비하지 않고 기존의 클래스를 재사용(reuse)할 수 있다. 재사용은 기반을 다지는 데 시간을 쓰지 않고 애플리케이션을 차별화하고 완벽하게 하는데 집중할 수 있게 하여 생산성을 높여준다.

3.5 문자열

NSString 클래스는 문자들의 문자열과 상호작용을 하고 수정할 수 있는 좋은 객체지향 인터페이스를 제공한다. C 스타일의 문자열이 NULL로 끝나는 char *이나 char[] 배열인 것과는 다르게 메모리 할당과 텍스트 인코딩, 문자열 조작의 모든 면에서 NSString 클래스의 내부 실행의 세부사항처럼 애플리케이션 개발자로부터 숨어있다. 이것은 개발자가 컴퓨터에 문자열이 저장되는 방법이나, 문자 연결 명령어와 같은 명령 방법의 핵심 상세 사항보다는 애플리케이션의 로직의 더 중요하고 독창적인 면에 집중할 수 있게 한다.

이 추상적 개념은 Objective-C에서 200자만 할당받은 변수에 250자 문자열을 저장하려고 시도하는 것과 같은 흔한 오류를 쉽게 피할 수 있음을 의미한다. 이제 소스코드에 새로운 문자열을 만드는 방법을 배우면서 문자열에 대하여 논의해보자.

3.5.1 문자열 구성하기

새로운 NSString 인스턴스를 만들 수 있는 가장 쉬운 방법은 앞 장에서 소개한 @"..." 문법 구문을 이용하는 것이다. 예를 들어

```
NSString *myString = @"Hello, World!";
```

명령어에서는 새로운 NSString 객체를 만들고 "Hello, World!"라는 값을 초기 설정한다. 그러나 이 구문의 형태는 NSString 클래스의 특별한 경우이다. 다른 클래스에서

인스턴스를 만들기 위해 이 구문을 사용하는 것은 불가능하다. 애플리케이션에서 문자열을 사용하는 것이 만연하기 때문에 Objective-C 언어 디자이너가 문자열 전용의 (그리고 축약된) 구문을 가지는 것이 이득이라고 결정한 것이다. 특정한 클래스의 객체를 구성하기 위한 더욱 일반적인 기술은 새로운 객체, 그리고 뒤따라오는 초기 메시지를 메모리에 할당하기 위하여 alloc 메시지를 보내는 것이다. 예를 들어, 다음에 문자열을 만드는 다른 방법이 있다.

```
NSString *myString = [NSString alloc];
myString = [myString initWithString:@"Hello, World!"];
```

이 코드 예는 Objective-C에서 새로운 객체를 구성하는 두 가지 단계인 할당과 초기화를 보여준다. 첫 번째 줄은 alloc(할당을 의미하는 allocate의 줄임말) 메시지를 NSString 클래스에 전달한다. 이것은 NSString이 새로운 문자열을 저장하기 충분한 메모리를 할당하기 위한 것이며 메모리에 C 스타일 포인터를 반환한다. 하지만, 이 단계에서는 객체가 비어있기 때문에 다음 단계에서는 합리적인 값으로 객체를 초기화 하는 초기화 메서드를 호출한다.

많은 클래스는 다수의 초기화 메서드를 제공한다. 이 예에서 문자 상수의 내용으로 새로운 문자열 객체를 초기화하는 initWithString: 메시지를 전달한다. 위의 두 가지의 명령문은 다른 하나 안에 메시지 전달을 넣어 한 줄로 쓰는 것이 일반적이다.

```
NSString *myString = [[NSString alloc] initWithString:@"Hello, World!"];
```

aclloc과 init을 기반으로 하는 객체의 생성 과정의 대안으로 많은 클래스는 두 개의 단계를 한꺼번에 수행할 수 있는 **팩토리 메서드**(factory method)를 제공한다. 다음 코드에서는 새로운 문자열을 만들 수 있는 다른 방법을 보여준다.

```
NSString *myString = [NSString stringWithString:@"Hello, World!"];
```

이 명령문은 먼저 alloc을 호출한 다음 initWithString:을 호출하는 것은 동일하지만 그러나 이것이 조금 더 읽기 쉽고 입력이 빠르다. 보통, initWithXYZ: 식으로 이름 지어진 대부분의 초기화 메시지는 그 이면에 내포된 alloc을 이용할 수 있는 classnameWithXYZ: 팩토리 메서드와 일치한다. 이 두 기술 사이의 메모리 관리는 미묘하지만 중요한 차이가 있으며 이는 9장에서 집중적으로 논의된다. 지금은 팩토리 메서드 사용에만 집중하자.

객체를 구성하는 기술에서 새로 얻은 지식을 사용하여 새로운 관점에서 예전의 소스코드 예제를 살펴볼 수 있다. 예를 들어, Rental Manager 애플리케이션의 현재 버전의 다음 라인과 같다.

```
cell.detailTextLabel.text =
    [NSString stringWithFormat:@"Rents for $%0.2f per week",
     properties[indexPath.row].weeklyRentalPrice];
```

메시지 네이밍 관행에 대한 지식을 바탕으로 이 명령문이 NSString 클래스에 string WithFormat: 메시지를 보냄으로써 새로운 문자열을 만드는 것을 확인할 수 있다. 이 메시지는 NSLog 스타일 포맷의 문자열을 해석하여 새로운 문자열을 구성한다. 이제 새로운 문자열 객체를 만드는지 알게 되었으니 작업하는 방법에 대해 알아보자.

3.5.2 문자열에서 문자 추출하기

문자열 객체를 만들면, 객체에 메시지를 보내어 그것과 상호작용할 준비가 다 된 것이다. 아마도 문자열에 보낼 수 있는 가장 간단한 메시지는 문자열에 소속된 모든 문자의 수인 길이를 반환하는 length 메시지일 것이다.

```
int len = [myString length];
NSLog(@"'%@' contains %d characters", myString, len);
```

문자열은 개별적인 문자의 시퀀스에 의해 만들어졌기 때문에, 문자열의 특정한 인덱스의 문자를 얻을 수 있는 characterAtIndex:도 유용한 또 다른 메시지이다.

```
NSString *myString = @"Hello, World!";
unichar ch = [myString characterAtIndex:7];
NSLog(@"The 8th character in the string '%@' is '%C'", myString, ch);
```

characterAtIndex: 메시지는 C 스타일 배열에서 가능한 배열의 인덱스 명령어와 비슷한 방식으로 작동한다. 만약 한 문자 대신 문자열 안에 특정 범위의 문자들을 얻고 싶다면 다음 리스트에서 보듯이 substringWithRange: 메시지를 사용할 수 있다.

리스트 3.1 substringWithRange:을 사용하여 문자열의 마지막 단어 얻기

```
NSString *str1 = @"Hello, World!";

NSRange range;
range.location = 7; <----- or call NSRangeMake(7, 5);
range.length = 5;

NSString *str2 = [str1 substringWithRange:range];
NSLog(@"The last word in the string '%@' is '%@'", str1, str2);
```

substringWithRange: 메시지는 원시 문자열에 포함된 문자의 시퀀스를 이용하여 새로운 문자열을 만들어 반환하는 것이다. 범위는 NSRange를 제공하여 명세한다. 이것은 위치와 길이를 나타내는 location과 length 필드로 구성된 C 스타일의 구조체의 typedef이다. 위치 필드는 문자열에서 반환될 첫 번째 문자의 인덱스이다. 길이 필드는 그 위치부터 얼마나 많은 문자가 포함되어 있는지를 나타낸다.

더 큰 문자열의 서브 문자열과 개별적인 문자를 추출하는 것이 유용하다. 이제 원시 문자열을 수정하는 방법에 대해 알아보자.

3.5.3 문자열 수정하기

NSString은 문자열을 내용을 수정할 수 있게 하는 많은 메시지를 제공한다. 예를 들어 다음 명령문에서는 str1의 내용을 소문자로 바꾸고 그 결과 생성된 문자열을 str2 변수에 저장한다.

```
NSString *str1 = @"I am in MiXeD CaSe!";
NSString *str2 = [str1 lowercaseString];
```

마찬가지로 만약 "Hello, World!" 문자열을 "Hello, Chris!"로 바꾸고 싶다면 "World"를 "Chris"로 바꾸는 stringByReplacingOccurrencesOfString:withString:을 사용한다.

```
NSString *str1 = @"Hello, World!";
NSString *str2 = [str1 stringByReplacingOccurrencesOfString:@"World"
                    withString:@"Chris"];
```

> **불변(immutable)과 가변(mutable) 객체**
>
> NSString * str2 = [str1 lowercase]와 같은 명령문은 현재 존재하는 str1의 내용을 수정하지 않고 소문자 형태의 새로운 문자열을 변환한다. 이 명령문을 실행한 후 최종적으로 원래의 str1과 소문자 형태의 str2라는 두 개의 문자열을 얻게 될 것이다.
>
> 문자열은 변경할 수 없는 불변 객체의 한 예이다. 불변 객체는 처음 만들어진 이후 어떠한 방법으로 수정할 수 없다. 불변 객체를 수정하는 유일한 방법은 새로 객체를 생성하고 원하는 값으로 초기화하는 것이다.
>
> 불변 객체의 반대는 변경하거나 값을 바꿀 수 있는 가변 객체이다. 많은 경우 Foundation kit은 클래스의 불변이나 가변에 대한 여러 가지 선택권을 준다. 문자열의 경우 NSString과 NSMutableString이 있다.

문자열에 다른 문자를 추가하기 위하여 stringByAppendingString: 메시지를 사용할 수 있다.

```
NSString *str2 = [str1 stringByAppendingString:@"Cool!"];
```

이 명령문에서 str1 다음에 "Cool!"이 추가되고 결과가 str2에 저장된다. 곧 분명히 밝혀질 이유들 때문에 str2 = str1 + @"Cool!"을 사용할 수 없다.

이제 문자열 객체를 만들고 사용하는 법을 알았으니, 당연하게 두 가지가 동일한지 결정하기 위해 하나를 다른 하나와 비교하고 싶을 것이다.

3.5.4 문자열 비교하기

두 문자열 변수를 비교하기 위하여 이 장에서 배운 포인터를 기반으로 다음과 같은 코드를 생각할 수 있다.

```
NSString *str1 = [NSString stringWithFormat:@"Hello %@", @"World"];
NSString *str2 = [NSString stringWithFormat:@"Hello %@", @"World"];

if (str1 == str2) {
  NSLog(@"The two strings are identical");
}
```

놀랍게도 이 코드가 실행되면, 방금 만들어진 두 개의 문자열이 같지 않다고 나올 것이다.

왜 그런지 이해하기 위해서 두 변수 st1과 str2가 단순한 C 스타일 포인터라는 것을 알아야 한다. 이는 C를 기반으로 == 연산자는 두 개의 변수가 모두 같은 메모리 공간을 가리키고 있는지 결정하는 동일성을 체크한다. 위 코드에는 두 개의 서로 다른 문자열 인스턴스를 만들기 때문에 두 포인터는 서로 다른 위치를 가리키고, 판별식은 거짓(false)으로 판단된다. == 연산자는 문자열의 메모리 위치만 고려하기 때문에 두 개의 문자열은 동일한 시퀀스를 가지고 있다는 것과는 아무 관련 없다.

이러한 문제를 피해 일을 하기 위해서 포인터를 가진 가장 객체지향 언어에 근접한 Objective-C는 메모리의 위치 대신 객체의 내용을 비교할 수 있는 메시지를 제공한다. Objective-C에서는 이 메시지를 isEqual:이라 한다.

```
if ([str1 isEqual:str2]) {
  NSLog(@"The two strings are identical");
}
```

이것은 문자열 작업에 + 연산자를 사용할 수 없는 이유와 비슷하다. 이것은 포인터 연산을 위한 C 스타일 포인터와 함께 이미 사용되었기 때문이다.

3.6 예제 애플리케이션

이 장에서 배운 개념을 실전에 적용하여 문자열 콘텐츠를 찾고 수정하도록 NSString에서 제공되는 서비스를 이용하여 Rental Manager 애플리케이션을 확장시켜보자. 그림 3.5는 수정이 끝난 후 애플리케이션이 어떻게 될지 보여준다. 각각의 임대 부동산은 바다 근처 또는 도시, 알프스와 같은 부동산의 위치 분류 옆에 이미지를 가진다.

iPhone 애플리케이션에 이미지가 보이기 위해서는 당연히 첫 번째 단계로 이미지 리소스를 프로젝트에 포함시키는 것이다. XCode 프로젝트에 이미지를 추가하기 위해서 Finder 윈도우에서 XCode의 프로젝트 내비게이터 패널에 위치하고 있는 Supporting Files 그룹에 이미지 파일을 끌어다놓는다. 그러면 Add라는 버튼을 선택할 수 있는 시트가 나타날 것이다. 이 작업을 위해 세 개의 이미지가 필요하다. 사용하는 이미지의 세부 사항은 표 3.1에 있다. 구글 등 이미지 검색 서비스를 이용하여 얻을 수 있을 것이다.

그림 3.5 Rental Manager 애플리케이션의 업그레이드 버전.
각각의 부동산은 부동산의 지리적 위치의 유형을 나타내는 것
옆에 이미지를 나타낸다.

표 3.1 이미지는 다른 부동산의 위치를 나타내는데 사용한다. 특정 부동산에 대한 이미지의 선정은 관련
주소의 도시를 기준으로 하며, 각 이미지에 매핑되는 일부 도시 이름은 예제로 제공된다.

이미지	파일 이름	예제 도시
	sea.png	Sumner
	mountain.png	Clifton
	city.png	Riccarton, Christchurch

이제, 프로젝트에 요구되는 필요한 이미지 리소스를 가졌으므로 그것을 사용하기 위하여
애플리케이션의 소스코드를 수정할 준비가 되었다. 에디터에 있는 RootViewController.

m[3]) file을 열고 `tableView:cellForRowAtIndexPath:` 메서드의 현재 버전을 다음 리스트로 대체하여라.

리스트 3.2 tableView:cellForRowAtIndexPath: 메서드 구현부분 대체

```objc
- (UITableViewCell *)tableView:(UITableView *)tableView
  cellForRowAtIndexPath:(NSIndexPath *)indexPath
{
  static NSString *CellIdentifier = @"Cell";

  UITableViewCell *cell = [tableView
    dequeueReusableCellWithIdentifier:CellIdentifier];

  if (cell == nil) {
    cell = [[[UITableViewCell alloc]
            initWithStyle:UITableViewCellStyleSubtitle
            reuseIdentifier:CellIdentifier] autorelease];
  }

  RentalProperty *details = &properties[indexPath.row];

  int indexOfComma = [details->address rangeOfString:@","].location;
  NSString *address = [details->address
                       substringToIndex:indexOfComma];
  NSString *city = [details->address
                    substringFromIndex:indexOfComma + 2];

  cell.textLabel.text = address;

  if ([city isEqual:@"Clifton"])
    cell.imageView.image = [UIImage imageNamed:@"mountain.png"];
  else if ([city isEqual:@"Sumner"])
    cell.imageView.image = [UIImage imageNamed:@"sea.png"];
  else
    cell.imageView.image = [UIImage imageNamed:@"city.png"];

  cell.detailTextLabel.text =
    [NSString stringWithFormat:@"Rents for $%0.2f per week",
      details->weeklyRentalPrice];

  return cell;
}
```

❶ 쉼표[4])의 위치 알아내기

❷ 거리 주소와 도시 명 분리

❸ 적당한 이미지 표시

---

3) XCode 4.2 이상에서는 MasterViewController.m을 연다.

4) 원서에는 세미콜론으로 나오나 쉼표(콜론)로 해야 오류가 없다.

리스트 3.2에 있는 코드는 이전과 비슷하지만 이 장에서 논의되었던 몇몇 기능이 추가되었다.

우선, 현재 생성된 셀의 부동산 세부사항에 접근하고 싶을 때마다 `properties[indexPath.row]` 표현식을 끊임없이 입력하는 것을 피하기 위하여 포인터가 사용되었다. 대신 표현식을 한번 계산하고 나면 결과로 생기는 부동산의 주소를 `details` 변수를 이용하여 메모리에 저장한다. 이 포인터는 이후 나머지 메서드에 계속 사용되며 저장되는 임대 부동산 정보의 다양한 속성에 접근하기 위하여 역참조될 것이다. 만약 현재의 부동산을 결정하는 방법을 변경이나 갱신할 필요가 있으면 단지 한 곳에서만 할 수 있고 게다가 키보드 타이핑을 덜 할 수도 있게 된다.

리스트에 있는 각각의 임대 부동산 이미지를 제공하는 데 가장 어려운 일은 각 부동산이 위치하고 있는 도시를 결정하는 것이다. 이 단계에서 포함된 단일 콜론으로 주소 필드를 나눌 것이다. 나중에 이것에 대한 해결책을 다시 찾고 더욱 강건한 메커니즘을 찾거나 iPhone SDK geocoding API를 사용할 것이다.

`NSString` 클래스에서 가능한 `rangeOfString:` 메시지를 사용하는 것은 다음을 의미한다. ❶ 부동산 주소에서 쉼표의 위치를 찾아내고 추가적으로 `NSString` 메서드와 `substringFromIndex: substringToIndex:`에 이 인덱스를 전달하여 ❷ 두 개의 문자열 거리 주소와 도시로 분류할 수 있다. `substringFromIndex:`을 호출할 때는 쉼표 다음에 나오는 공간을 건너뛰기 위하여 `rangeOfString:`에서 반환되는 인덱스에 2를 더해야 한다.

이제 주소에서 임대 부동산의 도시를 추출했으니 ❸ 테이블 뷰 셀에 어떤 이미지를 붙여야 하는지 결정할 준비가 되었다. 도시 변수의 내용과 몇 개의 미리 정해진 도시 이름과 비교하여 이를 수행한다. 위치의 유형을 결정하면 전에 애플리케이션에 포함시켰던 이미지를 불러오기 위하여 `UIImage`의 `imageNamed` 함수를 이용한다.

Rental Manager 애플리케이션의 이번 개정에서 보인 기술의 분명한 문제점은 도시의 리스트와 그것들이 매핑되는 위치의 유형이 코드 속에 미리 정의되었다는 것이다. 이는 임대 포트폴리오에 다른 도시의 부동산을 추가하는 것처럼 애플리케이션의 작동을 갱신하는 데 시간을 낭비하고(특히 앱 스토어에 제출하는 과정) 더욱 어렵게 만든다. 이상적으로 데이터로부터 로직을 분리시켜 재컴파일이 필요하거나 애플리케이션을 다시 제출하는 일이 없이 쉽게 도시 맵핑을 갱신을 원할 것이다: 이것은 다음 장에서 다룰 것이다.

3.7 정리

객체지향 특징을 가지기 위하여 절차적인 C 언어를 향상시키기는 것은 근본적으로 Objective-C에 활기를 불어넣는 것이다. 객체지향 방법 안에서 애플리케이션을 개발하는 이익은 보통 객체지향이 수반하는 추가적인 전문용어와 기술을 배우기 위해 필요한 다른 노력들보다 훨씬 더 크다.

객체지향 프로그래밍의 최고의 장점은 복잡한 애플리케이션을 더 작은 수의 분리된 쌓기 블록이나 클래스로 나누는 향상된 능력이다. 개발자의 작업은 크고 복잡한 시스템을 고려하는 것보다 어떤 한 부분이 혼자 수행하지 않고 더욱 복잡한 일을 수행하기 위하여 서로 결합되고 의지되는 다수의 더 작은 시스템을 개발하는 것이 된다.

데이터와 로직을 클래스라 불리는 모듈로 패키지 하는 능력은 또한, 하나의 애플리케이션에서 디자인되고 개발된 객체를 다른 애플리케이션에 이식하는 것을 더 쉽게 만든다. Cocoa Touch와 Foundation Kit와 같은 애플리케이션 프레임워크는 이것을 좀 더 유용하게 이용한다. 이것의 유일한 목적은 개발자에게 많은 클래스를 제공하고 애플리케이션에 적용할 수 있도록 준비하는 것이다. 개발자는 세상에 나온 900번째 문자열 연속 구현에서 버그와 이상한 점을 없애는 데 시간을 낭비하지 않아도 된다. 애플리케이션 개발자는 대신 그들의 애플리케이션의 독창적인 특징에 집중할 수 있다.

4장에서는 Foundation Kit의 다양한 클래스가 어떻게 절차기반 C 언어에 의해 제공된 기본 데이터 형을 향상시킬 수 있는지 더 논의하게 될 것이다. C 스타일 배열을 대체하고 향상시키기 위해 디자인된 **NSArray**, **NSDictionary**와 같은 컬렉션 클래스(collection class)에 대해 살펴볼 것이다.

컬렉션에
데이터 저장하기

이 장에서 배우는 것

- NSArray
- NSDictionary
- 컬렉션에 nil과 그 밖의 특별한 값 저장하기
- Boxing과 unboxing 비 객체기반 데이터
- 비 객체기반 데이터를 위한 boxing과 unboxing

3장에서는 객체지향 프로그래밍의 개념을 소개하고 일반적인 텍스트 조정과 관련 함수를 제공하는 미리 빌드된 `NNString` 클래스 서비스를 사용하는 장점을 살펴보았다.

Foundation Kit의 대부분은 배열과 dictionary, set, hashmap과 같은 이름을 가진 컬렉션 자료 구조의 데이터 저장에 집중되어 있다. 이 자료 구조는 애플리케이션을 위하여 편리하고 효율적인 컬렉트(collect), 그룹(group), 정렬(sort), 필터 데이터(filter data)를 제공한다. 이 장에서는 가장 흔히 사용되는 클래스에 대해서 논한다.

그럼 Foundation Kit이 어떻게 현재 잘 알고 있는 단순 배열 자료 구조보다 나은 결과를 가져오는지 논의해보자.

4.1 배열

현재의 Rental Manager 애플리케이션은 properties라고 불리는 C 스타일 **배열**(array) 안에 임대 부동산 세부사항 리스트를 저장한다. 이 기술에는 아무런 문제가 없지만 한계가 존재한다. 예를 들어, C 스타일을 사용하면 고정된 개수의 요소만 생성이 가능하고 애플리케이션을 다시 컴파일하지 않고 배열에 추가적인 요소를 더하거나 제거하는 것이 불가능하다. 앞으로 임대 부동산 사업이 더욱 성공적일지도 모르며, 런타임 동안 리스트에 새로운 부동산을 첨부하는 것도 필요할 것이다.

Foundation Kit은 이것과 다른 한계점들을 보완한 NSArray라는 편리한 유사 배열 자료 구조를 제공한다. NSArray는 요구된 바와 같이 요소 크기를 늘리고 줄이는 능력을 갖춘 것만 제외하면 C 스타일 배열과 똑같은 정렬된 객체의 컬렉션이다.

String처럼 배열도 변경 불가능할 수도 있고 변경 가능할 수도 있다. 변경 불가능한 배열은 NSArray 클래스에 의해 다루어지고 변경 가능한 것은 NSMutableArray 서브 클래스에 의해 다루어진다. 그럼 이제 어떻게 NSArray 인스턴스를 만드는 것이 C 스타일 배열을 만드는 것과 다른지에 대해 알아보자.

4.1.1 배열 구축하기

원하는 것에 따라 다양한 방법으로 새로운 NSArray를 만들 수 있다. 만약 한 가지의 요소로만으로 구성된 배열을 만들고 싶다면, 가장 쉬운 방법은 array-WithObject: 팩토리 메시지를 이용하는 것이다.

```
NSArray *array = [NSArray arrayWithObject:@"Hi"];
```

이 명령문은 하나의 요소를 가진 배열을 생성한다. 이 경우에는 "Hi"라는 문자열을 사용하였지만, 다른 객체도 가능하며 예를 들어 심지어 다른 NSArray 인스턴스도 가능하다. 비슷한 이름을 가진 팩토리 메시지 arrayWithObjects:는 배열을 한 가지 이상의 요소로 초기화하여 더욱 전형적인 시나리오에서 사용될 수 있다.

```
NSArray *array = [NSArray arrayWithObjects:@"Cat", @"Dog", @"Mouse", nil];
```

arrayWithObjects:는 vardic 메서드의 한 예이다. vardic 메서드는 인자의 변수 숫자를 기대한다. vardic 메서드는 인자 리스트의 끝에 도달하는지 알아야 한다. arrayWith Objects:는 특별한 값인 nil을 찾아서 이 상태를 감지한다. 배열은 nil 값을 저장할 수 없기 때문에 이것의 존재는 리스트의 끝을 의미하는 것이다. arrayWithObjects:를 nil이라는 마지막 인자 없이 호출하면 오류가 발생한다. 만약 애플리케이션이 충돌하게 된다면 마지막에 nil이 있어야 함을 명심해야 한다.

C 기반 코드와 Objective-C 사이를 연결할 때, C 스타일 배열을 NSArray 인스턴스로 변환해야 할 필요가 있을 수 있다. NSArray에서는 이 일을 쉽게 만드는 팩토리 메서드를

제공한다.

```
NSString *cArray[] = {@"Cat", @"Dog", @"Mouse"};
NSArray *array = [NSArray arrayWithObjects:cArray count:3];
```

이 arrayWithObjects:count: 메시지는 새로운 NSArray 인스턴스를 만들고 C 스타일 배열의 첫 번째 요소를 복사하여 초기화한다. 이 트릭은 NSArray의 도구상자에서만 가능한 것이 아니다. 예를 들어, arrayWithContentsOfURL:라는 또 다른 팩토리 메시지는 인터넷으로부터 가지고 온 파일의 내용을 배열에 덧붙일 수 있게 해준다.

```
NSArray *array = [NSArray arrayWithContentsOfURL:
    [NSURL URLWithString:@"http://www.christec.co.nz/example.plist"]];
```

이 코드에서는 http://www.christec.co.nz/example.plist에 있는 파일을 불러오면서 이 것이 속성 리스트(plist) 스키마와 일치하는 XML 파일이길 기대한다. 배열을 포함하는 plist의 예시 파일은 다음 리스트에서 볼 수 있다.

리스트 4.1   세 개의 요소 배열이 명세 된 속성 리스트 파일

```
<?xml version="1.0" encoding="UTF-8"?>
<!DOCTYPE plist PUBLIC "-//Apple//DTD PLIST 1.0//EN" "http://www.apple.com/
    DTDs/PropertyList-1.0.dtd">
<plist version="1.0">
    <array>
        <string>Cat</string>
        <string>Dog</string>
        <integer>42</integer>
    </array>
</plist>
```

이 plist 파일에 명세된 또 다른 중요한 점은 NSArray 기반 배열 안의 요소가 동일한 데이터 형일 필요가 없다는 것이다. NSArray 안의 각각의 요소는 다른 데이터 형을 가지는 것이 가능하다. 이는 각각의 배열 요소가 반드시 같은 데이터 형이어야만 하는 C 스타일 배열과는 다르다. 리스트 4.1의 plist는 두 개의 문자열과 하나의 정수로 구성된 배열을 만든다.

지금까지 본 모든 배열은 불변 배열을 나타내는 NSArray를 사용했기 때문에 변경이 불가능하다(한 번 만들어지면 요소들을 더하거나 제거하는 것 또는 심지어 현재 존재하는 원소를 대체하는 것도 불가능하다). 요소를 더하고, 제거하고, 갱신할 수 있는 배열을 만들려면, NSMutableArray 클래스를 사용해야 한다. 예를 들어, 각각의 다음 두 명령문은 하나의 요소만 존재하는 새로운 배열을 만든다.

```
NSArray *array1 = [NSArray arrayWithObject:@"Hi"];
NSMutableArray *array2 = [NSMutableArray arrayWithObject:@"Hi"];
```

두 배열의 유일한 차이점은 불변여부이다. array1은 효율적인 읽기 전용으로 어떠한 수정도 허용하지 않는 반면, array2는 배열로부터 요소들을 더하거나 제거할 수 있게 해준다. 배열 생성 주제는 나중에 논의하기로 하고 어떻게 배열이 가진 다양한 요소와 상호작용할 수 있는지를 배워보자.

4.1.2 배열 원소에 접근하기

현재 C 지식으로는 C 스타일 배열 안의 요소의 수를 결정하는 것은 쉽지 않지만 NSarray와 NSMutableArray 클래스는 그 안에 저장되어 있는 요소의 수를 알아볼 수 있는 간단한 방법을 제공한다. 단지 인스턴스에 count 메시지만 전달하면 된다.

```
int numberOfItems = [myArray count];
```

결과적으로 numberOfItems 변수는 배열에 얼마나 많은 요소가 있는지 말해주게 된다. NSArray의 각각의 요소에 접근하려면 C 스타일 배열에서 [] 인덱스 연산자와 비슷한 행동을 하는 objectAtIndex: 메시지를 사용하면 된다.

```
id item = [myArray objectAtIndex:5];
```

만약 마지막 명령문이 myArray 대신 C 스타일 배열을 사용하였다면 myArray[5]와 동일하다고 상상할 수 있을 것이다. 의도와 행동은 동일하다. 이 절에서 배운 기술을 이용하여 다음 코드에서 array의 마지막 요소에 접근할 수 있다.

```
int indexOfLastItem = [myArray count] - 1;
id item = [myArray objectAtIndex:indexOfLastItem];
```

이 두 개의 메서드 호출을 하나의 명령문으로 압축할 수 있다.

```
id item = [myArray objectAtIndex:[myArray count] - 1];
```

인덱스 계산 문장에서 −1은 배열의 마지막 요소가 배열의 항목 수보다 1 적은 인덱스를 가질 것을 의미한다. 이것은 흔한 코드 패턴이며, Foundation Kit은 오로지 개발자의 효율성을 제공하는 것이기 때문에 NSArray에서 더욱 분명한 방법으로 같은 일을 수행하는 lastObject 메시지를 제공한다.

```
id item = [myArray lastObject];
```

흔한 코딩의 단순화 개념을 사용하여 NSArray 클래스의 다른 점을 조사해보자.

4.1.3 배열 원소 찾기

이제 현재 배열에 특별한 값이 있는지 확인할 수 있는 쌓기 블록을 가지고 있다. 이 목표를 달성하기 위해 직접 배열 속으로 들어가 배열 안에 각각을 요소를 확인하기 위하여 for 반복문을 이용할 수도 있고 찾고 있는 값과 현재의 요소를 비교하기 위해 if 명령문을 사용할 수 있다.

이 과정은 다음 리스트에 나타나 있다.

리스트 4.2 C 스타일로 NSArray에 "Fish" 단어가 포함되었는지 확인하기

```
NSArray *pets = [NSArray arrayWithObjects:@"Cat", @"Dog", @"Rat", nil];
NSString *valueWeAreLookingFor = @"Fish";

int i;
BOOL found = NO;

for (i = 0; i < [pets count]; i++)          ❶ 배열로 들어가기
{
    if ([[pets objectAtIndex:i]
        isEqual:valueWeAreLookingFor])      ❷ 배열의 원소 값 체크하기
    {
        found = YES;
        break;                              ❸ 반복문 빠져나오기
    }
}

if (found)
{
    NSLog(@"We found '%@' within the array",
        valueWeAreLookingFor);
```

```
    } else {
        NSLog(@"We didn't find '%@' within the array",
            valueWeAreLookingFor);
    }
```

이 리스트에서 배열로 들어가 각각의 요소를 확인하기 위하여 반복문 ❶을 설정한다.
반복문에서는 반복문 카운터 변수 i를 0에서 [pets count] – 1까지로 설정한다. 반복문
에서 objectAtIndex: 메서드를 이용하여 인덱스 i에서 배열 원소를 불러오고 ❷에서
찾고 있는 값과 같은지 검사한다. 만약 찾으면 found 변수를 YES ❸로 설정하고 더
이상 남아있는 어떠한 배열 요소를 확인할 필요가 없기 때문에 즉시 for 반복문을 벗어
난다.

단순한 일을 위해 너무나 긴 코드가 생성되었다. 이러한 코드는 감지하기 힘든 버그가
슬며시 진행될 수 있는 충분한 기회를 허용하게 된다. 운이 좋게도, Foundation Kit은
배열에서 특정한 값을 가지는지를 체크하기 위하여 NSArray의 containsObject: 메시
지의 형태를 가진 훨씬 더 편리한 기술을 제공한다.

```
BOOL found = [pets containsObject:@"Fish"];
if (found) {
    NSLog(@"We found 'Fish' within the array");
}
```

내부적으로, containsObject:는 배열 각각의 요소를 비교하면서 철저한 검색을 실행한
다. 하지만 이 행동은 숨어있고 더욱 중요한 것은 오류를 접할 기회가 없다. 이 기술은
객체 이용의 또 다른 장점을 설명한다. 계속해 무에서부터 메서드를 바로 쓰는 것 대신
쉽게 재사용하는 것이 가능하다.

가끔은 값이 배열에 존재하는지뿐 아니라 그것의 위치를 알고 싶을 것이다. indexOf
Object: 메시지는 containsObject:와 유사한 일을 수행한다. 하지만 contains
Object:가 객체를 발견했는지 알려주는 부울 플래그(Boolean flag)[1]를 반환하는 대신,
indexOfObject:는 객체가 발견되었다면 항목을 발견한 위치 인덱스를 반환하고 값이
발견되지 않았다면 특별한 값 NSNotFound를 반환한다.

---

1) 어떠한 일을 처리할 때 성공과 실패를 여부를 부울으로 나타내는 것을 통상적으로 부울 플래그
라고 한다. 예를 들어 객체가 발견되면 부울 플래그로 true 반환하고 발견되지 못하면 false를
반환한다.

```
int indexOfItem = [pets indexOfObject:@"Dog"];
if (indexOfItem != NSNotFound) {
    NSLog(@"We found the value 'Dog' at index %d", indexOfItem);
}
```

indexOfObject:와 containsObject: 같은 메시지는 일부에서 배열의 각 원소를 확인하는 로직을 제거하거나 아니면 적어도 숨길 수 있도록 허용한다. 예를 들어, 각각의 pet의 이름을 대문자로 변환하고 싶을 때, NSArray에는 이 일을 할 내부 메서드가 없을 것이다. 그러나 Objective-C와 Foundation Kit은 리스트 4.2에서 수행된 것보다 더욱 효과적이고 안전하게 배열을 반복 수행할 수 있는 방법을 제공한다.

4.1.4 배열 반복하기

다음 코드에서처럼 NSArray 클래스의 count와 objectAtIndex: 메시지를 사용하여 배열 안의 각 요소를 활용할 수 있다.

```
int i;
for (i = 0; i < [pets count]; i++) {
    NSString *pet = [pets objectAtIndex:i];

    NSLog(@"Pet: %@", pet);
}
```

이 코드가 가장 효과적이고 분명한 기술은 아닐 것이다. i < [pets count] 조건을 평가할 때, 배열의 길이를 다시 계산하게 되고 내적으로 저장되는 방법(동적 배열이나 연결 리스트)에 의존한다. 또한, objectAtIndex:를 반복적으로 부르는 것은 요청된 요소에 접근하기 위한 자료 구조의 반복적인 접근으로 인해 비효율적일수도 있다. 자료 구조 내부를 더욱 효과적으로 반복하기 위하여 Objective-C에서 제공하는 하나의 해결책은 열거자이다.

NSENUMERATOR

열거자는 효과적인 방법으로 관련된 항목의 시퀀스에 접근할 수 있도록 허용하는 객체이다. Objective-C에서 대표적인 열거자는 NSEnumerator 클래스이다. 열거자는 데이터 세트의 내부에 접근하기 때문에 전형적으로 배열과 같은 자료 구조에 NSEnmerator 인스턴스를 직접 만드는 것보다 직접 적절한 열거자를 만드는 것을 요구할 것이다.

예를 들어, 다음 코드에서는 pet 배열 안에 저장된 pet의 각각의 유형을 접근할 수 있는 NSEnumerator 인스턴스를 얻기 위해 NSArray의 objectEnumerator 메시지를 사용한다.

```
NSArray *pets = [NSArray arrayWithObjects:@"Cat", @"Dog", @"Rat", nil];

NSEnumerator *enumerator = [pets objectEnumerator];
NSString *pet;

while (pet = [enumerator nextObject]) {
    NSLog(@"Pet: %@", pet);
}
```

objectEnumerator 메서드는 특정한 배열 안의 각각 요소들의 열거자를 위한 적절한 NSEnumerator 클래스를 반환한다. NSEnumerator는 nextObject라 불리는 하나의 메서드를 제공하는 간단한 클래스이다. 이 메서드는 이름에서 유추할 수 있듯이 열거자가 열거하는 시퀀스 안의 next object 즉, 다음 객체를 반환한다. 이것을 while 반복문에 위치시켜 결국 배열의 각각 요소의 값을 제공받을 것이다. 시퀀스의 마지막에 도달하면 nextObject는 시퀀스가 끝났음을 알려주는 nil을 반환할 것이다(이것이 NSArray가 nil 값을 저장할 수 없는 또 다른 이유이다). pet 타입의 배열을 실행하는 코드를 실행하면 다음과 같은 결과물을 볼 수 있다.

```
Pet: Cat
Pet: Dog
Pet: Rat
```

어떠한 순서로 배열 속의 원소를 접근하는지 명시하지 않았음을 유심히 보아라. 이 로직은 원래 특별한 NSEnumerator 안에서 빌드되었다. NSEnumerator의 다른 버전은 다른 순서로 원소를 접근하는 것이다.

예를 들어, objectEnumerator 메시지를 reverse ObjectEnumerator 메시지로 대체하여 보아라. 두 개의 NSArray 메시지 모두 NSEnumerator 인스턴스를 제공하지만, reverse ObjectEnumerator에 의해 제공된 열거자는 마지막 요소에서 시작하여 첫 번째 요소까지 반대 순서대로 배열을 참조한다.

열거자를 사용하는 것은 NSEnumerator 인스턴스가 이것을 열거하는 객체의 내부 구조에 대한 부가적인 상태의 트랙을 유지할 수 있기 때문에 효과적일 수는 있으나 이것이

Objective-C이 가진 성능 트릭의 도구 상자에서 유일한 무기가 아니다.

FAST ENUMERATION

이름에서 제안하듯이, fast enumeration은 열거 과정을 더욱 빠르고 효과적으로 만들 수 있다. 이것은 한편으론 Objective-C 언어 구문이며 다른 편으론 런타임 라이브러리를 지원한다. fast enumeration을 위하여 for 명령문의 특수한 형태를 사용할 수 있다.

```
NSEnumerator enumerator = [pets reverseObjectEnumerator];
for (NSString *pet in enumerator) {
    NSLog(@"Next Pet: %@", pet);
}
```

더욱 명료하고 간결한 이 구문은 어떻게 작동할까? for 명령문의 괄호 안에서 새로운 변수를 선언하고 in 키워드 다음에 fact enumeration을 적용하고 싶은 객체를 넣는다. 반복문을 통해 매번 for 명령문은 열거의 다음 요소를 해당 변수에 배정한다.

Fast enumeration는 어느 NSEnumerator라도 함께 사용될 수 있고 또한 NSArray나 NSMutableArray 클래스의 인스턴스를 직접 사용할 수 있다. 예를 들어, 다음 코드 역시 매우 명료하게 작동되는 코드이다.

```
for (NSString *pet in pets) {
    NSLog(@"Next Pet: %@", pet);
}
```

그러나 fast enumeration는 모든 객체에서 사용할 수 없다. NSFastEnumeration 프로토 콜을 시행하기 위해서 in 키워드 뒤에 객체가 필요하다. 프로토콜은 7장에서 자세히 논의된다.

4.1.5 배열에 항목 추가하기

만약 NSArray 클래스의 인스턴스를 만든다면, 이 배열은 변경 불가능이므로 처음 만들어 진 이후에 구조 또는 내용을 수정할 수 없다. 만약 NSArray 인스턴스를 수정하고자 한다면, XCode 디버거 콘솔에 다음과 같은 예외 메시지가 나올 것이고 애플리케이션은 충돌할 것이다.

```
*** Terminating app due to uncaught exception
    'NSInternalInconsistencyException', reason: '*** - [NSCFArray
    replaceObjectAtIndex:withObject:]: mutating method sent to immutable
    object'
```

만약 배열이 만들어진 후에 수정할 필요가 있다면, 반드시 변경이 가능한 가변 배열을 만들어야 한다. 가변 배열을 만드는 쉬운 방법은 NSArray 클래스가 아닌 NSMutable Array 클래스의 배열 팩토리 메서드를 사용하여 비어있는 배열을 만드는 것이다. 이것은 초기에 비어있는 배열을 만들지만 이 배열은 변경 가능하기 때문에 원하는 대로 런타임 동안 새로운 요소를 첨부할 수 있을 것이다.

```
NSMutableArray *array = [NSMutableArray array];
```

NSMutableArray는 요소를 추가할 때마다 크기가 커진다. 개념적으로 배열에 첨부되는 각각의 요소를 저장하도록 추가적인 메모리를 할당하는 배열을 생각할 수 있다. 하지만 이것은 메모리를 사용하는 가장 효과적인 방법이 아니다. 만약 배열에 첨부하고자 하는 요소가 얼마나 많은지 이미 알고 있다면 배열이 한 번에 모든 요소를 저장하도록 메모리를 할당하는 것이 효과적일 것이다. 예상한 것과 같이 NSMutableArray는 똑똑하다. 이것은 arrayWithCapacity:라 불리는 또 다른 팩토리 메서드를 제공한다. 이 경우에는

```
NSMutableArray *pets = [NSMutableArray arrayWithCapacity:50];
```

이 코드는 새로운 NSMutableArray를 만들고 내부적으로 최소 50개의 요소를 저장할 수 있도록 충분한 메모리를 할당한다. 하지만 이것은 배열에 결과적으로 첨부되길 기대하는 항목 수에 대한 힌트일 뿐이라는 것을 알아야 한다. 이런 기술을 통해 만들어진 배열은 분명히 50개 이상의 요소를 저장할 수 있고 명시된 용량을 초과하면 추가적 메모리를 할당할 것이다.

또한 배열의 길이 또는 개수와 배열의 용량을 헷갈려서도 안 된다. 비록 방금 만들어진 배열이 적어도 50개의 요소를 저장할 수 있는 메모리를 가졌다 해도 만약 count 메시지 이용하여 현재 크기를 물어본다면, 아직 물리적으로 아무것도 추가하지 않았기 때문에 0을 보여줄 것이다. 용량은 단지 NSMutableArray 클래스가 초과적인 메모리 할당을 피할 수 있게 해주는 힌트일 뿐이다. 50이라는 용량을 명시하는 것이 배열에 51번째 요소가 더해지기 전에는 아무런 추가적 메모리 할당이 일어나지 않음을 뜻한다. 이것을 작동하는 것은 잠재적 수행 증가 또는 적은 메모리 세분화(memory fragmentation)를

가져온다.

이제 역동적으로 내부의 값을 수정할 수 있는 `NSMutableArray` 인스턴스를 만드는 방법을 알았다. 어떻게 추가적 요소를 배열에 첨부할까? 한가지 답은 존재하는 배열 마지막에 새로운 요소를 첨부하는 `addObject:` 메시지를 사용하는 것이다.

```
[pets addObject:@"Pony"];
```

이 코드는 배열의 크기를 하나의 요소만큼 확장시키고 새로 더해진 요소 안의 문자열 "Pony"를 저장한다. 또 배열 중간에 요소를 삽입하는 것이 가능하다. 이를 위해 새로운 요소가 삽입 될 배열의 인덱스를 명시할 수 있는 `insertObject:atIndex`를 사용할 수 있다.

```
[pets insertObject:@"Hamster" atIndex:2];
```

이 명령문이 실행될 때, 배열 인덱스 2 이후의 모든 요소의 인덱스가 하나씩 증가된다. 인덱스 2인 객체는 인덱스 3의 요소가 되고 나머지도 계속 이렇게 된다. 인덱스 2의 비어있는 공간은 문자열 "Hamster"를 삽입하여 채워진다. 새로운 배열 요소를 삽입하는 대신, 현재 있는 원소를 `replaceObjectAtIndex:withObject:` 메시지를 사용하여 대체할 수 있다.

```
[myArray replaceObjectAtIndex:0 withObject:@"Snake"];
```

이 명령문은 첫 번째 요소를 문자열 "Snake"으로 대체한다. 마지막 작업은 현재의 요소를 제거하여 배열의 크기를 줄이는 것이다. `removeObjectAtIndex:` 메시지와 제거하고자 하는 요소의 인덱스를 제공하여 이것을 실행할 수 있다.

```
[myArray removeObjectAtIndex:5];
```

이 문장은 인덱스 5에 있는 요소를 배열에서 제거한 다음 배열에 남겨진 "구멍"을 채우기 위해 모든 요소를 한 인덱스씩 앞으로 움직인다. `count` 메서드를 호출하여 확인할 수 있듯이 배열의 길이는 1만큼 줄어든다.

배열은 많은 실용적인 애플리케이션에서 사용하는 유용한 자료 구조이지만, 가장 유연한 자료 구조는 아니다. 더욱 유연한 자료 구조는 딕셔너리이다.

4.2 딕셔너리(Dictionary)

배열은 Foundation Kit에서 제공하는 한 형태의 자료구조이다. 또 다른 유용한 자료 구조는 딕셔너리와 맵(map)이다. 딕셔너리는 키(key)/값(value) 쌍의 컬렉션이다. 관심 있는 값을 찾기 위해 **키**라고 일컬어지는 하나의 값을 사용할 수 있다.

Foundation Kit에서 딕셔너리는 대표적으로 NSDictionary와 NSMutableDictionary 클래스가 있다. 딕셔너리의 각각의 엔트리는 키와 그것과 매치되는 값으로 구성된다 - 단어를 키로 사용하고 간단한 정의를 값으로 사용하는 실제 사전 또는 이름을 전화번호에 매치시키는 전화번호부와 같은 것이다.

딕셔너리 안의 각 키는 반드시 유일해야 한다. 그렇지 않으면 키가 주어지고 여러 개의 일치되는 값이 발견되는 혼동(confusion)이 발생할 수 있다. 만약 주어진 키에 여러 값을 저장해야만 한다면, NSArray 인스턴스를 이용하여 단일 값 형태로 저장할 수 있다. 키는 어떤 객체라도 될 수 있다. 하나의 딕셔너리가 문자열을 사용하고 다른 하나는 숫자들을 사용할 수 있다.

만약 컴퓨터 과학 배경 지식이 있다면, 아마 hash 테이블과 hashing 함수의 개념이 친숙할 것이다. Hash 테이블은 딕셔너리의 추상적 개념을 실행할 수 있는 하나의 방법이지만 NSDictionary과 NSMutableDictionary는 실행을 위하여 세부사항을 공부할 필요가 없어 물리적으로 어떻게 실행되는지보다 애플리케이션의 실용적인 면에 집중할 수 있도록 도와준다.

이제 어떻게 새로운 것을 생성하고 그것을 초기화 하는지에 대해 배워보기 위해서 딕셔너리의 조사를 시작해보자.

4.2.1 딕셔너리 구축하기

변경 불가능한 NSDictionary 클래스와 변경 가능한 NSMutableDictionary 클래스 간의 차이는 NSArray와 NSMutableArray 간의 차이와 비슷하다. NSDictionary는 수정될 수 없는 반면 NSMutableDictionary는 자유롭게 새로운 입력을 추가, 제거 또는 갱신할 수 있다. 비어있는 딕셔너리를 만들려면, 딕셔너리 팩토리 메시지를 사용할 수 있다.

```
NSDictionary *myDetails = [NSDictionary dictionary];
```

이 메시지는 주로 **NSMutableDictionary** 서브클래스에서만 사용된다. 그렇지 않으면, 변경 불가능하기 때문에 딕셔너리가 평생 비어있을 것이다!

dictionaryWithObject:forKey:라 불리는 메시지는 초기에 하나의 키/값 쌍으로 구성된 dictionary를 만들 수 있게 해준다.

```
NSDictionary *myDetails = [NSDictionary dictionaryWithObject:@"Christopher"
                                                      forKey:@"Name"];
```

이 코드는 두 가지 모두 문자열인 키 "Name"과 값 "Christopher"로 구성된 단일의 입력을 가진 새로운 dictionary를 만든다. 하지만 십중팔구 다수의 키/값 쌍을 가진 딕셔너리를 초기화하고 싶을 것이다. 유사한 이름을 가진 **dictionaryWithObjects:forKeys:** 메시지는 다음 작업을 허용한다.

```
NSArray *keys = [NSArray arrayWithObjects:@"Name", @"Cell", @"City", nil];
NSArray *values = [NSArray arrayWithObjects:@"Christopher", @"+643123456",
                                            @"Christchurch", nil];
NSDictionary *myDetails = [NSDictionary dictionaryWithObjects:values forKeys:keys];
```

이 예제에서는 특정 사람에 대한 세부사항을 가진 새로운 딕셔너리를 만든다. **dictionaryWithObjects:forKeys:** 메시지는 같은 길이를 가진 두 개의 배열이 제공되길 기대한다. 키 배열로부터 온 첫 번째 값은 값 배열로부터 온 첫 번째 값과 매치 되며 그러한 과정을 통해 dictionary에 추가될 키/값 쌍을 만든다.

특히 유일한 목적이 딕셔너리를 채우는 것이고, 다른 목적을 위해서는 배열을 사용할 필요가 없는 것이라면 임시적으로 배열을 만들 필요가 없을 수 있다. 자연스럽게 **NSDictionary** 클래스의 디자이너는 이 시나리오를 고려하였고, 임시 배열을 만들지 않고도 다수의 키/값 쌍을 명시할 수 있게 하는 더욱 편리한 팩토리 메서드를 제공하였다.

```
NSDictionary *myDetails = [NSDictionary dictionaryWithObjectsAndKeys:
                @"Christopher", @"Name",
                @"+643123456", @"Cell",
                @"Christchurch", @"City",
                nil];
```

이 메시지는 매개변수로 몇 개의 변수가 제공되기 기대한다. 매개변수는 값이나 키로 해석될 수 있는 것이 번갈아 나오며, 리스트의 끝을 나타내기 위한 nil 값이 감지될 때까지 쌍을 매치한다. dictionaryWithObjectsAndKeys:와 dictionaryWithObjects:forKeys: 는 키/값 쌍의 리스트를 명시하는 다른 방법을 제공하는 것 이외에는 동일한 기능을 수행한다.

NSDictionary와 NSMutableDictionary 클래스에서 또한 몇몇의 다른 팩토리 메서드 를 사용하는 것이 가능하다. 예를 들어, dictionaryWithContentsOfURL:는 NSArray 의 sarrayWithContentsOfURL:와 유사한 기능을 수행하고 쉽게 dictionary가 웹사이트 에 있는 파일의 내용으로 채워질 수 있게 해준다.

이 절의 모든 코드 예제는 NSDictionary 클래스를 사용하기 때문에 모든 딕셔너리는 읽기 전용인 변경 불가능한 딕셔너리가 된다.

만약 생성 후 수정할 수 있는 딕셔너리를 만들고 싶다면, NSDictionary 클래스를 NSMutableDictionary로 대체해야 한다. 이제 dictionary 인스턴스를 구축할 있게 되었 으니, 딕셔너리가 어떻게 이것이 가지고 있는 키/값 쌍이 포함된 세부사항에 질의를 하는지 확인하기 위하여 좀 더 진행해보자.

4.2.2 딕셔너리 엔트리 접근하기

얼마나 많은 엔트리가 딕셔너리에 포함되어 있는지 확인하기 위하여 count 메시지를 이용할 수 있다.

```
int count = [myDetails count];
NSLog(@"There are %d details in the dictionary", count);
```

인덱스 위치에 있는 요소에 접근하는 objectAtIndex: 메시지 대신 주어진 키에 관련된 값을 반환하는 objectForKey:라는 비슷한 메시지를 제공한다.

```
NSString *value = [myDetails objectForKey:@"Name"];
NSLog(@"My name is %@", value);
```

이 명령문은 "Name"이라 이름 붙여진 키가 존재하는지를 확인하기 위해 딕셔너리를 검색하고 이것과 관련된 값을 반환한다. NSArray의 objectAtIndex: 메시지와는 다르게 딕셔너리에 존재하지 않는 키를 objectForKey:에 제공하는 것은 오류가 아니다. 이 경우에, 딕셔너리에서 키가 발견되지 않았음을 의미하는 특별한 값 nil을 반환할 것이다.

딕셔너리는 흔히 주어진 항목에 대하여 관련 있는 유연한 데이터를 저장하는 것이다. 예를 들어, 앞의 몇 페이지에 걸쳐 구축된 딕셔너리는 이름, 전화번호 그리고 위치와 같은 특정 사람에 대한 다양한 소량 정보를 저장한다. 이러한 딕셔너리와 상호작용하여 계속해서 다수의 키에 대한 값을 물어보고 싶을 것이다. 예를 들어, 만약 주소 라벨을 인쇄하고 있었다면, 아마도 사람의 이름과 위치 세부사항을 원할 것이다. objectForKey: 를 여러 번 호출하여 사용할 수도 있지만, objectsForKeys:notFoundMarker: 메시지를 이용하여 단일의 명령문 안의 다량 검색을 수행할 수도 있다.

```
NSArray *keys = [NSArray arrayWithObjects:@"Name", @"City", @"Age", nil];
NSArray *values = [myDetails objectsForKeys:keys notFoundMarker:@"???"];

NSLog(@"%@ is located in %@ and is %@ years old",
    [values objectAtIndex:0],
    [values objectAtIndex:1],
    [values objectAtIndex:2]);
```

objectsForKeys:notFoundMarker:는 알고 싶어 하는 딕셔너리 엔트리의 키로 구성된 배열을 제공받을 수 있다. 이것은 키 값을 가진 배열을 반환한다. 요청한 특정 키가 dictionary에 없다면, (예를 들어 사람의 나이와 같은) notFoundMarker 인자를 통해 제공한 값이 배열에 위치하게 된다. 반환된 배열은 엔트리의 키 배열에 일대일 대응을 하기 때문에 키 배열의 인덱스 0인 키는 반환되는 배열에서도 인덱스 0일 것이다.

이제 어떻게 현재 존재하는 dictionary의 내용에 접근하고 질의를 보내는 것을 잘 다룰 수 있게 되었으니 어떻게 키/값 쌍을 추가하고 제거하면서 딕셔너리의 내용을 조종할 수 있는지에 대해 알아보자.

4.2.3 키/값 쌍 추가하기

NSMutableDictionary 타입의 변경 가능한 dictionary를 만들었다는 가정 하에, setObject: forKey: 메시지를 이용하여 딕셔너리에 추가적인 키/값 쌍을 저장할 수 있다.

```
[myDetails setObject:@"Wellington" forKey:@"City"];
```

만약 dictionary에 이미 키가 존재한다면, 예전의 값은 버려지고 명시된 새로운 값이 그 자리를 차지하게 된다. 예전에도 논의되었듯이, nil은 입력의 부재를 의미하는 특별한 값으로 사용하기 때문에 objectForKey:에서 값과 키 인자로 nil을 사용하는 것은 오류이다.

만약 키/값 쌍이 존재하는 딕셔너리를 가졌다면, 다음과 같은 addEntriesFromDictionary: 메시지를 이용하여 그 엔트리를 또 다른 딕셔너리에 병합하는 것이 가능하다.

```
NSDictionary *otherDict = [NSDictionary dictionaryWithObjectsAndKeys:
                          @"Auckland", @"City",
                          @"New Zealander", @"Nationality",
                          @"Software Developer", @"Occupation", nil];

[myDetails addEntriesFromDictionary:otherDict];
```

이 코드는 otherDict에서 발견된 각각의 키/값 쌍을 myDetails에 더해주며, 이미 키/값이 존재하는 경우에는 값을 대체한다. 새로운 키/값 쌍을 더해주는 대신에, removeObjectForKey: 메시지에 관련된 키를 전달해 줌으로써 그것을 제거할 수 있다.

```
[myDetails removeObjectForKey:@"Name"];
```

이 코드는 "Name" 키와 관련된 엔트리를 지운다. 만약 지우고 싶은 엔트리가 여러 개 있다면, 배열에 지우고 싶은 키를 모두 저장하여 한 번에 지울 수 있는 편리한 removeObjectsForKeys: 메시지를 사용할 수 있다. 예를 들어, 다음 명령문을 이용하여 문자열 "City"와 "Nationality"을 가지는 키/값 쌍을 제거하여 사람의 위치를 나타내는 세부사항을 제거할 수 있다.

```
NSArray *locationRelatedKeys =
    [NSArray arrayWithObjects:@"City", @"Nationality", nil];

[myDetails removeObjectsForKeys:locationRelatedKeys];
```

마지막으로, 이름에서 확인할 수 있듯이, 딕셔너리로부터 모든 키/값 쌍을 지우는 removeAllObjects 메서드를 호출하여 딕셔너리를 완전히 비우는 것도 가능하다.

```
[myDetails removeAllObjects];
NSLog(@"There are %d details in the dictionary", [myDetails count]);
```

이 코드는 removeAllObjcts의 호출하여 완전히 비우기 때문에 딕셔너리 안에 0개의 세부사항이 있다는 "There are 0 details in the dictionary"라는 문자열을 표시한다.

setObject:forKey:과 쉽게 혼동될 수 있는 메시지는 setValue:forKey: 메시지이다. 비록 이 두 메시지가 비슷한 이름을 가졌다 해도, 전형적으로 값의 부재를 나타내는 특별한 값 nil을 어떻게 다루는가에 대한 행동은 충분히 다르다.

다음 코드에서 setObject:forKey:와 setValue:forKey:는 둘 다 특정 키에 대한 딕셔너리 안에 저장된 값을 갱신하는 데 사용될 수 있다.

```
[myDetails setObject:@"Australian" forKey:@"Nationality"];
[myDetails setValue:@"Melbourne" forKey:@"City"];
```

이 두 메시지는 키의 값으로 nil을 다루는 방법에 따라 구분된다. setObject:forKey:에 nil 객체 매개변수를 전달하는 것은 nil이 딕셔너리에 저장될 수 없는 유효하지 않은 값이기 때문에 예외가 발생하고 애플리케이션은 충돌한다. 그러나 setValue:forObject: 에는 실제 값으로 전달한 것으로 해석할 수 있기 때문에 nil을 전달하는 것은 가능하다.

```
[myDetails removeObjectForKey:@"Nationality"];
```

비록 예제 코드에서는 많은 차이를 보이지는 않지만(그리고 코드를 더욱 이해하기 힘들게 만들기에) 키/값 쌍을 제거하기 위한 setValue:forKey:를 사용하는 장점은 다음과 같이 정리하는 코드에서 확인할 수 있다.

```
NSString *myNewValue = ...get new value from somewhere...
if (myNewValue == nil)
    [myDetails removeObjectForKey:@"Nationality"];
else
    [myDetails setObject: myNewValue forKey:@"Nationality"];
```

setValue:forKey:를 이용하여 이 전체 코드를 한 줄 코드로 대체할 수 있다. setValue: forKey:는 키/값 코딩 개념을 소개하는 11장에서 더 자세히 논의될 것이다. 이 책의 남은 부분동안 딕셔너리에 대하여 다루게 될 것이지만, 책의 인덱스나 차례와 비슷한 딕셔너리 안의 모든 엔트리를 나열하는 방법을 알아보며 이 논의를 마무리 짓도록 하자.

4.2.4 모든 키와 값 열거하기

배열과 같이, 딕셔너리는 그것에 포함된 모든 키/값 쌍을 나열하여 열거할 수 있다.

하지만 딕셔너리는 순서를 가지지 않기 때문에 키/값 쌍이 열거된 순서는 그것들이 딕셔너리에 추가된 순서와 일치하지 않을 수 있다.

딕셔너리가 키/값 쌍으로 만들어졌기 때문에 NSDictionary는 딕셔너리의 각각 엔트리를 반복하여 열거자를 얻기 위한 두 가지의 편리한 메시지를 제공한다. keyEnumerator 메시지는 딕셔너리 안의 모든 키를 반복하여 열거자를 제공하는데 반해 object Enumerator는 모든 값을 반복하는 비슷한 작업을 수행한다.

```
NSEnumerator *enumerator = [myDetails keyEnumerator];
id key;

while (key = [enumerator nextObject]) {
    NSLog(@"Entry has key: %@", key);
}
```

이 코드는 keyEnumerator 메시지를 이용하여, 딕셔너리에 현재 저장되어 있는 각각의 키 이름을 나열한다. 첫째 줄에서는 objectEnumerator 메시지를 사용하여 값이 대신 나열된 것을 볼 수 있을 것이다. Fast enumeration을 이용하는 것 또한 가능하므로 딕셔너리 객체를 바로 사용하면, 이것은 모든 키를 반복 수행한다.

```
for (id key in myDetails) {
    id value = [myDetails objectForKey:key];

    NSLog(@"Entry with key '%@' has value '%@'", key, value);
}
```

이 코드는 반복되는 반복문에서 현재의 키에 일치되는 값을 얻기 위한 objectForKey:를 사용할 수 있음을 보여준다. 바로 다음에서처럼 반복문 안의 코드의 자료 구조가 변경하지 않도록 조심해야 한다. 예를 들어, 딕셔너리 안의 모든 엔트리를 제거하는 한 가지 방법(더욱 논리적인 removeAllObjects를 제외하고)은 다음 코드라고 생각할 수 있다.

```
for (id key in dictionary) {
    [dictionary removeObjectForKey:key];
}
```

비록 이것이 개념적으로는 맞게 보일지라도, 기본적으로 결점을 가지고 있으므로 다음과 비슷한 예외가 발생되며 애플리케이션이 충돌한다.

```
*** Terminating app due to uncaught exception 'NSGenericException', reason:
    '*** Collection <NSCFDictionary: 0x3b11900> was mutated while being enumerated.'
```

만약 fast enumeration 또는 **NSEnumerator**를 사용하여 자료 구조를 나열한다면, 코드에서 목록화가 끝날 때까지 관련된 자료 구조를 수정하면 안 된다. 현재 열거된 배열이나 딕셔너리의 내용을 수정하는 것은 내부적 자료 구조를 바꾸고 관련된 열거자를 무효화되게 만들 것이다. 만약 딕셔너리를 통해 열거하거나 잠재적으로 목록화가 끝나기 전에 엔트리들을 추가하거나 제거할 필요가 있다면, 먼저 **allkeys**와 같은 메서드를 호출하여 모든 키의 복사본을 만들어야 한다. 이 방법은 배열을 만들고 딕셔너리 안의 현재 모든 키의 리스트를 배열에 복사한다. 이것은 딕셔너리 키의 스냅샷(snapshot)을 생성하도록 하며 원래 딕셔너리를 수정하는 동안, 스냅샷을 통해 열거하게 한다. 다음은 이 과정의 예다.

```
NSArray *myKeys = [myDetails allKeys];
for (NSString *key in myKeys) {
    [myDetails removeObjectForKey:key];
}
```

이것은 **allKeys** 메시지가 **myDetails** 딕셔너리 안 키의 복사본을 만들기 때문에 제대로 작동한다. 그러면 열거자는 딕셔너리가 아닌 배열 속의 내용을 반복한다. 배열은 절대 수정되지 않기 때문에, 이렇게 내용을 열거하는 것은 안전하다. 매번 반복되는 동안, 딕셔너리를 수정하고 이것의 내부 자료 구조가 간접적으로 바뀌게 한다. 하지만 엄밀히 따지면 현재 이것의 내용을 열거하는 것이 아니기 때문에 문제가 없다.

배열과 딕셔너리를 논의하는 동안, **nil**을 사용하지 않거나 특별한 조건을 의미하도록 사용하는 여러 메시지를 언급하였다. 또한, 정수나 실수와 같은 원시 값이 아닌 객체만을 저장하길 허용하는 자료 구조에 대하여 언급하였다. 하지만 많은 애플리케이션은 숫자 리스트를 저장할 필요가 있다. 그렇다면 어떻게 **NSArray** 또는 **NSDictionary** 인스턴스가 원시값 세트를 저장할 수 있게 만들 수 있을까? 정답은 **boxing**이라 불리는 기술에 있다.

4.3 Boxing

의심의 여지없이 애플리케이션에서 NSArray 또는 NSDictionary 기반 자료 구조 안에 3, 4.86 같은 숫자 아니면 YES나 NO 같은 값을 가지는 부울을 저장할 필요가 있을 것이다. 아마 이 작업은 다음과 같은 코드로 구현할 수 있을 것이라 생각할 것이다.

```
[myArray addObject:5];
```

하지만 이 문장을 컴파일하려고 시도하면, 컴파일러는 무언가 맞지 않다고 "passing argument 1 of addObject: makes pointer from integer without a cast,"라고 경고할 것이다. 이 예는 언어의 새로운 객체지향 추가에 대항하는 Objective-C의 절차적 C 기반 측면의 전형적인 예제이다.

NSArray와 NSDictionary 같은 클래스는 키와 값이 객체이길 바란다. 숫자 정수 5는 객체가 아니다 – 이것은 간단한 원시 데이터 형이다. 이와 같이 정수를 배열에 바로 저장하는 것은 불가능하다.

Java 5와 C# 같은 많은 언어들은 이 문제를 **autoboxing**이라는 개념을 이용하여 자동으로 해결한다. 아무도 모르게 초기값(비 객체지향)은 컨테이너 객체(박스)안에 포장되며 이 컨테이너를 원시적 데이터 대신 사용된다. 마찬가지로 배열에 접근하고 값을 추출할 때 컴파일러는 박스 안에 담긴 값을 감지하고 탑재된 원시값을 자동 추출한다. 개발자로서 이러한 과정이 발생하는 것을 여전히 이해하기 힘들 것이다. 이 과정은 FedEx 택배 박스 안에 있는 선물이 목적지에 도달하면 즉시 제거되는 것과 같은 방법으로 개념화할 수 있다. FedEx는 Betty 고모를 위한 이상한 차 주전자 모양이 아닌 오직 한정된 크기의 박스만을 다루며, FedEx가 원하는 크기의 박스 안에 일시적으로 이것을 넣고 운송하는 것을 막을 수 없다.

불행하게도, Objective-C는 원시 데이터 형의 자동 boxing과 unboxing을 제공하지 않는다. 그러므로 배열이나 dictionary에 정수나 다른 원시값을 저장하고자 한다면, 반드시 boxing과 unboxing을 스스로 수행해야 한다. 이것이 NsNumber 클래스의 목적이다.

4.3.1 NSNumber 클래스

NSNumber는 int, char 또는 BOOL과 같은 원시 데이터 형의 값을 객체로 포장하고 그 값을 나중에 추출될 수 있게 허용하는 Objective-C 클래스이다. 이것은 원시 자료 구조의 값을 객체만 저장할 수 있도록 하는 NSArray 또는 NSDictionary와 같은 자료 구조에 사용할 수 있어 매우 유용하다.

수동으로 원시값을 NSNumber 인스턴스에 boxing하는 것은 상당히 간단하다. number WithInt:와 같은 NSNumber의 팩토리 메서드 중 하나를 호출한다.

```
NSNumber *myNumber = [NSNumber numberWithInt:5];
```

다른 일반적인 원시 데이터 형의 boxing가 가능하도록 numberWithFloat:, numberWithBool: 등과 같은 팩토리 메시지도 제공한다.

이제 정수값을 NSNumber 안에 넣었으니, 이것을 애초에 의도했던 것처럼 배열에 저장할 수 있다.

```
[myArray addObject:myNumber];
```

정수를 NSNumber 안에 boxing하였기 때문에 배열로부터 값을 불러올 때, NSNumber 인스턴스로부터 원시값을 추출하는 반대 작업을 수행할 필요가 있다. 이것은 NSNumber 의 intValue 메시지를 사용하여 다음과 비슷한 코드를 통해 수행 할 수 있다.

```
NSNumber *myNumber = [myArray objectAtIndex:0];
int i = [myNumber intValue];
```

NSNumber 클래스는 xxx대신 원시 데이터 형으로 대체되는 xxxValue 네이밍 관습을 따르는 여러 가지 다른 메서드를 가지고 있다. numberWithInt:를 이용하여 값을 boxing하고 floatValue와 같은 메서드를 이용하여 이것을 되돌려도 오류가 아니다. 비록 정수를 저장하고 실수를 반환했다고 하더라도, 이것은 허용된다. 이 시나리오에서, NSNumber 클래스는 2장에서 논의한 바와 같이 값을 원하는 데이터 형으로 변환하는 것과 비슷한 형 변환을 수행한다.

조금의 능숙한 처리가 필요하지만, 마치 객체인 것처럼 사용하도록 원시값을 boxing 하고 unboxing하는 것은 그리 나쁘지 않았다. 하지만 만약 NSArray에 하나 이상의 임대 부동산 구조체를 저장하고자 하면 어떤 일이 벌어지는가? 이 구조체 역시 객체는 아니지만 NSNumber 클래스가 그것을 박스에 넣는 numberWithRentalPropertyDetail 메서드를 가지고 있지는 않을 것이다. 이 어려운 문제에 대한 해답은 아주 밀접한 관련이 있는 또 다른 클래스, NSValue이다.

4.3.2 NSValue 클래스

NSNumber는 NSValue의 특별한 서브클래스이다. NSNumber가 수를 기반으로 한 원시 데이터 형을 boxing하고 unboxing하는 편리하고 명료한 인터페이스를 제공하는 반면, NSValue는 프로그램에 대항하여 조금은 복잡한 인터페이스를 가지는 희생을 감수하면서 어떤 C 스타일 값이라도 box하고 unbux하는 것을 허용한다.

임의의 C 구조체나 공용체의 값을 box하고 싶다면, NSValue의 valueWithBytes:objCType: 메시지를 사용할 수 있다. 예를 들어, 다음 코드는 3장에서 만들었던 것들과 비슷한 RentalProperty 구조체를 box한다.

```
RentalProperty myRentalProperty =
    {270.0f, @"13 Adamson Crescent", TownHouse};

NSValue *value = [NSValue valueWithBytes:&myRentalProperty
              objCType:@encode(RentalProperty)];
```

이 코드는 임대 부동산 구조체의 복사본을 만들고 valueWithBytes:objCType:을 호출하여 만들어진 NSValue 객체 안에 이것을 위치시킨다. valueWithBytes의 인자는 NSValue 인스턴스에 저장하고자 하는 값의 주소인 반면, objCType과 이상한 @encode 명령문은 NSValue에게 저장하고 싶은 데이터의 형을 알려준다.

NSValue를 unboxing하는 과정은 다르지만 여전히 매우 간단하다. getValue 메시지는 unbox된 값을 바로 반환하는 것보다 여기서 설명된 것처럼 값이 포함된 변수의 포인터를 넘기길 원한다.

```
RentalProperty myRentalProperty;
[value getValue:&myRentalProperty];
```

결과적으로 getValue:는 myRentalProperty 변수를 예전에 저장한 값으로 채우게 될 것이다. 만약 NSNumber와 NSValue가 오직 배열 또는 dictionary안에 객체만 저장하는 제한을 피할 수 있도록 허용한다면 nil 값을 저장하는 것을 가능한지 궁금할 것이다. 대답은 예이다.

4.3.3. nil 대 NULL 대 NSNull

이 장에서 nil은 배열이나 dictionary에 저장될 수 없고 이것은 값이나 입력의 부재를 의미하도록 사용된다는 것을 배웠다. 하지만 정확히 nil은 무엇인가?

기본적인 C 스타일 포인터와 함께 특별한 값 NULL은 Objective-C 객체를 가리키기 위해 디자인된 변수에 적용되는 것을 제외하면 nil 값과 같은 개념을 대표하며 부재를 의미한다.

nil은 값의 부재를 나타내기 때문에 배열이나 dictionary에 저장될 수 없다. 하지만 만약 텅 빈 또는 nil 값을 정말 저장하고 싶다면, 당신은 NSNull이라 불리는 특별한 클래스를 사용할 수 있다. NSNull는 NSNumber 또는 NSValue과 비슷하지만 nil을 저장하기 위해 특화된 boxing의 또 다른 종류라고 개념화할 수 있다.

nil 값을 배열 또는 dictionary에 저장하려면, NSNull 클래스에 위치한 null 팩토리 메서드를 사용할 수 있다:

```
NSNull myValue = [NSNull null];
 [myArray addObject:myValue];
```

NSNull 클래스의 인스턴스는 객체이기 때문에 NSArray나 NSDictionary 인스턴스에 저장되거나 객체를 원하는 모든 곳에 사용될 수 있다. NSNull 인스턴스가 값의 부재를 나타내기 때문에 클래스는 값을 추출하는 어떠한 방법도 제공하지 않는다. 그렇기 때문에 NSNull 값을 배열로부터 꺼내야 할 때, 자기 자신과 비교하는 방법을 사용한다.

```
id value = [myArray objectAtIndex:5];
if (value == [NSNull null]) {
    NSLog(@"The 6th element within the array was empty");
} else {
    NSLog("@The 6th element within the array had the value %@", value);
}
```

NSString 인스턴스는 == 연산자를 이용하여 비교할 때 이전에 겪었던 문제와는 다르게 제대로 작동한다. [NSNull null] 문장은 호출될 때마다 새로운 객체를 만들지 않는다.

115

대신, [NSNull null]는 항상 NSNull 클래스의 유일한 인스턴스의 메모리 위치를 반환한다. 즉, NSNull 값의 포인터를 저장하는 두 개의 변수가 결국 동일한 주소를 가질 것이기 때문에 == 연산자가 두 변수를 똑같은 것으로 여길 것이란 뜻이다. 이것은 싱글톤 디자인 패턴(Singleton design pattern)의 한 예이다.

Foundation Kit 핵심 클래스가 제공하는 기초와 자료 구조의 구현에 대한 배웠다. 새로 얻은 지식을 가지고 3장에 마지막 부분에 언급한 Rental Manager 애플리케이션 이슈를 해결할 수 있다.

4.4 Rental Manager 애플리케이션의 데이터 구동 만들기

애플리케이션 전체를 다시 컴파일 할 필요 없이 데이터를 구동하고 쉽게 업데이트 하는 이상적인 것을 원할 때, Rental Manager 애플리케이션의 눈에 띄는 문제점은 도시 이름과 지리적 위치 매핑을 변경하기 어렵게 코드화되었다는 것이다.

이 개념은 plist 파일에서 **NSDictionary** 객체(키는 도시 이름이고 값은 일치하는 위치 형태)의 초기화 내용을 얻는 기능과 잘 부합된다.

이제 CityMappings.plist라는 새로운 plist파일을 프로젝트에 추가해보자. 예상했던 것과 같이 새로운 파일 다이얼로그(그림 4.1에서 처럼 File 〉 New 〉 New File…에 위치함)는 시작하기 적절한 템플릿을 가진다. 새로운 파일이 프로젝트에 추가되면, XCode는 괄호를 열고 닫는 등 XML의 문법상의 균형에 대해 걱정하지 않고 내용을 빠르게 편집하도록 허용하는 시각적인 plist 파일 편집기를 보여준다. 이 편집기를 사용하여 그림 4.2의 내용을 바탕으로 새로운 plist 파일을 만들어보자[2].

프로젝트에 첨부된 plist 파일을 사용하기 위해 몇 가지 사소한 코드의 변경이 필요하다.

---

2) 값을 입력하기 위해서는 마우스 오른쪽 버튼을 클릭하고 "Add Row"를 선택한 후 입력한다.

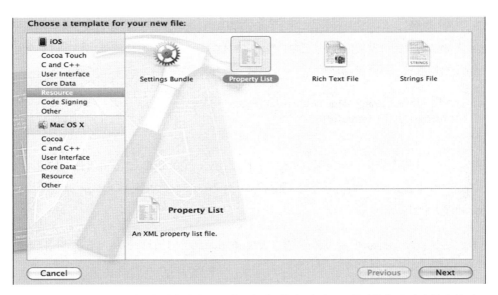

그림 4.1 새 파일 다이어그램을 이용하여 프로젝트에 새로운 속성 리스트 추가한다. 주의하라! 속성 리스트 파일 템플릿은 다른 iOS 기반 템플릿이 있는 Cocoa Touch가 아닌 Resource 섹션에 위치하고 있다.

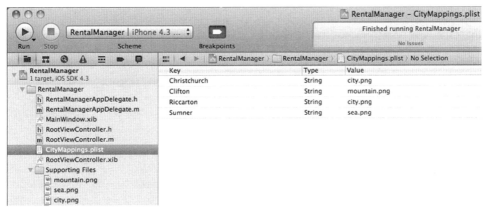

그림 4.2 XCode에서 plist 파일을 선택할 때 나타나는 시각적인 plist 파일 편집기.

첫 번째 변경은 도시에 위치를 매핑하는 **NSDictionary** 저장 공간을 제공하도록 RootViewController.h 파일에서 **RootViewController**[3]클래스 정의를 갱신하는 것이다. 수정된 후는 다음과 같다.

```
@interface RootViewController : UITableViewController {
    NSDictionary *cityMappings;
}
```

관리 중인 딕셔너리에 저장하였으므로 이제 RootViewController.m 파일을 변경할 수 있게 되어 새로운 딕셔너리 객체를 만들고 mapping.plist 파일의 내용으로 초기화하는 추가적인 수정이 가능하다.

RootViewController.m의 복사본을 열고 **viewDidLoad**와 **dealloc** 메서드를 다음 리스트로 바꾸어보자[4].

리스트 4.3   city-to-geolocation 매핑을 생성하고 소멸시키기

```
- (void)viewDidLoad {
    [super viewDidLoad];

NSString *path = [[NSBundle mainBundle]
                pathForResource:@"CityMappings"
                ofType:@"plist"];
    cityMappings = [[NSDictionary alloc] initWithContentsOfFile:path];
}

- (void)dealloc {
    [cityMappings release];

    [super dealloc];
}
```

---

3) XCode 4.2 이상에서는 MasterViewController.h를 열어 MasterViewController 클래스의 정의를 다음과 같이 수정한다.
```
@interface MasterViewController : UITableViewController {
    NSDictionary *cityMappings;
}
```
4) XCode 4.2 이상에서는 MasterViewController.m을 열어 편집한다.

첫 번째 소스코드에 추가된 라인은 애플리케이션 번들 안의 CityMappings.plist의 전체 경로를 설정한다. 이 또한 생각하는 대로 이 라인의 매핑을 역동적으로 즉시 갱신할 수 있도록 인터넷 사이트에서 plist 파일을 불러오도록 바꿀 수 있다(이 장의 이전에 논의한 것과 같이).

plist 파일의 위치만 결정되면 NSDictionary의 initWithContentsOfFile: 메서드를 사용하여 요구된 도시로부터 지리적 위치(geographical location) 매핑을 가지고 새로운 변경 불가능한 딕셔너리를 만들 수 있다.

메모리를 할당하고 이것을 다 쓰고 나면 반드시 운영체제에 반환해야 하기 때문에 dealloc 메서드를 릴리즈해야 한다. Rental Manager 애플리케이션에서 cityMapping dictionary를 사용하기 위하여 남은 수정 사항은 적절한 이미지를 불러오도록 tableView:cellForRowAtIndexPath: 메서드 안의 if 문[5]을 다음 두 라인으로 대체하는 것이다.

```
NSString *imageName = [cityMappings objectForKey:city];
cell.imageView.image = [UIImage imageNamed:imageName];
```

두 라인의 소스코드 중 두 번째 줄은 사용자에게 로드되고 표시될 도시 이름(키)을 찾고 매치되는 이미지 파일 이름을 찾기 위해 NSDictionary의 objectForKey: 메시지를 사용한다.

애플리케이션을 다시 빌드하고 디버거에서 실행하라. 만약 모든 것이 제대로 실행되었다면 이전 버전과 아무런 차이를 찾을 수 없을 것이다. 하지만 수정된 자료 구조에서는 얼마나 많은 도시-파일 이름 매핑이 plist 파일에 첨부되었던 간에 소스코드의 두 라인 이상 요구하는 유지보수 없이 일을 훌륭하게 수행할 것이다. 개발자의 생산성에 1점 추가 득점을 부과한다!

---

5) 이 책의 진행을 따라하였다면 tableView:cellForRowAtIndexPath: 메서드 안에는 두 개의 if 문이 있다. 그 중 두 번째 나오는 "if ([city isEqual:@"Clifton"])"으로 시작하는 if 문 모두를 제거하고 책에 나오는 두 라인으로 대체한다.

119

4.5 정리

Objective-C에 의해 구현된 객체지향 프로그래밍은 애플리케이션 개발자에게 C와 같은
절차 기반의 언어를 뛰어넘는 많은 이점을 준다. 데이터와 로직을 결합시킬 수 있는
능력은 개발한 각 애플리케이션이 일반적인 기능을 캡슐화하고 열거자, 검색 그리고
다른 액션을 위하여 같은 알고리즘을 개발하는 것을 피할 수 있다. 이것은 제품을 차별화
하는 것에 전념할 수 있게 해주고 흔한 타입의 버그를 피할 수 있게 해준다. 그러나
어떤 것도 공짜로 오지 않는다. 객체의 동등성을 검사하거나 객체 안의 int와 같은
원시 데이터 형을 저장하는 도전과 같은 절차적 세상이 객체지향을 만나는 지점에서
많은 한계점을 보았다.

Foundation Kit에 의해 제공된 재사용 가능 클래스를 사용함으로써 수정이 힘든 하드코
드(hardcode)에서 오히려 역동적이고 더 쉽게 수정할 수 있게 되어 Rental Manager
애플리케이션을 빠르게 수정할 수 있다. 도시 명에서 이미지로 매핑을 변경하는 코드를
바꾸는 것보다 NSDictionary를 이용하여 버전을 갱신하는 것은 plist을 이용하게 되므
로 인터넷 파일 또는 개발자가 꿈꾸는 어떤 다른 소스들로부터 쉽게 갱신할 수 있다.

5장에서는 어떻게 사용자 정의 클래스를 정의하고 실행할 수 있는지를 배우면서
Objective-C의 더욱 기술적인 면에 대해 다룰 것이다. Rental Property 구조체를
Objective-C 클래스로 변경하여 예제 애플리케이션을 진짜 객체지향으로 만든다. 이것이
Rental Manager 애플리케이션에 남아있는 마지막 주된 C 스타일 잔류물이다.

제 2 부

사용자 정의 객체 생성하기

만약 Objective-C를 이용하여 애플리케이션을 개발한다면, 오래되지 않아 사용자 정의 클래스와 객체를 개발하는 것에 직면하게 될 것이다. Foundation과 UIKit로부터 제공받은 클래스는 한계가 있다. 이 책의 2부는 어떻게 클래스를 만드는가에 대한 설명으로 시작하고, 이후 어떻게 클래스를 구체화하기 위해서 확장하는지와 어떻게 약간씩 다른 요구들에 적응해 가는가로 확장해 간다.

또한, 메시지 전달 과정과 Objective-C의 동적 특성이 동적으로 작동하는 클래스를 고려하는 방법에 대하여 좀 더 깊이 알아보게 될 것이다. 사용자 정의 객체와 함께 메모리의 할당과 관리는 항상 완벽하게 알아야 할 중요한 토픽이다. 그러므로 이 책에서는 적절한 메모리 관리법에 대한 논의와 함께 객체 소유권의 5가지 간단한 규칙에 대해 상세하게 설명한다.

5장

클래스 생성하기

이 장에서는 다음과 같은 내용을 배워본다.
- 사용자 정의 Objective-C 클래스 만들기
- 인스턴스 변수 추가하기
- 클래스와 인스턴스 메서드 추가하기
- 프로퍼티 추가하기
- init 와 dealloc 구현하기

객체지향 프로그래밍의 진면목은 애플리케이션에 특화된 작업을 수행하는 동안 사용자 정의 객체를 만들 때 나타나며, 이 내용은 5장에서 배우도록 한다. 사용자 정의 클래스를 생성함으로써, 애플리케이션(혹은 애플리케이션 세트)에서 반복적으로 재사용할 수 있는 구성요소들로 기능의 일반적인 세트를 캡슐화할 수 있다.

그 개념을 예제 애플리케이션에 적용하면 RentalProperty 구조체를 동일한 기능으로 제공하는 클래스로 대체함으로써 객체지향 설계의 원리를 사용하는 Rental Manager 애플리케이션으로 갱신할 수 있다. 새로운 클래스는 단일 임대 부동산의 세부사항을 저장하고 유지보수할 것이다. 이것은 데이터의 각 객체에 대하여 계속 파악하며 명세하고 데이터를 안전하게 관리할 수 있는, 접근이 허락된 인스턴스와 클래스 메서드를 추가해야 한다는 것을 의미한다.

또한, 속성의 개념과 어떻게 쉽고 빠르게 객체에 저장된 필드 값을 설정하거나(set) 얻는 (get) 일반적인 메서드 호출을 만드는지 다룰 것이다. 새로운 클래스의 쉘(shell) 정의를 시작해보자.

122

5.1 사용자 정의 클래스 만들기

Objective-C의 새로운 클래스를 만드는 것은 상대적으로 간단하고 전형적인 3단계로 구성되어 있다.

1. 원하는 각 객체와 연관된 데이터를 구체화한다. 이 데이터는 일반적으로 **인스턴스 변수**(instance variable, 줄여서 ivars)라고 부른다.
2. 객체가 수행할 동작이나 기능을 구체화한다. 일반적으로 **메시지**(message) 혹은 **메서드 선언**(method declaration)이라 부른다.
3. 2단계에서 선언된 동작을 실행하는 로직을 구체화한다. 이것은 일반적으로 **클래스 구현의 제공**(providing an implementation of the class)이라 부른다.

일반적으로 클래스를 위한 소스코드는 두 개의 파일로 만든다. 헤더파일(*.h)은 인스턴스 변수와 수행하게 될 동작의 선언을 제공하고 이와 일치되어 구현되는 메서드 파일 (*.m)은 기능이 구현된 소스코드를 포함한다. `CTRentalProperty`라 불리는 클래스를 저장하기 위하여 Rental Manager 프로젝트에 헤더와 메서드 구현 파일을 추가하면 클래스 만들기가 시작된다.

5.1.1 프로젝트에 새로운 클래스 파일 추가

XCode에서 새로운 클래스를 만드는 쉬운 방법은 New File 메뉴 옵션(Cmd-N)을 선택하는 것이다. New File 다이얼로그는 그림 5.1과 같다.

현재 목적을 위한 가장 적절한 템플릿은 Objective-C 클래스이며 이것은 특정한 목적 없이 설계되어 Objective-C의 특징을 사용하는 클래스의 기초 구조를 만든다. 이 템플릿은 Cocoa Touch의 하위에 있다. Next를 클릭하면, 새로운 객체의 슈퍼클래스를 선택(초기 설정인 `NSObject`가 가장 좋음)할 수 있는 팝업 메뉴가 나타난다. Next를 클릭하면 New File 다이얼로그의 마지막 부분이 나타난다.

이 단계에서 막 생성된 파일의 위치와 이름을 지정할 수 있다. Save As 박스에 이름을 CTRentalProperty.m로 설정하라.

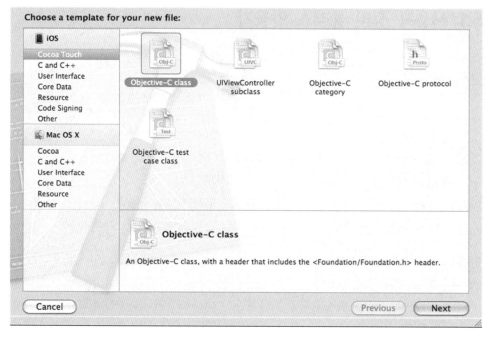

그림 5.1 프로젝트에 새로운 파일을 추가하기 위한 XCode의 New File 다이얼로그. 다른 템플릿을 선택하므로 생성될 파일과 그곳에 포함될 기본 콘텐츠의 형태를 변경하는 것이 가능하다.

Save를 클릭하면 메서드(*.m)와 그것에 일치하는 헤더(*.h)파일을 만든 후 CTRentalProperty.m 파일이 열려있는 메인 XCode 윈도우의 편집 창으로 돌아간다.

새롭게 생성된 두 파일의 내용을 확인해보면, 그들이 완전히 비어있지 않음을 알 수 있다. 템플릿이 그 파일에 @interface와 @implementation와 같은 특수 지시어를 추가하였다. CTRentalProperty.h 파일을 열고 포함한 코드를 조사하면서 @interface 지시어로 시작하는 사용자 정의 클래스가 어떻게 만들어지는지 알아보자.

5.2 클래스의 인터페이스를 선언하기

클래스의 인터페이스(interface)는 클래스가 어떤지 그리고 어떻게 상호작용하는지, 어떻게 접속되는가에 대한 클래스의 'public face'를 정의한다. 인터페이스의 선언은 클래스가 저장하는 데이터의 종류와 작업을 수행하기 위하여 전달할 수 있는 다양한 메시지를 나타낸다. 이것은 어떻게 클래스가 물리적으로 선언된 능력을 획득하는지에 대한 세부사항을 제공하지 않고 클래스를 이용하기 위하여 애플리케이션의 다른 영역을 위한 충분한 세부사항을 제공하도록 구성되어있다.

새로운 클래스의 선언은 @interface 컴파일러 지시어로 시작한다. @end 지시어를 만날 때까지 모든 것을 클래스의 인터페이스를 구성한다. @class 지시어를 사용하는 것이 더 이치에 맞을 것이라 생각할 것이다. 이 명백한 모순점은 인터페이스가 적절한 구현 짝을 이루어야 한다는 것과 이 장의 뒷부분에 배우게 될 @implementation 지시어와 일치해야 한다는 것을 이해하는 것에 있다.

일반적인 클래스의 정의는 다음과 같다.

```
@interface ClassName : SuperClass {
    ... instance variable declarations ...
}

... method declarations ...

@end
```

제시한 것처럼 interface 지시어 다음에 새로운 클래스 이름이 있고, 그 뒤를 따라 콜론과 그것이 상속받는 클래스(기반 클래스 혹은 슈퍼클래스) 이름이 있다.

클래스의 이름을 구체화하고 클래스 계층에서 위치를 대략 나타낸 다음 중괄호를 이용하여 클래스 인터페이스 선언의 본문은 대략 두 부분으로 나뉜다. 첫 번째 부분은 인스턴스 변수의 리스트를 선언하고, 두 번째 부분이 사용자가 접근을 허락하길 바라는 클래스의 메서드와 프로퍼티를 선언하여 각각의 객체와 관련된 클래스가 만들어진다.

가끔 약간의 차이가 엄청난 결과를 가져온다.

Objective-C 코드에서 일반적으로 NSObject가 슈퍼클래스로 선언된다. C#이나 Java 개발 자라면, 슈퍼클래스를 제거하고 사용자 정의 클래스는 자동적으로 컴파일러가 미리 정의한 슈퍼클래스(각각 java.lang.Object 혹은 System.Object)로 상속하기 때문에 위의 과정이 불필요해 보일 수도 있다. Objective-C는 오직 단일 상속만을 지원한다는 점에서 위의 두 언어와 비슷하지만, 다수의 최상위(root) 클래스가 가능하다는 점에서 다르다. 모든 클래스가 궁극적으로 NSObject로부터 상속되어야 하는 것은 아니다.

만약 슈퍼클래스를 제공하지 않는다면, Objective-C는 사용자 정의 클래스를 새로운 최상위

클래스로 선언한다. 다시 말하면 새로운 클래스는 서열에서 NSObject 클래스의 아래가 아닌 오히려 옆에 있게 될 것이다. 그것은 새로운 클래스가 Objective-C 객체와 연관된 전형적인 표준 기능의 어떠한 것도 상속받지 않을 것이기 때문에 일반적으로 바람직하지 않다는 것을 의미한다. isEqual:이나 alloc, init, dealloc와 같은 메모리 관리 등 도움이 되는 메서드가 모두 NSObject에 의하여 구현된다.

객체가 저장하는 인스턴스 데이터의 작업 혹은 작동을 위하여 어떻게 로직을 제공하는지 논의하기 전에 어떻게 클래스에 데이터가 저장되는지 알아보자.

5.2.1 인스턴스 변수(ivars)

새로운 클래스를 정의하는 가장 첫 단계는 저장이 필요한 데이터의 유형을 결정하는 것이다. CTRentalProperty 클래스는 이전에 RentalProperty 구조체에서 저장한 것과 비슷한 데이터를 저장하기를 원한다. 적어도 각각의 임대 부동산에 대하여 다음의 데이터를 저장하려 한다.

- 주당 임대료(float)
- 부동산 주소(NNString *)
- 부동산 타입(enum)

클래스의 문맥에서 이러한 필드는 **인스턴스 변수**(줄여서 ivars)라고 부른다. 인스턴스 변수는 클래스의 @interface 선언에서 중괄호 세트 안에 위치하며 일반적인 변수 선언 (각 변수의 이름과 데이터 형을 제공하고 세미콜론으로 각 문장을 끝낸다)과 비슷하다. 예를 들면, CTRentalProperty의 인스턴스 변수는 다음과 같이 선언할 수 있다.

```
float rentalPrice;
NSString *address;
PropertyType propertyType;
```

매번 CTRentalProperty 클래스에 새로운 객체를 만들면 이 변수의 고유한 세트가 특정한 인스턴스의 세부사항을 저장되도록 할당될 것이다. 그러므로 만약 임대 부동산의 그룹을 나타내기 위해 다수의 CTRentalProperty 인스턴스를 만든다면 이것 각각은 고유한 rentalPrice, address, propertyType 값을 저장할 수 있을 것이다.

인스턴스 변수를 선언하는 것은 일반적인 변수를 선언하는 것과 비슷해 보일 수도 있지만, 문법상의 차이가 조금 더 있다. 고용자가 새로운 일을 찾는 것을 상사가 알아채길 원하지 않는 것과 마찬가지로 객체는 내부 데이터의 일부에 대하여 접근이 제한되길 원할 수도 있다. 인스턴스 변수의 선언은 현재 값의 접근(혹은 변경)할 수 있도록 @private과 같은 선택적 지시자를 변수 앞에 표시할 수 있다. 표 5.1은 가능한 지시자를 나타낸다. 가시성 지시어가 구체화되면 다른 접근 가능한 지시어가 발견될 때까지 모든 추가 인스턴스 변수에 적용된다. 기본적으로, 인스턴스 변수는 @protected이다.

표 5.1 Objective-C의 인스턴스 변수를 위한 표준 가시적인 지시자

가시성 레벨	설명
@private	선언된 클래스에서만 접근 가능.
@protected	선언된 클래스이거나 그 클래스의 서브 클래스 만에서 접근 가능.
@public	어디든지 접근 가능.
@package	현재 코드 이미지(애플리케이션이나 컴파일된 클래스에서의 정적인 라이브러리) 상의 어디든지 접근 가능.

왜 인스턴스 변수의 가시성이 중요한지를 이해하려면 은행에서 대출을 나타내는 클래스의 접근 권한을 가지고 있다고 상상해보자. 만약 대출 객체에 접근할 수 있는 사람이 상태 인스턴스 변수를 '거부'에서 '승인'으로 바꾸거나 혹은 금리를 -10%로 바꾸어 은행이 대출한 사람에게 지불하게 된다면 은행은 좋아하지 않을 것이다. 이 데이터에 대한 접근과 수정은 철저하게 제어될 필요가 있고 이것이 @protected와 @private와 같은 지시어가 있는 정확한 의도이다.

한편으로 인스턴스 변수를 @public으로 설정할 수 있다. 이것은 코드의 일부분이 확실하게 올바른지 어떠한 확인이나 통제 없이 직접 인스턴스 변수에 접근하는 것을 의미한다. 이 실행은 인스턴스 변수가 이용되는 방법에 대한 제어나 유연성이 덜 제공되기 때문에 주로 사용되지 않는다. 만약 직접 접근이 불가능하다면 어떻게 그 값을 접근하거나 변경할 수 있을까? 그 해답은 클래스에서 메서드를 선언하는 방법에 대한 주제로 멋지게 이어진다.

5.2.2 메서드 선언

인스턴스 변수로 직접적인 접근 허락이 불가능해지기 때문에 사용자가 그 값을 묻거나 바꾸는 것이 가능하도록 하는 다른 방법을 찾아야만 한다. 이 대안기술은 접근을 꼼꼼하게 제어해야 하고 로깅(logging)이나 유효성 검사(validation)와 같은 서비스를 제공해야 한다. 해결책 중 하나는 객체가 인스턴스 변수를 갱신하거나 접근하기 위하여 전달할 수 있는 메시지 세트를 제공하는 것이다. 메서드 구현하는 코드는 클래스의 일부이기 때문에 인스턴스의 보안 레벨에 상관없이 인스턴스 변수로의 접근 권한을 가진다.

@public 사용에 대한 경고

@public로 모든 인스턴스 변수를 선언하는 것은 매력적으로 보일 테지만, 일반적으로 가능한 한 꼼꼼히 제한하도록 노력해야 한다. 한번 인스턴스 변수로 접근이 승인된 후에는 애플리케이션이 계속 발전되고 커지기 때문에 ivar의 목적을 제거하거나 변경하기 어려워진다. 만약 클래스가 support 클래스이거나 널리 사용되는 프레임워크의 한 부분으로 설계된다면 특히 그렇다.

기본 가시성인 @protected인 서브 클래스는 슈퍼 클래스에 의해 선언된 어떤 인스턴스 변수에도 접근이 가능하다. 그러나 그렇게 되면 슈퍼클래스의 업그레이드 버전은 쉽게 변수를 제거하거나 목적을 변경할 수 없다. 만약 그렇게 한다면 존재하지 않는 인스턴스 변수에 의존하거나 적어도 잠재적인 부정확한 방법으로 사용되어 슈퍼클래스가 망가질 것이다.

@private 인스턴스 변수를 생성하고 값에 대한 간접적인 접근 메서드를 제공함으로써 그것의 동작으로부터의 값 저장을 분리할 수 있다. 슈퍼클래스에 대한 업데이트가 인스턴스 변수를 제거하고 대신 계산을 이용하여 값을 얻는 것이라면 접근자(accessor) 메서드를 사용하여 다른 사용자의 클래스에 영향을 주지 않으면서 이것을 할 수 있다. 흔히 말하듯이 컴퓨터 과학의 대부분은 또 다른 간접적인 레이어를 추가하는 방법으로 해결된다.

`CTRentalProperty` 클래스에서 하고 싶은 일은 다음과 같다.

- 절대 금액으로 임대료 얻기 또는 설정하기
- 부동산의 주소 얻기 또는 설정하기
- 부동산의 형태 얻기 또는 설정하기

클래스의 편리함을 개선하기 위하여 다음과 같은 유용한 추가의 메시지를 쉽게 떠올릴 수 있다.

- 고정 퍼센트로 주당 임대료 증액
- 고정 퍼센트로 주당 임대료 감액

클래스에 의해 미리 알려진 메시지는 인스턴스 변수를 넣은 중괄호 바로 뒤 @end 지시자가 나타나기 전 @impliementation 섹션에 선언된다. 이 섹션은 레시피의 단계 목록과 같다. 최종 제품이 조립되는 방법에 대한 일반적인 생각을 제공하지만 어떻게 각 단계가 성취되는가에 대한 세부 내용을 논하지는 않는다.

메서드 선언의 가장 간단한 형태는 매개변수가 없고, 단일 값을 반환하는 것이다. 예를 들어 다음은 부동소수점 숫자를 반환하는 rentalPrice 라는 메서드를 선언한다.

- (float)rentalPrice;

메서드에 의하여 반환되는 값의 데이터 형은 2장에서 논의했던 유효한 Objective-C 형이며, 괄호로 둘러싸여 있다. 또한, void라는 특수한 데이터 형은 어떠한 값이 반환되지 않는다는 것을 나타낼 때 사용된다.

규칙을 고집하면 흔들리지 않을 것이다.

Objective—C에서 인스턴스 변수의 값을 반환하는 메서드의 이름은 인스턴스 변수의 이름과 동일하게 지정하는 것이 일반적이다. 이것은 일반적으로 'get' 접두어를 사용하여 getRental Price 식으로 메서드를 사용하는 Java 같은 언어와 다르다.

메서드의 이름은 좋아하는 규칙을 사용하여 지정할 수 있지만 time—honored Objective—C 규칙을 이용하면 애플리케이션 개발이 좀 더 쉬워질 수 있다. Core Data, Key—Value Coding, Key—Value Observing과 같은 Cocoa Touch의 많은 특징은 언어 규칙의 일부분에 의지하거나 아니면 적어도 밖으로 보이는 작업이라도 규칙을 존중한다. 만약 다른 규칙을 사용한다면 Objective—C나 Cocoa Touch의 모든 특징을 사용하기 전에 추가적인 작업을 해야 한다는 사실을 발견하게 될 것이다.

현재 임대료를 조회할 수 있도록 선언된 메서드가 있기 때문에 임대료를 변경하도록 메서드를 보완하는 것은 자연스러운 일이다. 그렇게 하기 위하여 메서드의 매개변수나 인자로 예상되는 것을 구체화할 필요가 있다.

- (void)setRentalPrice:(float)newPrice;

메서드 선언에서 콜론(:) 문자로 매개변수가 시작되고 매개변수의 데이터 형과 이름이 따른다. 이 경우에서는 데이터 형이 float이고 newPrice라 부르는 단일 매개변수를 가지는 setRentalPrice: 메서드를 선언했다.

다수의 매개변수를 가지는 메서드 선언도 가능하다. 예를 들어 미리 정해진 최소값까지 정해진 퍼센트로 임대료를 감액하는 메서드를 선언할 수 있다. 선언된 메서드는 다음과 같다.

- (void)decreaseRentalByPercent:(float)percentage withMinimum:(float)min;

이 코드는 두 개의 매개변수(percentage와 min)를 받아주는 decreaseRentalByPercent: withMinimum: 라는 메서드를 선언한다. 이름에서 각 콜론 문자의 위치가 매개변수가 예상되는 위치를 나타내는 방법에 주목하라. 또한 어떻게 메서드 이름이 선언의 시작에 단일 식별자가 아닌 매개변수의 선언 사이에 위치하는지를 주목하라.

메서드 시그니처에서 콜론은 선택적이지 않다는 사실을 깨닫는 것이 중요하다. 예를 들면, rentalPrice와 rentalPrice: 식별자는 다른 메서드를 식별한다. 전자는 매개변수가 없을 것이라고 예상하지만, 후자는 단일 매개변수(콜론에 의해 나타나는)를 예상하게 된다. 클래스가 두 개의 메서드(다소 혼란스럽겠지만)를 선언하는 것은 가능하다.

각 매개변수 이전에 메서드 이름의 일부를 제공하는 것은 필수적이지 않다. 예를 들어 마지막 인자인 min: 전에 메서드 이름의 일부가 없지만, 다음 선언문은 동일하며 유효하다.

- (void)decreaseRentalByPercent:(float)percentage :(float)min;

이름지정 매개변수(Named parameter)는 선택적 매개변수(optional parameter)와 같지 않다.

처음 Objective-C의 메서드는 이름지정 매개변수를 지원하는 것처럼 보일 것이다. 예를 들어 decreaseRentalByPercent:withMinimum:와 같은 메서드는 다음과 같이 호출한다.

[myProperty decreaseRentalByPercent:25 withMinimum:150];

decreaseRentalByPercent:과 withMinimum:는 두 매개변수를 위한 이름으로 생각할 수 있다. 그러나 이 모습은 겉모습만 그렇다. 이름지정 매개변수를 지원하는 언어와 다르게 Objective-C는 메서드 선언에서와 정확히 일치하는 순서로 매개변수를 열거하였을 때 메서

> 드 호출할 수 있다. 마찬가지로 미리 정의된 기본값을 가지기 위하여 매개변수를 제거하는 것도 가능하지 않다.
>
> 이름지정 매개변수는 더 기술적인 코드를 만든다. 예를 들어 다음 문장과 같이 addwidget라는 C 함수를 호출할 수 있다.
>
> ```
> addWidget(myOrder, 92, NO);
> ```
>
> 호출만 보고 무엇을 얻을 것인지 예상하는 것은 불가능하다. 다음의 Objective-C 기반 코드와 비교하면 이름지정 매개변수의 장점이 더욱 명확해진다.
>
> ```
> [myOrder addWidgetWithPartNumber:92 andRestockWarehouse:NO];
> ```

이 대체 메서드는 decreaseRentalByPercent::라 불리며, 메서드의 이름에서 마지막 인자의 목적에 대한 추가 설명이 없어, 더욱 명백한 decreaseRentalByPercent:withMinimum:보다 설명적이지 않기 때문에 일반적으로 좋지 않은 형태로 생각한다.

decreaseRentalByPercent:, withMinimum:와 같은 메서드 시그니처는 기대되는 인자의 데이터 유형에 대한 어떠한 세부사항을 포함하지 않는다는 것을 알아차리는 것이 중요하다. 이 사실은 Objective-C 클래스에서 메서드의 오버로드(overload)가 가능하지 않다는 것을 의미한다.

클래스 VS 인스턴스 메서드

지금까지 모든 메서드 선언이 -문자로 시작된다는 것을 알아챘을 것이다. 이 기호는 메서드가 인스턴스 메서드임을 나타낸다. 메서드를 불러올 때, 메서드를 움직이기 위해서 클래스의 특별한 객체(혹은 인스턴스)를 구체화해야 하며, 결과적으로 이 메서드는 모든 인스턴스 변수에 접근해야 한다.

메서드의 또 다른 유형은 클래스 메서드이며 일반적으로 **정적**(static) 메서드라고 부른다. 클래스 메서드는 - 문자 대신 + 문자로 시작된다. 클래스 메서드의 확실한 장점은 그것들을 호출하기 위하여 클래스의 인스턴스를 만들 필요가 없다는 것이다. 그러나 클래스 메서드는 특별한 객체나 인스턴스와 같은 어떠한 정보(인스턴스 변수와 같은)에도 접근할 수 없기 때문에 이것은 또한 단점이 될 수도 있다.

클래스의 메서드는 일반적으로 새로운 객체(예를 들면, NSString의 stringWithFormat:)를 만들거나 공용 데이터(예를 들면, UIColor의 greenColor)에 접근하는 간단한 방법을 제공하기 위하여 사용된다. 이 메서드는 의도된 작업을 수행하기 위한 어떠한 인스턴스 특화된 데이터가 필요하지 않다. 그러므로 그것은 이상적인 클래스 메서드의 후보이다.

예를 들면, PropertyType 열거자 값을 가지거나 그 값의 간단한 서술적 묘사가 포함되는 문자열을 반환하는 메서드를 정의할 수 있다.

```
+ (NSString *)descriptionForPropertyType:(PropertyType)propertyType;
```

이러한 메서드를 불러오려면, 약간 다른 문법이 요구된다. 인스턴스나 객체는 메서드를 실행할 수 없기 때문에, 대신 메시지의 목표 혹은 수신자로 클래스의 이름을 구체적으로 명시한다.

```
NSString *description = [CTRentalProperty
                       descriptionForPropertyType:TownHouse];
```

이제, 추상적 이론에 대하여 충분히 설명했다. 막 배운 개념을 Objective-C 클래스 파일 템플릿에 적용하여 CTRentalProperty.h 헤더파일을 완성하며 복습해보자.

5.2.3 CTRentalProperty 클래스를 위한 헤더파일 구체화하기

민약 여기끼지 잘 따라 왔다면 XCode에 열린 CTRentalProperty.h 파일을 가지고 있을 것이다. 현재의 내용을 다음 리스트로 대체해보자.

리스트 5.1 CTRentalProperty.h의 인터페이스 정의하기

```
#import <Foundation/Foundation.h>

typedef enum PropertyType {
    TownHouse, Unit, Mansion
} PropertyType;

@interface CTRentalProperty : NSObject {        ◀━━❶ 새 클래스 정의하기
    float rentalPrice;
    NSString *address;                              ┣━━❷ 인스턴스 변수 보호하기
    PropertyType propertyType;
}

- (void)increaseRentalByPercent:(float)percent
    withMaximum:(float)max;                         ┣━━❸ 두 개의 메서드
```

```
- (void)decreaseRentalByPercent:(float)percent
    withMinimum:(float)min;

- (void)setRentalPrice:(float)newRentalPrice;
- (float)rentalPrice;

- (void)setAddress:(NSString *)newAddress;
- (NSString *)address;

- (void)setPropertyType:(PropertyType)newPropertyType;
- (PropertyType)propertyType;
```

❹ Setter와 Getter
메서드

@end

CTRentalProperty.h의 내용은 **NSObject** 베이스 클래스로부터 유래된(혹은 상속된) **CTRentalProperty**라 불리는 ❶새로운 클래스를 선언한다. 클래스는 @public 혹은 @private와 같은 어떠한 지시어가 없기 때문에 ❷모두 ❸protected인 몇 개의 인스턴스 변수를 포함한다.

그 다음 클래스는 인스턴스 변수 접근 제어를 제공하기 위해서 setter와 getter 메서드의 세트를 선언함으로 완성한다.

클래스는 간단한 getter와 setter와는 다른 메서드를 포함한다. CTRentalProperty 클래스는 ❸increaseRentalByPercent:withMaximum:와 decreaseRentalByPercent:withMinimum: 이름을 가진 두 개의 메서드를 선언한다. 이러한 메서드는 제공되는 매개변수를 이용하여 간단한 계산을 수행하며 **rentalPrice** 인스턴스 변수를 업데이트하는 특별한 setter 역할을 한다.

CTRentalProperty 클래스를 사용하는 코드를 개발하기 위하여 이 클래스 인터페이스 선언은 충분하다. 이것은 컴파일러와 클래스가 어떤 종류의 데이터를 저장하고, 어떤 종류의 작동을 기대하는지에 대하여 관심 있는 모든 사용자에게 요점을 설명한다. 클래스 인터페이스가 명세된 클래스를 구현하는 로직을 컴파일러로 제공하는 시간이다.

5.3 클래스를 위한 구현 제공하기

클래스의 @interface 섹션은 객체가 보일 것을 선언한다. 이것은 메서드가 구현되는 방법에 대한 세부사항을 제공하지 않는다. 대신 이 소스코드는 전형적으로 분리된 *.m

확장자의 구현(혹은 메서드) 파일에 포함된다. @interface와 비슷하게 클래스의 구현은 @implementation 지시어 뒤에 클래스 이름을 넣어 시작하며 끝 부분에는 @end 지시자가 나온다.

```
@implementation CTRentalProperty
    ... method implementations ...
@end
```

클래스 이름은 @implementation 지시어 다음에 요구되며, 이는 단일 *.m 파일에 다수의 클래스의 구현이 포함되는 것이 가능하기 때문이다. 특별한 클래스의 구현 위치를 정하는 것과 함께 특별한 메서드의 작동을 구체화 하는 방법에 대해 알아보자.

5.3.1 메서드 구현 정의하기

이 선언을 반복함으로써 메서드에 대한 로직과 작동을 정의할 수 있다. 그러나 세미콜론으로 선언을 종료하는 대신 중괄호 세트를 사용하며 어디서이던 메서드가 실행되는 필요한 로직을 제공한다. 다음은 setRentalPrice: 메서드를 구현한 것이다.

```
- (void)setRentalPrice:(float)newRentalPrice {
    NSLog(@"TODO: Change the rental price to $%f", newRentalPrice);
}
```

그러나 이 구현은 더 실제적인 구현을 요청하는 간단한 to-do 메시지만 기록되어있다. 구현을 구체화하기 위하여 현재의 객체와 연결된 인스턴스 변수에 접근할 수 있어야만 한다. 운 좋게도 이것은 매우 쉽다.

5.3.2 인스턴스 변수에 접근하기

인스턴스 메서드의 본체가 선언될 때, 메서드는 자동적으로 현재의 객체와 연관된 인스턴스 변수에 접근이 가능하다. 이것은 인스턴스 변수 이름으로 참조할 수 있다. 다음은 CTRentalProperty's setRentalPrice: 메서드의 구현이다.

```
- (void)setRentalPrice:(float)newRentalPrice {
    rentalPrice = newRentalPrice;
}
```

어떻게 대입문이 조용하게 rentalPrice 인스턴스 변수에 새로운 값을 할당할 수 있는지 확인하라. 다중 CTRentalProperty가 만들어지는 경우 어떻게 이 문장이 갱신할 객체를 아는지에 대해 아마도 궁금해 할 것이다. 관심 있는 객체에 대한 참조를 전달하지 않는다.

다른 면에서 해답은 매 인스턴스 메서드가 self과 _cmd로 부르는 추가적인 은닉 매개변수를 전달한다는 것이다. _cmd에 대한 논의는 8장을 위해 남겨놓는다. 그러나 self는 메서드가 함께 실행되어야 할 객체가 무엇인지 알게 해주는 마술 같은 것이다.

명백하게 다음과 같은 setRentalPrice: 메서드를 다시 작성함으로써 더 명확한 연결을 만들 수 있다.

```
- (void)setRentalPrice:(float)newRentalPrice {
    self->rentalPrice = newRentalPrice;
}
```

-) 연산자는 왼쪽에 참조하는 변수와 관련되는 인스턴스 변수에 접근하는 것을 가능하게 해준다. 컴파일러가 숨겨진 self 매개변수를 통해 메서드에 다른 객체를 전달할 수 있기 때문에 메서드는 사용할 수 있는 객체를 변경할 수 있다.

self가 현재 객체를 항상 표현해주는 은닉 매개변수라는 것을 아는 것이 유용하다. 그러나 이전에 설명했듯이, 인스턴스 변수에 접근할 때, self를 사용하는 것은 일반적으로 불필요하다. 그러나 self는 피할 수 없는 또 다른 실용적인 활용법이 있다.

> **디버거 윈도우를 조사하기**
>
> 다음에 XCode 디버거와 중단점을 사용할 때, 변수 패널에서 Arguments 섹션을 확인하라. self와 _cmd 매개변수를 확실하게 볼 수 있을 것이다.
>
> 축하한다! Objective-C 전문가가 되는 길을 떠나게 된 것이다. IDE의 또 다른 약간은 신비로운 부분이 갑자기 좀 더 이해될 것이다.

5.3.3 self에게 메시지 보내기

인스턴스 메서드를 구현할 때, 클래스에 의해 정의된 다른 메서드의 서비스를 요청하기를 바랄 수도 있다. 그러나 메시지를 전달하기 위해 메시지가 전달되기 원하는 객체에 대한 참조를 먼저 가지고 있어야 한다. 이 참조는 변수의 형태로 제공된다. 현재의 객체를 참조하길 원할 때, 무엇이든 간에, 다음과 같이 은닉 self 변수는 깔끔하게 역할을 이행해야 한다.

```
- (void)handleComplaint {
    NSLog(@"Send out formal complaint letter");
    numberOfComplaints = numberOfComplaints + 1;
    if (numberOfComplaints > 3) {
        [self increaseRentalByPercent:15 withMaximum:400];
    }
}
```

handleComplaint 메서드(가끔은 Rental Property 애플리케이션에 계속 증가하도록 추가하는 것을 좋아할지 모른다)는 numberOfComplaints 인스턴스 변수를 1씩 증가시킨다. 만약 임대 부동산이 불만의 개수(numberOfComplaints)가 세 개 이상이면 메서드는 또한, increaseRentalByPercent:withMaximum: 메서드를 비슷한 목적으로 self를 사용하여 인지된 객체를 호출한다.

5.3.4 CTRentalProperty 클래스에 메서드 파일 구체화하기

메서드를 구현하는 방법에 대한 새로운 지식을 사용하여 CTRentalProperty 클래스의 첫 번째 개정을 완료할 준비가 되었다. 다음 리스트의 코드로 CTRentalProperty.m의 내용을 대체하여라.

리스트 5.2 CTRentalProperty 클래스의 초기 구현

```
#import "CTRentalProperty.h"

@implementation CTRentalProperty

- (void)increaseRentalByPercent:(float)percent
    withMaximum:(float)max {

    rentalPrice = rentalPrice * (100 + percent) / 100;
    rentalPrice = fmin(rentalPrice, max);
}

- (void)decreaseRentalByPercent:(float)percent
    withMinimum:(float)min {
```

```
        rentalPrice = rentalPrice * (100 - percent) / 100;
        rentalPrice = fmax(rentalPrice, min);
}

- (void)setRentalPrice:(float)newRentalPrice {
        rentalPrice = newRentalPrice;                          ── ❶ 인스턴스 변수 갱신
}

- (float)rentalPrice {
        return rentalPrice;
}

- (void)setAddress:(NSString *)newAddress {
        [address autorelease];                      ←──── ❷ 이전 주소 할당 해제
        address = [newAddress copy];←──── ❸ 복사본 만들기
}

- (NSString *)address {
        return address;
}

- (void)setPropertyType:(PropertyType)newPropertyType {
        propertyType = newPropertyType;
}

- (PropertyType)propertyType {
        return propertyType;
}

@end
```

CTRentalProperty.h의 대부분의 메서드는 상대적으로 간단하다(예를 들어 **setRentalPrice:**
는 ❶ 인스턴스 변수의 값을 갱신한다). 주의가 필요한 한 가지 메서드는 **setAddress:**이
다. 왜냐하면 메모리 관리에 대해 다뤄야 하기 때문이다. 인스턴스 변수에서 직접 새로운
주소를 저장하는 것보다 ❸ 복사본을 만든다(먼저 ❷ 이전 주소의 할당을 해제함). 다음과
비슷한 코드를 사용할 것이다.

```
NSMutableString *anAddress =
    [NSMutableString stringWithString:@"13 Adamson Crescent"];
myRental.address = anAddress;
[anAddress replaceOccurrencesOfString:@"Crescent"
    withString:@"Street"
```

```
    options:NSCaseInsensitiveSearch
    range:NSMakeRange(0, [anAddress length])];
NSLog(@"The address is %@", myRental.address);
```

비록 문자열 변수가 13 Adamson Street으로 갱신되었다 하더라도, 대부분의 개발자는
이 코드가 13 Adamson Crescent를 나타내기를 원한다. setAddress:에 제공된 문자열
의 복사본을 만드는 것은 원하는 대로 이 작업을 수행한다. 이와 같은 조건을 다루기
위한 코드를 작성하는 것은 아주 힘들며 에러가 발생하기 쉽다. 이것은 늦은 밤이 끝나갈
무렵 카페인의 도움을 받아 코딩을 하는 것과 같은 것이다. 다행히도 Objective-C는
이러한 코드 작성을 더 쉽게 하기 위한 특별한 특징을 제공한다.

5.4 선언된 프로퍼티

5.1과 5.2에서 대부분의 코드는 연관된 인스턴스 변수에 안전하게 접근할 수 있는 getter
와 setter 메서드의 선언과 구현에 관계되어 있으며, 미래의 로깅이나 유효성 검사를
위한 확장 가능한 점을 제공한다. Objective-C는 **선언된 프로퍼티**(Declared Properties)
라 불리는 특성을 사용하여 이러한 메서드의 구현을 요구하는 코드의 대부분을 자동으로
구현한다.

프로퍼티는 실제 구현을 제공하기 위하여 컴파일러에게 그것을 남겨주는 데 반하여
setter와 getter 메서드 쌍의 의도를 설명하는 것을 가능하게 한다. 이것은 더욱 작성하기
편리하고, 일관성 있는 코드의 질을 보증한다.

5.4.1 @property 구문

프로퍼티를 이용하는 첫 번째 단계는 클래스의 @interface 섹션에 그것의 존재를 선언
하는 것이다. 이것을 위하여, 특별한 @property 지시어를 사용한다. 예를 들면, 다음과
같이 float 형의 rentalPrice property를 선언할 수 있다.

```
@property float rentalPrice;
```

이 property 선언은 다음 수동 선언된 두 개의 메서드와 동일하다.

```
- (float)rentalPrice;
- (void)setRentalPrice:(float)newRentalPrice;
```

기본적으로 @property 명령문은 구체적인 이름으로 getter 메서드를 선언하고 이름과
접두사 'set'를 앞에 붙여 setter 메서드를 선언한다.

프로퍼티를 사용하는 것을 예를 들면, 다음과 같은 리스트와 함께 CTRentalProperty.h의
내용을 업데이트한다. 수동 setter와 getter 메서드 선언을 제거하고 그와 동일한
@property 선언으로 대체했다는 것을 유념하라.

리스트 5.3 선언된 프로퍼티를 이용한 간단한 CTRentalProperty.h

```
#import <Foundation/Foundation.h>

typedef enum PropertyType {
    TownHouse, Unit, Mansion
} PropertyType;

@interface CTRentalProperty : NSObject {
    float rentalPrice;
    NSString *address;
    PropertyType propertyType;
}

- (void)increaseRentalByPercent:(float)percent
    withMaximum:(float)max;

- (void)decreaseRentalByPercent:(float)percent
    withMinimum:(float)min;

@property(nonatomic) float rentalPrice;
@property(nonatomic, copy) NSString *address;
@property(nonatomic) PropertyType propertyType;

@end
```

❶ property가 아닌 메서드

❷ 선언된 프로퍼티

❷ 선언된 프로퍼티를 사용함으로써 소스코드를 6줄에서 3줄로 바꾸었다. 그러나 간단한
get과 set 스타일의 작업을 수행하지 못하기 때문에 ❶ increaseRentalByPercent:
withMaximum:와 decreaseRentalByPercent:withMaximum:와 같은 메서드는 구체화
될 수 없다는 것을 유념하라. 각각의 프로퍼티 선언은 괄호로 묶은 속성의 선택적인
목록을 포함한다(리스트 5.3에서 나온 nonatomic이나 copy 같은 속성). 이러한 속성은
어떻게 Objective-C에 의하여 만들어진 getter와 setter 메서드가 작동해야 하는지에 대한
정보를 제공한다. 표 5.2에는 프로퍼티의 가능한 속성과 그 목적을 요약했다.

139

표 5.2에 있는 선언된 프로퍼티의 작동을 바꾸기 위하여 어떻게 선택적 @property 속성을 사용하는지 간단히 알아보도록 하자.

표 5.2 선언된 프로퍼티의 작동에 영향을 미칠 수 있는 일반적인 속성

카테고리	예제 프로퍼티	설명
메서드 명명하기 (Method naming)	setter, getter	개발자가 생성된 메서드의 이름을 덮어쓸 수 있음.
쓰기가능여부 (Writeability)	readonly, readwrite	개발자가 프로퍼티가 읽기 전용인지 지정하도록 허용함(setter 메서드를 가지지 않음).
Setter 구문 (Setter semantics)	assign, retain, copy	개발자가 프로퍼티 값의 메모리 관리가 처리되는 방법을 제어할 수 있음.
스레드 세이프티 (Thread, safety)	nonatomic	프로퍼티는 다중 쓰레드 코드에서 사용하기 안전함. 이 안전은 잠재적인 성능 향상을 위해 제거될 수 있음.

메서드 명명하기(METHOD NAMING)

기본적으로 foo라고 명명된 프로퍼티를 위해 Objective-C 컴파일러는 foo라는 getter 메서드와 setFoo:라는 setter 메서드를 생성한다. 선택적 getter와 setter 프로퍼티를 이용하여 대체이름을 명백하게 구체화함으로써 이러한 이름들을 덮어 쓸 수 있다. 예를 들어, 다음의 프로퍼티 선언은 isSelected라 불리는 getter와 setSelected로 불리는 setter를 제공한다.

```
@property (getter=isSelected) BOOL selected;
```

이 속성은 일반적으로 getter 메서드의 이름을 isXYZ(또 다른 Objective-C 명명 관습)의 형태로 재명명하기 위하여 BOOL 데이터 형의 프로퍼티와 함께 사용된다.

쓰기가능(writeability)

프로퍼티는 전형적으로 getter와 setter 메서드 둘 다의 존재를 나타낸다. 프로퍼티 선언에 Readonly(읽기전용) 속성을 추가함으로써, 클래스의 사용자들이 프로퍼티의 현재 값을 조회하는 것만 가능하고 그 값을 바꿀 수 없음을 확신할 수 있다. 예를 들면, 다음의 선언 age 프로퍼티는 오직 getter 메서드만을 가진다.

```
@property (readonly) int age;
```

Getter와 setter 메서드를 가진 각각의 프로퍼티의 기본 작동은 또한 **readwrite**(읽기쓰기 가능) 속성을 사용하면서 명확하게 구체화된다. 왜냐하면 **readonly** 속성은 setter 코드를 가지고 있지 않기 때문에, 클래스의 코드에서 관련된 인스턴스 변수를 직접적으로 수정해야 할 것이다.

Setter 구문(SETTER SEMANTICS)

이 속성은 어떻게 setter 메서드가 메모리 관리를 다룰 것인가를 구체화하는 것을 가능하게 해준다. 다음은 상호 배타적인 세 가지의 선택사항이다.

- **Assign** — setter는 단순 대입문을 사용한다(기본 선택사항).
- **Retain** — setter는 새로운 값의 보유를 위하여 **retain**을 호출하고 오래된 값은 해제하기 위하여 **release**를 호출한다.
- **Copy** — 새로운 값의 복사본이 생성되고 보유된다.

메모리 관리는 복잡한 주제가 될 수 있다(9장을 살펴보라). 현재는 assign이 추가적인 메모리 관리를 요구하지 않는다는 것을 이해하는 것으로 충분하다(프로퍼티 대입문은 간단한 변수처럼 다뤄진다). Copy 속성은 제공되는 값과 꼭 닮은 복제로 만들어진 복사본에 저장되길 요구하며, retain 속성은 그 사이에 무언가를 하는 것이다.

스레드 세이프티(THREAD SAFETY)

일반적으로 프로퍼티는 원자이다. 이것은 멀티 스레드 환경에서 Objective-C의 getter를 이용하여 얻거나 setter를 이용하여 설정된 값이 항상 일관되고 다른 스레드에 의해 동시에 접근하여도 손상되지 않음을 보장하기 위한 멋진 말이다.

그러나 이 보호는 공짜가 아니다. 동시 발생 접근에 대비하여 보호가 필요할 때 잠금을 얻는 시간이 필요하므로 이와 관련된 수행비용이 있을 것이다. 만약 프로퍼티가 멀티 스레드로부터 호출되는 것을 원하지 않는다면 이러한 보호로부터 벗어나기 위하여 **nonatomic** 속성을 설정할 수 있다.

```
@property (nonatomic) int age;
```

뷰 컨트롤로 혹은 뷰 서브클래스에서 멀티스레드 시나리오를 사용하기 위하여 property는 그들 자신을 찾지 않을 것이기 때문에 대부분의 iPhone 튜토리얼과 예제 소스코드에서 **nonatomic** 속성으로 프로퍼티를 지정한다. 그러므로 **nonatomic**의 사용은 프로퍼티가 과중하게 사용되는 상황에서 약간의 성능 향상의 원인이 된다. 이것은 클래스의 @implementation 부분에서 어떻게 프로퍼티를 선언하는가에 대한 결론이다.

비록 프로퍼티를 사용하기 위하여 CTRentalProperty 클래스를 업데이트했었을지라도, 아직도 CTRentalProperty.m 안에 원래의 메서드 구현을 가지고 있다는 것을 알 것이다. 이것은 완벽하게 용인할 수 있다(사실 지금은 오타가 보이지 않기 때문에 프로젝트를 컴파일하기 좋은 시간이다). 그러나 컴파일러가 자동적 구현을 제공하여 이 상황을 개선시킬 수 있다.

5.4.2 프로퍼티의 getter와 setter 통합하기

@property 지시어를 사용하는 것은 getter와 setter 메서드의 선언을 단순화해준다. 그러나 Objective-C는 한 걸음 더 나가 자동적으로 getter와 setter 메서드 구현을 작성할 수 있다. 이것을 하기 위하여 클래스의 @implementation 부분에서 @synthesize라는 지시어를 사용한다.

예를 들면, 다음 문장에서 보여주는 것과 같이 직접 손으로 작성한 모든 setter와 getter 메서드를 제거하고 @synthesize라는 추가의 지시어로 대체함으로써 다음 리스트 5.2를 단순화할 수 있다.

리스트 5.4 setter와 getter 자동 생성을 위한 통합된 Property

```
#import "CTRentalProperty.h"

@implementation CTRentalProperty

@synthesize rentalPrice, address, propertyType;   ❶ setter와 getter
                                                     메서드 생성하기

- (void)increaseRentalByPercent:(float)percent
    withMaximum:(float)max {

    rentalPrice = rentalPrice * (100 + percent) / 100;
    rentalPrice = fmin(rentalPrice, max);
}

- (void)decreaseRentalByPercent:(float)percent
    withMinimum:(float)min {

    rentalPrice = rentalPrice * (100 - percent) / 100;
    rentalPrice = fmax(rentalPrice, min);
```

```
}

@end
```

@synthesize 지시어는 ❶ Objective-C 컴파일러가 자동적으로 구체화된 property와 연관된 getter와 setter 메서드를 만들기를 요청한다.

비록 @synthesize가 일반적으로 @property 지시어와 나란히 사용하더라도, 이것의 사용은 완전히 선택적이다. @synthesize 지시어는 지능적이며 @implementation 부분에서 이미 다른 곳에 선언된 적절한 메서드를 찾을 수 없을 경우에만 getter 혹은 setter 메서드를 만든다. 이것은 만약 컴파일러가 getter와 setter 메서드의 대부분을 생성하기 때문에 도움이 되지만 로깅이나 입력 유효성 검사와 같은 특별한 작동을 수행하기 위하여 한두 가지 추가적인 오버로드를 원하게 될 것이다. 이 기능적인 예제는 다음과 같다.

```
@synthesize rentalPrice;

- (void)setRentalPrice:(float)newRentalPrice {
    NSLog(@"You changed the rental per week to %f", newRentalPrice);
    rentalPrice = newRentalPrice;
}
```

이러한 경우, @synthesize 지시어는 rentalPrice 프로퍼티를 위하여 getter 메서드만을 만들지만 setRentalPrice:을 구체적으로 추가했으므로 setter를 사용할 수 있다.

일반적으로 @synthesize 지시어는 foo라는 이름의 property가 역시나 foo라 불리는 인스턴스 변수에서 이것의 값을 저장할 것이라고 가정한다. 만약 몇 가지 이유로 이것이 바람직하지 않다면, @synthesize 문장에서 인스턴스 변수의 이름을 오버로드한다. 다음의 선언을 예로 들면, 이것은 rentalPerWeek라 불리는 인스턴스 변수를 사용함으로써 rentalPrice 프로퍼티를 통합한다.

```
@synthesize rentalPrice = rentalPerWeek;
```

컴파일러에서 @synthesize 지시어를 이용하여 프로퍼티를 요구하는 메서드의 생성 혹은 통합을 수행한다. 직접 작성한 코드와 달리 자동 생성된 코드는 잘 테스트되었고, 스레드가 안정화되며 개발자가 두 메모리를 효율적으로 관리한다. 프로퍼티를 사용함으로써 작성해야 할 코드의 양을 줄일 뿐 아니라, 일반적으로 버그가 덜 생긴다. 좋은 것을 모두 가질 수 있다!

143

5.4.3 점(.) 구문

임대 부동산의 현재 주소를 얻기 위해 현재 알고 있는 Objective-C 문법 지식은 다음과 같이 설명된 객체에 주소 메시지를 전달해야 한다는 것이다.

```
CTRentalProperty *property = ...some rental property...
NSString *address = [property address];
```

이와 마찬가지로 setAddress: 메시지를 전달하여 주소 프로퍼티를 업데이트할 수 있다.

```
CTRentalProperty *property = ...some rental property...
[property setAddress:@"45 Some Lane"];
```

그러나 Objective-C는 프로퍼티 사용하는 것에 대한 대안 문법을 제공한다. 이 구문은 점 연산자에 기초하고 있으며 아마도 이는 C 혹은 Java의 배경 지식이 있는 개발자에게 더 편리할 것이다.

```
CTRentalProperty *property = ...some rental property...
NSString *address = property.address;
NSLog(@"Old address is: %@", address);
property.address = @"45 Some Lane";
NSLog(@"New address is: %@" property.address);
```

이 예제 코드는 이전에 표준 메시지 전달 문법에서 사용된 것과 같은 작동을 한다. 점 연산자는 순수한 syntactic sugar[1]이며 은밀하게 property.address에 xyz 값을 추가하여 [property setAddress:xyz]으로 전환한 후 호출하는 것과 동일하다. 그러나 C# 또는 Java와 달리, 점 스타일의 문법은 오직 @propertys와 연관된 getter와 setter 메시지로 사용된다는 것을 아는 것이 중요하다. 어떤 방법이든 표준 Objective-C 메시지 문법이 여전히 필요하다.

---

1) 2장 주석 6) 참조.

Will Robinson 여기 위험한 용이 잠자고 있어. 위험해!

강력한 힘에는 큰 책임이 따르고 방심한 자는 함정에 빠진다. 프로퍼티를 이용할 때, 프로퍼티에 접근하는 것과 연관된 인스턴스 변수에 직접 접근하는 것의 차이에 대하여 명확하게 이해해야 한다. 왜냐하면 프로퍼티와 인스턴스 변수에서 같은 식별자를 사용하기 때문에, 각각에 접근하는 문법이 가끔 놀랍게도 비슷할 수도 있다. 예를 들면, CTRentalProperty 클래스 구현에서 다음의 문장은 rentalPrice 인스턴스 변수의 값을 업데이트한다.

```
rentalPrice = 175.0f;
```

반면 다음 문장은 setRental-Price:setter 메서드를 호출하는 것과 같이 작업을 수행한다:

```
self.rentalPrice = 175.0f;
```

비록 처음에는 두 문장이 비슷해 보이겠지만, 소스코드에서의 미묘한 차이는 실제 작동에 엄청난 영향을 미친다.

만약 직접 인스턴스 변수에 직접 접근한다면, 모든 메모리 관리와 스레드 안정화 그리고 setter와 getter 메서드에서 구현한 추가 로직을 무시하게 된다. 인스턴스 변수를 읽거나 변경될 때 로직이 실행되지 않는다. 일반적인 경험으로 만약 프로퍼티나 접속 메서드가 존재하면, 인스턴스 변수에 직접 접근하는 것보다 이러한 메서드를 이용하는 것이 더 좋은 생각이 될 수도 있다.

이것은 특히 Key-Value Observing(KVO)와 같은 특징을 이용할 때 참이 된다. KVO는 객체의 상태에서 변화를 감지하기 위하여 setter 메서드를 호출하는 것을 효과적으로 감시하기 위하여 Objective-C의 역동적 특징을 이용한다. 그래서 인스턴스 변수의 직접 접근은 잘못될 수가 있다.

Setter나 getter 메서드를 직접 호출하는 것보다 점 문법을 사용하는 한 가지 장점은 컴파일러가 만약 이것이 읽기 전용으로 할당한다면 에러 시그널을 보낼 수 있다는 것이다.

반면에 Objective-C의 역동적 특성 때문에 만약 존재하지 않은 setter 메서드를 호출한다면 컴파일러는 단지 클래스가 이 메시지에 반응을 보이지 않는다는 경고를 보낸다. 경고를 제외하면 이 애플리케이션은 성공적으로 컴파일될 것이며, 애플리케이션이 실행될 때 실패를 알려줄 뿐이다.

8장에서 컴파일러가 왜 존재하지 않는 setter 메서드에 대해 설명하지 않는가에 대한 이유를 토론한다. 지금은 CTRentalProperty 클래스의 새로운 인스턴스를 생성하는 방법에 대하여 토론해보자.

5.5 객체 생성하기와 파괴하기

클래스와 함께 수행하는 가장 일반적인 작업은 새로운 객체를 만드는 것이다. Objective-C에서 객체를 생성하기 위하여 반드시 두 가지 단계를 거친다.

- 새로운 객체를 저장하기 위해 메모리를 할당한다.
- 새롭게 할당된 메모리를 적절한 값으로 초기화한다.

두 단계가 완료될 때까지 객체는 완벽하게 작동하지 않는다.

5.5.1 객체 생성하기와 초기화하기

NSObject로부터 상속받은 객체에서 새로운 객체를 위한 메모리는 전형적으로 클래스 메서드 alloc(할당을 의미하는 **allocate**의 줄임)을 호출하여 할당된다. 예를 들면, 다음의 소스코드를 실행함으로써 새로운 CTRentalProperty 객체를 만들 수 있다.

```
CTRentalProperty *newRental = [CTRentalProperty alloc];
```

이 문장은 CTRentalProperty 객체와 관련된 모든 인스턴스 변수를 저장하기 위해 메모리를 충분히 비축하기 위하여 alloc 메서드를 사용하고 newRental 변수에 이깃을 할당한다. NSObject로부터 상속받은 기본 버전이기 때문에 alloc 메서드를 구현할 필요가 없다. 그러나 메모리가 할당되고 나면 대부분의 객체는 추가 초기화가 필요하다. 일반적으로 이 초기화는 init 메서드를 호출하여 실행된다.

```
CTRentalProperty *newRental = [CTRentalProperty alloc];
[newRental init];
```

이 두 단계는 다음과 같이 선언에 메시지 전달을 넣어 한 줄로 수행하는 것이 가능하다.

```
CTRentalProperty *newRental = [[CTRentalProperty alloc] init];
```

init 메서드는 이렇게 호출된 객체를 그대로 반환하므로 편리하게 사용할 수 있다.

초기화되지 않은 인스턴스 변수에는 무엇이 설정되어 있는가?

만약 초기화 메서드가 제대로 초기화하지 못할 때 인스턴스 변수에 저장되는 값에 대하여 이상하게 여길 것이다. 전형적인 C 스타일 메모리 할당 전략과 다르게 alloc에 의하여 메모리가 할당되면 각 인스턴스 변수는 0으로 초기화 된다(혹은 그것과 동등한 값: nil, NULL, NO, 0.0 등등). 이것은 이러한 값들로 변수를 초기화할 필요가 없다는 것을 의미한다.

사실, 부울 변수를 사용하기 위해서는 초기값으로 NO를 선택하는 것이 객체 할당에서 좀 더 적절하다는 것을 의미한다. 예를 들면, needsConfiguration보다는 isConfigured가 더 좋은 인스턴스 변수가 될 수 있다.

자주 나타나지는 않지만 건너뛰거나 그것을 최소로 수행했을 때 생기는 몇 가지 골칫거리가 있기 때문에 Objective-C에서 사용되는 두 단계의 초기화 과정을 이해하는 것은 중요하다.

눈에 띄지 않는 고블린을 주의하라

alloc과 init을 호출하는 코드는 괜찮아 보이지만 잠재적으로 치명적인 결함을 가졌다. 비록 이것은 대부분 클래스의 문제가 아닐 수도 있지만(CTRentalProperty를 포함하여), init에게 alloc에서 생성한 것과 다른 객체를 전달하는 것이 가능하다. 만약 이렇게 되면, 원래의 객체는 무효가 되고 오직 init에게 전달된 객체만 사용할 수 있게 된다. 코딩 용어에서 이것은 항상 init;의 반환 값을 저장해야 함을 의미한다. 다음은 안 좋은 예이다.

```
CTRentalProperty *newRental = [CTRentalProperty alloc];
[newRental init];
```

그리고 이것은 좋은 예이다:

```
CTRentalProperty newRental = [CTRentalProperty alloc];
newRental = [newRental init];
```

이러한 시나리오를 다루는 것에 대하여 걱정하는 것보다 [[CTRentalProperty alloc] init]에서처럼 각 단계를 한 번에 수행하는 것이 두 번 수행하는 것에 비하여 일반적으로 더 편하다.

147

어떤 init 조건이 alloc을 통해 할당한 것과 다른 객체를 반환할 수 있는가에 대하여 의아해 할 수도 있다. 대부분의 클래스에서는 이것이 절대로 일어나지 않는다. 그러나 특수 상황(singleton, cach, 혹은 인스턴스를 구현하는)에서 클래스 개발자는 새로운 것을 초기화하는 것보다 그것과 비슷한, 이미 존재하는 객체를 반환하는 것을 선호하므로 객체가 생성될 때 더 확실하게 제어하는 것을 결정해야 할 것이다.

실패는 피할 수 없는 삶의 현실

초기화 메서드에서 항상 의도된 작업이 수행되는 것은 아니다. initWithURL 메서드를 예를 들면 웹사이트로부터 불러온 데이터로 객체를 초기화할 수 있다. 만약 제공된 URL이 타당하지 않거나 혹은 iPhone이 비행 모드일 경우, initWithURL:는 원하는 작업을 마무리할 수 없을 지도 모른다. 이러한 경우 init 메서드를 위하여 새로운 객체와 연관된 메모리를 해제하고 객체가 초기화할 수 없음을 나타내는 nil을 반환하는 것이 일반적이다.

만약 초기화 메서드가 실패할 경우 다음과 같이 이러한 상황에 대하여 확실하게 확인하기를 원할지도 모른다.

```
CTRentalProperty newRental = [[CTRentalProperty alloc] init];
if (newRental == nil)
    NSLog(@"Failed to create new rental property");
```

아마도 초기화 메서드가 항상 init 호출하지 않는다는 것과 추가 변수를 추가 매개변수로 받아들일 수 있다는 사실을 알아챘을 것이다. 만약 특별한 기준이 없다면 이것은 매우 흔하게 일어나는 일이다. 왜 그리고 어떻게 이것을 수행하는지 알아보자.

5.5.2 init은 멍청하다

매개변수가 없는 초기화 메서드는 제한적으로 사용된다. 종종 객체를 올바르게 설정하기 위하여 초기화 메서드에 추가 세부사항을 제공하는 것이 필요하다. 전형적으로 클래스는 하나 이상의 특성화된 초기화 메서드를 제공한다. 이러한 메서드는 일반적으로 initWithxyz 형태로 사용되며 xyz 부분에 객체를 초기화하기 위하여 요구되는 절절한 추가 매개변수 이름이 대체된다.

예를 들어 다음은 CTRentalProperty 클래스의 @interface 섹션에서 메서드를 선언한 것이다.

```
- (id)initWithAddress:(NSString *)newAddress
    rentalPrice:(float)newRentalPrice
    andType:(PropertyType)newPropertyType;
```

이 인스턴스 메서드는 초기화하는 객체에 대한 새로운 주소와 임대료 그리고 부동산 유형을 설정할 수 있게 한다. 다음 단계는 CTRentalProperty 클래스의 @implementation 부분의 메서드 구현이다. 다음 코드를 추가하여 시도하라.

리스트 5.5 CTRentalProperty를 위한 사용자 정의 초기화 메서드 구현

```
- (id)initWithAddress:(NSString *)newAddress
    rentalPrice:(float)newRentalPrice
    andType:(PropertyType)newPropertyType
{
    if ((self = [super init])) {
        self.address = newAddress;
        self.rentalPrice = newRentalPrice;
        self.propertyType = newPropertyType;
    }

    return self;
}
```

이 메서드의 주요 부분은 매개변수로 설정된 새로운 값을 가지는 객체의 다양한 부동산 집합을 생성하는 것이다. 그러나 리스트에는 추가적인 주의가 필요한 몇 가지 특징이 있다.

소스코드에서 단문으로 축약되어 표시된 if 문은 몇몇의 중요한 단계를 수행한다. 오른쪽에서 왼쪽으로 실행되면서 먼저 super에게 init 메시지를 전달한다. super는 슈퍼클래스에게 메시지를 전달할 수 있는 self와 비슷한 키워드이다. 인스턴스 변수를 초기화하기 전에 슈퍼클래스의 상태를 초기화할 수 있는 기회를 제공하는 것이 중요하다.

혹시 객체가 다른 것으로 대체하는 것에 대비하기 위하여 슈퍼클래스의 init 메서드에 의해서 반환된 객체는 self에 할당한다. 그 다음 이 값이 슈퍼클래스가 객체를 성공적으로 초기화를 할 수 없다는 것을 의미하는 nil이 아닌지 확인한다. 만약 원한다면 다음과 같이 이 단계를 두 개의 분리한 문장으로 확장할 수 있다.

```
self = [super init];
if (self != nil) {
    ...
}
```

애플리케이션에서의 작동은 동일할 것이다. 첫 번째 형태는 두 번째에 비하여 더 축약된 버전이다. 이전에 언급한 것처럼 축약된 [[CTRentalProperty alloc] init] 스타일의 구문을 사용하는 것도 가능하며, 결국 메서드는 self의 값을 반환한다.

5.5.3 선언과 초기화 결합하기

일반적으로 객체를 선언한 후 즉시 초기화하기 때문에 많은 클래스는 두 단계를 하나로 결합한 편리한 메서드를 제공한다. 이러한 클래스 메서드는 그것이 포함하는 클래스의 이름을 따서 명명한다. NSString의 stringWithFormat:메서드는 문자열 포맷에 따라 생성된 콘텐츠를 새로운 문자열로 할당하고 초기화하는 좋은 예이다.

사용자가 새로운 임대 부동산 객체를 쉽게 생성할 수 있도록 CTRentalProperty 클래스에 다음의 클래스 메서드를 추가한다.

```
+ (id)rentalPropertyOfType:(PropertyType)newPropertyType
    rentingFor:(float)newRentalPrice
    atAddress:(NSString *)newAddress;
```

이 메서드는 리스트 5.5 직전에 추가했던 초기화 메서드와 매우 유사하다. 이름이 다른 것을 제외하고 주요한 차이점이 rentalPropertyOfType:rentingFor: atAddress:는 클래스 메서드이고 initWithAddress:andPrice:andType:는 인스턴스 메서드라는 것이다. rentalPropertyOfType:rentingFor:atAddress: 클래스 메서드는 처음 객체를 만들지 않고 호출하는 것이 가능하다. 다음 리스트와 같이 메서드를 구현하라.

리스트 5.6 호출하기 쉬운 방법으로 할당과 초기화를 결합한 메서드

```
+ (id)rentalPropertyOfType:(PropertyType)newPropertyType
    rentingFor:(float)newRentalPrice
    atAddress:(NSString *)newAddress
{
    id newObject = [[CTRentalProperty alloc]
                    initWithAddress:newAddress
                    rentalPrice:newRentalPrice
```

```
                andType:newPropertyType];
    return [newObject autorelease];
}
```

이 구현 내용에서는 현재의 `alloc`과 `initWithAddress:rentingFor:andType:` 메서드를 사용하여 새로운 초기화된 객체를 반환한다는 것에 유념하라. 또 다른 차이점은 `autorelease` 메시지를 객체에게 보낸다는 것이다. 이 추가 단계는 메모리와 관련된 관습에 연관된 것으로 9장에서 깊게 다룰 것이다.

여기에서는 어떻게 새로운 클래스를 만드는가에 대해서만 요약한다. 그러나 한 가지 기쁘지 않은 작업이 남아있다. 어떻게 오래되고 원하지 않은 객체를 해제 혹은 처분하는가? 만약 이러한 객체를 파괴하지 않으면 결국 할당된 메모리를 모두 소비하게 될 것이다. iPhone은 이 애플리케이션이 막대한 피해를 줄 수 있는 차기의 체르노빌 원전이라고 생각하고 다른 폰 기능에 영향을 주는 것을 최소화하기 위하여 폐쇄할 것이다.

5.5.4 객체 파괴하기

객체 사용이 끝나면 객체에 할당된 메모리가 다른 목적을 위하여 다시 재활용될 수 있다는 것을 통보해야 한다. 만약 이 단계를 잊어버리면, 그 객체가 다시 사용하지 않는다고 해도 그 객체가 할당받은 메모리를 영원히 확보하고 있을 것이다. 사용하지 않는 객체는 OS가 할당된 양을 다 써버려 갑작스럽게 애플리케이션을 정지할 때까지 점점 iPhone의 제한된 메모리를 소비한다.

Objective-C에서 (적어도 iPhone에서는) 메모리 사용을 관리하는 것은 명백히 개발자 책임이다. C#이나 Java 같은 언어와는 다르게 Objective-C는 일반적으로 **가비지 컬렉션** (garbage collection)이라고 알려진 자동 탐지와 원하지 않는 객체를 반환하는 것이 없다. 다음의 리스트는 생성되어 소멸될 때까지 Objective-C의 전형적인 라이프사이클 (lifecycle)을 보여준다.

리스트 5.7 Objective-C 객체의 전형적인 라이프 사이클

```
CTRentalProperty *newRental = [[CTRentalProperty alloc]
                    initWithAddress:@"13 Adamson Crescent"
                    rentingFor:275.0f
                    andType:TownHouse];
```

151

```
... make use of the object ...
[newRental release];
newRental = nil;
```

객체는 **alloc**을 호출하여 할당된다. 할당되고 초기화되면 객체는 더 이상 필요가 없을 때까지 사용된다. 이 단계에서 **release** 메시지는 객체가 요구사항을 초과했다는 것과 그 객체의 메모리는 재활용될 수 있다는 것을 나타낸다. 유효한 객체를 포인팅하는 변수가 주어졌는지, 여부를 쉽게 결정할 수 있는 연관된 변수를 제거하는(혹은 **nil**로 설정하는)것 또한 유용하다.

객체에서 더 이상 관심이 없다는 것을 나타내기 위하여 **release**를 호출하더라도, 이것이 객체가 파괴된다는 것을 보증해주지는 않는다. 애플리케이션의 다른 부분에서 이 객체가 살아있는 것을 유지하거나 적어도 객체가 해제된다고 할 때의 마지막 참조에 대해 관심이 있을지 모른다(이것에 대해서는 9장에서 깊게 다룬다).

결국 **release**는 어떤 것도 현재의 살아있는 객체의 유지에 관심을 가지지 않을 때, 객체를 처분하기 위하여 dealloc이라는 다른 메서드를 자동으로 작동한다. 다음의 리스트는 어떻게 **CTRentalProperty**의 **dealloc** 메서드를 구현하는가를 설명한다.

리스트 5.8 객체가 획득한 리소스를 깨끗하게 하는 dealloc 구현

```
- (void)dealloc {
    [address release];
    [super dealloc];
}
```

dealloc은 클래스에게 할당된 메모리를 해제할 뿐 아니라 클래스가 소유하고 있던 시스템 리소스(파일, 네트워크 소켓, 데이터베이스 핸들 등)를 깔끔하게 정리해준다.

한 가지 유의할 점은 선언된 프로퍼티가 자동으로 getter와 setter 구현을 제공할지라도 dealloc에 연관된 메모리를 해제하기 위한 코드를 생성하지 않을 것이라는 것이다. 만약 클래스가 의미(semantic)을 **보유**하거나 **복사**하여 사용하는 프로퍼티를 포함한다면, 수동으로 클래스의 **dealloc** 메서드에 메모리 사용량을 정리하는 코드를 포함해야한다. 리스트 5.8에서 이것은 adress 프로퍼티에 의하여 나타난다. 임대 부동산 객체가 파괴되면, 청소되어야 하는 프로퍼티의 setter에 이하여 만들어진 주소 문자열의 복사본을 원하게 된다.

마지막으로, 대부분의 dealloc 메서드는 마지막에 [super dealloc]을 호출하여 구현된다. 이것은 할당된 모든 자원을 확보할 수 있도록 슈퍼클래스에게 기회를 제공하게 된다. 여기서 순서가 중요하다는 것을 알 수 있다. init 구현과 달리 dealloc 메서드를 이용하여 확보한 콘텐츠를 초기화하기 전에 슈퍼클래스에게 기회를 준다는 것이 중요하다. 이때, 보유한 자원을 깨끗하게 정리할 수 있으며, 슈퍼클래스에게도 상당한 기회를 줄 수 있다.

5.6 Rental Manager application에서 클래스 사용하기

CTRentalProperty라는 클래스를 생성한 후 그 소스코드를 개선하기 위해 다양한 작업을 되풀이해왔다. 이제 Rental Manager application을 업데이트해보자.

첫 번째 단계는 RootViewController.h를 열고, PropertyType 계산과 RentalProperty 구조를 위해 현재의 정의를 제거하는 것이다. 이것을 CTRentalProperty 클래스로 바꿔라. 동시에 임대 부동산 리스트를 저장하기 위해 NSArray 기반의 인스턴스를 추가할 수 있다. 이렇게 하면, 다음 리스트와 비슷한 RootViewController.h을 보게 될 것이다.

리스트 5.9 객체지향 방법을 이용하여 RootViewController.h에 임대 부동산 저장

```
@interface RootViewController : UITableViewController {
    NSDictionary *cityMappings;
    NSArray *properties;
}
@end
```

애플리케이션을 실행하는 동안 임대 부동산을 저장하기 위하여 NSArray를 이용하였기 때문에 결국 부동산을 더하고 제거하는 것이 가능하다. 이것은 이전에 사용하였던 C 스타일의 배열에서는 쉽게 할 수 없는 것이다.

이전과 비교하여 RootViewController.m는 많은 부분의 소스코드 변화를 요구하므로 다음 리스트로 대체하여라.

리스트 5.10 CTRentalProperty 클래스를 사용하기 위한 RootViewController.m 업데이트

```
#import "RootViewController.h"
#import "CTRentalProperty.h"          ◀————❶ CTRentalProperty 정의 불러오기

@implementation RootViewController

- (void)viewDidLoad {
    [super viewDidLoad];

    NSString *path = [[NSBundle mainBundle]
                        pathForResource:@"CityMappings"
                        ofType:@"plist"];

    cityMappings = [[NSDictionary alloc]
                        initWithContentsOfFile:path];


    properties =
        [[NSArray alloc] initWithObjects:
        [CTRentalProperty
         rentalPropertyOfType:TownHouse
         rentingFor:420.0f
         atAddress:@"13 Waverly Crescent, Sumner"],
        [CTRentalProperty
         rentalPropertyOfType:Unit
         rentingFor:365.0f
         atAddress:@"74 Roberson Lane, Christchurch"],
        [CTRentalProperty                              ————❷ 새 객체 생성
         rentalPropertyOfType:Unit
         rentingFor:275.9f
         atAddress:@"17 Kipling Street, Riccarton"],
        [CTRentalProperty
         rentalPropertyOfType:Mansion
         rentingFor:1500.0f
         atAddress:@"4 Everglade Ridge, Sumner"],
        [CTRentalProperty
         rentalPropertyOfType:Mansion
         rentingFor:2000.0f
         atAddress:@"19 Islington Road, Clifton"],
        nil];
}

- (NSInteger)tableView:(UITableView *)tableView
    numberOfRowsInSection:(NSInteger)section {
```

154

```
            return [properties count];
    }

- (UITableViewCell *)tableView:(UITableView *)tableView
      cellForRowAtIndexPath:(NSIndexPath *)indexPath {

      static NSString *cellIdentifier = @"Cell";

      UITableViewCell *cell = [tableView
          dequeueReusableCellWithIdentifier:cellIdentifier];
      if (cell == nil) {
          cell = [[[UITableViewCell alloc]
                  initWithStyle:UITableViewCellStyleSubtitle
                  reuseIdentifier:cellIdentifier]
              autorelease];
      }

      CTRentalProperty *property =
          [properties objectAtIndex:indexPath.row];

      int indexOfComma = [property.address
                          rangeOfString:@","].location;
      NSString *address = [property.address
                          substringToIndex:indexOfComma];
      NSString *city = [property.address
                          substringFromIndex:indexOfComma + 2];

    cell.textLabel.text = address;

    NSString *imageName =
        [cityMappings objectForKey:city];
    cell.imageView.image =
        [UIImage imageNamed:imageName];

    cell.detailTextLabel.text =
        [NSString
        stringWithFormat:@"Rents for $%0.2f per week",
        property.rentalPrice];

    return cell;
}

- (void)dealloc {
    [cityMappings release];
    [properties release];
    [super dealloc];
```

❸ 메서드
업데이트

❹ 메모리 해제

```
}

@end
```

RootViewController.m에서 발견할 수 있는 첫 번째 변화는 ❶ `#import` 문을 이용하여 `CTRentalProperty.h` 헤더파일을 불러온 것이다. 이 문장은 Objective-C 컴파일러가 명시된 파일의 내용을 읽고 그 내용이 마치 `#import` 문이 쓰인 곳에 직접 쓰인 것처럼 그것을 해석하라고 요구하게 된다. 다시 말해, 이 라인은 컴파일러가 `CTRentalProperty` 클래스의 정의를 인지하도록 만든다. 이 라인 없이 컴파일러는 `CTRentalProperty` 클래스의 존재에 대하여 모를 것이다-적어도 RootViewController.m를 컴파일하는 동안에는. 다음 주요 변화는 ❷ `viewDidLoad`에서 발견할 수 있다. Rental Manager 애플리케이션이 처음 보이게 되면, 새로운 `NSArray` 객체를 만들고 그 안에 `CTRental`의 `rental PropertyOfType:rentingFor:atAddress:` 클래스 메서드를 사용하여 생성된 많은 `rental properties` 객체를 담는다.

`rental properties` 객체의 배열과 함께 ❸ `tableView:cellForRowAtIndexPath:` 메서드 구현을 업데이트할 준비가 된다. 첫 번째 변화는 특별한 테이블 뷰 셀에 `CTRentalProperty` 객체를 할당하기 위하여 `NSArray`에서 사용 가능한 `objectAtIndex:` 메서드를 사용하며, `property`라는 변수를 할당한다. 이때, 디스플레이를 갱신하기 위하여 `CTRentalProperty` 객체의 주소를 나타내는 `address`, 임대료를 나타내는 `rentalPrice`와 같은 다양한 속성에 접근한다.

마지막 변화는 ❹에서 애플리케이션을 종료하여 뷰가 해제될 때, 임대 부동산의 세부사항의 배열이 저장된 메모리를 해제하는 것이다.

이것이 Rental Manager 애플리케이션을 객체지향 버전으로 변경하는 데 있어서 주 데이터 저장소 생성에 요구되었던 변화를 완료한 것이다. 비록 이 장에서의 작업의 장점은 아직은 명백하지 않지만, 다음의 장에서는 객체지향 방법에서 애플리케이션을 개발하는 힘이 들어난다.

#include가 무엇인가? 비표준 #import는 무엇인가?

만약 C 혹은 C++ 지식이 있다면, C 기반의 언어가 전통적으로 또 다른 파일의 내용을 포함하기 위하여 #include문을 사용하는 것을 알고 있을 것이다. 반면에, Objective-C는 #import문의 사용을 소개하고 추천한다.

작동의 차이는 적다. 만약 두 #include문이 같은 파일을 참조하면, 컴파일러는 그 파일에서 발견된 유형정의와 클래스의 다중정의를 이미 봤다고 표시할 것이다. 왜냐하면 #include문은 특별한 파일을 읽은 후 Objective-C 컴파일러를 지나가기 때문이다. 여러 개의 #include 문이 같은 파일을 읽는다면 컴파일러는 같은 소스코드를 여러 번 보게 된다.

반면에 #import문은 약간 더 똑똑하다. 만약 두 번째 #import문이 같은 파일을 참조한다면 그것은 무시하게 된다. 같은 헤더파일의 내용이 아무리 많이 추가되길 요청한다고 해도 컴파일러에게는 오직 한 번만 보이게 된다는 것을 의미한다.

#import는 C나 C++ 컴파일러에서 유사한 편의를 제공하는 #pragma once 등의 솔루션과 비슷하다.

5.7 요약

사용자 정의 클래스를 구현하는 것을 애플리케이션 로직을 분산시켜 쉽게 유지보수 가능한 단위로 체계화하는 엄청난 방법이다. 동일한 공개 인터페이스를 유지하는 동안 잘 구조화된 클래스의 계층구조는 코드의 다른 부분에 영향을 주지 않으면서 클래스 내부 구현에 중요한 변화를 가능하게 한다. 예를 들어 거리 번호, 거리 이름, 교외 그리고 도시 인스턴스 변수로 분리하여 임대 부동산의 주소의 저장소를 분리할 수 있고, 주소 속성을 위하여 setter 메서드의 한 부분으로 재결합하는 것도 가능하다. 클래스의 인터페이스가 변하지 않을 것이기 때문에, CTRentalProperty 클래스의 사용자는 이 변화를 알 필요가 없을 것이다.

선언된 프로퍼티에 대한 논란에서 같은 식별자는 에러 없이 클래스에서 다중 요소를 명명하는 데 사용된다. 예를 들면 Objective-C 클래스에서 다음이 가능하다.

- 클래스 메서드와 같은 이름의 인스턴스 메서드를 가지는 것
- 메서드가 인스턴스 변수로 같은 이름을 가지는 것

선언된 프로퍼티는 이것의 좋은 예이다. 후보 인스턴스 변수가 속성의 getter 메서드와

같은 이름을 가지는 것은 일반적이다(그러나 필수는 아님). Objective-C의 이상한 점은 클래스-레벨의 변수가 없다는 것이다. 만약 클래스에 소속되어 있으면서 그러나 특별한 인스턴스는 아닌 변수를 요구한다면, 가장 최우선 방법은 다음과 같이 C 스타일 전역 (global) 변수를 선언하는 것이다.

```
static NSMutableDictionary *sharedCache;
```

간략히 정리하면, Objective-C에는 메서드와 properties를 위한 눈에 보이는 수식자가 없다. 인스턴스 변수와는 다르게, 메서드를 위한 @public, @protected, 혹은 @private 속성이 없다.

6장에서 이 사태에 대한 부분적 해결책에 대하여 다룬다. 그리고 단일 클래스 기반으로부터 연관된 클래스의 그룹을 만들기 위하여 어떻게 빌드하는가를 알아본다.

클래스 확장하기

인스턴스 변수와 메서드로 구성된 클래스는 수정되거나, 확장되거나, 추출됨으로써 확장될 수 있다. 클래스 확장은 객체지향 프로그래밍의 기본 아이디어이다. 클래스를 확장하는 능력은 코드 재사용과 구획화를 촉진하며 잘 만들어진 프로젝트의 표식이 된다. 앞으로 클래스의 확장의 다양한 접근법의 섬세함에 대해 조사한다.

6.1 서브클래싱

5장에서 사용자 정의 클래스를 만드는 방법에 대해서 배웠다. 5장을 돌아보면, 사용자 정의 클래스 CTRentalProperty는 NSObject의 서브클래스이다. NSObject는 Objective-C가 제공하는 가장 기초적인 클래스이다. 애플리케이션을 위하여 독자적인 클래스를 만들 때, NSObject의 서브클래스를 많이 만들 것이다. Objective-C에서의 어떠한 클래스도 서브클래싱에 의해 확장될 수 있다. 이 장의 뒷부분에서 NSObject에 대해서 더 자세한 세부사항을 알아본다.

6.1.1 서브클래싱이란?

서브클래싱(Subclassing)은 한 클래스의 메서드와 인스턴스 변수를 모두 획득하면서 새로운 것을 추가하는 행위이다. 서브클래싱 논리의 전형적인 예는 분류학에서 종을 분류하는 것이다. 사람은 포유류이다. 호랑이도 역시 포유류이다. 몇몇의 공통적인 특징을 공유하기 때문에 호랑이와 사람은 모두 포유류의 서브클래스로 생각할 수 있다.

- 온혈(warm blood)
- 척추
- 털

호랑이와 사람은 많이 비슷해 보이지 않지만 이러한 특징을 공유한다. 결국 그 둘 다 포유류의 서브클래스이다. 이 예제는 객체지향 프로그래밍 언어에서도 정확히 동일하게 적용된다. 어떤 것에 대하여 이미 존재하는 모든 것을 유지하면서 몇몇을 추가해야 할 때 그것을 서브클래스라 한다. Objective-C에서 서브클래싱의 예를 알아보자.

간단히 서브클래싱을 활용하는 작은 iPhone 애플리케이션을 만들 수 있다. 첫 번째로, 사람의 이름, 나이, 그리고 성별과 같은 일반적인 특징을 나타내는 Person이라고 불리는 클래스를 만든다.

1. XCode를 열고 PersonClass라는 새로운 View-based iPhone application[1]을 만들어라.
2. File → New File[2]을 클릭하고 NSObject의 서브클래스로 Person이라는 새로운 Objective-C 클래스를 생성하여라.
3. Person.h에 다음 내용을 채워 넣어라.

리스트 6.1 Person 클래스 생성

```
#import <Foundation/Foundation.h>

typedef enum {
    Male, Female
} Gender;
```

[1] XCode 4.2 이상을 사용하면 Single View Application을 선택한다.
[2] XCode 4.2 이상에서는 File 〉 New 〉 New File에서 새로운 클래스를 생성할 수 있다.

```
@interface Person : NSObject {
    NSString *name;
    NSNumber *age;
    Gender gender;
}

-(id)initWithName:(NSString *)_name;
-(id)initWithAge:(NSNumber *)_age;
-(id)initWithGender:(Gender)_gender;
-(id)initWithName:(NSString *)_name
    age:(NSNumber *)_age
    gender:(Gender)_gender;

@end
```

이것은 모든 사람이 공유할 수 있는 인스턴스 변수를 가진 매우 간단한 클래스이다. 모든 사람은 이름(name), 나이(age), 그리고 성별(gender)을 가진다. Person 클래스의 서브클래스로 Teacher과 Student 클래스를 만들어보자.

File 〉 New File을 클릭하고 다음 리스트의 내용으로 Person의 서브클래스로 Teacher이라는 새로운 Objective-C 클래스를 만들어라.

리스트 6.2 Teacher 클래스 생성하기

```
#import <Foundation/Foundation.h>
#import "Person.h"

@interface Teacher: Person {
    NSArray *classes;
    NSNumber *salary;
    NSString *areaOfExpertise;

}

-(id)initWithName:(NSString *)_name
    age:(NSNumber *)_age
    gender:(Gender)_gender
    classes:(NSArray *)_classes
    salary:(NSNumber *)_salary
    areaOfExpertise:(NSString *)_areaOfExpertise;

@end
```

다음 File〉New File을 클릭하고, 다음의 리스트와 같이 Person의 서브클래스로 새로운
Objective-C 클래스 Student를 만들어라.

리스트 6.3 Student 클래스 생성하기

```
#import <Foundation/Foundation.h>
#import "Person.h"

@interface Student: Person {
    NSArray *classes;
    NSNumber *numberOfCredits;
    NSString *major;
}

-(id)initWithName:(NSString *)_name
    age:(NSNumber *)_age
    gender:(Gender)_gender
    classes:(NSArray *)_classes
    numberOfCredits:(NSNumber *)_numberOfCredits
    major:(NSString *)_major;

@end
```

이제 Person의 서브클래스로 Teacher와 Student 클래스를 만들었다. Teacher 객체는
Person에서 정의한 대로 이름, 나이 그리고 성별을 가진다. 그러나 반(classes), 급여
(salary), 그리고 전문 기술 분야의 목록(areaOfExpertise)이 더해져 확장된다. 비슷하게
Student는 이름, 나이, 성별뿐만 아니라 반(classes), 이수 학점 수(numberOfCredits)
그리고 전공(major)의 목록을 가진다.

이 예에서 Teacher와 Student의 **슈퍼클래스**는 Person이다. 클래스의 슈퍼클래스
(Superclass)는 새로운 클래스가 서브클래싱하게 되는 클래스이다. 이것은 서브클래싱의
가장 전형적인 예일 뿐이며, 약간씩 다른 다양한 방법으로 서브클래스를 생성할 수 있다.

6.2 새로운 인스턴스 변수 추가하기

이제 클래스 파일이 만들어지고 헤더 파일이 채워졌으므로 구현을 계속할 수 있다. 생성
된 모든 클래스를 위하여 .m 파일을 작성할 필요가 있다. .h 파일은 단순히 클래스가

사용되는 변수와 작동의 형태가 무엇인지에 대한 윤곽만을 보여준다. .m 파일은 이러한 변수와 선언된 메서드가 실행되도록 구현하는 코드의 조각이다.

서브클래스가 가지고 있는 인스턴스 변수는 초기화되어야 한다. 지금은 이러한 변수의 유형과 이름만을 가지고 있다. 하지만, 애플리케이션에서 메모리의 약간의 공간을 할당하고 실제 메모리와 이러한 변수의 이름을 연결하도록 말해주어야 한다.

이것은 보통 두 부분으로 실행된다. 첫 번째, `alloc` 메서드를 이용하여 변수를 위한 할당 된 공간을 제공해야 한다. 두 번째, 클래스의 `init` 메서드를 이용하여 변수를 초기화해야 한다. 모든 클래스는 인스턴스 변수와 클래스를 위한 일반적인 설정이 수행될 `init` 메서드를 가져야 한다. 새로운 클래스에 `init` 메서드를 구현해보자.

Person.m 파일로 가보자. 기본적으로 빈 클래스가 보일 것이다. 이 클래스에 초기화 메서드를 만들고 프로젝트에서 이것을 사용할 수 있다. 다음 리스트 내용으로 Person.m 코드를 입력하여 보자.

리스트 6.4 Person 클래스를 위한 init 메서드 생성하기

```
#import "Person.h"

@implementation Person

A blank initialization

-(id)init {                              ❶ 빈 초기화 메서드
    if ((self = [super init])) {
        name = @"Person";
        age = [NSNumber numberWithInt:-1];
        gender = Male;
    }

    return self;
}

-(id)initWithName:(NSString *)_name {    ❷ 사람의 이름을
    if ((self = [super init])) {            가지는 메서드
        name = _name;
        age = [NSNumber numberWithInt:-1];
        gender = Male;
    }

    return self;
```

```
    }

    -(id)initWithAge:(NSNumber *)_age {                    ❸ 사람의 나이를
        if ((self = [super init])) {                          가지는 메서드
            name = @"Person";
            age = _age;
            gender = Male;
        }

        return self;
    }

    -(id)initWithGender:(Gender)_gender {                  ❹ 사람의 성별을
        if ((self = [super init])) {                          가지는 메서드
            name = @"Person";
            age = [NSNumber numberWithInt:-1];
            gender = _gender;
        }

        return self;
    }

    -(id)initWithName:(NSString *)_name
        age:(NSNumber *)_age
        gender:(Gender)_gender {

        if ((self = [super init])) {                       ❺ 이름, 나이, 성별
            name = _name;                                     값을 가지는 메서드
            age = _age;
            gender = _gender;

        }

        return self;
    }

@end
```

이 리스트에서는 Person 클래스를 만들 때, 사용할 수 있는 몇 가지 다른 init 메서드를 생성한다. 한번 확인해보자.

❶ 이것은 빈 초기화 메서드이다. 정의된 이름, 나이, 성별이 없는 Person 객체를 생성하기 위하여 호출한다. 기본 값이 자동으로 할당된다.

❷ 이 메서드는 사람의 이름을 가진다. 입력된 값은 name 변수에 할당되며, 다른 변수는 기본 값으로 설정된다.

❸ 이 메서드는 사람의 나이를 가진다. 입력된 값은 age 변수에 할당되며, 다른 변수는 기본 값으로 설정된다.

❹ 이 메서드는 사람의 성별을 가진다. 입력된 값은 gender 변수에 할당되며, 다른 변수는 기본 값으로 설정된다.

❺ 이 메서드는 생성된 Person 객체에 이름, 나이, 성별을 설정한다. 이 메서드는 person 클래스의 모든 변수를 디폴트 아닌 값으로 정의한다.

init 메서드로 클래스를 초기화하는 모든 다른 방법을 보여준다. 만약 준비된 어떠한 인스턴스 변수를 초기화하는 프로젝트를 만드는 중이라면 이렇게 하면 될 것이다. 그러나 대부분의 클래스는 오직 하나의 초기화 메서드만 필요하다. 다음 리스트에서는 Teacher와 Student 클래스를 위해 오직 한 개의 초기화 메서드를 생성한다.

리스트 6.5 Teacher 클래스를 위한 초기화 메서드 생성

```
-(id)initWithName:(NSString *)_name
    age:(NSNumber *)_age
    gender:(Gender)_gender
    classes:(NSArray *)_classes
    salary:(NSNumber *)_salary
    areaOfExpertise:(NSString *)_areaOfExpertise {

    if ((self = [super init])) {
        name = _name;
        age = _age;
        gender = _gender;
        classes = _classes;
        salary = _salary;
        areaOfExpertise = _areaOfExpertise;
    }

    return self;
}
```

이제 Student 클래스를 위하여 유사한 메서드를 만든다. 이것 역시 Person의 서브클래스이기 때문에 이 Student 생성자는 이름, 나이, 성별 변수를 가진다. 그러나 이것은 Teacher 클래스와는 약간 다른 변수를 가지게 된다. 다음 리스트에서 보듯이 전체적인 메서드는 Teacher init 메서드와 비슷하다.

리스트 6.6 Student 클래스를 위한 초기화 메서드 생성

```
-(id)initWithName:(NSString *)_name
    age:(NSNumber *)_age
    gender:(Gender)_gender
    classes:(NSArray *)_classes
    numberOfCredits:(NSNumber *)_numberOfCredits
    major:(NSString *)_major {

    if ((self = [super init])) {
        name = _name;
        age = _age;
        gender = _gender;
        classes = _classes;
        numberOfCredits = _numberOfCredits;
        major = _major;
    }

    return self;
}
```

이제 메서드의 모든 부분이 다 채워졌기 때문에 Person, Teacher 그리고 Student 객체를 만들 수 있다. 이 클래스를 사용하기를 전에 이 클래스의 모든 속성에 접근 할 수 있는 확장된 방법에 대하여 살펴보도록 하자.

6.3 존재하는 인스턴스 변수에 접근하기

이제 각각 인스턴스 변수가 있는 세 개의 클래스를 가졌다. 인스턴스 변수를 채우기 위해 몇 개의 초기화 메서드를 생성하였다. 그러나 만약 오직 이름만 가진 Person 객체를 만든다면 어떻게 될까? 그리고 이후 실행 시 나이와 성별을 채울 수 있는가? 또 Person 객체를 만든 후에 어떻게 이미 설정된 이름에 접근할 것인가? 이 이슈는 getter와 setter 메서드를 이용하여 해결할 수 있다. Getter 메서드는 인스턴스 변수의 값을 반환하고 Setter 메서드는 인스턴스 변수의 값을 설정할 수 있다.

이것은 객체지향 클래스에서 매우 일반적이기 때문에 클래스를 위한 이런 메서드 유형을 만드는 많은 방법이 있다. 수동으로 get과 set 메서드를 만드는 방법을 알아보자.

6.3.1 수동 Getter와 setter 접근

클래스의 인스턴스 변수를 위한 getter와 setter 메서드를 만드는 첫 번째 방법은 수동으로 메서드를 만드는 것이다. Getter 메서드의 이름은 `VariableType`의 유형의 `instanceVariable` 라는 변수를 반환하며 다음과 같은 형태를 가진다.

- (VariableType)instanceVariable

setter 메서드의 형태는 다음과 같다.

- setInstanceVariable:(VariableType)_instanceVariable

Person에서 클래스에 포함된 **name**, **age**, **gender** 인스턴스 변수를 위한 getter와 setter를 만들 수 있다. 메서드가 선언되도록 Person.h에 다음 코드를 추가하자.

```
- (NSString *)name;
- (NSNumber *)age;
- (Gender)gender;

- (void)setName:(NSString *)_name;
- (void)setAge:(NSNumber *)_age;
- (void)setGender:(Gender)_gender;
```

이제 다음 리스트에서처럼 Person.m에 메서드를 작성할 필요가 있다.

리스트 6.7 Person에 getter와 setter 메서드 선언하기

```
-(NSString *)name {
    if(name) {
        return name;
    }

    return @"--unknown--";
}

-(NSNumber *)age {
    if(age) {
        return age;
    }

    return [NSNumber numberWithInt:-1];
}
```

```
-(Gender)gender {
    if(gender){
        return gender;
    }

    return -1;
}

-(void)setName:(NSString *)_name {
    name = _name;
}

-(void)setAge:(NSNumber *)_age {
    age = _age;
}

-(void)setGender:(Gender)_gender {
    gender = _gender;
}
```

getter와 setter 메서드는 따로 설명할 필요가 없다. Getter 메서드는 같은 이름의 인스턴스 변수를 반환한다. Setter 메서드는 객체를 가져오고 이것의 인스턴스 변수로 설정한다. 여기서 주목할 점은 getter 메서드에서 변수가 존재하는지 조사한다는 것이다. 예를 들어, 만약 name의 getter가 호출된 후에 name을 설정하지 않을 경우 오류 검사 없이 반환될 수 있다. 만약 name이 존재하지 않다면, nil 값이 반환 될 것이다.

이 메서드는 다음에 설명할 메서드보다 시간이 더 오래 걸린다. 하지만, 이것은 클래스의 인스턴스 변수가 요청될 때 작동을 수행하기 위한 좋은 차단점이 된다. 예를 들어, 변수가 호출되었거나 설정된 횟수를 세기 원한다면 이러한 메서드로 할 수 있다.

이것은 getter와 setter 메서드가 만들어지는 전형적인 방법이다. 그러나 최근 대부분의 개발자는 properties를 이용하여 만든다. Apple은 매우 일반적인 메서드를 자동으로 생성하기 위한 방법으로 Properties을 소개하였다. 자동 접근에 대한 더 자세한 정보는 5.4절을 참고하여라.

6.4 메서드 오버라이드하기

Objective-C에서 메서드를 오버라이드(override)하는 것은 서브클래싱의 또 다른 중요한 측면이다. 마치 클래스의 서브클래스가 슈퍼클래스(부모 클래스)의 인스턴스 변수를 포함하는 것처럼 이것은 모든 클래스의 **인스턴스 메서드**(instance method)에 접근할 수 있다. 만약 클래스에서 메서드가 호출된 후 컴파일러가 그 이름을 가진 메서드가 클래스에 존재하지 않는다는 것을 알게 된다면 슈퍼클래스로 이동할 것이고 그곳에서 메서드를 살펴볼 것이다(그림 6.1 참조).

일반적으로 메서드 오버라이드는 부모(parent) 클래스의 메서드를 뭔가 다른 메서드로 대체하는 행동이다. 이것은 일반적으로 클래스 구조를 만들 때 사용된다. 왜냐하면, 메서드는 처음 선언된 클래스에서 수행하는 일과 약간 다른 일을 서브클래스에서 수행하는 것이 필요 할 수도 있기 때문이다.

새로운 클래스에서 메서드 오버라이드를 해보자. NSObject클래스는 다음과 같은 메서드를 가진다.

- (NSString)description;

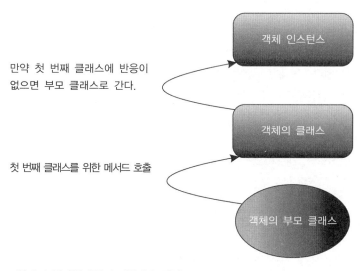

그림 6.1 컴파일러의 슈퍼클래스 점검

이것은 사용자 정의 클래스를 만들 때 오버라이드하기 매우 유익한 클래스이며, 개발 중에 애플리케이션의 디버그를 도와주는 NSLog의 장점을 활용할 수 있게 해준다. NSLog 는 C 기반의 %@와 %d와 같은 지정 문자열을 지원한다. NSString에 %@ 지정 문자열이 있으면, 지정 문자열은 이 메서드에 의해 반환된 것으로 채워진다. 세 가지 클래스로 이 메서드를 구현하고 나면 NSLog가 작동하는 것을 보게 될 것이다.

6.4.1 description 메서드 오버라이드

메서드를 오버라이드하는 것은 호출하게 될 클래스에서 그 메서드를 단순히 선언하면 된다. Person 클래스로 시작해보자. Person.m 파일로 가서 다음과 같이 메서드를 선언 하자.

```
- (NSString *)description {
    if (gender == Male) {
        return [NSString stringWithFormat:
                @"Hi! I am a man, named %@, who is %@ years old",
                name, age];
    } else {
        return [NSString stringWithFormat:
                @"Hi! I am a woman, named %@, who is a %@ years old",
                name, age];
    }
}
```

description 메서드는 NSObject에서 선언된다. 클래스에서 같은 메서드가 존재하게 되면 이 클래스는 NSObject 버전의 description 메서드를 사용하는 것보다 오히려 이 메서드를 호출하라고 하게 된다. 이제 Teacher와 Student에 description 메서드를 오버 라이드하라. 그러면 가능한 적은 코드를 작성 할 수 있다.

```
- (NSString *)description {
    if(gender == Male) {
        return [NSString stringWithFormat:
                @"%@. I am a male currently teaching %@ "
                "for $%@ per year with expertise in %@",
                [super description], classes, salary, areaOfExpertise];
    } else {
        return [NSString stringWithFormat:
                @"%@. I am a female currently teaching %@ "
                "for $%@ per year with expertise in %@",
```

```
            [super description], classes, salary, areaOfExpertise];
    }
}
```

다시 말하면, description 메서드를 오버라이드했기 때문에 **NSLog** 메서드에서 이것을 사용하게 되면 **NSObject** 버전보다 이것이 호출될 것이다(다음 리스트를 보자).

리스트 6.8 Student에서 description 메서드 오버라이드하기

```
-(NSString *)description {
    if(gender == Male) {
        return [NSString stringWithFormat:
                @"%@. I am a male currently enrolled in %@ "
                "for %@ credits with %@ as my major",
                [super description], classes, numberOfCredits, major];
    } else {
        return [NSString stringWithFormat:
                @"%@. I am a female currently enrolled in %@ "
                "for %@ credits with %@ as my major",
                [super description], classes, numberOfCredits, major];
    }
}
```

Teacher와 Student에서 첫번째 부분을 완성하기 위해 Student와 Teacher 각각의 개별 인스턴스 변수를 사용하기보다는 슈퍼클래스(**Person**)의 description 메서드를 사용한다. 그리고 그 다음 각각 Student와 Teacher의 개별 변수를 사용한다. 사용자 정의 메서드는 거의 모든 라이브러리 메서드를 오버라이드할 수 있다. 또 다른 일반적인 오버라이드는 아래와 같다.

- (void)dealloc

이것은 객체를 해제하는 것이 필요할 때 메모리 관리를 위해 사용되는 메서드이다. 이 메서드와 구현은 9장에서 자세히 다루도록 한다.

이 클래스에서 남은 일은 생성한 메서드를 테스트 하는 것이다. 만약 애플리케이션 위임 자(Application Delegate)로 가서 **applicationDidFinishLaunching:withOptions:** 메서드에 다음의 코드를 입력한다면 클래스와 슈퍼클래스가 협력하는 것을 볼 수 있을 것이다.

171

리스트 6.9 서브클래스를 위한 테스트 코드

```
-(void)applicationDidFinishLaunching:(UIApplication *)application
   withOptions:(NSDictionary*)options {

   // Override point for customization after app launch

   [self.window makeKeyAndVisible];

   Person *person = [[Person alloc]
                     initWithName:@"Collin"
                     age:[NSNumber numberWithInt:23]
                     gender:Male];

   Student *student = [[Student alloc]
                     initWithName:@"Collin"
                     age:[NSNumber numberWithInt:23]
                     gender:Male
                     classes:[NSArray arrayWithObjects:@"English",
                             @"Spanish",
                             @"Math", nil]
                     numberOfCredits:[NSNumber numberWithInt:12]
                     major:@"CS"];

   Teacher *teacher = [[Teacher alloc]
                     initWithName:@"Winslow"
                     age:[NSNumber numberWithInt:30]
                     gender:Male
                     classes:[NSArray arrayWithObjects:@"ARM",
                             @"Imerssive Gaming",
                             @"Physical Computing", nil]
                     salary:[NSNumber numberWithInt:60000]
                     areaOfExpertise:@"HCI"];

   NSLog(@"My person description is:\n%@", person);
   NSLog(@"My student description is:\n%@", student);
   NSLog(@"My teacher description is:\n%@", teacher);
}
```

여기 Person와 Teacher, Student 객체를 만들었다. 마지막으로 NSLog 입력에 %@ 지정 문자열을 사용하였다. 문자열을 출력한 후 %@에 각 개체의 description: 메서드에서 반환되는 값을 위치시킨다. 이제 클러스터(cluster)라고 부르는 디자인 메서드를 이용하여 scene을 넘어 클래스의 기능을 수정하는 또 다른 방법을 알아보자.

6.5 클래스 클러스터

클래스 클러스터(class cluster)는 Objective-C의 추상화에 대한 해답이다. 일반적으로 추상적인 슈퍼클래스는 눈에 보이지는 않지만(nonvisible) 실재하는(concrete) 메서드와 함께 선언된다. 이 디자인의 유형은 Apple의 문서에서는 **abstract factory design**라고 부른다. 추상 부모 클래스에서 선언된 메서드에 의해서 밖으로 드러나는 public 클래스의 복잡성을 단순화하는 이점을 가진다. 추상적인 슈퍼클래스는 private 서브클래스의 인스턴스를 만드는 메서드를 제공할 책임을 가진다.

6.5.1 왜 클래스 클러스터를 이용하는가?

클래스 클러스터는 실제로 비밀의 서브클래스 만들기(secret subclassing)라 부르는 환상적인 방법이다. 이것은 개발자에게 여러 개의 방으로 접근할 수 있는 하나의 대문을 만드는 것을 가능하게 해준다. 이 디자인적인 접근은 두 가지 일반적 동기가 있다.

1. **성능/메모리(Performance/Memory)**

   이 디자인 유형은 개발자가 다른 메모리 요구사항을 가지는 여러 개의 객체를 위한 생성 지점(creation point)을 나타내는 단일 클래스를 만들 수 있게 해준다. Apple이 제공하는 NSNumber 클래스는 이 전형적인 예이다. NSNumber는 다른 숫자를 표현하는 모든 유형(Integer, Double, Long, Float, Char)을 나타내는 클러스터이다. 이 데이터 형들은 모두 다른 유형으로 전환할 수 있으며, 그것에서 실행할 수 있는 많은 다른 메서드를 공유한다. 그러나 그 숫자형 데이터 형은 모두 다른 양의 메모리를 요구한다. 따라서 Apple은 다양한 유형을 다루는 모든 은닉

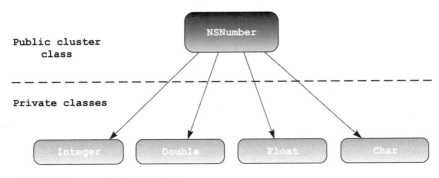

그림 6.2 NSNumber의 시각적 표현

서브클래스의 관리를 할 수 있는 NSNumber 클러스터를 생성한다. 그림 6.2는 NSNumber의 구조의 시각적으로 표현한 것이다.

2. **단순성**(Simplicity)

이 디자인을 구현하는 다른 동기는 단순성이다. 이전에 본 것과 같이 클래스 클러스터를 만드는 것은 비슷한 클래스의 콜렉션에 인터페이스를 크게 단순화할 수 있다. NSNumber에 포함된 모든 다른 객체는 NSNumber 래퍼(wrapper) 없이 개발하기는 매우 거추장스러울 수 있다. 형변환이나 나누기 산술연산과 같은 연산자는 메모리 관리에 대해서 개발자가 매우 조심할 것을 요구한다. 그러나 NSNumber는 이것과 비슷한 클래스를 사용하여 단순화 되므로 개발자로부터 클래스 클러스터로 이 책임을 전가한다.

6.5.2 다중 public 클러스터

또한, 클러스터는 개발자에게 같은 private으로 실행되는 클래스를 참조하는 다중 public 클래스 클러스터를 만드는 능력을 제공한다. NSArray와 NSMutableArray는 클래스의 많은 기능을 다루는 은닉으로 실행되는 클래스를 위한 클래스 클러스터의 역할을 한다. 이 은닉으로 실행되는 클래스는 NSArray 클래스라 불리지만 개발자에게 보이지 않는다. 이것이 메모리와 단순성 위주 디자인이다. 이 클래스의 개발자가 함께 작업할 객체에 의존하여 약간 다르게 행동하게 될 메서드를 위한 단일 진입점을 만드는 것을 가능하게 해준다. 이것은 이 클래스를 사용하여 개발자가 올바른 메서드를 호출하게 하는 책임이 있으며, 클래스 클러스터 디자인에서 포함된 정보로 옮긴다. 이것은 만약 사용자가 원하면 Apple의 클래스 클러스터와 많은 유연성을 이용하여 쉽게 개발하는 것을 의미한다. 클러스터는 객체의 컬렉션 혹은 사용자 정의 객체 유형을 만드는 엄청난 디자인 스키마이다.

그러나 가끔 완전히 유일하게 만들지 않으면서도 서브클래스로 만들기를 원하지도 않을 수 있다. 가장 좋은 방법은 이미 존재하는 클래스에 추가하는 것이다. 이것의 흔한 예는 애플리케이션이 가끔 String에서 동작을 수행하는 것이 필요할 때이다. 예를 들어 매우 유용하게 Twitter에서 사용자 이름 문자열 이전에 @ 심볼을 추가하는 메서드를 사용할 수 있다. 이 이슈를 강조하기 위해 Objective-C는 **카테고리**(Categories)라 부르는 디자인 스키마를 지원한다.

6.6 카테고리

이전 절에서 description 메서드를 사용하여 NSObject로부터 메서드를 서브클래스에 오버라이드하는 방법을 배웠다. 카테고리(Categories) 디자인 스키마는 서브클래스의 오버라이딩 메서드와 비슷하다. 이것은 클래스에 없을만한 메서드를 개발자가 추가하는 것을 가능하게 해준다. 서브클래스를 생성한 후 그것에 메서드를 추가하지 않고 카테고리는 개발자가 서브클래싱 없이 바로 이미 존재하는 클래스에 메서드를 추가하는 것을 가능하게 해준다. 이것은 보통 Objective-C에서 일반적인 자료 구조 클래스(NSString, NSArray, NSData)와 함께 실행된다. 메서드 혹은 만들고 있는 애플리케이션에 사용되는 두 개의 클래스를 더하는 것은 종종 편리하다.

6.6.1 서브클래싱 없이 클래스 확장하기

재사용(reuse)은 프로그래밍의 핵심 중 하나이다. 클래스를 확장하는 것은 코드의 과잉을 최소화하려는 노력이다. 이것은 객체와 코드를 복사하고 붙여 넣는 것보다 코드 재사용을 가능하게 해주는 방법으로 객체와 수행할 수 있는 일을 구분한다. 그러나 때때로 개발자는 자신의 클래스를 만들기보다는 존재하는 클래스에 원하는 기능을 추가하길 원한다. 서브클래싱은 애플리케이션을 통틀어 비표준 클래스 호출을 요구하므로 고유의 값을 가진다. 예를 들어, 만약 개발자가 NSString 클래스의 코드 일부분에 추가되는 메서드를 작성할 수 있다면 이것은 더 일반적인 재사용이 될 것이다.

카테고리는 개발자가 많은 사용자 정의 함수와 몇 가지 맞춤 클래스를 이용하여 애플리케이션을 생성할 수 있도록 이미 존재하는 클래스의 인터페이스(header 파일)와 구현(main 파일)에 콘텐츠를 덧붙인다. Apple이 제공하는 API를 확장하여 사용하는 많은 사람들은 완전히 독창적인 것을 만들기보다는 이 접근법을 사용한다.

6.6.2 카테고리 사용하기

NSString로 간단한 카테고리 클래스를 만들어보자. 예를 들어 애플리케이션에서 문자열의 모든 모음을 추출하는 것이 필요하다고 가정해보자. 이것을 행하기 위해 NSString에 카테고리 클래스를 만든다.

1. 새로운 View-based project[3] VowelDestroyer를 생성하라.

2. File 〉 New File을 클릭하고 NSObject의 서브클래스로 VowelDestroyer라는 새로운 Objective-C 클래스를 만들어라.

3. 다음의 코드를 VowelDestroyer.h에 삽입하라.

```
#import <Foundation/NSString.h>
@interface NSString (VowelDestroyer)
- (NSString *)stringByDestroyingVowels;
@end
```

이 코드는 컴파일러에게 NSString 인터페이스에 VowelDestroyer라는 것을 추가한다고 말해준다. 이 카테고리는 매개변수를 가지지 않으며 NSString을 반환하는 stringByDestroyingVowels 메서드를 추가한다.

이 메서드는 VowelDestroyer.m에 구현되며, NSString 객체가 요구될 때 이 메서드가 호출된다. 다음의 코드를 VowelDestroyer.m에 추가하여라.

리스트 6.10 VowelDestroyer.m

```
#import "VowelDestroyer.h"

@implementation NSString (VowelDestroyer)

-(NSString *)stringByDestroyingVowels {            ← ❶ 카테고리 이름
    NSMutableString *mutableString =                    선언하기
        [NSMutableString stringWithString:self];   ←
                                                   ❷ NSMutableString
    [mutableString replaceOccurrencesOfString:@"a"    생성하기
     withString:@""
     options:NSCaseInsensitiveSearch
     range:NSMakeRange(0, [mutableString length])];
    [mutableString replaceOccurrencesOfString:@"e"
     withString:@""
     options:NSCaseInsensitiveSearch
     range:NSMakeRange(0, [mutableString length])];
    [mutableString replaceOccurrencesOfString:@"i"
     withString:@""
     options:NSCaseInsensitiveSearch
     range:NSMakeRange(0, [mutableString length])];
```

3) XCode 4.2 이상을 사용하면 Single View Application을 선택한다.

```
    [mutableString replaceOccurrencesOfString:@"o"
     withString:@""
     options:NSCaseInsensitiveSearch
     range:NSMakeRange(0, [mutableString length])];
    [mutableString replaceOccurrencesOfString:@"u"
     withString:@""
     options:NSCaseInsensitiveSearch
     range:NSMakeRange(0, [mutableString length])];

    return [NSString stringWithString:mutableString];
}

@end
```

이 코드에서는 다시 NSSting을 구현하기 위한 파일을 선언하고 ❶ 카테고리 이름을 한 번 더 선언한다. 그런 후 적절한 메서드를 구현한다. 이 경우 NSMutableString 라는 새로운 문자형을 만든다. NSString은 수정되지 않는다는 것을 알고 있을 것이다. NSString은 문자열을 수정하고 완전히 새로운 것을 반환하는 메서드를 제공하지만 NSMutableString은 완전히 새로운 문자열을 반환하는 방식의 수정 메서드를 가지고 있지 않으면서 기존의 문자열을 수정하여 사용할 수 있다.

만약 이 메서드가 애플리케이션에서 많이 사용된다면 효율적으로 메모리를 사용할 수 있다. ❷ NSMutableString를 만든 다음 replaceOccurrencesOfString:withString: options:range: 메서드를 이용하여 각각의 모음을 빈 문자열로 대체한다. 이 메서드와 함께 NSCaseInsensitive 옵션을 사용하여 목표가 되는 문자열의 대문자와 소문자 구별을 일치시킨다.

모든 모음이 대체되면, 가변의 새로운 NSString 객체를 생성하고 그것을 반환한다. 명심하라, 이 클래스에 사용하기를 원하는 어떤 클래스에서는 이 클래스를 불러와야 하지만, 그것이 수행되게 되면 어떠한 NSString 혹은 NSString 서브클래스에서 stringBy DestroyingVowels를 호출 할 수 있다.

6.6.3 카테고리 사용 시 고려할 점

카테고리는 많은 클래스 확장에 유용하지만 프로젝트에서 사용될 때는 그 한계점을 고려해야 한다. 첫 번째로 카테고리는 인스턴스 변수가 아닌, 메서드만 클래스에 추가할 수 있다. 만약 당신이 인스턴스 변수를 클래스에 추가할 필요가 있다면 그때는 서브클래스를 이용해야 한다. 약간의 창의력을 더하면 개발자가 찾는 많은 함수는 단일 메서드로 완료될 수 있다. 다른 한계점은 메서드를 오버라이딩하는 것과 관련된다. 오버라이딩은 카테고리보다는 서브클래스에서 수행되어야 한다. 그럼에도 불구하고 컴파일러에서는 어떤 메서드를 사용하는지 혹은 더 안 좋은 상황으로 메서드와 전체 클래스를 파괴하여 기존의 메서드를 사용하는 것에 관하여 혼란을 겪곤 한다. 이러한 실행은 자제해야 한다.

실행하면서 이 카테고리를 보기 위해서는 테스트를 하기 위하여 만든 프로젝트의 app 대리자로 가야한다. 다음 문장을 이용하여 이 클래스를 VowelDestroyerApp Delegate.m 로 불러온다.

```
#import "VowelDestroyer.h"
```

이렇게 하고 나면 이 클래스에서 문자열을 만들 수 있고 stringByDestroyingVowels 메서드를 호출할 수 있다. 쉽게 하기 위하여 applicationDidFinishLaunching: withOptions에서 다음과 같은 테스트 코드를 입력한다.

```
- (void)applicationDidFinishLaunching:(UIApplication *)application
  withOptions:(NSDictionary*)options {

  // Override point for customization after app launch

  [self.window makeKeyAndVisible];
  NSString *originalString = @"Hello World";
  NSLog(@"Original String: %@", originalString);
  NSString *vowelFreeString = [originalString stringByDestroyingVowels];
  NSLog(@"Vowel Free String: %@", vowelFreeString);

  return YES;

}
```

6.7 예제 애플리케이션에서 서브클래스 적용하기

이미 부동산 임대 애플리케이션에서는 서브클래싱을 이용하는 코드로 가득 찼다. 애플리케이션의 전체 구조를 설명하기 위해, 이미 작성한 코드를 위한 상속 차트를 보자(그림 6.3). 상속 차트는 만들어진 클래스와 서브클래스가 어떤 부모 클래스로부터 왔는지를 보여준다. 현재 애플리케이션은 세 가지의 클래스와 그것들의 서브클래스를 포함한다.

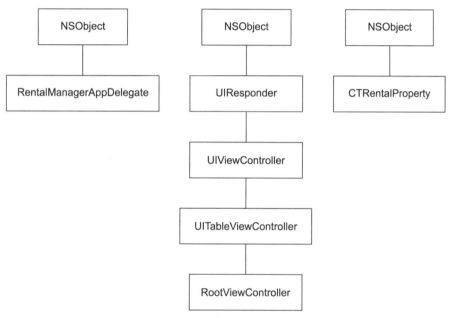

그림 6.3 프로젝트의 현재 클래스 상속 차트.

전체 구조와 프로젝트에서의 클래스 상속 차트는 개발할 때 중요하다. 기억하자! 거의 대부분의 Objective-C에서의 클래스는 결국 **NSObject**로 부터 상속된 것이다. 구현하고 있는 클래스의 슈퍼클래스를 명심하는 것이 중요하다.

6.7.1 CTLease를 생성하고 서브클래싱하기

이 장에서 마지막 활동은 임대 애플리케이션에 조금 편리한 메서드를 만드는 것이다. 서브클래스로 확정 기간 임대차 계약(fixed-term lease)이나 주기적인 임대차 계약

(periodic lease)을 표현하기 위한 **CTLease**라는 클래스를 만든다. 이 클래스는 구체적인 프로젝트 문맥에서 어떻게 클래스 확장이 이용되는가에 대한 아주 적절한 예지만 Rental Manager 디자인의 마지막 부분이 아니다. 부모가 될 **CTLease** 클래스를 만들어보자. 프로젝트에서, File 〉 New File로 가서 **CTLease**라는 새로운 **NSObject** 서브클래스를 만들자. 지금부터 이 클래스를 가능한 한 작게 만든다. 헤더 파일에 다음과 같은 코드를 입력하자.

리스트 6.11 CTLease.h

```
#import <Foundation/Foundation.h>

@interface CTLease : NSObject {

}

+ (CTLease *)periodicLease:(float)weeklyPrice;
+ (CTLease *)fixedTermLeaseWithPrice:(float)totalRental
    forWeeks:(int)numberOfWeeks;

@end
```

기본 클래스(CTLease)는 **NSObject**의 서브클래스이다. 이것은 이것이 나타내는 두 개의 숨겨진 클래스를 위한 래퍼 역할을 한다. 클래스는 확정 기간이나 주기적 임대차 계약 중 하나를 반환하기 위한 두 개의 클래스 메서드를 가진다. 메서드 선언 이전 + 표시는 이 메서드 각각이 CTLease의 인스턴스보다 CTLease 자기 자신을 호출한다는 것을 의미하는 클래스 메서드라는 것을 의미한다. 이 메서드를 구현해보자. **CTLease**의 메인 파일에 다음의 코드를 입력하여라.

리스트 6.12 CTLease.m

```
#import "CTLease.h"

#import "CTPeriodicLease.h"
#import "CTFixedLease.h"

@implementation CTLease

+ (CTLease *)periodicLease:(float)weeklyPrice {
    CTLease *lease = [CTPeriodicLease
                periodicLeaseWithWeeklyPrice:weeklyPrice];
```

```
    return [lease autorelease];
}

+ (CTLease *)fixedTermLeaseWithPrice:(float)totalRental
    forWeeks:(int)numberOfWeeks {

    CTLease *lease = [CTFixedLease fixedTermLeaseWithPrice:totalRental
                        forWeeks:numberOfWeeks];
    return [lease autorelease];
}

@end
```

여기서 알아야 할 첫 번째는 코드가 두 개의 동반된 서브클래스(CTPeriodicLease와 CTFixedTermLease)를 만들기 전까지 컴파일 되지 않을 것이라는 것이다. 그러므로 빌드를 수행하면 에러가 발생할 것이다. 지금은 걱정하지 말라. 곧 이 문제는 수정 될 것이다. 두 개의 다른 유형의 임대차 계약을 만들기 위하여 단일 인스턴스를 제공하기 때문에 이 경우 CTLease에는 초기화조차 없다. 각 유형의 임대차 계약을 만들기 위해서 적절한 매게 변수를 포함하며, 그 후에는 그 객체를 자동 릴리즈한 버전을 반환한다. 이 메서드는 간단해 보이지만 애플리케이션의 전제 구조에서 중요하다. CTPeriodicLease와 CTFixedTermLease를 생성해보자.

6.7.2 CTLease의 서브클래스 CTPeriodicLease 생성하기

CTLease에서 주기적 임대차 계약을 위한 구체적인 서브클래스인 CTPeriodicLease를 만들 필요가 있다. 다시 말하지만 File 〉 New File로 가서 새로운 파일을 만든다. 지금은 NSObject의 서브클래스로 만들겠지만, 파일이 만들어지고 난 후 그것을 바꿀 것이다. 이 파일을 CTPeriodicLease로 명명하자. 이것이 만들어지면, 헤더로 가서 다음의 코드로 대체하여라.

리스트 6.13 CTPeriodicLease.h

```
#import "CTLease.h"

@interface CTPeriodicLease : CTLease {
    float weeklyRental;
}
```

181

```
@property(nonatomic) float weeklyRental;

+ (CTLease *)periodicLeaseWithWeeklyPrice:(float)weeklyPrice;

@end
```

CTPeriodicLease는 CTLease의 서브클래스로 선언된다. CTPeriodicLease는 주당 임대료인 weeklyrentalCost를 나타내는 실수를 포함하고, 주당 임대료를 이용하는 CTLease객체를 만들기 위해 클래스 메서드를 제공한다. 이제 남은 일은 메인 파일에 메서드를 구현하는 것이다.

다음 코드를 사용하여라.

리스트 6.14 CTPeriodicLease.m

```
#import "CTPeriodicLease.h"

@implementation CTPeriodicLease

@synthesize weeklyRental;

+ (CTLease *)periodicLeaseWithWeeklyPrice:(float)weeklyPrice {
    CTPeriodicLease *lease = [CTPeriodicLease alloc];   ◄─────┐
    lease.weeklyRental = weeklyPrice;
    return [lease autorelease];
}                                           CTPeriodicLease ❶
                                            할당하기
- (NSString *)description {
    return [NSString stringWithFormat:@"$%0.2f per week",
            self.weeklyRental];

}

@end
```

객체를 생성하는 것은 ❶ CTPeriodicLease 객체를 할당하는 곳에서 일어난다. 임대차 계약의 주당 임대료를 준비하고 객체의 자동 릴리즈 버전을 반환한다. 여기서 한 가지 흥미로운 점은 이 메서드가 CTlease 객체를 반환하는 것으로 지정된다는 것이다. 그러나 실제로는 CTPeriodicLease가 할당되고 반환된다. 이것의 타당한 이유는 CTPeriodicLease가 CTLease의 서브클래스인 점이지만 CTLease는 **필연적**으로

CTPeriodicLease는 아니다. 다음으로 NSObject 메서드 description은 오버라이드 된다. CTPeriodicLease 또한 NSObject의 서브클래스이기 때문에 이것이 가능하다. 이전에서 배웠듯이 이 기술은 객체에게 NSLog의 외부에서 그들의 속성을 프린트하기를 원할 때 매우 유용하다.

6.7.3 CTLease의 서브클래스 CTFixedLease 생성하기

CTFixedLease라는 또 다른 CTLease 서브클래스를 만들었으며, 이것은 주기(periodic) 대신 기간(term)을 가지는 임대차 계약을 나타낼 수 있다. 이 임대 유형은 고정된 시간과 고정된 값을 가지며, 다시는 반복되지 않을 것이다. CTFixedLease의 헤더는 CTLease과 비슷하지만 이 경우에는 ivars:totalRental과 numberofWeeks를 가진다. 다음 코드를 헤더 파일로 입력하여라.

리스트 6.15 CTFixedLease.h

```
#import "CTLease.h"

@interface CTFixedLease : CTLease {
    float totalRental;
    int numberOfWeeks;

}

@property(nonatomic) float totalRental;
@property(nonatomic) int numberOfWeeks;

+ (CTLease *)fixedTermLeaseWithPrice:(float)totalRental
    forWeeks:(int)numberOfWeeks;

@end
```

리스트 6.16 CTFixedLease.m

```
#import "CTFixedLease.h"

@implementation CTFixedLease

@synthesize totalRental, numberOfWeeks;

+ (CTLease *)fixedTermLeaseWithPrice:(float)totalRental
```

183

```
        forWeeks:(int)numberOfWeeks {

        CTFixedLease *lease = [CTFixedLease alloc];
        lease.totalRental = totalRental;
        lease.numberOfWeeks = numberOfWeeks;
        return [lease autorelease];
}

- (NSString *)description {
    return [NSString stringWithFormat:@"$%0.2f for %d weeks",
            self.totalRental, self.numberOfWeeks];
}

@end
```

CTFixedLease의 구현은 CTPeriodicLease과 비슷하다. 클래스에 각 인스턴스 변수를
설정하고 자동 릴리즈된 인스턴스를 반환한다. 또한, description에서 인스턴스 메시지를
출력할 수 있는 description 메서드를 만들었다. 다음 코드를 이용하여 CTFixedLease
메인 파일을 구현해보자. 클래스의 유용한 컬렉션과 함께 빌드하므로 애플리케이션의
데이터를 절절하게 모델화할 수 있다.

6.8 요약

객체지향 프로그래밍 언어는 모든 종류의 디자인 관행(design practice)을 통합하는 방향
으로 진화해왔다. 그래서 개발자는 짧은 시간 동안 가능한 크고 질이 좋으며 효율적인
애플리케이션을 만드는 데 필요한 도구를 가지게 되었다. 서브클래싱은 이것이 성취할
수 있게 하는 디자인 기반 중 하나이다. 프로젝트 코딩에 뛰어들기 전에 클래스 디자인에
서브클래싱, 클러스터 그리고 카테고리를 이용할 기회를 찾는 것을 추천한다. 이 클래스
확장 전략의 포인트는 다음과 같다.

- 만약 클래스에 새로운 인스턴스 변수를 더하거나 클래스의 메서드를 오버라이드
  하기를 원한다면, 서브클래싱을 사용하라.
- 만약 클래스의 구현을 숨기고 싶다면 클래스의 인터페이스를 단순화하거나 좀
  더 코드를 재사용하고 클래스 클러스터를 만들어 통합하라.
- 만약 클래스에 메서드를 더하고 싶다면 클래스 카테고리를 만들어라.

정밀한 조사와 함께 이러한 디자인 메서드로 애플리케이션을 기분 좋게 사용하도록 하는 여러 종류의 코드를 만들 수 있다. 7장에서는 Objective-C와 Cocoa 라이브러리에 모두 적용될 수 있는 중요한 디자인 메서드인 프로토콜(protocol)을 다룬다. 프로토콜은 클래스에서 기대할 수 있는 다른 클래스에서 구현된 메서드의 세트이다. 이것은 다른 클래스들이 그들 사이에서 데이터와 액션을 전달할 때 유용하다. 프로토콜은 애플리케이션에서 **UIKit** 요소를 사용할 때와 같이 Apple이 제공하는 많은 API에서 필수적으로 사용한다.

이제 디자인에 기반이 되는 클래스를 생성하고 수정하고 그룹화하는 모든 방법을 배웠으므로 어떻게 객체들이 상호작용하는지에 대해 탐구할 필요가 있다. 프로토콜을 사용함으로써 새로 생성한 클래스는 상호작용할 객체에 요구 사항의 종류를 브로드캐스트할 수 있다. Apple은 모든 **UIKit** 객체와 많은 Core Foundation 객체를 통하여 이 디자인 메서드에 매우 의존한다. 7장은 이 기술의 전반과 소프트웨어 개발 도구에서 가장 인기 있는 프로토콜을 다룬다.

7장

프로토콜(Protocol)

이 장에서는 다음과 같은 내용을 배워본다.

– 프로토콜 이해하기
– 프로토콜 정의하기
– 프로토콜 적용하기
– 자주 사용되는 프로토콜의 예제보기

지금까지 표준과 사용자 정의 객체를 만들어 봤기 때문에 이제 이 객체가 어떻게 서로 상호작용하는지에 대해 알 필요가 있다. 만약 두 개의 객체가 함께 작업한다면 서로 상호작용하는 방법에 대해 아는 것이 필요하며 상호작용하는 객체끼리 어떤 대화를 하는 지에 대해서 알 필요가 있다. 객체 간의 대화는 보통 프로토콜(protocol) 디자인 스키마에 의해 나타난다.

가끔 클래스를 만들 때, 그 클래스가 다른 클래스를 위한 도구로 사용되도록 디자인할 수도 있다. 이것을 수행하려면 두 가지를 충족해야 한다. 첫 번째로, 객체는 어떠한 클래스가 그 객체를 사용하려고 시도하면 콜백(callback)을 보낼 수 있어야 한다. 두 번째로, 클래스는 사용하려는 클래스와 통신을 위하여 올바른 구조를 가지고 있는지 확인할 수 있어야 한다. 이 디자인 패턴은 Apple의 iPhone software development kit (SDK)에서 광범위하게 사용된다. 앞으로 만들게 되는 모든 애플리케이션에서 프로토콜 메서드 유형을 구현하게 될 것이다. 사용자 정의 클래스를 위하여 프로토콜 생성하는 방법을 숙달하는 것과 또 다른 프로토콜을 따르는 것은 견고한 애플리케이션을 만드는 데 필수적이다. Apple은 디자인에서 프로토콜을 사용하기 위하여 다음 세 가지를 강조한다.

- 다수의 클래스가 공통적으로 사용할 수 있는 메서드 선언하기
- 해당 클래스를 은닉하는 인터페이스를 객체에 선언하기

■ 계층화되지 않은 클래스 중에서 유사한 점 잡아내기

첫 번째는 프로토콜을 사용하는 목적이다. 어떤 클래스가 프로토콜을 사용하는 객체와 통신하기 위해서 콜백(call back) 메서드가 필요하다. 예를 들어, Map 객체는 지도에 표시된 관심 지점의 위치를 구하기 위해 프로토콜을 사용하여 객체를 호출할 수 있다. 또한 사용자가 경고 창에서 확인 버튼을 선택하는 동작에 프로토콜을 사용하여 할 수 있다. 이것은 Apple에서 제공하는 많은 클래스를 사용하면 된다. 프로토콜을 선언하여 **델리게이트**(delegate) 또는 **데이터 소스**(data source)를 호출하는 인스턴스 변수를 만드는 것이다. 델리게이트나 데이터 소스는 어떤 데이터가 호출자를 필요로 하거나 프로토콜로 구현된 객체로부터 결과를 얻어오기 위해 구현한다. 이 장에서는 Apple 프레임워크와 여러 예제를 통해 프로토콜의 정의와 구현에 대해 자세히 살펴본다.

프로토콜을 사용하는 두 번째와 세 번째 동기는 프로젝트 설계에 대한 결정과 관련이 있다. 많은 App에서 공통적으로 사용할 수 있는 객체와 클래스를 하나의 묶음의 코드로 만들 때, 개발자들은 실제의 클래스나 그 클래스의 기능을 구현한 코드는 숨기길 원한다. 이를 위해서는 프로토콜을 선언하여 클래스를 만들면 된다. 이 방법은 클래스의 기능을 구현한 모듈은 공개하지 않고 프로토콜을 사용하여 그 클래스를 콜백할 수 있다. 지금부터 위에서 언급한 프로젝트 개발과 설계에 대해 예제를 통해 자세히 살펴보자.

7.1 프로토콜 선언

프로젝트에서 프로토콜을 사용하고자 한다면, 첫째로 인스턴스 변수와 메서드를 선언하여 프로토콜을 생성한다. 이 프로토콜을 적용하고자 하는 클래스는 header 파일 안에 프로토콜 header 파일을 선언하고, 그 프로토콜에 선언된 인스턴스 변수와 메서드를 메인 영역에 구현해야 한다. 이는 프로토콜을 선언하고 적용하는 부분과 구현하는 부분으로 구분할 수 있다. 프로토콜은 Apple에서 제공된 많은 클래스에서 사용된다. Table 뷰가 특정 부분에 해당하는 셀의 개수를 반환하고자 한다면, `UITableViewDataSource` 프로토콜을 선언하여 델리게이트를 구현한다. 다른 클래스에서 적용될 수 있는 클래스 프로토콜의 윤곽을 만드는데 초점을 두어 개발해야 한다.

이러한 프로토콜의 아이디어를 적용한 예제를 살펴보자. 우선, 하나의 프로토콜을 생성한다. 그리고 이 장의 후반부에서 다른 클래스에서 공통적으로 적용할 수 있는지를 검증

하기 위해 또 다른 클래스 안에 그 프로토콜을 구현하여 적용한다. 이 클래스를 구현하기 위해서는 **UIView** 클래스의 하위 클래스로 생성한다. 어떤 동작을 끝내고자 한다면 프로토콜이 해당 델리게이트를 호출하도록 한다. 자, 이제 시작해보자.

1. **myProtocol**이라는 이름의 Window-based iPhone Application project[1]를 생성한다.
2. File 메뉴에서 New File을 선택한다.[2]
3. **UIView**의 하위 클래스인 **myView**를 생성한다. 그리고 myView.h 파일 안에 프로토콜을 선언한다. 다음의 코드를 입력하자.

리스트 7.1 myView.h 구현, 파트 1

```objc
#import <UIKit/UIKit.h>

@protocol animationNotification

- (void)animationHasFinishedWithView:(UIView *)animatedView;

@optional

- (void)animationStartedWithView:(UIView *)animatedView;

@end

@interface myView : UIView {
    id <animationNotification> delegate;        ←──❶ animationNotification
    UIView *boxView;                                   델리게이트 선언
}
@property (nonatomic, assign) id delegate;

- (void)animate;

@end
```

이 코드는 **animationNotification** 프로토콜과 함께 앞으로 사용할 **UIView** 하위 클래스를 구성하는 모든 것을 정의한다. ❶은 이 클래스에서 프로토콜을 선언하는 것으로 특히 중요하다. **animationNotification** 프로토콜을 사용하도록 **id** 변수를 정의한다.

---

1) XCode 4.2이상에서는 Empty Application을 선택한다.
2) XCode 4.2이상에서는 File -> New -> New File을 선택한다.

이것은 이 프로토콜을 구현할 클래스를 위한 선언부이다. 이 프로토콜 메서드가 필요한 클래스에서는 이 프로토콜을 구현해서 사용한다. 여기에 대해서는 프로토콜 구현 부분에서 살펴본다.

하나의 델리게이트를 선언하였으므로 animationNotification 메서드를 정의할 수 있다. myView를 인터페이스로 작성하기 위해서는 @ 지시자로 시작한다. 이 프로토콜 선언 후에 클래스에서 필요한 메서드를 정의한다. @optional에 정의되는 메서드는 클래스에서 반드시 구현하지 않아도 된다. 이 내용은 프로토콜의 정의를 위해서 반드시 해야 하는 과정이다.

7.2 프로토콜의 구현

프로토콜 선언이 끝나면 클래스에서 그 프로토콜을 사용할 수 있도록 구현한다. 이는 두 단계로 구성된다. 첫째로 프로토콜을 적용하는 클래스에서 구현하고자 하는 메서드를 선언한다. 둘째로 그 프로토콜을 구현하는 클래스 안에 프로토콜 메서드를 구현한다.

7.2.1 프로토콜 메서드 호출자 생성

이제 myView.m에 코드를 채워보자. 이 클래스는 화면 중간에 빨간색 사각형을 그리는 뷰이다. 먼저 뷰에 사각형을 추가하고 그 사각형을 100픽셀 아래로 움직이는 animate 메서드를 생성한다. 리스트 7.2에서 이 부분을 살펴보자.

리스트 7.2 myView.m 구현, 파트 2

```
#import "myView.h"

@implementation myView

@synthesize delegate;

- (id)initWithFrame:(CGRect)frame {
    if ((self = [super initWithFrame:frame])) {
        [self setBackgroundColor:[UIColor blackColor]];
        boxView = [[UIView alloc]
                initWithFrame:CGRectMake(50, 30, 220, 220)];
        [boxView setBackgroundColor:[UIColor redColor]];
```

```
            [self addSubview:boxView];
        }

        return self;
}
```

우선 초기화 메서드를 구현한다. 뷰의 바탕색을 검은색으로 바꾸고, boxView를 초기화한다. 그리고 사각형 뷰의 바탕색을 빨간색으로 바꾼다. 다음으로 myView의 하위 클래스로 boxView를 생성한다. 마지막으로 myView 클래스의 인스턴스를 반환한다. 여기서 주의할 점은 myView를 정의하는 프로토콜을 참조할 필요가 없다는 것이다. 다음으로 화면 아래로 사각형을 움직이는 메서드에 대해 살펴본다(리스트 7.3). UIView 클래스의 객체로 beginAnimations: context: 메서드를 생성한다. 이 메서드에서 UIKIt에서 제공하는 객체와 메서드를 구현할 수 있다. animation 속성을 설정하면, 일부 속성은 UIKit에서 정의한 요소(position, size, rotation, alpha)와 다르게 작동한다.

리스트 7.3 myView.m 구현, 파트 3

```
- (void) animate {
    [UIView beginAnimations:nil context:NULL];
    [UIView setAnimationDuration:2];
    [UIView setAnimationDelegate:self];
    [UIView setAnimationWillStartSelector:@selector(animationStarted)];
    [UIView setAnimationDidStopSelector:@selector(animationStopped)];
    CGRect newFrame = CGRectMake(boxView.frame.origin.x,
                                 boxView.frame.origin.y + 100,
                                 boxView.frame.size.width,
                                 boxView.frame.size.height);

    [boxView setFrame:newFrame];
    [UIView commitAnimations];
}
```

boxView를 100 픽셀 아래로 움직이는 애니메이션을 하기 위해 애니메이션을 실행하는 commitAnimations 메서드를 호출한다. 애니메이션을 위해 중요한 부분은 animation WillStartSelector와 animationDidStopSelector를 설정하는 것이다. 이 클래스는 애니메이션이 시작되고 종료될 때 UIView를 호출한다. 이 메서드 호출은 델리게이트로 보내지고, 프로토콜 메서드가 호출된다. 마지막으로 델리게이트 구현하는 animation Started와 animationStopped 메서드를 만들어보자(리스트 7.4).

리스트 7.4 myView.m 구현, 파트 4

```
-(void) animationStarted {
    if ([delegate
        respondsToSelector:@selector(animationStartedWithView:)])
    {
        [delegate animationStartedWithView:self];
    }
}

- (void)animationStopped {
    if ([delegate
        respondsToSelector:@selector(animationHasFinishedWithView:)])
    {
        [delegate animationHasFinishedWithView:self];
    }
}

- (void)dealloc {
    [boxView release];
    [super dealloc];
}

@end
```

리스트 7.4는 프로토콜 메서드가 호출되는 부분이다. 애니메이션이 시작되거나 종료될 때 델리게이트가 적절한 메서드가 실행되도록 한다. 델리게이트를 설정하거나 프로토콜 메서드를 구현하는 것을 원하지 않을 것이다. 이것을 확인하기 위하여 respondsTo Selector 메서드를 사용한다. NSObject는 이 메서드를 구현하므로 따라서 거의 모든 객체에서 그 메서드를 호출할 수 있다. 이 방법은 충돌을 피하기 위한 좋은 코딩 방법이다. 프로토콜을 선언하여 델리게이트를 구현하는 메서드를 만들게 되면, 사용자는 메서드만 호출하고, 프로토콜이 정의된 뷰는 구현하지 않아도 된다. 자, 이제 프로토콜을 정의했으니 그것을 사용할 클래스를 만들어보자.

7.2.2 프로토콜을 적용하는 클래스 생성

animationNotification 프로토콜을 적용하는 애니메이션 델리게이트를 만들기 위해 애니메이션에 필요한 메서드를 모아서 프로토콜로 선언하고 델리케이트를 통해 이 프로토콜을 상속받아 사용한다. 첫 번째로, 애플리케이션 델리게이트가 animationNotifi cation 프로토콜을 적용한다는 신호를 보낸다. 이것은 myProtocolAppDelegate.h[3] 파일에서 행해진다. 다음의 리스트 7.5는 App Delegate header 파일의 새로운 코드를 보여준다.

리스트 7.5 myProtocolAppDelegate.h 구현

```
#import <UIKit/UIKit.h>
#import "myView.h"

@interface myProtocolAppDelegate : NSObject
    <UIApplicationDelegate, animationNotification> {

    UIWindow *window;
    myView *view;
}

@property (nonatomic, retain) IBOutlet UIWindow *window;

- (void)animate;

@end
```

이 클래스에서는 UIApplicationDelegate와 animationNotification 프로토콜을 선언하고 구현한다. <> 안에 콤마로 구분하여 더 많은 프로토콜을 나열할 수 있다. UIView 하위 클래스의 인스턴스는 버튼이 눌러질 때마다 애니메이션을 실행한다. 이제 남은 일은 프로토콜에 의해 명시된 메서드와 AppDelegate를 구현하는 것이다. 다음 코드를 myProtocolAppDelegate.m[4]에 적용하자.

리스트 7.6 myProtocolAppDelegate.m 구현하기, 파트 1

```
#import "myProtocolAppDelegate.h"

@implementation myProtocolAppDelegate

@synthesize window;

- (BOOL)application:(UIApplication *)application
```

---

3) XCode 4.2이상에서는 AppDelegate.h를 수정한다.
4) XCode 4.2에서는 AppDelegate.m을 수정한다.

```
didFinishLaunchingWithOptions:(NSDictionary *)launchOptions {

    view = [[myView alloc]
            initWithFrame:[[UIScreen mainScreen] bounds]];
    [view setDelegate:self];
    [window addSubview:view];

    UIButton *animateButton = [UIButton
                buttonWithType:UIButtonTypeRoundedRect];
    [animateButton setTitle:@"Animate"
                    forState:UIControlStateNormal];
    [animateButton
        addTarget:self
        action:@selector(animate)
        forControlEvents:UIControlEventTouchUpInside];
    [animateButton setFrame:CGRectMake(25, 380, 270, 30)];
    [window addSubview:animateButton];

    [window makeKeyAndVisible];

    return YES;
}
```

❶ myView 생성

❷ 메서드를 호출하는 버튼 생성

❸ 애니메이션 버튼 생성

이 코드에서는 UIApplicationDelegate 프로토콜의 일부인 applicationDidFinish Launching 메서드를 구현한다. 우선 추후에 정의하게 되는 또 다른 메서드를 호출하는 버튼을 만든다. ❶ myView 객체를 만들고 이 클래스에 myView 델리게이트를 설정한다. 다음으로 윈도우에 뷰를 추가한다. 그리고 ❷ 버튼을 만든다. myView에서 ❸ 애니메이션 메서드를 호출할 메서드를 만들어야 한다. 여기까지 다 되었으면 버튼이 눌러질 때 애니메이션이 실행되도록 myView를 실행할 메서드를 만들어야 한다. 이 코드는 아래와 같이 매우 간단하다 - 이 myProtocolAppDelegate.m에 메서드로 추가되어야 한다.

```
- (void)animate {
    [view animate];
}
```

이 코드는 myView에서 애니메이션 메서드를 호출한다. 남은 부분은 프로토콜 메서드를 정의하는 것과 그 프로토콜에서 선언한 메서드 중 클래스에서 필요한 것을 구현하는 것이다. 예를 들어, 다음 코드에서와 같이 애니메이션이 시작될 때 두 가지 기능이 수행된다.

리스트 7.7 myProtocolAppDelegate.m 구현하기, 파트 2

```
- (void) animationStartedWithView: (UIView*) animatedView {
    NSLog(@"The animation has started");
    [animatedView setBackgroundColor:[UIColor whiteColor]];
}

- (void)animationHasFinishedWithView:(UIView*)animatedView {
    NSLog(@"The animation has finished");
    [animatedView setBackgroundColor:[UIColor blackColor]];
}

- (void) dealloc {
    [view release];
    [window release];
    [super dealloc];

}
@end
```

로그 메시지 작성

배경색을 흰색으로 설정

로그 메시지 작성

배경색을 검은색으로 설정

시뮬레이터를 실행하자. 터미널의 실행 로그를 보면 구현한 코드가 성공적으로 정의되고 구현되었음을 알 수 있다.

7.3 프로토콜의 주요 메서드

지금까지 프로토콜을 만들고 구현하는 것을 실습해 보았다. 이제 iPhone 애플리케이션 개발자가 가장 자주 사용하는 프로토콜에 대해서 살펴보자. Apple은 애플리케이션을 제작하기 위한 도구 모음으로 Cocoa 클래스를 제공하며 이를 통해 디자인 메서드를 사용할 수 있다. 이 중 애플리케이션을 개발 할 때 많이 사용하는 네 가지 프로토콜에 대해 알아보자.

7.3.1 <UITableViewDataSource>

UITableViewDataSource 프로토콜은 iPhone 애플리케이션에서 테이블 뷰를 구현하기 위한 프로토콜이다. 테이블 뷰는 정보를 디스플레이하기 위한 요소이다. iPhone UIKit 의 다른 사용자 인터페이스와는 다르게 UITableView는 시각적인 데이터가 제공되어야 한다. 연결된 UITableView를 호출하는 프로토콜 없이 테이블 뷰는 기능을 구현하지 않는다. 이 프로토콜에서 요구되는 메서드에 대해 알아보다 더 많이 사용되는 옵션 메서 드에 대해서 살펴보자.

<UITABLEVIEWDATASOURCE> 요청 메서드

이 메서드는 UITableViewDataSource 클래스에 구현되어야 하는 첫 번째 메서드이다.

```
- (NSInteger)tableView:(UITableView *)tableView
    numberOfRowsInSection:(NSInteger)section
```

위의 코드는 섹션에 셀이 모두 몇 개 있는지를 묻는다. 이 메서드를 이해하기 위해서는 먼저 **섹션**(section)에 대해 알아야 한다. 테이블 뷰는 두 가지 기본 스타일이 존재한다.

테이블 뷰가 UITableViewStylePlain 스타일이면, 텍스트의 영역이 회색선으로 분리되 어 나타난다. 이 스타일은 iPhone 애플리케이션의 콘텐츠 부분 또는 iPod에서 아티스트 리스트에 적용된다. 또한 일반적으로 리스트에서 아이템의 첫 번째 문자를 분리하는 데 사용되지만 데이터를 나눌 때도 사용된다.

테이블 뷰가 UITableViewStyleGrouped 스타일일 때는 둥근 사각형에 둘러싸인 행의 집합으로 분류된다. 이 스타일은 iPhone의 설정에 적용되었다. 스타일은 애플리케이션 개발자가 선택할 수 있다.

애플리케이션에 존재하는 많은 테이블은 하나의 섹션을 갖는다. 이 메서드는 다음과 같이 구현된다.

```
- (NSInteger)tableView:(UITableView *)tableView
    numberOfRowsInSection:(NSInteger)section {
    return 5;
}
```

위의 코드는 테이블 뷰를 가지는 각 부분의 셀을 구체화한다. 테이블 뷰가 몇 개의 섹션을 가지고 있는지 정의하기 위해서는 메서드를 구현해야 한다. 만약 그 메서드가 <UITableViewDataSource> 프로토콜에서 정의되지 않았다면 테이블 뷰는 하나의 섹션 을 가지도록 기본으로 설정된다.

```
- (UITableViewCell*)tableView:(UITableView*)tableView
    cellForRowAtIndexPath:(NSIndexPath *)indexPath
```

UITableViewDataSource 프로토콜의 또 다른 주요 메서드는 위에 정의된 cellForRowAt IndexPath 메서드이다. 이 메서드는 셀의 개수만큼 해당하는 뷰를 요청한다. 그리고 뷰가 요청될 때마다 데이터 소스는 UITableViewCell을 상속받는 객체를 반환한다. UITableViewCell는 UIView의 하위 클래스이고 사용자가 테이블 뷰에서 보는 실제 객체이다. Apple에서는 테이블 뷰와 비슷한 표준 UITableViewCell을 제공한다.

- UITableViewCellStyleDefault

  이 메서드는 UITableViewCells의 기본 스타일이다. 이 뷰는 검정색 셀 뷰와 좌측 정렬된 텍스트 레이블을 나타낸다. 옵션으로 왼쪽 정렬된 이미지 뷰도 설정할 수 있다.

- UITableViewCellStyleValue1

  이 셀은 텍스트 레이블이 검은색으로 셀의 왼쪽에 나타나고, 텍스트는 파란색으로 셀의 오른쪽에 출력한다. 이 스타일은 iPhone OS의 설정 애플리케이션에서 사용된다.

- UITableViewCellStyleValue2

  이 셀은 UITableViewCellStyleValue1와 비슷하며, 검정색 레이블과 니란히 파란색 레이블을 출력한다. 또한 이 뷰는 텍스트 필드 아래에 좌측 정렬된 텍스트 필드를 나타낸다. 이 셀들은 iPhone 애플리케이션에서 볼 수 있다.

- UITableViewCellStyleSubtitle

  이 셀은 UITableViewCellStyleValue와 비슷하며, 하나의 주된 텍스트 필드 아래에 검정색으로 좌측 정렬된 레이블, 그리고 회색의 텍스트가 좌측 정렬된 텍스트 필드를 나타낸다. 이 셀은 iPod 애플리케이션에서 볼 수 있다.

많은 애플리케이션에서 UITableViewCell의 커스터마이즈된 하위 클래스를 사용하지만, 표준화된 셀은 많은 경우에 제대로 작동한다. tableView:cellForRowAtIndex-Path:의 구조는 모든 애플리케이션에서 유사하다. 애플은 셀 뷰 검색 메서드를 제공하며 이 메서드는 구현 시 메모리 관리자를 돕는다. 다음 코드를 통해 메서드 구현의 일반적인 구조를 살펴보자.

리스트 7.8 테이블 뷰의 테이블 뷰 셀을 반환

```
- (UITableViewCell *)tableView:(UITableView *)tableView
         cellForRowAtIndexPath:(NSIndexPath *)indexPath

{
    UITableViewCell *cell;
    NSString *reuseID = @"cellID";                          tableView 셀 초기화 ❶

    cell = [tableView dequeueReusableCellWithIdentifier:reuseID];

    if(cell == nil) {                          ❷ if문이 참일 때 실행되는 문장
        cell = [[[UITableViewCell alloc]
                initWithStyle:UITableViewCellStyleDefault
                reuseIdentifier:reuseID] autorelease];      if 문이 참이면
                                                            cell을 실행한다. ❸
NSLog(@"Made a new cell view");
    }

    [[cell textLabel] setText:@"Hello World!"];

    return cell;
}
```

이 코드의 핵심은 세 개의 연속된 선이다. 첫 번째 부분인 ❶은 dequeueReusable CellWithIdentifier 메서드를 사용하여 테이블 뷰로부터 요청된 셀을 초기화 한다. 이 메서드는 스크린을 스크롤하는 셀을 재사용한다. 이때 재사용될 수 있는 셀을 찾게 되면 셀은 초기화된다. 찾지 못하면 if문 ❷가 참이 되어 ❸이 실행된다. 여기에서 셀은 최근에 스크린에 표시되어 재사용해야 하는 셀이 없을 때의 셀을 말한다.

이 방법은 iPhone SDK의 다른 부분에서도 사용된다. 뷰의 할당은 뷰가 실행 중이라는 것을 보여주기 위해 테이블 뷰 프로젝트를 만들고, 위에서 설명한 dequeueReusable CellWith Identifier를 구현한다. tableView: numberOfRowsInSection를 다음 코드 처럼 채우자.

```
return 100;
```

다음 코드를 통해서 결과가 애플리케이션 실행화면과 터미널에 출력되는 것을 볼 수 있다.

197

```
Insert UITableViewDataSourceTerminalOutput.png and
    UITableViewDataSourceProtocolApp
```

실행 결과를 보면 언제든지 스크린에 11개씩 셀을 활성화하면서 100개의 셀을 스크롤할 수 있다. 이 결과는 초기에 11개의 `UITableViewCells`를 만들어야 함을 의미한다. 터미널 결과를 보면 12개의 `UITableViewCells`가 생성되었음을 알 수 있다. 이 방법은 효율적이며 가능한 적은 메모리의 사용으로 사용자가 100개의 셀을 스크롤할 수 있게 한다. 이 기술은 `<MKMapViewDelegate>` 프로토콜은 물론 메모리 관리를 위해 사용된다. `UITableViewCell` 표준 클래스나 사용자 정의 클래스 사용 시 이 방법은 뷰에서의 셀을 사용하기 위해 적용되어야 한다.

<UITABLEVIEWDATASOURCE> 옵션 메서드

다음 메서드는 테이블 뷰를 한 개 이상 가질 때 사용한다.

```
- (NSInteger)numberOfSectionsInTableView:(UITableView *)tableView
```

이 메서드가 구현되지 않으면 메서드는 기본적으로 하나로 설정한다. 여기서 기억해야 하는 내용은 iPhone OS는 섹션과 행의 번호가 0부터 시작된다는 것이다. 그러므로 테이블 뷰의 첫 번째 요소는 다음과 같이 0으로 초기화한다.

```
NSIndexPath.row = 0
NSIndexPath.section = 0
```

다음의 코드는 `UITableViewStyleDefault:`를 기본 테이블 뷰로 사용할 때 header의 제목을 설정하는 부분이다.

```
- (NSString *)tableView:(UITableView *)tableView
    titleForHeaderInSection:(NSInteger)section
```

모든 섹션의 시작은 header이고 마지막은 footer로 정의된다. 만약에 다음 메서드가 정의되지 않으면 섹션을 분리하는 header와 footer는 정의되지 않게 된다.

```
- (NSString *)tableView:(UITableView *)tableView
    titleForFooterInSection:(NSInteger)section
```

7.3.2 <UITableViewDelegate>

<UITableViewDataSource>와는 다르게 <UITableViewDelegate>는 구현해야 하는 메서드가 없다. 이 프로토콜에서 메서드의 기능은 다음과 같다.

- 전체 테이블 뷰에서 셀의 높이와 들여쓰기 등의 정보 설정하기
- 테이블 뷰의 액션이 일어 날 때 정보 제공 받기

델리게이트에서 사용되는 일반적인 기능을 살펴보자.

<UITABLEVIEWDELEGATE> 설정 메서드

다음의 메서드는 표준 테이블 뷰 셀을 수정할 때 사용되는 방법이다.

```
- (CGFloat)tableView:(UITableView *)tableView
        heightForRowAtIndexPath:(NSIndexPath *)indexPath
```

가끔 thumbnail 이미지나 큰 텍스트를 사용하고자 할 때, 테이블 뷰의 셀 높이를 크게 만들어야 한다. 많은 개발자는 적합하지 않은 큰 테이블 뷰 셀을 생성해서 실행 시간만 늘리는 오류를 범한다. 44 픽셀보다 큰 크기의 셀을 사용하고자 한다면 `heightForRowAtIndexPath:` 메서드를 사용하자. 이것의 높이는 XCode 4의 인터페이스 빌더를 통해서 수정할 수 있다. 이보다 더 좋은 방법은 델리게이트 메서드를 사용해서 높이를 조정하는 것이다.

```
- (NSInteger)tableView:(UITableView *)tableView
        indentationLevelForRowAtIndexPath:(NSIndexPath *)indexPath
```

이 메서드는 수평으로 나열된 테이블 뷰로 수정할 수 있다. 들여쓰기 수준을 설정하면 들여쓰기당 약 11픽셀 이상의 뷰 콘텐츠가 이동하게 된다. 예를 들어 셀의 들여쓰기 간격을 3으로 설정하면 셀 안의 내용은 33픽셀 이상 움직인다. 이 방법은 UITableViewDataSource 섹션에서 사용한 코드와 비슷하다. 다음에 리스트 7.9를 구현하자.

리스트 7.9 테이블 뷰의 들여쓰기 설정

```
- (NSInteger)tableView:(UITableView *)tableView
    indentationLevelForRowAtIndexPath:(NSIndexPath *)indexPath
{
    int val = indexPath.row % 56;
```

```
    if(val < 28)
        return indexPath.row;
    else
        return 56 - val;
}
```

는 각 셀의 들여쓰기 간격을 증가시킨다. 들여쓰기 간격이 28이 되면 뷰의 크기를 벗어나므로 들여쓰기 간격을 줄인다. 이 코드의 실행화면은 그림 7.1 이다.

뷰의 출력에 필요한 메서드는 서로 상호작용한다.

```
- (CGFloat)tableView:(UITableView *)tableView
    heightForHeaderInSection:
        (NSInteger)section

- (UIView *)tableView:(UITableView
        *)tableView
    viewForHeaderInSection:(NSInteger)section
```

어떤 테이블 뷰(그룹이나 표준)는 header 뷰를 가질 것이다. 모든 뷰는 header 뷰를 가질 수 있다. 예를 들면, 단일 UIView, UIImageView, UILabel, 또는 더 구조가 복잡한 UIView의 하위 클래스 역시 마찬가지이다. header의 요구에 맞게 만들기 위해서는 header 뷰 델리게이트 메서드에 긴 라인의 코드를 작성해야 한다. 이 메서드를 이용하는 것이 사용자가 직접 작성하는 거보다 더 간결하다. 테이블 데이터를 보이기 전에 커스텀 뷰의 타입을 추가하기 위해서는 다음의 메서드는 구현해야 한다.

그림 7.1 테이블 뷰의 들여쓰기 설정

```
- (CGFloat)tableView:(UITableView *)tableView
    heightForFooterInSection:
        (NSInteger)section

- (UIView *)tableView:(UITableView
        *)tableView
    viewForFooterInSection:(NSInteger)section
```

200

이 메서드는 header 뷰 메서드들과 비슷하게 구현되어야 한다. 다시 말하자면, 이 메서드는 테이블 뷰 섹션 데이터가 제시된 후에 사용자 정의 콘텐츠를 추가하고자 할 때 사용하는 가장 좋은 방법이다.

<UITABLEVIEWDELEGATE> 액션 메서드

<UITableViewDelegate>에서 사용하는 대부분의 메서드는 테이블 뷰에서 발생하는 이벤트에 응답하도록 구현할 수 있다. 이 메서드는 셀을 추가하고 삭제하고 수정하고 선택하는 등의 이벤트에 반응한다.

```
- (void)tableView:(UITableView *)tableView
  accessoryButtonTappedForRowWithIndexPath:(NSIndexPath *)indexPath
```

Apple은 UITableViewCells을 사용하기 위하여 표준 스타일의 액세사리(accessory) 뷰를 제공한다. 액세사리 뷰는 UITableViewCell의 오른쪽에 위치한다. 이 뷰는 테이블 뷰가 편집될 때 숨겨지거나 수정될 수 있는 셀의 파트를 구분한다. UITableViewCell AccessoryTypes는 네 가지 기본 유형으로 구성된다.

- UITableViewCellAccessoryNone
  이 메서드는 뷰에 보여지고 있는 모든 UITableViewCell 셀의 accessoryType을 취소 상태로 변경한다. 이 타입은 UITableViewCell의 기본 상태이다.
- UITableViewCellAccessoryDisclosureIndicator
  이 메서드는 〉 표시를 이미지로 넣는 액세사리다. 보통 그 셀의 상세 정보를 한 단계 더 들어가 보여줄 때 사용한다.
- UITableViewCellAccessoryDetailDisclosureButton
  이 메서드는 파란 바탕 화면 오른쪽 괄호 이미지 '〉'를 클릭했을 때 나타난다. 즉 그 셀의 정보를 보고자 할 때 사용한다.
- UITableViewCellAccessoryCheckmark
  이 메시지는 체크 이미지로 리스트에서 특정 셀이 선택되었다고 표현할 때 사용한다.

이 델리게이트 메서드를 호출하기 위해서는 테이블 뷰 셀에서 어떤 동작을 발생시키는 액세사리가 필요하다. 이 액세사리 타입은 보통 tableView:cellForRowAtIndexPath: 의 셀을 만드는 함수에서 설정하면 알아서 배치된다. UITableViewCell은 액세사리

201

뷰를 설정하는 두 가지 메서드를 포함한다.

🔘 setAccessoryType:
이 메서드는 UITableViewCellAccessoryType 변수를 갖는다. 이 메서드에 적용된 객체에 따라 오류를 발생할 수 있다.

🔘 setAccessoryView:
액세사리 뷰에서 제공되는 다른 유형의 사용자 정의 액세서리를 사용하고자 한다면 이 메서드를 이용하면 된다. 이것은 일반적인 UIView 또는 UIView 하위 클래스를 포함한다. 이 메서드는 Apple에서 제공되는 기본 액세서리 유형으로 작동하지 않는 애플리케이션 스타일을 만들고자 할 때 유용하다. UIButton을 사용할 때는 유의할 점은 버튼을 눌렀을 때 반응하는 두 개의 메서드를 구현할 수 있다는 것이다.

다음 메서드는 테이블 뷰 셀에서 어떤 다른 섹션이 선택될 때 호출되는 것을 제외하고는 tableView: accessoryButtonTappedFor-RowWithIndexPath:와 유사하다. 입력의 두 가지 핵심인 willSelect과 didSelect은 셀의 선택을 위해서 사용된다. 이것은 일반적으로 Apple이 제공한 다른 델리게이트를 통해서 실행된다. 이와 같은 다중 메서드는 애플리케이션이 실행되는 동안 사용자가 누르는 액션에 반응한다. didSelect전에 willSelect를 호출할 수 있지만, willSelect를 호출하면 항상 didSelect 호출이 일어난나.

```
- (NSIndexPath *)tableView:(UITableView *)tableView
    willSelectRowAtIndexPath:(NSIndexPath *)indexPath

- (void)tableView:(UITableView *)tableView
    didSelectRowAtIndexPath:(NSIndexPath *)indexPath
```

주어진 셀은 사용자의 입력에 반응한다. 다음 메서드는 셀의 선택이 해제되었을 때 반응하는 메서드이다.

```
- (NSIndexPath *)tableView:(UITableView *)tableView
    willDeselectRowAtIndexPath:(NSIndexPath *)indexPath

- (void)tableView:(UITableView *)tableView
    didDeselectRowAtIndexPath:(NSIndexPath *)indexPath
```

테이블 뷰에서 특정 셀을 선택하고 있을 때 배경색을 바꾸는 기능은 자주 사용된다. 이런 예는 App Store와 iTunes에서 흔히 볼 수 있다. 어떤 개발자는 바탕색을 UITable

ViewCell의 하위클래스 또는 `tableView:cellForRowAtIndexPath:`로 셀을 생성할 때 설정해야 한다고 생각할 수 있겠지만 그럴 필요는 없다. `UITableView` 테이블의 특정 `UITableViewCell` 셀 선택 시 Apple은 선택된 부분을 변경하여 `UITableView`를 출력한다. 테이블 뷰의 셀을 다 출력할 때까지 셀의 배경색 수정을 위한 메서드를 수행한다. 이 메서드가 끝나면 셀은 테이블 뷰에 들어가고 화면에 표시된다.

```
- (void)tableView:(UITableView *)tableView
    willDisplayCell:(UITableViewCell *)cell
    forRowAtIndexPath:(NSIndexPath *)indexPath
```

7.3.3 <UIActionSheetDelegate>

`UIActionSheet`는 Apple에서 제공하는 대단한 인터페이스 요소이다. 애플리케이션을 실행하는 동안 사용자에게 경고 창을 보여 주거나 실행 과정에서 사용자의 응답을 받기 위해 프롬프트를 제공한다. 예를 들어, 애플리케이션에서 사용하기 위한 언어를 선택하거나 사용자에게 애플리케이션에 업로드할 파일을 선택하는 과정을 들 수 있다. 액션 시트(action sheet)는 뷰 컨트롤러에게 그것들의 활동을 알려주기 위하여 연관된 프로토콜을 포함한다. 액션 시트를 사용하기 위해서는 `<UIActionSheetDelegate>` 메서드를 사용해야 한다.

다음 메서드는 `UIActionSheet`과 관련된 버튼이 눌려졌을 때 호출된다. 이 메서드가 실행된 후에 `UIActionSheet`은 자동적으로 메모리에서 소멸된다. 사용자가 버튼을 눌렀을 때 동작할 내용을 프로그래밍해야 하지만 반환 방법이나 액션 시트를 소멸하는 것에 대해서는 걱정하지 않아도 된다. 모든 것은 자동적으로 처리된다.

```
- (void)actionSheet:(UIActionSheet *)actionSheet
    clickedButtonAtIndex:(NSInteger)buttonIndex
```

보이는 것과 같이 다음에 따르는 메서드는 이것이 해제되었음을 액션 시트에 제공한다. `willPresentActionSheet:` 메서드는 액션 시트의 애니메이션이 시작하기 바로 전에 호출된다. 그리고 `didPresentActionSheet:`는 애니메이션이 끝나면서 호출된다. 이 액세스 포인트는 개발자가 사용자의 응답을 받도록 한다.

```
- (void)willPresentActionSheet:(UIActionSheet *)actionSheet
```

```
- (void)didPresentActionSheet:(UIActionSheet *)actionSheet
```

다음의 메서드는 액션 시트를 소멸하기 위해 사용된다. `actionSheet:willDismiss`
`WithButtonIndex:`는 애니메이션 직전에 호출되며, `actionSheet:didDismissWithButton`
`Index:`는 애니메이션이 끝난 후에 호출된다.

```
- (void)actionSheet:(UIActionSheet *)actionSheet
    willDismissWithButtonIndex:(NSInteger)buttonIndex

- (void)actionSheet:(UIActionSheet *)actionSheet
    didDismissWithButtonIndex:(NSInteger)buttonIndex
```

다음은 액션 시트를 만들 때 필요한 마지막 메서드이다. 이 메서드를 정의하는 것은
필수가 아니다. 액션 시트를 생성할 때 개발자가 '파괴 버튼 제목(destructive button
title)'을 설정하여 취소버튼을 삽입할 수 있다. `actionSheetCancel:`은 프로그램 종료
등의 취소가 있을 때 호출된다. 이 기능은 주로 데이터를 삭제할 때나 로그아웃과 같은
액션을 확인할 때 사용한다.

```
- (void)actionSheetCancel:(UIActionSheet *)actionSheet
```

7.3.4 NSXMLParser

마지막으로 살펴볼 프로토콜은 지금까지 살펴본 프로토콜과는 조금 다르다. Apple은
iPhone 개발자를 위하여 `NSXMLParser`라는 클래스를 제공한다. 개발자가 XML을 파싱할
때 이 클래스를 사용한다. 이 클래스는 여러 오픈 소스의 대안으로 사용될 수 있기
때문에 많은 개발자들이 사용하고 있다. 그러나 사용하는 데 일관성이 없을 수 있으므로
표준 Cocoa XML 파서의 델리게이트 메서드를 살펴보자.

`<NSXMLParser>`는 프로토콜이 아니다. 생성하는 애플리케이션에 이 header를 선언하지
않으면 경고를 받지 않을 것이다. `NSXMLParser`는 프로토콜 디자인의 원칙을 따르는
클래스이다. 그러나 명백하게 프로토콜로 정의하지 않는다. 다른 객체와 같이
`NSXMLParser`도 델리게이트 메서드를 통해서 요소 값들에 접근할 수 있다. 델리게이트로
연결된 객체는 구현을 위한 옵션과 20개의 다른 델리게이트 메서드를 선택해서 사용할
수 있다. `NSXMLParser`는 XML과 Document Type Definition(DTD) 기반 문서들의 파싱
을 위한 여러 개의 델리게이트 메서드를 제공한다.

XML은 구조화된 방법으로 데이터를 가지고 있을 수 있는 파일의 종류이다. 간단하게

말하면 XML은 고유한 데이터 구조를 만들기 위해 HTML과 비슷한 문법을 사용한다. 사람을 묘사하기 위한 XML 요소의 예는 다음과 같다.

리스트 7.10 XML로 정의한 저자(author)

```
<Author>
    <name>Collin Ruffenach</name>
    <age>23</age>
    <gender>male</gender>
    <Books>
        <Book>
            <title>Objective C for the iPhone</title>
            <year>2010</year>
            <level>intermediate</level>
        </Book>
    </Books>
</Author>
```

XML은 트위터와 같은 온라인 소스로부터 데이터를 얻는 일반적인 방법이다. XML은 또한 특정 iPhone 프로젝트를 실행할 때 요구되는 데이터를 정의하기 위해 사용된다. iOS 개발은 plist 파일에 의존한다. 이 파일은 XML이며 XCode에서 아이콘 이름과 다른 애플리케이션 데이터를 얻기 위해 사용한다. XCode는 이 값들을 설정한다.

DTD는 작업 중인 XML의 구조를 나타내는 문서이다. 리스트 7.10의 XML을 위한 DTD는 다음과 같다.

```
<!ELEMENT Author (name, age, gender, books_list(book*))>
<!ELEMENT name (#PCDATA)>

<!ELEMENT age (#PCDATA)>
<!ELEMENT gender (#PCDATA)>
<!ELEMENT Book (title, year, level)>
<!ELEMENT title (#PCDATA)>
<!ELEMENT year (#PCDATA)>
<!ELEMENT level (#PCDATA)>
```

애플리케이션에서 사용할 XML의 구조를 조사하게 되면 애플리케이션을 분석하는 방법을 바꿀 것이다. 예를 들어, 저자를 정의하는 XML을 살펴보자. 저자는 간단한 문자열인 이름, 나이 그리고 성별에 의해 정의된다. 저자는 또한 책의 목록을 가진다. 책은 모두 간단한 문자열인 제목, 년도, 그리고 권수에 의해 정의된다. 이러한 분석을 통해 NSXMLParser를 통해 해야 할 일을 정의할 수 있다.

XML을 분석하면 그 구조를 인식하고 파서 클래스를 작성하게 되므로 XML에서 참조할 DTD를 조사할 필요가 없다. 예로 트위터 XML을 들 수 있으며 XML 구조를 아는 것을 가정할 수 있다. XML을 분석하였다면, 개발자는 단지 저자 XML을 파싱하기 위한 NSXMLParser 델리게이터의 파싱 기능만 구현하면 된다.

NSXMLPARSER 델리게이터로 저자 파싱하기

NSXMLParser를 구현할 때 첫 단계는 Parser 객체를 포함하는 클래스를 만들고 델리게이트 메서드를 구현하는 것이다. Parser_Project라 불리는 새로운 뷰 기반의 프로젝트와 Parser라 불리는 새로운 NSObject 하위클래스를 만들어보자. Parser 클래스를 위해 선언한 유일한 인스턴스 변수는 NSXMLParser와 NSMutableString이다. Parser.h 파일을 다음과 같이 만들어보자.

```
#import <Foundation/Foundation.h>

@interface Parser : NSObject <NSXMLParserDelegate> {
    NSXMLParser *parser;
    NSMutableString *element;
}

@end
```

이제 분석하기 위한 XML 파일이 필요하다. 리스트 7.10에서 XML을 일반적인 텍스트 파일에 위치시킬 수 있다. Sample.xml로 파일을 저장하고, 프로젝트에 추가한다. 이것이 분석할 XML이다.

이제 init 메서드와 가장 일반적인 세 가지 NSXMLParser 델리게이트 메서드를 구현하는 Parser.m의 코드를 채우자. init 메서드로 시작하고, 리스트 7.11의 코드를 Parser.m에 추가하자.

리스트 7.11 Parser.m 초기화

```
-(id)init {
    if ((self == [super init])) {
        parser = [[NSXMLParser alloc]
```

```
            initWithContentsOfURL:
                [NSURL fileURLWithPath:[[NSBundle mainBundle]
                pathForResource:@"Sample"
                ofType: @"xml"]]];
        [parser setDelegate:self];
        [parser parse];
    }
    return self;
}
```

프로젝트에 불러온 Sample.xml 파일의 URL을 사용하여 NSXMLParser을 초기화 한다. NSURL은 초기화를 위한 클래스이다. NSXMLParser를 호출하기 위해 파일 URL이나 로컬 리소스의 경로를 추가한다. 다음으로 Parser의 델리게이트인 NSXMLParser를 호출한다. 마지막으로 parse 메서드를 호출한다.

parse메서드가 NSXMLParser에 호출되고 나면, parser는 그것의 델리게이트 메서드를 호출할 준비가 된다. Parser는 Latin/English 문자를 읽히듯 XML 파일을 처음부터 끝까지 읽는다. 많은 델리게이트 메서드 중 세 개에 대해 자세히 살펴본다.

```
- (void)parser:(NSXMLParser *)parser
    didStartElement:(NSString *)elementName
    namespaceURI:(NSString *)namespaceURI
    qualifiedName:(NSString *)qName
    attributes:(NSDictionary *)attributeDict
```

parser:didStartElement:namespaceURI:qualifiedName:attributes:는 많은 매개변수를 포함하지만 사용방법은 간단하다. 이 메서드는 요소가 시작되었을 때 호출된다. 요소의 시작은 종료 태그인 /를 포함하지 않고 〈〉로만 표현된다. 이 메서드에서 첫번째로 시작하기 위한 요소를 출력한다. 그 다음으로 NSMutableString 요소를 초기화한다. element 변수는 문자열로 사용된다. 이 문자열은 델리게이트 메서드가 호출되도록 추가된다. element 변수는 오직 하나의 XML 요소의 값을 보유한다. 따라서 새로운 요소가 시작될 때, element 변수를 제거 해야 한다. 이 델리게이트 메서드를 위해 다음 리스트 7.12를 추가하자.

리스트 7.12 NSXMLParser 메서드

```
- (void)parser:(NSXMLParser *)parser
    didStartElement:(NSString *)elementName
    namespaceURI:(NSString *)namespaceURI
    qualifiedName:(NSString *)qName
    attributes:(NSDictionary *)attributeDict {

    NSLog(@"Started Element %@", elementName);
    element = [NSMutableString string];
}
```

이 메서드는 XML 요소의 종료 부분에서 호출된다. 〈/person〉과 같이 xml에서 요소 태그 이름 앞에 /를 붙인 태그가 종료 부분이다. 이 메서드가 호출 될 때, NSMutable String의 요소 변수가 완성된다. 이제 다음의 코드에서 보이는 값을 출력하자.

리스트 7.13 NSXMLParser 메서드

```
- (void)parser:(NSXMLParser *)parser
    didEndElement:(NSString *)elementName
    namespaceURI:(NSString *)namespaceURI
    qualifiedName:(NSString *)qName
{
    NSLog(@"Found an element named: %@ with a value of: %@",
        elementName, element);
}
```

이 메서드는 요소의 시작과 끝 사이에서 Parser가 호출된다. 이 엔트리 포인트는 XML 요소의 시작과 끝 사이에 있는 모든 문자를 수집하는 방법으로 사용한다. NSMutable String(리스트 7.14)에서 appendString을 호출한다. 매번 parser:foundCharacters: 메서드가 호출될 때마다 parser:didEndElement 메서드가 호출되며, NSMutableString 은 완성된다. 이 메서드에서 NSMutableString 요소를 초기화하고 난 후, 다음 코드처럼 문자열을 추가한다.

리스트 7.14 NSXMLParser 메서드

```
- (void)parser:(NSXMLParser *)parser
    foundCharacters:(NSString *)string
{
    if (element == nil)
```

```
        element = [[NSMutableString alloc] init];
    [element appendString:string];
}
```

이제 남은 일은 파서의 인스턴스를 만든 것과 그것을 실행하는 것이다. Parser_Project AppDelegate.m에 다음 코드를 추가하자.

리스트 7.15 Parser 초기화

```
- (BOOL)application:(UIApplication *)application
    didFinishLaunchingWithOptions:(NSDictionary *)launchOptions
{
    self.window.rootViewController = self.viewController;
    [self.window makeKeyAndVisible];

    Parser *parser = [[Parser alloc] init];

    return YES;
}
```

애플리케이션을 실행해 터미널 윈도우(Shift-Command-R)를 보면 리스트 7.16에서 보이는 결과가 생성되어야 한다.

리스트 7.16 Parser 출력 결과

```
Parser_Project[57815:207] Started Element Author
Parser_Project[57815:207] Started Element name
Parser_Project[57815:207] Found an element named: name with a value of:
    Collin Ruffenach
Parser_Project[57815:207] Started Element age
Parser_Project[57815:207] Found an element named: age with a value of: 23
Parser_Project[57815:207] Started Element gender
Parser_Project[57815:207] Found an element named: gender with a value of:
    male
Parser_Project[57815:207] Started Element Books
Parser_Project[57815:207] Started Element Book
Parser_Project[57815:207] Started Element title
Parser_Project[57815:207] Found an element named: title with a value of:
    Objective C for the iPhone
Parser_Project[57815:207] Started Element year
Parser_Project[57815:207] Found an element named: year with a value of: 2010
```

```
Parser_Project[57815:207] Started Element level
Parser_Project[57815:207] Found an element named: level with a value of:
    intermediate
Parser_Project[57815:207] Found an element named: Book with a value of:
    intermediate
Parser_Project[57815:207] Found an element named: Books with a value of:
    intermediate
Parser_Project[57815:207] Found an element named: Author with a value of:
    intermediate
```

보이는 것처럼 NSXMLParser 딜리케이트 메서드를 이용하여 XML 파일에서 모든 정보를 성공적으로 분석하였다. 이제부터 XML을 나타내기 위해 Objective-C 객체를 만들 수 있고 애플리케이션에서 사용할 수 있다. XML 처리 과정은 트위터 클라이언트, News 클라이언트, 혹은 YouTube와 같은 웹 소스의 종류로부터 콘텐츠를 얻는 대부분의 애플리케이션의 중요한 부분이다.

7.4 요약

프로토콜은 iPhone에서 UIKit과 Core Foundation을 사용하는 일종의 규약이며, Apple이 제공하는 대부분의 클래스를 위한 기초 디자인 중 하나이다. 프로토콜은 주의를 기울여 코딩할 수 있으므로, 애플리케이션을 효율적이고 오류를 방지하도록 만들어준다.

지금까지 다양한 목적에 의해 정의된 프로토콜과 iPhone SDK에서 자주 사용하게 되는 프로토콜을 살펴보았다. 이 프로토콜은 또한 재활용하기를 원하는 코드를 만들 때 사용하기 용이하다. 프로토콜 디자인 메서드의 구현과 적절한 이해를 통해 잘 구성된 애플리케이션을 개발할 수 있다.

8장에서는 동적 타이핑을 위해 어떻게 클래스를 정의해야 하는지를 살펴볼 것이다. 동적 타이핑은 애플리케이션이 실행될 때 메모리를 효율적으로 사용하기 위해 적용하는 중요한 원리이다. 동적 타이핑은 많은 프로토콜 구현에서 사용되며, 프로토콜 디자인을 더 좋게 할 것이다.

8장

동적 유형 정의와 런타임 유형 정보

이 장에서 배우는 것
- 정적과 동적 유형 정의
- 메시징
- 런타임 유형 정보와 구현

Objective-C는 각 객체가 특별한 클래스의 인스턴스인 클래스 기반의 객체 시스템이다. 실행 시, 클래스 객체를 지시하는 **isa**라 불리는 포인터를 이용하여 각 객체는 자신의 클래스를 인식한다(중단점을 설정하여 디버그하여 보면 윈도우의 **isa** 인스턴스 변수를 볼 수 있다). 클래스 객체는 데이터 요구사항과 그것을 구현하는 인스턴스 메서드의 형태로 클래스의 행동을 나타낸다.

또한, Objective-C는 내재적으로 동적인 환경이다. 객체나 메서드가 무엇인지를 실제로 프로그램이 실행될 때까지 판별하지 않고 지연한다. 예를 들면,

- 객체는 동적으로 할당된다(**alloc**과 같은 클래스 메서드 이용).
- 객체는 동적으로 입력된다. 모든 객체는 **id** 유형 변수를 이용하여 참조될 수 있다. 런타임까지 객체의 정확한 클래스와 결과적으로 그 객체가 제공하게 되는 특별한 메서드는 결정되지 않는다. 그러나 이러한 지연에서 쓰여진 객체에게 메시지를 보내는 코드는 멈추지 않는다.
- 메시지는 메서드를 동적으로 바인딩한다. 실제로 프로그램이 실행될 때 필요한 메서드가 포함된 클래스가 무엇인지를 매칭한다. 매핑은 다시 컴파일하는 일 없이 로깅하는 것과 같이 어플리케이션의 동작을 변경하는 것을 동적으로 변경하거나 수정할 수 있다.

211

이러한 특징은 객체지향 프로그램에 엄청난 힘과 유연성을 준다. 그러나 그에 대한 대가를 치러야 한다. 더 나은 컴파일-시간 유형 검사를 허가하기 위하여 그리고 코드가 더욱더 자체 문서화되게 만들기 위하여 Objective-C에서 객체의 사용 유형을 정적으로 선택할 수 있다.

8.1 정적 VS 동적 유형 정의

특별한 객체 유형으로 변수를 선언한다면, 변수는 오직 그 구체화된 유형의 객체 혹은 그것의 하위클래스 중 하나를 보유할 수 있다. 만약 그 변수에 할당된 객체가 가능한 정적 유형 정보로부터 온 특별한 메시지에 응답할 수 없게 되면 Objective-C 컴파일러는 경고를 보낸다. 예를 들어, 다음의 코드를 보자.

```
CTRentalProperty *house = ...;
[house setAddress:@"13 Adamson Crescent"];
[house setFlag:YES];
```

컴파일러는 변수가 정적 유형이기 때문에 setAddress: 메시지에 응답해야 한다는 것을 확인할 수 있다. 그러나 컴파일러가 처리 가능한 정적 유형 정보에 따르면, CTRental Property 클래스는 setFlag: 메시지를 제공하지 않기 때문에 컴파일러는 CTRentalProperty 클래스를 체크하면서 setFlag: 메시지에 응답하지 않을 수 있다는 경고 메시지를 발생할 수 있다. 실행될 때보다 컴파일할 때 오타 혹은 부정확한 대문자 사용과 같은 오류가 탐지되기 때문에 여기서 설명된 것 같은 정적인 유형 검사를 이용하여 개발을 더 유연하게 할 수 있다.

정적 유형 정의(static typing)는 다음의 코드와 같이 id 데이터 형이 사용 될 때 이용 가능한 동적 유형 정의(dynamic typing)와 대조된다.

```
id house = ...;
[house setAddress:@"13 Adamson Crescent"];
[house setFlag:YES];
```

정적 유형 정의 객체는 ids로 선언된 객체처럼 내부 데이터 구조를 가진다. 이 유형은 객체에 영향을 주지 못한다. 이것은 오직 객체에 대한 컴파일러에 주어진 정보의 양과 소스코드를 읽기 가능한 양의 정보에 영향을 준다.

8.1.1 런타임 유형에 대한 가정 생성

케이크를 가지고 있다면 그걸 먹는 것도 가능하다. 이것은 완전히 정적 유형 정의에 의해 제안된 수준에 접근하는 것보다 동적 유형 정의와 컴파일하는 동안의 검사를 통하여 연관된 유연성의 이익을 가질 수 있다는 것을 의미한다.

만약 변수를 입력하거나 혹은 할당자에서 값을 id로 리턴한다면, 유형 검사가 실행되지 않는다. 예를 들어 유형 검사를 하지 않으면 다음의 두 가지 변수 할당에서 컴파일러에 의해 수행된다.

```
CTRentalProperty *myProperty1 = [someArray objectAtIndex:3];
id myProperty1 = [[CTRentalProperty alloc] initWithRandomData];
```

첫 번째 할당에서, NSArray의 objectAtIndex: 메시지는 (배열이 어떠한 유형의 객체를 보유할 수 있기 때문에) id 유형을 반환한다. 이것은 컴파일러가 CTRentalProperty 유형의 변수에 할당되는 것을 가능하게 해준다. 배열의 세 번째 인덱스에 호환할 수 없는 유형(NSNumber 혹은 NSString과 같은)의 객체를 저장할 지라도 어떠한 오류도 나타나지 않을 것이다. 이러한 종류의 오류는 나중에 객체에 접근을 시도할 때만 감지될 것이다.

비슷한 이유로, alloc과 init와 같은 메서드는 id유형의 값을 반환하기 때문에, 컴파일러는 호환되는 객체가 정적으로 입력된 변수에 할당된다고 확신하지 않는다. 다음은 오류가 나기 쉬운 코드이지만 경고 없이 컴파일될 것이다.

```
CTRentalProperty *house = [NSArray array];
```

명백하게 NSArray 인스턴스는 CTRentalProperty 클래스의 서브클래스가 아니다. 또한, NSObject를 제외하면, 클래스들은 공통된 상속을 공유하지 않는다. 완전히 id 데이터 유형의 동적인 특성과 완전히 정적인 변수 선언 사이의 중간에서는 id 변수를 구체적인 프로토콜로 구현하는 어떠한 객체로 제한한다. 다음과 같이, <>를 이용하여 id 데이터형에 프로토콜 이름을 추가할 수 있다.

```
id<SomeProtocol> house;
```

이 변수 선언에서 house는 어떠한 클래스의 인스턴스를 저장할 수 있다. 하지만 클래스는 SomeProtocol 프로토콜을 구현해야 한다. SomeProtocol 프로토콜을 구현하지 않고

house변수에 객체를 할당하는 것을 시도한다면, Objective-C 컴파일러는 컴파일하는 동안 객체가 매치되지 않기 때문에 경고를 할 것이다.

변수 또는 인자의 데이터형은 일반적으로 세 가지 다른 방법으로 선언된다.

```
id house;
id<SomeProtocol> house;
CTRentalProperty *house;
```

위의 세 문장은 런타임에서 동일한 동작을 한다. 그러나 컴파일러에 제공된 추가 정보는 컴파일러가 프로그래머에게 상반된 유형을 사용하고 있음을 경고하는 것을 가능하게 해준다.

id 유형의 객체를 선언하는 것은 일반적이지 않다. 일반적으로 개발자는 개발자가 원하는 객체의 유형을 알 것이다. 혹은 적어도 id<Protocol> 스타일 데이터 형에 의해 나타나는 기능이 제공되는 것을 기대하게 된다.

8.2 동적 바인딩

Smalltalk와 유사한 Objective-C는 동적 유형 정의를 사용할 수 있기 때문에 객체는 인터페이스에서 구체화되지 않는 메시지를 보내질 수 있다. 객체가 메시지를 획득하거나, 메시지에 적절하게 응답할 수 있는 다른 객체를 따라 메시지를 흘려보낼 수 있어 유연성이 증가된다. 이 행동은 **메시지 포워딩**(message forwarding) 혹은 **델리게이션** (delegation)이라고 알려져 있다. 그 대신에 메시지가 전송될 수 없는 경우 오류 핸들러을 사용할 수 있다. 만약 객체가 메시지를 전송하거나 그것에 응답하지 않거나 오류를 다루지 않는다면 메시지는 삭제된다.

> **정적 유형 객체는 동적 바인딩될 수 있다.**
>
> id로 유형이 정의된 객체가 그러하듯이 정적으로 유형 정의된 객체에 보내진 메시지는 동적일 수 있다. 정적 유형 정의의 리시버 유형은 메시징 과정의 부분으로 런타임에서 결정된다. thisObject:에 보내진 디스플레이 메시지이다.

```
Rectangle *thisObject = [[Square alloc] init];
[thisObject display];
```

이 코드는 Rectangle의 상위클래스가 Square클래스에서 정의된 버전의 메서드를 수행한다.

8.3 어떻게 메시징이 작동하는가

많은 Objective-C 입문 서적에는 메서드가 객체에 요청하기보다는 객체에 메시지를 전달한다고 소개되어 있다. 그러나 이것이 진짜로 의미하는 바가 무엇이며, 이 차이가 어떻게 애플리케이션 개발에 영향을 줄까? 만약 Objective-C 컴파일러가 다음과 같은 메시지 표현을 본다면,

```
[myRentalProperty setAddress:@"13 Adamson Crescent"];
```

이것은 CTRentalProperty 클래스에서 어떤 메서드가 setAddress: 메시지를 구현하는가를 결정하지 않게 된다. 대신에 Objective-C 컴파일러는 메시지 표현을 objc_msgSend라 불리는 메시징 함수로의 호출로 전환한다. 이 C-스타일 함수는 리시버(메시지를 받는 객체)를 가지며 다음의 메시시 이름(메서드 셀렉터)과 두 개의 메시지를 보내는 인자를 가진다.

```
objc_msgSend(
    myRentalProperty,
    @selector(setAddress:),
    @"13AdamsonCrescent"
);
```

메시지 전송 함수는 동적 바인딩 구현에 요구되는 모든 것을 수행한다. 그것은 호출하기 위한 올바른 방법으로 구현된 메시지 이름과 수신기 객체를 사용하며, 자체 반환 값으로 값을 반환하기 전에 호출한다.

> **메시지는 함수 호출보다 더 느리다.**
>
> 메시지를 보내는 것은 직접 메서드를 호출하는 것보다 다소 느리다. 전형적으로 이 오버헤드는 메서드에서 수행되는 작업의 양에 비교하면 그리 중요하지 않다. 또한, 오버헤드는 objc_msgSend의 구현상에서 내부 속임수에 의해 감소된다. 그리고 배열에서 모든 객체에 메시지를 보내는 것과 같은 시나리오에서 수행되는 반복적 작업의 양을 줄여준다.
>
> 메시지를 보낼 때 가끔 과도한 수행이 발생한다. 이는 Objective-C의 동적 관점이 무시되는 경우이다. 그러나 검사 도구를 사용하여 이를 분석할 수 있다.

Objective-C 메서드는 **objc_msgSend**를 통해 실행되도록 고안된 일반적인 C 함수로 변형되거나 컴파일되면서 끝난다.

- (void)setAddress:(NSString *)newAddress { ... }

이와 같은 메서드는 다음과 비슷한 C 함수로 변형되도록 생성될 수 있다.

```
void CTRentalProperty_setAddress(
     CTRentalProperty *self,
     SEL _cmd,
     NSString *str
   )
{
 ...
}
```

직접 접근될 수 없기 때문에 C 스타일 함수의 이름이 주어지지 않는다. 따라서 링커에 보이지 않는다. C 함수는 Objective-C 메서드 선언에서 명백하게 선언된 것을 더하여 두 개의 인수를 기대하게 된다. **self** 변수는 암시적으로 메시지 받는 객체를 나타내기 위하여 전송 메시지를 보내며 이미 언급하였다. **_cmd**는 덜 알려진 암시적 인자이다. 이 변수는 이 메서드 구현 부분을 불러오기 위해 보내지는 메시지의 선택자(이름)를 보유한다. 다음 장에서 우리는 single 메서드 구현에서 한 가지 이상의 특유의 메서드 선택자에 응답할 수 있는 기술에 대해 논의한다.

8.3.1 메서드, 선택자 그리고 구현

이전 장에서는 새로운 개념이 많이 소개되었다. 메서드, 선택자, 구현, 메시지 그리고 메시지 전송. 이 용어가 정확히 무엇이고 어떻게 소스코드와 연관되는가?

- **메서드(Method)** - 클래스의 일부는 `(void)setAddress:(NSString *)newValue { ... }`와 같은 특정 이름 클래스와 연관된다.
- **선택자(Selector)** - 런타임에서 메시지의 이름을 제공하는 효율적인 방법. `SEL` 데이터 유형에 의해 나타난다.
- **구현(Implementation)** - 메서드를 구현하는 기계 코드에 포인터. `IMP` 데이터 형에 의해 나타난다.
- **메시지(Message)** - `"setAddress:"`와 객체 0x12345678에 대한 `"13 Adamson Crescent"`와 같은 객체에 보내지는 메시지 선택자와 인수의 집합
- **메시지 전송(Message send)** - 메시지를 보내는 과정. 호출하는 적절한 메서드 구현을 결정하고 그것을 실행한다.

메서드 선택자는 Objective-C 런타임에 등록된 C 문자열이다. 컴파일러에 의해 만들어진 선택자는 자동적으로 런타임 시간에 클래스가 로드 되었을 때 매핑된다.

C 문자열의 이름은 효율성을 위해 컴파일된 코드에서 메서드 선택자를 위해 사용되지 않는다. 대신 컴파일러는 테이블에 각 메서드 선택자 이름과 런타임에서 메서드를 나타내는 독특한 식별자를 가진 각 이름의 짝을 저장한다.

메서드 선택자는 `SEL` 데이터 유형에 의해 소스코드에서 나타난다. 소스코드에서 `@selector(...)` 지시어를 이용하여 선택자를 참조한다. 내부적으로 컴파일러는 구체화된 메서드 이름을 찾고 그것을 더 효율적인 선택자 값으로 대체한다. 예를 들어, 다음과 같이 `setAddress:`라는 메시지를 위해 선택자를 결정할 수 있다.

```
SEL selSetAddress = @selector(setAddress:);
```

비록 `@selector` 지시어와 함께 컴파일 시간에서 메서드 선택자를 결정하는 것은 더 효율적이지만, 메시지 이름을 포함하고 있는 문자열을 선택자로 전환할 필요가 있다는 문제에 봉착할 수 있다. 이러한 목적을 위하여 `NSSelectorFromString:` 함수를 호출한다.

```
SEL selSetAddress = NSSelectorFromString(@"setAddress:");
```

선택자가 문자열로 구체화되었기 때문에, 이것은 동적으로 생성되거나 혹은 사용자에 의해 구체화될 수 있다.

컴파일된 선택자는 메서드 구현이 아닌 메서드 이름을 식별한다. 예를 들어, 하나의 클래스를 위한 디스플레이 메서드는 다른 클래스에서 정의된 디스플레이 메서드로 같은 선택자를 가지고 있다. 이것은 다형성(polymorphism)과 동적 바인딩에 필수적이다. 이것은 메시지를 다른 클래스가 소유하고 있는 리시버에게 보내는 것을 허락한다. 만약 메서드 구현당 한 개의 선택자가 있다면, 메시지는 직접 함수 호출로부터 다르게 되지 않을지도 모른다.

또한, 주어진 메서드 선택자는 그것을 텍스트 문자열로 반환하는 것이 가능하다. 이것은 기억하기 쉬운 디버깅 팁이다. 모든 Objective-C 메서드가 _cmd라 불리는 숨겨진 선택자 인수를 가지기 때문에, 다음과 같이 메서드를 불러오는 메시지의 이름을 결정하는 것이 가능하다.

```
- (void)setAddress:(NSString *)newAddress {
    NSLog(@"We are within the %@ method", NSStringFromSelector(_cmd));
    ...
}
```

다음 로그 메시지의 결과를 출력하는 **NSStringFromSelector** 메서드는 선택자를 가지고 그것의 문자열을 반환한다.

```
We are within the setAddress: method
```

8.3.2 알려지지 않은 선택자를 다루기

런타임에서 메서드 바인딩이 이루어지기 때문에, 객체에 어떻게 응답하는지를 모르는 메시지를 수신하는 것이 가능하다. 하지만 이 상황은 오류이다. 그러나 오류를 언급하기 전에, 런타임 시스템은 수신하는 객체에 메시지를 다루는 두 번째 기회를 준다. 이 과정은 일반적으로 **메시지 포워딩**(message forwarding)이라 불리고, Decorator 혹은 Proxy 패턴과 같은 특정한 디자인 패턴을 쉽게 구현하는 데 사용될 수 있다.

Objective-C가 메시지 선택자를 위하여 클래스 메타데이터를 이용하여 불러올 어떤 메서 드를 결정할 수 없을 때, 클래스가 또 다른 객체에 변경되지 않고 전송된 전체 메시지인지 를 우선 검사한다. 이것은 다음과 같이 클래스에 의해 구현된 forwardingTargetFor Selector: 메시지를 불러오도록 시도한다.

```
- (id)forwardingTargetForSelector:(SEL)sel {
    return anotherObject;
}
```

이 구현으로, 객체에 보내지는 알려지지 않은 메시지는 anotherObject로 다시 변환하 여 객체에 재전송된다. 비록 이것은 객체의 특색을 결합 했지만, 원래의 객체가 외부로 나타나도록 한다.

명백하게 forwardingTargetForSelector:의 구현은 더 복잡해질 수 있다. 예를 들어, 인수로 전달되게 된 특별한 메서드 선택자를 기반으로 동적으로 다른 객체를 반환할 수 있다.

이 방법은 많은 코드를 코딩할 필요 없이 빠르고 쉽게 메시지가 다른 객체로 전송되는 것(혹은 런타임 중에 실행되거나)을 야기시키기 때문에, forwardingTargetFor Selector: 은 일반적으로 "fast-forwarding path"라 불린다. 그러나 이것은 제한이 있다. 예를 들면, 이것은 한 선택자가 다른 것에 의해 실행되도록 명명된 메시지를 재전송하기 위해 메시 지 전송을 "재작성"하는 것 혹은 그것을 무시하거나 메시지를 "삭제"하는 것은 불가능 하다.

만약 forwardingTargetForSelector:가 구현되지 않거나 혹은 적절한 목표 객체(그것 은 nil을 리턴함)를 찾는 것에 실패하면, 런타임에 오류를 언급하기 전에 객체에게 NSInvocation객체와 함께 a forwardInvocation:메시지를 보낸다.

NSInvocation 객체는 전송되는 메시지를 요약한다. 이것은 메시지 전송에서 구체화된 표적, 선택자 그리고 모든 인수에 대한 세부사항을 포함하고, 반환되는 값에 대해 완전한 제어를 가능하게 해준다.

forwardInvocation:의 구현이 NSInvocation 객체의 완전한 접근권한을 가지기 때문 에 선택자와 인수를 살펴보고 수정하여 잠재적으로 대체할 수 있다.

> ### NSObject의 기본 forwardInvocation 구현
> NSObject로부터 상속받는 모든 객체는 forwardInvocation: 메시지의 기본 구현을 가진
> 다. 그러나 NSObject의 메서드 버전의 doesNotRecognizeSelector:를 불러오는 것은
> 오류 메시지를 기록한다.

예를 들어, 다음 forwardInvocation:의 구현은 메시지의 이름을 재작성한다.

```
- (void)forwardInvocation:(NSInvocation *)anInvocation {
    if (anInvocation.selector == @selector(fancyAddress:)) {
        anInvocation.selector = @selector(address:);
        [anInvocation invoke];
    } else {
        [super forwardInvocation:anInvocation];
    }
}
```

if 구문은 만약 객체에 보내진 메시지가 fancyAddress: 선택자를 선택한다면 그것을
탐색한다. 선택자는 address:로 대체되고 메시지는 재전송(혹은 불러오기)된다.

```
NSString *addr = [myRentalProperty fancyAddress];
```

이 메시지는 다음과 동일하다.

```
NSString *addr = [myRentalProperty address];
```

NSInvocation를 사용할 때 알아두어야 할 흥미로운 것은 객체에게 메시지를 발송하기
위한 invoke 메시지를 보낸다는 것이다. 그러나 메시지의 반환 값을 얻지 못한다.
forwardInvocation: 메서드 구현에는 반환문이 없다. 그러나 이것은 호출자에게 값을
반환한다. NSInvocation를 사용하는 동안에 NSInvocation의 returnValue 속성 대신
화면 뒤에 숨어 있는 forwardInvocation:의 호출자를 호출한다.

forwardInvocation: 메서드는 인식되지 않은 메시지를 재전송할 수 있다. 그들에게
대체 수신자를 배달하는 혹은 한 개의 메시지를 또 다른 것 혹은 "swallow" 메시지로
변환할 수 있기 때문에 응답이나 오류가 없다.

8.3.3 Nil에 메시지 보내기

응답 혹은 오류 없이 어떻게 메시지를 전달할 수 있을까? 그리고 어떻게 반환되어야 하는 값을 반환할 것이라고 기대할 수 있는가? 그 답은 수신자 객체로서 nil 메시지를 보내는 또 다른 상황을 지켜볼 필요가 있다.

C++ 혹은 Java, C#과 같은 다른 객체지향 언어에서 NULL 객체를 참조하는 메서드를 불러오는 것은 오류이다. Objective-C에서는 nil 수신자로 메시지를 보내는 것을 시도한다. 다른 언어와는 다르게 Objective-C에서 이것은 일반적으로 오류가 아니며, 수행하기에는 완전히 안전하고 자연스럽다. 예를 들어, Objective-C로 전향한 C# 개발자는 초기에 다음의 소스코드를 작성할 것이다.

```
NSString *someString = ...;

int numberOfCharacters = 0;
if (someString != nil)
    numberOfCharacters = [someString length];
```

someString이 nil일 때, 문자열을 이용 가능하지 않기 때문에 if 문은 문자열의 길이를 얻어오는 length 메서드 호출을 피하도록 디자인된다.

```
NSString *someString = ...;

int numberOfCharacters = [someString length];
```

만약 메시지에 nil이 전달되거나 혹은 목표 객체가 완전히 메시지를 무시하기로 한다면, 대부분의 메시지는 0과 동등한 것을 반환할 것이다. length 메시지를 someString 객체에 보내기 시도했을 때, 막 쓰여진 코드의 일부가 numberOfCharacters를 0으로 설정할 것임을 의미한다.

8.4 런타임 유형 정보

Objective-C는 런타임 시에 어플리케이션에 있는 객체와 클래스에 대한 유형 정보를 제공한다. 가장 간단하게 다음과 같이 isKindOfClass: 메시지를 보냄으로써, 그 객체나 클래스의 유형을 결정하기 위하여 객체에게 물어볼 수 있다.

```
id someObject = ...;
if ([someObject isKindOfClass:[CTRentalProperty class]]) {
    NSLog(@"This object is a kind of CTRentalProperty (or a subclass)");
}
```

isKindOfClass:메시지는 만약 객체가 구체화된 클래스의 인스턴스이거나 그것과 동등
하면(객체는 서브클래스를 가진다) true를 반환한다.

8.4.1 메시지가 메시지에 응답 하는 것을 결정하기

만약 객체가 메시지를 수신하고 그것을 실행할 수 없는 것을 결정한다면, 오류가 반드시
발생한다. 특히 이 시나리오의 @optional 메시지 프로토콜에서 만약 특별한 메시지
전송이 성공적으로 실행되거나 혹은 오류를 발생하는 것을 결정하는 데 유용하다. 결과
적으로 NSObject 클래스는 객체가 응답하는 것(만약 그것을 다루거나 실행하거나)을 결정
하는 데 사용될 수 있는 respondsToSelector:라는 메시지를 제공한다. responds
ToSelector: 메시지를 다음과 같이 사용할 수 있다.

```
if ([anObject respondsToSelector:@selector(setAddress:)])
    [anObject setAddress:@"13 Adamson Crescent"];
else
    NSLog(@"This object does not respond to the setAddress: selector");
```

컴파일 시간 동안 제어할 수 없는 객체에 메시지를 보낼 때, 특히 만약 객체가 id로
입력되면 respondsToSelector: 테스트는 특히 중요하다. 예를 들어, 만약 설정 가능한
변수에 의해 나타난 객체에게 메시지를 보내는 코드를 작성할 때, 수신자가 메시지에
응답할 수 있는 메서드를 구현한다.

8.4.2 런타임에 생성된 메시지 보내기

때때로 객체에게 메시지를 보내야 하지만, 이름 또는 런타임까지 포함되어야 할 인자의
집합을 모를 수 있다. NSObject는 performSelector:와 performSelector:withObject:,
performSelector:withObject:withObject:라는 메시지를 제공함으로써 다시 해결
할 수 있다. 모든 메서드는 보내야 할 메시지를 나타내는 선택자를 가져야 하고 메시징
함수에 직접 매핑되어야 한다. 예를 들어,

```
[house performSelector:@selector(setAddress:)
    withObject:@"13 Adamson Crescent"];
```

이 라인은 다음과 같다.

```
[house setAddress:@"13 Adamson Crescent"];
```

이 메서드의 힘은 메시지를 다양화할 수 있다는 사실로부터 온다. 런타임에서 보내지는 메시지를 수신하는 객체를 다양화하는 것이 가능하다. 위치에서 오직 안정적인 것을 받아들이는 전통적 메시지 전송과는 다르게 변수는 메서드 선택자의 위치에서 사용될 수 있다. 다시 말하면, 다음은 유효하다.

```
id obj = get_object_from_somewhere();
SEL msg = get_selector_from_somewhere();
id argument = get_argument_from_somewhere();
[obj performSelector:msg withObject:argument];
```

그러나 다음은 유효하지 않다.

```
id obj = get_object_from_somewhere();
SEL msg = get_selector_from_somewhere();
id argument = get_argument_from_somewhere();
[obj msg:argument];
```

이 예에서 볼 때, 메시지의 수신자(obj)는 런타임동안 선택되고, 보내진 메시지 또한 그렇다. 이것은 이전에 논의했었던 NSSelectorFromString와 같은 함수로 애플리케이션 디자인에 많은 유연성을 가져오며, 오직 런타임에만 존재하는 선택자를 사용하는 것이 가능하다.

목표-액션(Target-Action) 디자인 패턴

UIKit 프레임워크는 메시지 전송을 통해 보내진 메시지와 수신자에 프로그램 적으로 변화를 주기 위해 사용한다. UISlider와 UIButton과 같은 UIView는 터치스크린이나 블루투스 키보드와 같은 하드웨어의 이벤트를 해석한다. 그리고 이 이벤트를 애플리케이션에 특화된 (application-specific) 액션으로 전환한다.

예를 들어, 사용자가 버튼을 누를 때 UIButton 객체는 버튼의 누름에 반응하여 뭔가를 해야 한다고 애플리케이션을 지시하는 메시지를 보낸다. UIButton 객체는 보낼 메시지와 그것을 어디로 보낼까에 대한 세부사항으로 초기화된다. 이것은 목표—액션 디자인 패턴이라 불리는 UIKit에서의 일반적인 디자인 패턴이다.

다음 예에서 처럼, 사용자가 다음의 초기화처럼 손가락을 스크린에 올릴 때, 버튼은 myObject 객체에 buttonPressed: 메시지를 보낸다는 것을 요청할 수 있다.

```
[btn addTarget:myObject
    action:@selector(buttonPressed:)
    forControlEvents:UIControlEventTouchUpInside];
```

UIButton클래스는 이 장에서 논의했던 것처럼, NSObject의 performSelector: withObject: 메서드를 사용하여 메시지를 보낸다. 만약 Objective-C가 메시지의 이름 혹은 프로그래밍 적으로 다양화되는 목표를 가지지 않는다면, UIButton 객체는 같은 메시지를 보내야만 하고 이름은 UIButton의 소스코드와 동일할 수 있다.

8.4.3 런타임 시 클래스에 새로운 메서드 더하기

The Objective-C 명령문 [CTRentalProperty class]는 CTRentalProperty 클래스를 나타내는 클래스 객체를 반환한다. Objective-C의 동적 특징으로, 런타임에서 이 객체와 상호작용함으로써 클래스로부터 메서드, 프로토콜 그리고 프로퍼티를 추가하는 것이 가능하다.

동적으로 클래스의 resolveInstanceMethod: 메시지에 응답하여 존재하는 클래스에 새로운 메서드 구현을 추가하는 방법에 대하여 논의한다. 이것은 추가된 메시지가 상응하는 메서드 구현을 찾지 않을 때, 객체로 불러오는 또 다른 메서드이다.

Objective-C의 최저 레벨의 런타임에서 Objective-C 메서드는 self와 _cmd라는 두 개의 추가 인자를 가지는 C 함수이다(이전에 논의함). 적절한 함수가 개발되고 나면, class_addMethod: 라는 함수를 사용하는 Objective-C의 메서드로 등록될 수 있다. 부동산 임대 관리 애플리케이션의 최신 버전에 다음의 코드를 CTRentalProperty.m에 추가하자.

```
void aSimpleDynamicMethodIMP(id self, SEL _cmd) {
    NSLog(@"You called a method named %@", NSStringFromSelector(_cmd));
}

+ (BOOL)resolveInstanceMethod:(SEL)sel {
    if (sel == @selector(aSimpleDynamicMethod)) {
        NSLog(@"Adding a method named %@ to class %@",
```

```
            NSStringFromSelector(sel),
            NSStringFromClass([self class]));
        class_addMethod([self class],
                    sel,
                    (IMP)aSimpleDynamicMethodIMP,
                    "v@:");
        return YES;
    }

    return [super resolveInstanceMethod:sel];
}
```

임대 부동산 관리 애플리케이션의 현재 버전에서 다음의 호출을 RootViewController
의 viewDid-Load 메서드와 같은 원하는 위치에 추가할 수 있다.

```
id house = [CTRentalProperty rentalPropertyOfType:TownHouse
                rentingFor:420.0f
                atAddress:@"13 Waverly Crescent, Sumner"];
[house aSimpleDynamicMethod];
[house aSimpleDynamicMethod];
[house aSimpleDynamicMethod];
[house aSimpleDynamicMethod];
[house aSimpleDynamicMethod];
```

이 코드가 실행될 때, 디버그 콘솔에 다음의 콘텐츠가 작성된다는 것을 알아야 한다.

```
Adding a method named aSimpleDynamicMethod to class CTRentalProperty
You called a method named aSimpleDynamicMethod
You called a method named aSimpleDynamicMethod
You called a method named aSimpleDynamicMethod
You called a method named aSimpleDynamicMethod
You called a method named aSimpleDynamicMethod
```

CTRental-Property 객체에 aSimpleDynamicMethod 메시지가 전송하는 다섯 가지 메
시지는 위의 NSLog 호출의 결과에서 보이는 것처럼 aSimpleDynamicMethod 함수를
모두 올바르게 불러온다.

aSimpleDynamicMethod라는 메서드는 CTRentalProperty 클래스에 추가되고, 여기서
알아야 할 중요한 포인트는 결과를 나타내는 첫 번째 NSLog 메시지이다. house 객체가
aSimpleDynamic-Method의 메시지를 수신하는 것은 객체가 이 선택자에 응답하지 않는
것을 감지하게 된다. 결과적으로, 그것이 이 문제를 수정할 수 있다는 것을 보여주기

225

위해 Objective-C 런타임은 자동적으로 객체의 `resolveInstanceMethod:` 메서드를 불러온다. `resolveInstanceMethod:`의 구현에서 Objective-C 런타임 함수 `class_addMethod`는 동적으로 클래스에 메서드를 추가 하여 사라진 메서드를 해결하는 것을 나타내는 YES를 반환한다. `aSimpleDynamicMethod` 선택자에게 네 개의 메시지를 보내는 것은 모두 동일한 로그 메시지를 기록하지는 않는다. 이는 이 메시지의 복사본을 받기 때문이다. Objective-C 런타임 시에 `aSimpleDynamicMethod` 선택자를 구현하는 메서드를 가지는 객체를 찾기 때문에 상황을 동적으로 해결하려고 시도가 필요가 없다.

메서드를 전송하는 것과 동적 메서드를 해결하는 것은 대체로 직교한다. 전송 메커니즘이 효력을 나타내기 전에 클래스는 동적으로 메서드를 해결하는 기회를 가진다. 만약 `resolveInstanceMethod`가 YES를 리턴하면, 메시지 전송은 실행되지 않는다.

메서드 스위즐링의 위험한 실행

런타임에 새로운 메서드를 추가할 수 있기 때문에 소스코드의 클래스에 접근 없이도 런타임 시 기존의 메서드를 새로운 구현으로 대체할 수 있다는 사실이 흥미로울 수 있다.

Objective—C 런타임 함수 `method_exchangeImplementations`는 두 가지 메서드를 입력 받아 그들을 교환하기 때문에 호출하는 쪽은 불러오는 다른 것의 구현을 요구한다.

이 기술은 일반적으로 메서드 스위즐링(swizzling)이라 부른다. 하지만 이것은 보통은 잘못하고 있거나 객체의 원 생성자가 의도하지 않은 특별히 위험한 실행이다. 이것은 클래스의 구현을 문서화하지 않거나 불안정하므로 위험하다.

8.5 런타임 유형의 실제 사용

iOS 개발 플랫폼은 iPhone 운영체제를 위한 성숙된 다중 버전과 약간 다른 능력과 제한을 제시하는 iPad을 위한 변형을 요구한다.

구체적으로 iOS 운영 시스템의 더 새로운 버전의 특별한 점을 이용할 수 있는 애플리케이션의 개발을 원하는 것은 일반적이다. 그러나 여전히 이 특색을 제공하지 않는 구 버전 운영체제에서 애플리케이션을 실행할 수 있다. 이 목표는 이 장에서 다뤘던 많은 기술들을 사용하여 달성될 수 있다.

알아야 할 첫 번째 기술은 다음과 같이 사용될 수 있는 `UI_USER_INTERFACE_IDIOM`

매크로(macro)이다.

```
if (UI_USER_INTERFACE_IDIOM() == UIUserInterfaceIdiomPad) {
    ... this code will only execute if the device is an iPad ...
}
```

UI_USER_INTERFACE_IDIOM 매크로는 만약 현재의 장치가 iPad인지 iPhone인지 확인하는 데 사용될 수 있으며, 각 플랫폼마다 각기 다른 모습과 다른 사용을 할 수 있도록 통합된 애플리케이션의 동작을 조건적으로 바꾸는 데 사용될 수 있다.

또 다른 경우는 iOS software development kit(SDK)의 다중 버전에서 새로운 추가된 프로퍼티 혹은 메서드를 가지는 클래스가 존재할 수 있다. 만약 애플리케이션이 현재 실행 중인 장치에 구체화된 프로퍼티 혹은 메서드를 제공해야 한다면 respondsTo Selector: 메시지를 사용할 수 있다.

예를 들어, 멀티태스킹(multitasking)을 사용하는 iOS 버전의 현재 장치[1](iPhone 3G 같은 장치는 최신 버전의 iOS를 실행할 수 있더라도 멀티태스크를 할 수 없다)에게 UIDevice 클래스의 isMultitaskingSupported라는 속성을 이용하여 현재 장치가 멀티태스킹을 지원하는가를 알려줄 수 있다. 그러나 만약 iPhone 소유자가 최신 버전의 iOS로 업데이트하지 않는다면, 이 속성으로 접근하는 것은 선택자가 반응하지 않는 클래스 때문에 예외를 야기한다. 차선책은 다음과 같다.

```
UIDevice *device = [UIDevice currentDevice];
BOOL backgroundSupported = NO;
if ([device respondsToSelector:@selector(isMultitaskingSupported)])
    backgroundSupported = device.multitaskingSupported;
```

이 시나리오에서의 장치는 백그라운드 프로세싱을 지원하지 않는다고 가정하지만 UIDevice 객체의 isMultitaskingSupported 프로퍼티에 대한 최종 답변을 듣기 위하여 질문을 한다.

이 경우 전반적인 클래스에서 iOS의 새 버전이 도입되면 아래와 유사한 코드 샘플을

---

1) 책에 표시된 iPhone 3G는 멀티태스크가 불가능하지만, 이후 출시된 iOS4 이상을 사용하는 iPhone 3GS, iphone 4 등의 iPhone의 상위 기종, iPod touch 3세대 이상 및 모든 iPad에서 사용이 가능하다.

227

사용하여 클래스를 이용할 수 있는지 검사할 수 있다.

```
if ([UIPrintInteractionController class]) {
    ... make use of the UIPrintInteractionController class ...
} else {
    ... do something if the UIPrintInteractionController isn't available ...
}
```

만약 UIPrintInteractionController(혹은 비슷한 코드가 있는 다른 클래스)를 이용할 수 없으면, 클래스 메시지는 실패라고 평가하는 nil을 응답한다. 그렇지 않다면, 그것은 nil이 아닌 값으로 반환하고 if문의 첫 번째 블록에서 코드를 실행하도록 진행한다.

그것은 **weak-linking 지원**이라 불리는 특징을 요구하기 때문에 오직 iOS SDK의 4.2버전(혹은 이 후 버전)을 사용하여 컴파일 된 애플리케이션에서 작동된다. 애플리케이션을 시작하는 부분에서 참조된 모든 Objective-C 클래스가 이용 가능한지 증명이 되기 때문에 SDK의 이전 버전으로 컴파일된 코드의 애플리케이션은 UIPrintInteraction Controller 클래스 없이 장치를 로드하는 것에 실패할 수도 있다. iOS SDK 4.2에서 **weak-linking**의 지원하기 때문에 요구되는 클래스가 없는 장치에서 애플리케이션을 실행하는 데는 오류가 없다. 그러나 애플리케이션 개발자는 애플리케이션을 실행하기 위해 모든 것이 이용 가능한지를 확인하는 애플리케이션 startup에 의지할 수 없다. 대신에 어떠한 특색 혹은 모든 장치에서 사용할 수 있는지 확인하는 런타임 검사 부분을 구현해야 한다.

iOS SDK는 C 기반의 API로 비슷한 기능을 가능하게 해준다. 예를 들어 iOS 3.2 SDK는 CoreText.Framework를 사용하지만 iOS 3.2 이전 버전의 장치에서 실행해야 하는 코드에서 CTFontCreateWithName() 함수를 사용하기를 원한다면, 애플리케이션을 실행하기 이전에 함수의 이용 가능성을 확인해야 한다. 이것은 다음과 같이 구현된다.

```
if (CTFontCreateWithName != NULL)
    CTFontFontRef font = CTFontCreateWithName(@"Marker Felt", 14.0, NULL);
```

iOS SDK의 weak-linking 특징 때문에 불러온 C 함수의 이용이 가능하지 않다면, 함수 포인터는 NULL 주소로 설정된다. 이것은 함수 포인터가 NULL인지 아닌지를 점검하여 함수가 존재하는지 안 하는지를 점검할 수 있게 해준다. weak-linking은 애플리케이션에서 누락된 불러온 함수가 로드되는 것을 거부하는 더 전통적인 dynamic-linking 시나리오와 같지 않다.

8.6 요약

Objective-C는 정적 그리고 동적 유형 관점이 혼합되어 있다. Objective-C 객체 지향 기능 속에서 매우 동적이고 늦게 수행하거나 혹은 메서드 구현에 대한 메시지 선택의 동적인 바인딩을 수행하는 동안 이 C 기반의 기원은 정적인 유형이고 바인딩된다.

런타임 시에 클래스의 자신에 대한 검사와 수정의 용이함은 많은 흥미로운 프로그래밍 기술이 쉽게 구현되는 것을 가능하게 한다. 특히 메시지 전송은 프록시 생성 혹은 객체 로딩 지연이 프록시 클래스의 수정이 필요하지 않은 지속 가능한 방법으로 쉽게 개발되는 것을 가능하게 해준다. 프록시된 클래스는 새로운 메서드 혹은 속성을 포함하도록 갱신된다. 다음 장에서 Objective-C의 메모리 관리에 대하여 알아본다.

9장

메모리 관리

이 장에서 배우는 것

- 객체 라이프타임 관리
- retain과 release 메시지를 이용한 수동 메모리 관리
- 자동해제(autorelease) 풀과 자동해제 메시지
- 객체 소유권 규칙
- 사용자 정의 클래스를 위한 메모리 관리 규칙

Objective-C를 처음 접하는 많은 개발자는 가장 어려운 개념으로 메모리 관리(memory management)를 든다. 이러한 현상은 특히 과거 자동으로 메모리 관리가 되는 된 Java나 .NET, ActiveScript, Ruby와 같은 환경을 사용해본 사람에게 나타난다.

Objective-C에서 모든 객체는 (객체가 스택에 위치하도록 하는 C++와 같은 언어와는 다르게) 힙(heap)에서 생성된다. 이것은 객체가 명확하게 메모리 할당이 해제될 때까지, 메모리를 계속 소비해야 한다는 것을 의미한다. 객체를 사용하는 코드가 범위에서 벗어날 때까지 자동적으로 처분되지 않는다.

이 특징은 프로그래밍 방법의 중요한 함축을 가진다. 만약 애플리케이션이 객체에 모든 참조(포인터)를 잃지만 먼저 해제를 하지 않는다면, 소모되고 있던 메모리는 낭비된다. 이렇게 낭비되는 것은 전형적으로 메모리 누수(memory leak)라 부르고, 만약 애플리케이션이 너무 많은 메모리 누수를 가지면, 애플리케이션은 느려지거나 혹은 최악의 경우에는 이용 가능한 메모리에 소진되어 충돌을 일으킨다. 반면에, 만약 객체를 너무 일찍 해제하고 그 다음 다시 참조하면, 애플리케이션은 충돌하거나 비 정확한 행동을 하거나, 임의의 행동을 할 수 있다. 반면에, 객체를 너무 빨리 해제하고 그 다음 다시 그것을 참조하면, 그 애플리케이션은 충돌하거나 옳지 않은 임의의 행동을 할 수 있다.

메모리 관리는 실질적으로 번거로운 수작업이 아니다. NSObject 클래스는 얼마나 많은 다른 객체가 특별한 객체를 참조하고 있는지를 나타내는 참조 횟수(reference count) 값을 관리하며 만약 이 참조 횟수가 0으로 반환되면 자동적으로 객체를 메모리에서 해제 한다. Objective-C와 자바와 같은 다른 언어의 차이는 이러한 지원이 자동이 아니라는 점이다. 애플리케이션의 모든 클래스는 이 참조 횟수를 관리해야 한다. 그렇지 않으면 객체가 메모리 공간을 참조하고 있는 주소를 잃을 수 있다.

Objective-C 초보 개발자가 직면하는 꽤 많은 문제는 이 참조 횟수를 올바르지 않게 조절하는 것에서 발생한다. 이 참조 횟수가 나타내는 것이 정확히 무엇인지 아는 것으로 Objective-C 메모리 관리를 시작하자.

9.1 객체 소유권

대부분의 Objective-C 메모리 관리 튜토리얼은 NSObject의 retain와 release의 목적을 논의하는 것으로 시작하지만, 이 책에서는 일반적인 원리부터 살펴본다. Objective-C 에서 메모리 모델은 객체 소유권(object ownership)의 추상적인 개념에 기초한다. 이것은 단지 현재 구현에서 참조 횟수의 사용을 통해 이 개념이 성립함을 의미한다.

> **Objective-C 플랫폼에서 자동 가비지 컬렉션이 가능하다**
>
> Objective-C 2.0에서는 선택적 가비지 컬렉션을 소개했다. 선택적 가비지 컬렉션은 현재 iPhone 또는 iPad 플랫폼에서 사용할 수 없기 때문에, iPhone 개발 관련 서적에서 이것을 깊게 다루는 것을 보지 못할 것이다. 가비지 컬렉션의 특징은 데스크톱 Mac OS X 장치에서만 실행되도록 개발된 애플리케이션에서만 사용할 수 있다. 따라서 iPhone 위주의 서적에서 고려할 필요가 없다.

Objective-C의 객체 소유자는 단순히 "이 객체가 필요해요. 확실히 메모리 해제 되지 않게 해주세요."라는 말과 동일한 의미를 가진다. 이것은 객체를 만드는 코드가 될 수도 있고 혹은 객체를 수신하거나 그것의 서비스를 요구하는 코드의 또 다른 부분이 될 수도 있다. 이 개념은 그림 9.1에서 부동산 임대 속성 객체가 세 명의 '소유자(하나의 객체는 소유자 속성을 표현하고 그리고 다른 속성은 부동산 임대를 시도하는 부동산 업자를 마지막 하나는 외장을 다시 칠하도록 고용되는 도급업자를 표현)'로 설명된다.

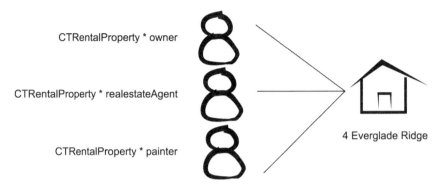

그림 9.1 한 개 이상의 소유자를 가지는 객체의 예. 4 Everglade Ridge를 나타내는 CTRentalProperty 객체의 소유권(책임)은 세 개의 인스턴스 변수들 간에 공유된다.

그림 9.1의 각 객체는 메모리 할당이 해제되면 임대 속성을 참조하고 있는 모든 객체가 메모리 공간을 사용하지 못하게 된다. 세 개의 속성 객체는 소유자로서, 임대 속성의 서비스가 더 이상 필요하지 않을 때 객체에 정보를 반환하는 책임을 가진다. 그림 9.1의 임대 속성과 같은 객체가 능동적인 소유자를 가지지 않는다면(아무도 더 이상 이것을 원치 않는다면), 이것은 Objective-C 런타임 시 자동적으로 메모리 해제된다.

일반적으로 다른 객체와 상호작용하기 전에 객체를 소유하는 것은 중요하다. 하지만 객체의 소유자가 되지 않고도 객체를 사용하는 것도 가능하다. 이러한 경우, 상호작용하는 전체 기간 동안 객체의 소유권을 유지할 수 있다고 확신시키는 것이 중요하다. 따라서 하나의 객체를 사용하다 끝마치기 전에 그 객체는 메모리 공간에서 해제되지 않는다.

9.2 참조 횟수

Objective-C에서는 객체 소유권의 개념을 구현하기 위해 참조 횟수(Reference counting)를 사용한다. 모든 객체는 얼마나 많이 소유되어 왔는지 알 수 있는 내부 횟수를 가진다(일반적으로 객체의 **보유 횟수**(retain count)라고 부른다). 매번 어떤 것이 손을 들어 "이 객체가 필요해."라고 말할 때, 보유 횟수는 증가된다. 그리고 매번 어떤 것이 더 이상 객체가 필요하지 않을 때 횟수는 감소된다.

만약 횟수가 0으로 감소되면, 이 객체는 현재의 소유자를 가지지 않는 것이므로 런타임 시에 객체의 메모리가 해제될 수 있다.

참조 횟수는 가비지 컬렉션의 다른 표현이 아니다.

참조 횟수는 사용 중인 객체가 메모리에서 해제되지 않고, 더 이상 원하지 않은 객체를 자동적으로 메모리에서 해제하지만, 그것은 자동 가비지 컬렉션의 한 유형이 아니다.

가비지 컬렉션 기반 환경에서 분리된 스레드는 어떤 객체가 접근할 수 없는가(소유자를 가지지 않는가)를 결정하기 위해 백그라운드에서 주기적으로 실행한다. 이 스레드는 애플리케이션의 소스코드에 의해 접근될 수 없는 어떤 객체의 메모리 공간을 해제한다. 프로그래머는 이 이벤트를 위해 손으로 무언가를 할 필요가 없으며, 이는 다시 말해서 각 객체의 보유 횟수를 유지할 필요가 없다는 것이다.

반면에 참조 횟수 기반의 환경에서 프로그래머는 코드가 객체의 서비스에서 참조 되건 안 되건, 각 객체의 보유 횟수가 수동으로 증가 혹은 감소하는 것에 주의해야 한다. 객체를 위해 참조 횟수를 다루는 상황에서의 개발자에 의한 어떠한 실수는 치명적인 애플리케이션 오류를 야기할 수 있다.

참조 횟수 기반의 메모리 관리 계획의 장점은 다음과 같다.

- **적은 오버헤드** — 상대적으로 적은 런타임을 지원하므로 참조 횟수로 구현하도록 요구한다. 이것은 수행의 증가를 돕고 전력 소비를 줄여준다. 이 두 사항은 모바일 장치에서 중요하다.
- **결정론적 행동** — 개발자가 객체의 할당과 해제의 책임이 있기 때문에 정확히 언제, 어디서 이벤트가 일어나는지에 대한 명확하게 제어할 수 있다.

참조 횟수 기반 메모리 관리 계획의 단점은 다음과 같다.

- **제어의 책임** — 개발자가 메모리 누출 혹은 임의의 애플리케이션 충돌과 고장을 야기할 실수를 만들 수 있는 위험이 있다.
- **오버헤드의 증가** — 개발자가 메모리 관리 과정에 포함되는 것은 무엇이 애플리케이션을 특별하게 만들 핵심작업에 집중하는 것 외에 애플리케이션을 개발 하는 동안 고려해야 할 또 다른 항목이 있다는 것을 의미한다.

참조 기반의 메모리 관리에 포함된 개념에 익숙하기 때문에, retain, release, autorelease 메시지를 이용하여 어떻게 Objective-C의 메모리 관리가 구현되는가를 알아볼 필요가 있다. 그리고 메모리 릭 혹은 "Program received signal: "EXC_BAD_ACCESS"." 예외를 피하는 방법에 대해서 알아보자.

9.2.1 객체 해제

객체의 소유주는 객체 사용이 끝날 때, 객체의 소유권을 포기하기를 원한다고 명령해야한다. release라는 메시지를 객체에 보내면 메모리 해제 작업이 수행되기 때문에, 이 과정은 **객체 해제**(releasing an object)라고 하며 하나의 객체 내부 참조 횟수를 줄여준다. 이 예는 다음과 같다.

```
NSMutableString *msg =
    [[NSMutableString alloc] initWithString:@"Hello, world!"];
NSLog(@"The message is: %@", msg);
[msg release];
```

이 코드에서 NSMutableString 객체를 (alloc 메시지를 이용하여) 만들기 때문에, 내포된 문자열의 소유권을 상속받아 수행되다가 객체의 요구사항이 초과하게 되면 소유권을 포기해야 한다. 이것은 객체에 보내진 마지막 줄의 release 메시지에 의해 실행된다.

이 예에서 release 메시지는 또한 간접적으로 Objective-C 런타임에게 객체를 포기하기 위해 객체에 dealloc 메시지를 보내도록 한다. 이것은 release 메시지가 객체의 마지막 (그리고 오직 하나있는) 소유자를 해제하기 때문에 발생한다. 객체의 보유 횟수는 마지막 소유자가 해제되므로 0이 된다. 만약 객체가 한 개 이상의 소유자를 가진다면, release를 호출하며 이 결과는 애플리케이션에 보이지 않는다. 이는 보유 횟수를 줄이고, 기존보다 한 개 적은 소유자를 객체에 남긴다.

객체의 소유권이 포기되고 나면, 또 다른 객체에 의해 소유되거나 혹은 살아있거나 참조혹은 코드의 현재 부분으로부터 객체를 다시 사용하는 것이 안전하지 않다라는 것은 중요한 사실이다. 예를 들어 이전의 코드를 조금 수정한 다음 코드는 심각한 결점을 가진다.

```
NSMutableString *msg =
    [[NSMutableString alloc] initWithString:@"Hello, world!"];
[msg release];
NSLog(@"The message '%@' has %d characters", msg, [msg length]);
```

세 번째 줄에서 NSMutableString 객체의 소유권을 해제하기 때문에 마지막 줄의 객체를 사용 할 수 없다. 객체가 할당된 메모리 공간이 해제될 것이다. 이 코드를 실행해보면, 가끔 작동할 것이다. 그러나 애플리케이션의 또 다른 실행에서, 이것은 충돌 혹은 디버그 콘솔에 옳지 않은 메시지 로그를 야기할 수 있다(이런 오류를 탐지할 수 있는 도구는 14장에서 다룰 것이다.) 이런 전형적인 오류는 코드 예에서 설명한 것처럼 쉬워 보이지 않으며 찾기도 어려울 수 있다.

만약 변수가 사용할 수 있는 객체를 참조한다면 좀 더 쉽게 탐지하는 한 방법은 객체의 소유권을 방출하자마자 nil 값을 변수에 할당하는 것이다. 이것은 다음에서 설명된다.

```
NSMutableString *msg =
    [[NSMutableString alloc] initWithString:@"Hello, world!"];
[msg release];
msg = nil;
NSLog(@"The message '%@' has %d characters", msg, [msg length]);
```

변수에 nil을 할당하는 것은 그 변수가 현재 타당한 객체를 가리키는지를 쉽게 결정할 수 있다. 이전 장에서 배웠던 것을 살펴보면, nil은 값의 부재를 나타내며, 이런 이유로 타당한 포인트 값으로 되지 않을 수 있다. nil 값을 가진 변수의 길이를 알기 위한 length 메시지를 보내는 것을 시도하지만 이 마지막 줄은 8장에서 다루었던 이유로 실행하기 안전한 코드이다. Objective-C에서 nil에 변수 집합을 참조하거나 접근을 시도 하는 것은 충돌 혹은 NULL 참조 예외를 발생할 수 있는 다른 언어와는 다르게, 타당하고 예측할 수 있는 결과를 도출한다.

9.2.2 객체 보유

객체의 소유권을 해제하는 것의 반대는 소유권을 할당하는 것이다. Objective-C에서는 객체에게 retain 메시지를 보냄으로써 소유권 할당을 실행한다. 이 메시지는 필수적으로 "나는 이 객체를 사용하기를 원한다. 객체 사용이 끝날 때 까지 메모리 해제하지 마라."라고 말한다. 내부적으로 소유권 할당은 단순히 객체의 보유 횟수를 증가시킨다. 이것은 해제를 위하여 release를 호출하는 횟수와 동일하게 retain 호출을 하게하는 것이 중요하다는 것을 의미한다.

> **기록(bookkeeping)의 주의**
> 만약 객체에게 보낸 retain과 release 메시지의 호출 횟수가 일치하지 않는다면, (너무 많은 release 메시지의 경우) 객체는 너무 일찍 메모리 공간이 해제되거나 (너무 적은

release 혹은 추가적인 retain의 경우) 전혀 해제되지 않을 것이다. 참조 횟수를 수동적으로 관리하는 동안 개발자는 사용하는 객체의 소유권의 요구사항과 메모리 공간을 할당하거나 해제할 필요가 있을 때를 추적해야 한다.

예를 들어, 다음 코드는 명백하게 msg 객체에게 두 개의 추가적인 retain 메시지를 보낸다. 최종적으로 보유 횟수를 0으로 설정하기 위하여 객체에게 세 개의 release 메시지를 보낸다.

리스트 9.1 retain과 release 호출의 올바른 매칭

```
NSMutableString *msg =
    [[NSMutableString alloc] initWithString:@"Hello, world!"];
[msg retain];
[msg retain];
NSLog(@"The message '%@' has %d characters", msg, [msg length]);
[msg release];
[msg release];
[msg release];
```

언뜻 보기에는 리스트 9.1은 틀려 보일 수도 있다. Msg 객체는 세 개의 release 메시지를 보내지만 retain은 오직 두 번만 호출 되므로 호출이 불균형해 보인다. 그러나 이전에서 논의했던 alloc(첫 번째 줄에서 보이는) 호출은 암시적으로 생성된 객체의 소유자로 만들어 준다는 것을 기억해야 한다.

9.2.3 현재의 보유 횟수 결정하기

현재 얼마나 많은 소유자를 가졌는가를 알기위해 객체에게 질의를 할 수 있다. 이것은 다음 리스트의 코드에서처럼, 객체에게 retainCount메시지에 보냄으로 수행할 수 있다. 이 코드에서는 각 구문이 실행된 후 현재 보유 횟수를 출력하기 위해 추가적인 NSLog의 호출을 제외하면 리스트 9.1과 같다.

리스트 9.2 객체의 라이프사이클 동안 보유 횟수 질의하기

```
NSMutableString *msg = [[NSMutableString alloc]
                        initWithString: @"Hello, world!"];
NSLog(@"After alloc: retain count is %d", [msg retainCount]);

[msg retain];
NSLog(@"After retain: retain count is %d", [msg retainCount]);

NSLog(@"The message '%@' has %d characters", msg, [msg length]);

[msg release];
NSLog(@"After 1st release: retain count is %d", [msg retainCount]);

[msg release];
// NSLog(@"After 2nd release: retain count is %d", [msg retainCount]);
```

로그(Log) 문장을 보면, 리스트 9.1과 동일한 값이 나타내며 마지막으로 **NSLog**를 호출한다. 마지막 release 메시지는 객체가 보유 횟수를 0으로 반환하기 때문에 메모리를 해제한다. 객체의 메모리가 반환되고 나면, 그것과 소통하는 것은 불가능하다.

정직하라

규칙적으로 객체에게 보유 횟수를 질의를 하게 되면 객체가 무엇을 하는가를 재차 확인해야 한다. 또한 보유된 객체를 가지고 있을지도 모르는 다른 객체를 인식할 수도 있기 때문에, 전형적으로 객체의 실제 보유 횟수는 중요하지 않으며 종종 잘못된 결과를 야기한다.

메모리 관리를 디버깅하는 차원에서는 코드가 소유권 법칙에 부합하는가를 주의해야 하고, retain 호출은 release로의 호출로 연결된다.

만약 객체가 메모리를 해제하는 코드를 작성하려고 하면, retain과 release의 잘못 연결된 호출 또는 brute-forcing을 사용한 해결책보다는 메모리 관리 법칙이 잘못 적용한 것을 찾아야 한다.

```
int count = [anObject retainCount];
for (int i = 0; i < count; i++)
    [anObject release];
```

보유 횟수에 질의하는 실험에서 몇몇의 객체가 흥미로운 결과를 반환하는 것을 알아차릴 수 있을 지도 모른다. 예를 들어, 현재 지식에 기초하여, "Retain count is 1" 메시지를

출력하기 위하여 다음 코드를 작성할 수 있다.

```
NSString *str = @"Hello, world!";
NSLog(@"Retain count is %d", [str retainCount]);
```

이 코드를 실행하면, 보유 횟수가 2147483647로 출력되는 것을 확인할 수 있다. 이것은 겉으로는 중요하지 않을 것 같은 문자열에 관심이 있는 소유자가 많다는 것을 확인할 수 있다. 이 예는 특별한 상황을 강조한다. @"..." 형태로 제공되는 상수 문자열은 애플리케이션의 실행 가능하도록 하드 코딩된다. 2147483647라는 (16진수로 0x7FFFFFFF) 보유 횟수는 객체가 일반적인 참조 횟수에 대한 행동과 다르다는 것을 나타낸다. 만약 이러한 객체에 retain 혹은 release 메시지를 보낸 전후 보유 횟수를 질의하는 retainCount 메시지를 보내보면 이와 같은 값을 보고한다는 것을 알 수 있다.

미래에는 무언가 변할 수 있다는 것을 항상 고려하라

retain 혹은 release를 메시지를 보낼 때 객체는 명백하게 무언가를 하고 있지 않기 때문에 이것을 사용할 때, 표준 retain과 release을 실행하지 않아도 되는 것은 아니다.

만약 임의로 객체에 제공된 코드를 작성해야 한다면, 일반적으로 표준 메모리 관리에서 요구하는 방법이나 부적절한 보유 횟수 관리 방법을 사용해야 하는 것은 아니다. 마치 그 것이 retain과 release 모델을 따르는 것처럼, 일반적으로 모든 객체를 다루는 것이 더 쉬워졌다. 그것은 특정 객체의 행동에 대한 가정을 무효화하여 미래에 어떻게 애플리케이션이 업데이트되거나 바뀔지에 대해서 모르는 것보다 훨씬 안전하다.

이제 retain과 release 메시지에 대하여 이해했기 때문에 가상의 어떠한 Objective-C 혹은 Cocoa Touch에 메모리 관리 기술을 적용할 수 있다. 이 두 가지 메시지는 궁극적으로 모든 다른 기술에 사용할 수 있는 기초적인 블록이다.

이것은 retain과 release가 완벽한 메모리 관리라고 말하는 것이 아니다. 두 메시지는 결점이나 사용하기 적합하지 않은 시나리오를 가지고 있다. 예를 들어 객체가 지속적으로 많은 소유자를 지니게 될 때, 보유 횟수 관리가 힘들 수 있다. 다음 메모리 관리 기술은 retain와 release의 상위 기술로써 이러한 부담을 쉽게 수행하도록 구성되어 있다.

9.3 자동 해제 풀

retain/release 모델은 객체의 소유권을 다른 객체로 옮겨야 할 때 어려움을 가진다. 소유권 이전을 수행하는 코드는 계속 객체를 보유하는 것을 원하지 않는다. 그러나 소유권을 넘겨주기 전에 객체가 파괴되는 것 또한 원하는 결과가 아니다.

새로운 NSString 객체를 만드는 다음 메서드를 고려해보자. 그리고 그것을 호출자로 반환하자.

```
- (NSString *)CreateMessageForPerson:(NSString *)name {
    NSString *msg = [[NSString alloc] initWithFormat:@"Hello, %@", name);
    return msg;
}
```

이 CreateMessageForPerson: 메서드의 첫 번째 줄은 새로운 string 객체를 할당한다. alloc 메시지를 통해 문자열이 만들어지기 때문에, 이 메서드는 생성되는 문자열을 보유한다. 그러나 메서드가 반환되고 나면 이 문자열을 다시 참조할 필요가 없을 것이다. 그래서 반환하기 전에, 그것의 소유권을 해제해야한다.

해법은 다음과 같이 Create MessageForPerson 메서드를 다시 수행하는 것일 수도 있다.

```
- (NSString *)CreateMessageForPerson:(NSString *)name {
    NSString *msg = [[NSString alloc] initWithFormat:@"Hello, %@", name];
    [msg release];
    return msg;
}
```

그러나 이 해결 방법은 이전에 논의했던 것과 같은 버그를 가진다. 첫 번째 줄은 보유 횟수가 1이며 새로운 문자열 객체를 생성한다. 그리고 다음 문자열에서는 메모리가 해제되도록 보유 횟수를 0으로 감소시킨다. 포인터는 객체의 메모리가 해제 다음에 반환된다.

이 해결 방법에서 retain/release 모델의 문제점은 release를 호출하는 적절한 위치가 없다는 것이다.

만약 CreateMessageForPerson 메서드에서 release 호출이 발생하면, 호출자에게 문자열을 반환할 수 없다. 반면에, 만약 메서드에서 객체를 해제하지 않는다면, 모든 호출자를 이용하여 문자열 객체를 해제시켜야 한다. 이것은 오류가 생길 수 있을 뿐 아니라 "모든 할당과 해제는 일치한다."라는 원칙이 깨진다.

메모리 공간이 해제된 객체의 소유권을 위해 준비된 Objective-C에 신호를 보내는 방법이 있어야 한다. 그러나 즉시 소유권을 포기하는 것 대신 호출자가 그것 자신을 위한 소유권을 주장하는 기회를 가지고 미래의 어떠한 점에 그것을 수행하는 것을 선호한다. 이 시나리오의 해답은 **자동 해제 풀**(autorelease pools)이라 부른다.

자동 해제 풀을 사용하기 위해서는 더 확실한 release 메시지를 보내는 대신에 객체에게 단순히 autorelease 메시지를 보낸다. 이 기술은 CreateMessageForPerson 메서드의 다음 버전에 의해 설명된다.

```
- (NSString *)CreateMessageForPerson:(NSString *)name
{
    NSString *msg = [[NSString alloc] initWithFormat:@"Hello, %@", name];
    [msg autorelease];
    return msg;
}
```

자동 해제 풀에 문자열을 추가하므로 문자열의 소유권을 포기한다. 그러나 이것은 개발자를 대신하여 더 전통적인 해제 메시지가 보내질 미래의 어느 시점까지 계속 참조를 하게 되며 그것에 접근하는 것 역시 안전하다. 하지만 정확하게 자동 해제 풀이 무엇이며, 언제 문자열의 메모리가 해제될까?

9.3.1 자동 해제 풀이란?

자동 해제 풀은 단순히 NSAutoreleasePool 클래스의 인스턴스이다. 애플리케이션이 실행되면서 객체의 소유권이 현재의 자동 해제 풀로 이동될 수 있다. 객체가 자동 해제 풀에 추가될 때, 자동 해제 풀은 객체의 소유권을 인수하고 풀이 해제될 때, 객체에게 해제 메시지를 보낸다.

이것은 많은 임시 객체를 만들 때 유용할 수 있다. 보낸 retain과 release 메시지를 손으로 추적하는 대신에, 단순히 결국 해제될 공간에서 안전한 객체를 이용할 수 있다.

9.3.2 자동 해제 풀에 객체 더하기

현재의 자동 해제 풀에 객체를 더하는 것은 쉽다. 단순히 객체를 해제하기 위한(release) 대신에 autorelease 메시지를 보낸다.

[myObject autorelease];

이것은 소유권 책임이 있는 현재 소유자를 포기하고 난 후에, 현재 자동 해제 풀이 객체를 보유할 수 있게 한다.

9.3.3 새로운 자동 해제 풀 만들기

Cocoa Touch가 자동 해제 풀을 사용하기 위하여 화면의 이면에서 이것을 만들기 때문에 일반적으로 자동 해제 풀 서비스를 만들지 않고 사용하는 것이 가능하다. 그러나 최소한 언제 어떻게 이 풀이 생성되는가를 아는 것은 중요하다. 이것은 결국 객체가 메모리가 해제될 때를 알고 얼마나 많은 '쓰레기(garbage)'가 쌓이는지 미리 알게 된다.

NSAutoreleasePool 클래스의 인스턴스를 이용하여 새로운 자동 해제 풀을 간단하게 생성할 수 있다.

NSAutoreleasePool *myPool = [[NSAutoreleasePool alloc] init];

NSAutoreleasePool 클래스는 스택에 풀을 더하면 마법처럼 새로운 자동 해제 풀이 추가된다. autorelease를 수신하는 모든 객체는 자동적으로 스택의 상위에 풀을 더하게 된다.

숙련자를 위한 추가사항

NSAutoreleasePool 인스턴스의 스택은 특별한 스레드이다. 애플리케이션의 각 스레드는 자동 해제 풀 스택에서 관리한다. 기존의 자동 해제 풀 내에 포함되지 않은 하나의 스레드가 autorelease 메시지를 보내면, XCode 디버거 콘솔에서 다음과 같은 메시지를 확인할 수 있다.

*** _NSAutoreleaseNoPool(): Object 0x3807490 of class NSCFstring
    autoreleased with no pool in place - just leaking

이 결과는 autorelease 메시지가 자동 해제 풀에서 관리되지 못했다는 것을 나타내며 애플리케이션이 종료될 때까지 메모리에서 해제되지 않는 객체가 된다.

UIKit을 사용하는 애플리케이션에서는 Cocoa Touch가 애플리케이션의 실행 반복문(run loop)를 통해 매 시간 새로운 **자동 해제 풀**을 자동적으로 생성하고 해제되는 것이 지원된다.

GUI 기반의 애플리케이션은 하나의 큰 while(true) 반복문으로 생각할 수 있다. **실행 반복문**(run loop)라 부르는 이 반복문은 애플리케이션이 끝날 때까지 계속 반복된다. 반복문의 조건부에서, Cocoa Touch는 장치의 방향이 바뀌는 것 혹은 사용자가 제어를 바꾸는 것과 같은 새로운 이벤트(event)가 발생하기를 기다린다. 그 후 `UIViewController`와 이벤트가 발생하면 조건부가 반환하고 다음 이벤트가 발생하기를 기다린다.

실행 반복문의 반복문 시작 부분에서 Cocoa Touch는 새로운 `NSAutoreleasePool` 인스턴스를 할당한다. 그리고 뷰(view) 컨트롤러(controller)는 이벤트를 실행하고, 실행 반복문은 풀에서 **해제**된다. 그 후 실행 반복문의 조건부가 반환되고 다음 이벤트를 기다린다.

이미 자동 해제 풀을 생성했다.

모든 애플리케이션에서, 의미를 알지 못한 채 `NSAutoreleasePool`을 생성해왔다. 예를 들어 임대 관리를 열어서 main.c 파일을 보자. 이것은 다른 소스 폴더에 위치되어야 하며, 다음의 코드 부분을 포함할 것이다.

```
NSAutoreleasePool *pool = [[NSAutoreleasePool alloc] init];
int retVal = UIApplicationMain(argc, argv, nil, nil);
[pool release];
```

이 코드는 애플리케이션 전체 라이프 사이클 동안 존재하는 자동 해제 풀을 생성한다.

자동 해제 풀을 어떻게 만들고 객체를 할당하는지를 알기 위해 어떻게 자동 해제 풀에서 객체가 메모리 해제되는가에 대한 중요한 개념을 논의한다.

9.3.4 풀에 있는 객체 해제하기

풀이 생성 되면 `autorelease` 메시지를 보낸 객체는 자동적으로 그것을 찾게 된다. 자동 해제 풀의 소유자는 풀에 의해 관리되는 모든 객체의 소유권을 해제하기를 원할 때, 다음과 같이 풀을 해제한다.

```
[myPool release];
```

풀이 해제될 때, 자동적으로 풀에 할당된 각 객체에 `release` 메시지를 보낸다.

수동적으로 풀에서 모든 객체를 해제하기를 원한다면 다음 코드를 적용하면 되지만, 추후 사용될 것을 생각하여 풀의 기능을 유지하는 것이 좋다.

```
NSAutoreleasePool *myPool = [[NSAutoreleasePool alloc] init];
...
[myPool release];
myPool = [[NSAutoreleasePool alloc] init];
...
[myPool release];
```

각 풀을 생성할 때의 오버헤드가 발생할 수 있다. 이를 위해 `NSAutoreleasePool` 클래스는 **drain** 메시지를 제공한다. 이 메시지는 현재 포함된 객체는 해제하지만 객체를 추가할 준비가 된 풀은 보유한다. **Drain**을 사용하여 이전의 코드를 다음과 같이 다시 작성할수 있다.

```
NSAutoreleasePool *myPool = [[NSAutoreleasePool alloc] init];
...
[myPool drain];
...
[myPool release];
```

각 코드 부분은 메모리 관리 시에 수행하는 것과 동일하며 객체의 라이프 사이클과 연관된다. 그러나 두 번째 코드는 자동 해제 풀을 생성 그리고 해제할 때의 오버헤드를 피한다.

9.3.5 왜 모든 것에서 자동 해제 풀을 사용하지 않는가?

자동 해제 풀에 대해 공부한 후 난 후, 자동 해제 풀에 모든 객체를 추가하지 않는 것과 **retain**과 **release** 메시지를 일치시킬 필요가 없는 것에 대해 의문을 가질 수 있다. 이것은 일반적으로 실행과 메모리 소비 문제 중 하나이다 – 이것은 모바일 기기의 배터리 문제와 제약에 관계되는 중요한 이슈이다.

자동 해제 풀에 객체를 추가할 때, 이 객체는 차후 자동 해제 풀에 의해 자동으로 해제된다고 모두 알고 있다. 더불어 미래의 어느 시점에 해제될 거라는 것도 안다. 하지만 애플리케이션 로직에 의존하여, 객체의 사용이 끝난 후에도 이 객체는 비교적 오랜 시간 동안 지속할 수 있다.

> **매크로 최적화를 조심하라.**
>
> 애플리케이션을 개발할 때, 매크로 레벨에서의 수행은 최적화하지 말아야 한다. NSAuto releasePool을 사용하는 수행 기반에서는 오버헤드가 있지만, 이 오버헤드는 애플리케이션 전체에서 중요치 않은 요인이 될 수 있다.
>
> "손으로 작업한 retain/release가 retain/autorelease보다 더 효율적이다."와 같은 경험을 바탕으로 한 기술을 적용하는 것보다 애플리케이션 수행 중 어디 부분에서 병목현상이 일어나는가를 결정하는 14장에서 언급할 코드수행을 감시하는 것과 분석 도구를 사용하는 것이 일반적으로 더 낫다.

애플리케이션의 메모리 소비가 증가되는 것은 데스크톱에서 보다 iPhone과 같이 메모리가 한정된 장치에서 더 큰 문제가 될 수 있다. 극단적인 경우로, 다음의 코드 부분을 고려해보자.

```
for (int i = 0; i < 100; i++) {
    for (int j = 0; j < 1000; j++) {
        NSString *msg = [[NSString alloc] initWithFormat:
                         @"Message number %d is 'Hello, World!'",
                         i * 1000 + j];
        [msg autorelease];

        NSLog(@"%@", msg);
    }
}
```

이 코드는 100,000개의 문자열 객체를 생성한다. 내부 반복문을 통해 마지막에, 추가된 문자열은 이 코드 부분에 의해 다시 참조되지 않을지라도 자동 해제 풀에 추가 된다. 100,000개의 문자열 객체는 풀에 쌓일 것이고, 전체 코드 부분이 끝날 때 해제될 것이다.

그리고 애플리케이션의 실행 로직에 반환될 것이다.

이론적으로 이 코드 부분을 실행하면, 이 100,000번째 메시지가 다음과 비슷한 메시지로 나타나기 전에 애플리케이션의 충돌이 나타나게 되는 것을 확인할 것이다.

```
RentalManager (4888) malloc: *** mmap(size=16777216) failed (error code=12)
*** error: can't allocate region
*** set a breakpoint in malloc_error_break to debug
```

Objective-C의 런타임 시에 충분한 메모리 찾기를 실패하면 새로운 객체를 위해 메모리 할당을 시도한다. 이것은 주어진 어떠한 시점에 오직 한 줄의 문자열로 코드 상호작용을 시도하는 극단적인 것처럼 보일 수 있다.

한 가지 해결책은 명백하게 자동 해제 풀을 만들어서 더 일찍 문자열 객체를 해제할 수 있다. 다음 코드를 통해 설명될 수 있다.

```
for (int i = 0; i < 100; i++) {
    NSAutoreleasePool *myPool = [[NSAutoreleasePool alloc] init];

    for (int j = 0; j < 1000; j++) {
        NSString *msg = [[NSString alloc] initWithFormat:
                        @"Message number %d is 'Hello, World!'",
                        i * 1000 + j];
        [msg autorelease];

        NSLog(@"%@", msg);
    }

    [myPool release];
}
```

iPhone 시뮬레이터에서 이 코드 견본을 실행할 때 조심하라.

이 절에서 autorelease 기반의 예를 실행할 때, iPhone 시뮬레이터가 실제 iPhone 디바이스와 같이 작동하지 않을 것이다 (또한, iPhone 3GS는 원래의 iPhone, iPod touch, 혹은 iPad 등과는 다르게 작동 할 것이다). iPhone 시뮬레이터는 시뮬레이터가 실행할 수 있는 리소스를 사용하여 데스크톱에서 iPhone 애플리케이션을 실행한다.

시뮬레이터에서 실행하는 애플리케이션은 실제 iPhone이 제공하는 것보다 현저하게 많은 양의 메모리를 소모한다. 이와 같은 데스크톱 메모리 소진은 실제 iPhone에서는 고려하지

이 코드에서는 외부 반복문에서 매 시간 자동 해제 풀을 alloc 하고 release 하도록 한다. 즉 메모리가 해제되기 전에 풀이 최대 1,000개의 객체를 갖게 된다. 자동 해제 풀은 효율성과 객체의 라이프 사이클의 균형을 고려해야 한다. 만약 NSAutoreleasePool 이 내부 반복문에 위치된다면, 코드 샘플은 똑같이 작동하겠지만 각 풀에 할당되는 오직 하나의 객체로, 100,000번의 NSAutoreleasePool을 메모리에 할당하고 해제하는 데 소요되는 메모리 소모를 야기한다.

NSAutoreleasePool가 외부 반복문에 위치함으로써, 이 1,000 폴드(fold)의 비용을 줄일 수 있다. 그러나 풀이 1,000 객체로 늘어나게 되면 더 많은 메모리를 소비하게 된다.

몇몇의 경우에서, 객체의 생명주기는 자동 해제 풀의 요구 없이 쉽게 관리된다. 예를 들어, 이전의 두 개의 예는 autorelease 대신 release 메시지를 사용하도록 쉽게 수정할 수 있다. 다음의 코드를 보자.

```
for (int i = 0; i < 100; i++) {
    for (int j = 0; j < 1000; j++) {
        NSString *msg = [[NSString alloc] initWithFormat:
                    @"Message number %d is 'Hello, World!'",
                    i * 1000 + j];
        NSLog(@"%@", msg);

        [msg release];
    }
}
```

문자열 객체는 그 콘텐츠가 콘솔에 기록된 이후에 요구되지 않는다는 것을 알 것이다. 그래서 확실하게 객체를 해제할 수 있게 되는 것이다. 이것은 코드의 일부분의 메모리 사용을 현저하게 줄여주는, 하나의 NSString 객체가 존재한다는 것을 의미한다. 또한 release 메시지가 내부 반복문의 마지막 부분에 작성되어야 한다. string 객체는 반드시 메모리 해제되기 때문에, release를 호출한 이후에 그것을 참조하는 것은 더 이상 안전하지 않다. 이것은 `autorelease` 객체를 보낸 상황과는 다르며, 자동 해제 풀이 해제될 때까지 객체의 사용을 지속할 수 있게 된다. 만약 `NSLog` 문 뒤에 `release` 메시지를 보내도록 하지 않는다면, 로그 문장은 잠재적으로 메모리 해제된 객체를 로그하기를 시도할 수 있다.

9.4 메모리 존

만약 Apple 개발자 문서를 연구하거나 XCode의 Code Sense 기능을 사용한다면 아마 많은 객체들이 `allocWithZone:`를 가지고 있는 것을 알 것이다(이 메시지는 `alloc`으로 더 알려져 있다). 이 메시지와 다른 `copywithzone`이나 `mutablecopywithzone`과 같은 메시지는 **메모리 존**(memory zone)이라고 불리는 개념, 즉 objective-c 가 `NSZone` 구조를 대신한다는 것이 힌트이다.

기본적으로 (`alloc` 메시지를 보냄으로써) 어떤 객체가 메모리 할당을 요청한다면, Objective-c는 기본 메모리 존에서 필요한 만큼의 메모리를 가져다 쓴다. 만약 앱이 각각 다른 사용량을 지닌 많은 수들의 객체를 호출한다면, 그림 9.2에서 보이듯이 **메모리 단편화**(memory fragmentation)라 불리는 상황에 직면하게 될 수 있다.

메모리 단편화는 앱이 사용할 수 있는 메모리가 충분하더라도 부자연스러운 크기의 블록으로 메모리 전체에 분포할 수 있는 상황을 말한다. 만약 앱이 비슷한 크기의 객체들을 호출하거나 그 객체들을 각각 할당하게 되면, 이 객체는 각기 다른 메모리 존에 놓는 것이 해결 방안이 될 것이다.

새로운 메모리 존을 만들기 위해선, 메모리가 필요한 상황에서 정확한 양의 메모리를 호출 하는 `NScreatezone` 기능을 사용하면 된다.

```
#define MB (1024 * 1024)
NSZone *myZone = NSCreateZone(2 * MB, 1 * MB, FALSE);
```

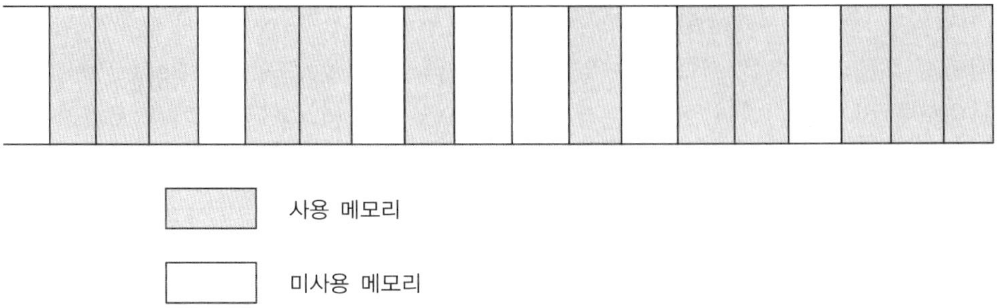

사용 메모리

미사용 메모리

그림 9.2 메모리 단편화 문제의 개념. 4byte의 메모리가 있더라도 4byte의 메모리가 필요한 int 형 데이터의 메모리 요청은 실패할 것이다. 이것은 4byte의 메모리가 연속적으로 위치하지 않기 때문이다.

메모리 존은 그 외에 다른 장점도 가지고 있다.

가상 메모리 구현에서 보조 저장 장치(예 : 디스크)에 페이징을 구현하지 않는 iPhone과 iPad에서 고려할 점은 아니지만, 다른 사용자 정의 메모리 존의 용도는 관련된 데이터의 위치를 할당하는 것에 있다.

사용자 정의 메모리 존은 일반적으로 오디오 버퍼나 스트리밍 관련(streaming-related) 코드에 사용된다. 그 이유는 사용자 정의 메모리 존이 디스크 기반 저장소에서 일반적으로 사용되는 두 개의 버퍼들이 다른 메모리 페이지에서 나타날 생기는 in과 out 스와핑 버퍼들의 성능에 영향을 주기 때문이다

첫 번째 인자인 NScreateZone은 초기에 얼마나 많은 메모리가 풀에 남아있어야 하는지를 정의한다. 두 번째 인자는 풀에 배당 될 메모리의 양을 정의한다. 이 예에서는 2메가바이트(megabyte)의 메모리가 풀에 할당되어 있다. 만약 모든 메모리들이 사용 되었을 때, 메모리 존에 1메가바이트씩 추가 할당될 것이다. 이것은 메모리 단편화를 해결하고 또한 같은 존에서 할당된 다른 객체의 영역을 보장하는데 도움이 된다.

메모리 존이 만들어지면, allocWithZone 메시지를 보내어 존에 메모리를 사용하는 새 개체를 할당할 수 있게 된다.

```
NSString *myString = [[NSString allocWithZone:myZone] init];
```

기본 존에서 어떠한 객체를 할당하는 다른 방법은 다음과 같다. 이 예는 init과 initWithZone의 관계를 명확하게 하는 것을 도와줄 것이다.

```
NSZone *defaultZone = NSDefaultMallocZone();
NSString *myString = [[NSString allocWithZone:defaultZone] init];
```

클래스에 `alloc` 메시지를 보내면 (혹은 `nil`을 `allocWithZone`으로 보낼 때) 객체가 기본 메모리 존에 할당되며, 이 할당은 객체가 `NSDefaultMallocZone` 함수를 호출하면 얻을 수 있다.

나의 객체가 어느 존에 속해 있는가?

객체가 어느 존에 속해 있는지 알려면 존 메시지를 보내서 알려진 메모리 존 리스트의 값을 비교해보면 된다.

```
NSZone *zoneOfObject = [myObject zone];
if (zoneOfObject == NSDefaultMallocZone()) {
    NSLog(@"The object was allocated from the default zone");
}
```

객체는 `retain`, `release` 그리고 `autorelease` 같은 표준 메모리 관리 방법에 의존하는 사용자 정의 메모리 존에 위치되어있다. 그러나 이것 이외에 더 많은 기능이 있다. 객체가 메모리 해제되었을 때, 존은 가동시스템에 다시 사용되어질 수 있는 메모리로 즉각 변하지 않는다. 대신 나중에 다시 사용될 것을 대비하여 보관된다. 언제든지 `NSRecycle Zone`을 호출하면 된다. 존 전체를 사용 가능하게 하려면, `malloc_destroy_ zone` 함수를 호출하면 된다. 이 함수는 메모리가 사용되고 있는 객체와 연관되어있더라도 존과 연관된 메모리를 모두 해제한다. `Malloc_destroy_zone` 함수를 호출하기 전에 존에 있는 모든 객체를 확실하게 메모리 해제하는 것은 개발자의 책임이다.

추가적인 메모리 존을 사용하는 것은 메모리 단편화를 방지하는 것을 도와주고 성능을 향상시킨다. 하지만 메모리 존의 사용은 존에 추가된 객체가 메모리 요청을 위해 사용되어지기도 하기 때문에 애플리케이션의 메모리 사용량을 늘리게 된다. 그러므로 추가적으로 메모리 존을 생성하는 것은 도구상자의 기본사항으로 생각하지 말고, 시스템 성능 요구조건이 필요 할 때에만 검토해야 할 것이다.

9.5 객체 소유권을 위한 규칙

한 객체의 소유자가 되기 위한 두 가지 방법을 토론했었다.

- 객체를 `alloc` 또는 `allocwithzone` 메시지를 이용하여 만든다.
- 객체에 `retain` 메시지를 보낸다.

하지만 고려해야 할 다른 경우도 있다. 예를 들면, `NSString`의 `StringWithobject` 같은 메시지는 새로운 객체를 만든다. 그러나 이것을 명확하게 `alloc`이라고 하지는 않는다. 그렇다면 결과로서 생기는 객체를 누가 소유하게 되는 걸까?

Cocoa Touch에서는 궁극적으로 모든 메모리 관리 규칙을 다음의 원칙으로 요약한다.

1. 명백하게 생성한 자가 객체를 소유한다.
2. 메시지의 이름이 `alloc`, `new`로 시작하거나 또는 `copy`를 포함한 (`alloc`, `mutableCopy` 등) 메시지를 사용해서 객체를 만든다.
3. `retain` 메시지를 보냄으로 현재 존재하는 객체의 소유권을 공유할 수 있다.
4. 획득한 객체 소유권은 `release` 또는 `autorealease` 메시지를 보내어 포기(양도)해야 한다.
5. 소유하지 않은 객체의 소유권도 포기해서는 안 된다.

좀 더 정형화된 원칙을 기본으로 하여 정확한 메모리 관리 기술을 준수한 다음 코드를 생성할 수 있다.

```
NSString *stringA = [[NSString alloc] initWithString:@"Hello, world!"];
NSString *stringB = [NSString stringWithString:@"Hello, world!"];
[stringA release];
```

첫 번째 문자열은 `alloc` 메서드로 만들었으므로 규칙 1과 2가 이것을 소유하고 있다는 것을 알려준다. 따라서 객체의 사용이 끝났을 때, 객체에 `release` 메시지를 보내서 규칙 4를 만족시켜야 한다.

두 번째 문자열은 `stringWithString` 메시지로 만든다. 규칙 2는 이것을 소유하고 있지 않다는 것을 나타낸다. 따라서 규칙 5는 이 객체를 `release`하지 말라고 제안 하고 있다. Cocoa Touch의 클래스를 보자. `initWithXYZ` 메시지가 `classnamewithXYZ`라는 비슷한 클래스 메서드와 일치된 패턴이 많은 것을 알 수 있다. 예를 들면, `NSString`으로 아래의 정의를 할 수 있다.

```
- (NSString *)initWithString:(NSString *)str;
+ (NSString *)stringWithString:(NSString *)str;
```

첫 번째 줄은 alloc을 호출하여 할당했던 문자열을 초기화한다. 두 번째도 비슷한 기능을 수행한다. 하지만 이 부분에서 문자열을 미리 배치해둘 필요는 없다. 내부적으로 이 메서드는 새로운 문자열 객체에게 autorelease 메시지를 보내고 그 객체를 반환 전에 이 메서드에서 요구한 것과 같이 할당하고 초기화를 한다.

9.6 메모리 부족 경고에 응답하기

iPhone 운영체제는 각각의 애플리케이션의 메모리가 부족(low-memory) 상황을 경고를 해주는 협력적인 메모리 관리를 지원한다.

만약에 가용 메모리가 줄어든다면, 메모리 관리 시스템은 초과된 메모리를 해제하려 할 것이다. 그리고 만약 메모리 사용량을 충분히 만족하지 않는다면 시스템이 현재 사용되고 있는 애플리케이션에 경고를 준다. 만약 애플리케이션이 메모리 부족 경고 메시지를 받는다면, 필요 없는 객체를 해제시키거나 필요하다면 다음번에 쉽게 다시 실행될 수 있도록 숨겨진 정보를 삭제하여 필요한 만큼의 최대치의 메모리를 얻는다.

UIKit 애플리케이션 구조는 메모리부족 경고에 여러 가지 대처하는 방법을 제공한다.

- applicationDidReceiveMemoryWarning 구현 : 애플리케이션 델리게이트 메시지
- UIviewcontroller 하위 클래스에 didReceivememorywarning 메시지 오버라이딩
- UIapplicationDidreceivememorywarningnotification notification에 등록

앞으로 이 시나리오를 하나씩 적용한다. 애플리케이션들이 이 경고 메시지에 반응하는 것은 중요하다. 만약 반응하지 못하거나 충분한 메모리를 확보하지 못한다면, 운영체제는 더 과감한 수단, 즉, '임의로' 갑작스럽게 아무 애플리케이션을 종료해서 충분한 메모리를 얻으려 할 것이다.

9.6.1 UIApplicationDelegate 프로토콜의 구현

7장에서 언급했듯이 프로토콜은 실행 액션을 선택할 수 있는 옵션 메시지를 가진다. UIApplicationDelegate 프로토콜(임대 관리 애플리케이션에서 RentalManagerApp Delegate로 실행되는)은 메모리 양이 부족함을 발견 했을 때 보내지는 application DidReceiveMemoryWarning이라는 옵션 메시지가 있다. 이 메시지는 다음과 같이 실행된다.

```
- (void)applicationDidReceiveMemoryWarning:(UIApplication *)application
{
    NSLog(@"Hello, we are in a low-memory situation!");
}
```

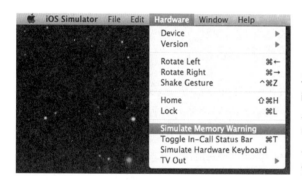

그림 9.3 시뮬레이터 메모리 경고 옵션인 iPhone 시뮬레이터의 Hardware 메뉴에서 Simulate Memory Warning를 선택하면 메모리 부족 시나리오에 애플리케이션이 얼마나 잘 작동하는지 테스트할 수 있다.

이전에 언급한 이유 때문에 iPhone 시뮬레이터는 실제 디바이스에서 실행되는 동안 애플리케이션의 메모리 제약을 찾는 좋은 예가 되지 못한다. 메모리 부족 상태의 애플리케이션을 테스트하려는 개발자를 돕기 위해 iPhone 시뮬레이터는 가상의 메모리 부족 상황을 발생하는 방법을 제공한다. 이 기능은 Hardware 메뉴에 있는 Simulate Memory Warning(그림 9.3 참조)을 선택해 초기화할 수 있다. 시뮬레이터는 컴퓨터에 얼마만큼 메모리가 남았는지 상관없이 낮은 메모리 상황으로 설정한다.

Simulate Memory Warning 옵션을 선택하면, XCode 디버거 콘솔에 애플리케이션 델리케이트가 applicationDidReceiveMemoryWarning: 메시지를 다음과 같은 로그 메시지를 출력한다.

```
Received simulated memory warning.
Hello, we are in a low-memory situation!
```

iPhone 시뮬레이터는 메모리 부족 상태가 거짓이었다는 로그 메시지를 출력한 것을 볼 수 있다. 장치에 낮은 메모리 상태가 발생할 경우 이러한 추가적인 로그 메시지는 출력되지 않는다.

전형적인 애플리케이션에서 갑작스런 공지에 관계없이 `UIApplicationDelegate` 실행 시 특정한 자원을 이용하는 것은 어려울 수도 있다. 애플리케이션의 디스플레이를 담당하는 `UIViews`와 `UIViewControllers`는 운영체제에 메모리 자원을 반환하도록 실행한다. 그러므로 `UIViewController` 클래스는 하위 클래스에 의해 오버라이딩된 `didReceiveMemoryWarning` 메서드를 사용하여 메모리 부족 경고를 알려주는 대안 방법을 제공한다.

9.6.2 didReceiveMemoryWarning 오버라이딩

`UIViewController` 하위 클래스는 임대 부동산 애플리케이션에서 `RootViewController`[1] 클래스와 같은 `didReceiveMemoryWarning:` 메서드를 이용하여 메모리 부족 경고 상황을 처리할 수 있다.

```
- (void)didReceiveMemoryWarning {
    [super didReceiveMemoryWarning];

    [cityMappings release];
     cityMappings = nil;
}
```

위 구현에서 운영체제가 추가 메모리를 요청하면 `RootViewController` 클래스는 도시를 매핑하는 `NSDictionary`를 메모리에서 해제한다. 이것은 메모리를 바로 이용할 수 있게 하지만, 주어진 도시를 출력하기 위한 이미지를 찾을 필요가 있을 때 이전에 만들었던 딕셔너리와 그것의 콘텐츠를 다시 만들어야 한다. 곧 어떻게 지금 사용할 수 있는 코드를 이용해 이 시나리오를 처리하는지 알게 될 것이다. 하지만 먼저 iPhone 프로젝트 템플릿으로 제공되는 구현 방법을 살펴보자.

---

1) XCode 4.2 이상에서는 MasterViewController 클래스를 의미한다.

만약 XCode에 새로운 프로젝트를 만들고 Navigation-based Application[2] 템플릿을 선택했다면, didReceiveMemoryWarning 메서드를 오버라이딩한 것이다. 이 기본으로 제공되는 구현은 아무런 부가 기능을 시행할 수 없다. 이것은 간단히 메시지를 UIView Controller 상위 클래스에 전달하지만 중요한 사실을 기억하는 데 도움이 되는 주석 힌트를 포함한다. 이 주석과 viewDidUnload 메서드와 관련된 것은 여기서 반복된다.

```
didReceiveMemoryWarning
    // Releases the view if it doesn't have a superview.

viewDidUnload
    // Release any retained subviews of the main view.
    // e.g. self.myOutlet = nil;
```

이 주석 힌트는 UIKit 프레임워크가 사용자 임시 스위치를 탭 바 애플리케이션 안에 또 다른 탭을 열거나 Navigation-based Application에서 다른 뷰를 볼 때와 같은 현재 스크린에 없는 뷰를 저장할 것을 암시한다.

뷰 컨트롤러를 초기화 했을 때, NIB 파일에서 연관된 뷰를 로드한다(또는 코드를 이용해 이 부분을 코딩한다). 이것이 로드되면, 뷰가 잠시 스크린에 보이지 않아도 뷰 컨트롤러는 메모리 안에 사용자 인터페이스 컨트롤을 유지한다.

메모리 안에 뷰를 유지하는 것은 성능 관점에서 아주 효율적이다. 왜냐하면 이것은 뷰가 다시 디스플레이되는 과정의 반복 없이 다시 디스플레이되도록 하기 때문이다. 하지만 또한 메모리 소모가 증가한다는 부정적인 영향을 끼칠 수 있다. Navigation-based UI에 다차원의 계층을 갖고 있거나 보이지 않는 스크린 안에 저장되어야 할 뷰를 저장하는 일을 발생하는 많은 복잡한 UI 요구사항 탭을 갖고 있다면 더욱 그렇다.

UIKit 프레임워크는 이런 시나리오를 위해 만들어졌다. 이것은 자동적으로 애플리케이션이 메모리 부족 상황에 있다는 것인지 했을 때마다 뷰 저장 상태를 바꾼다. UIView Controller가 didReceiveMemoryWarning 메시지를 받고, 현재 스크린 밖이면(상위 뷰 또는 부모가 없는 경우), UIViewController는 뷰에 release 메시지를 보낸다. 대부분의 경우에 view가 재할당되도록 만들고, 사용자가 현재 보고, 사용하고 있는 외관상의 모습이나 상태 변화 없이 애플리케이션의 메모리 소모량을 줄인다.

---

2) XCode 4.2 이상에서는 Master-Detail Application을 선택한다.

그러나 뷰 컨트롤러가 뷰 안에 있는 객체를 실행 가능하게 유지한다면 메모리 최적화 되지 않을 수도 있다. 왜냐하면 객체가 아직 해제가 되지 않았기 때문이다. 이것이 바로 ViewDidLoad: "Release any retained subviews of the main view" 주석이 암시하는 것이다. 1장을 참조하면, CoinTossViewController 클래스가 다음과 같이 ViewDidLoad 를 실행했음을 알 수 있다.

```
- (void)viewDidUnload {
    self.status = nil;
    self.result = nil;
}
```

1장에서는 언급되지 않았던 이 문장은 뷰 컨트롤러가 didReceiveMemoryWarning 메시 지를 받고 뷰를 해제하려고 결정하면 그 두 UILable 컨트롤러도 또한 해제될 거라는 것을 확신하게 한다. 일단은 어느 하위 뷰나 invar 또는 뷰 컨트롤러 클래스 안의 속성으로 유지된 제어는 viewDidUnload 메시지를 받으면 언제든지 해제되어야 한다.

> ### 정확한 기억 관리는 세부적으로 신중한 주의를 요구한다.
>
> 5장에서 언급한 "Will Robinson 여기 위험한 용이 잠자고 있어. 위험해!(Danger, Will Robinson, here be sleeping dragons)"와 같이 다음에 오는 세 가지 단락들의 차이점을 주목해야 한다.
>
> ```
> [status release];      status = nil;      self.status = nil;
> ```
>
> 첫 번째 문장은 메모리 자원이 충분할 때 객체를 release 메시지의 상태 인스턴스 변수에 보낸다. 이 문장은 현재 존재하지 않는 객체를 메모리에 남긴 채 상태 변수 값을 바꾸지 않는다.
>
> 두 번째 문장은 변수를 nil로 바꿔서 메모리를 해제한다. 이 방법은 객체에 release 메시지를 보내지 못한다. 그렇게 때문에 UILabel 컨트롤이 이것을 참조할 능력을 상실해도 메모리가 해제되지 않는다.
>
> 마지막 문장(그리고 이것과 논리적으로 동일한 [self setStatus:nil])은 상태 특성과 연관된 설정 방법을 불러내 두 일을 실행한다. 5장에서 retain 속성의 nil처럼 새로운 값으로 정해지면 자동적으로 release 메시지가 예전 값으로 보내진다.

UIViewController가 그것의 뷰를 메모리 해제하게 할 수 있고, 다음에 필요할 때 다시 메모리를 할당하게 만들 수 있다는 걸 안다는 것은 처음의 논리 또는 저장 애플리케이션 상태에 중요한 함축된 의미를 갖는다. 그것이 잘못되면, 애플리케이션 실행되는 동안에는 아마 바르게 작동하는 것처럼 보일 테지만, 사용자가 메모리 부족 상태로 전개되는 것을 목격할 때부터가 첫 번째 실패가 될 것이다.

이 과정을 실행해보기 위하여, 탭 바 애플리케이션 템플릿을 이용하여 새 iPhone 애플리케이션을 생성하고, FirstViewController 클래스 안에 있는 viewDidLoad 메서드 부분의 소스코드의 주석을 제거한다. 그리고 FirstViewController와 FirstView Controller 메서드의 시작 부분에 브레이크 포인트를 추가한다.

애플리케이션이 시작하면, 바로 FirstView NIB 파일에서 로드된 UI 컨트롤을 초기화하기 위해 viewDidLoad가 호출되는 것을 보게 될 것이다.

만약 두 번째 탭에서 다시 첫 번째로 돌아온다면, 추가적인 브레이크 포인트가 사용되지 않았다는 것을 알 수 있을 것이다. 이것은 바로 UIKit 프레임워크가 본래의 뷰를 메모리 안에 유지해 놓고 사용자가 다시 이것으로 돌아왔을 때 이것을 간단히 재사용했기 때문이다(만약 뷰가 사용자에게 보여질 때마다 액션을 실행해야 했다면 viewDidAppear 메시지를 처리했을 수도 있다).

반대로 두 번째 탭으로 바꾸고, 메모리 부족 상황을 가정했다면 디버거는 FirstView Controller의 viewDidUnload 메서드에서 멈춘다. 이것은 뷰 컨트롤러가 현재 사용자가 볼 수 있는 뷰를 메모리 해제함으로써 메모리 부족 상황을 풀 수 있다는 것을 의미한다.

루트(root) 뷰가 로드되지 않으면, 아무런 이상이나 변경 없이 애플리케이션을 계속 할 수 있다. 다음에 첫 번째 탭으로 돌아올 때, viewDidLoad 구현이 자동적으로 NIB 파일에서 방금 다시 로드된 프레임워크가 뷰를 다시 초기화하기 위해 실행된 것을 보게 될 것이다.

뷰가 갑자기 그리고 예상치 않게 할당되는 것을 알고 있기 때문에 뷰 안에 중요한 애플리케이션 상태를 저장시키면 안 된다는 것도 알고 있어야 한다. model-view-controller 디자인 패턴 원리를 벗어나는 것 말고 확실하게 일을 처리 하지 못할 것이다. 예를 들자면, 만약 UIButton이 활성화되어 있는 상태나 애플리케이션의 논리 또는 행동을 제어하기 위해 UITableView 안에 선택한 아이템을 사용했다면, 뷰가 해제되었을 때 애플리케이션이 예기치 못한 상태로 변하고 다시 만들어지는 것을 볼 수 있을 것이다. 이것은 모든 제어가 NIB 파일에 의해 선언되었던 상태로 되돌아가는 효과를 갖게 한다.

대체로 뷰를 초기화 상태로 되돌리는 가장 좋은 방법은 `viewDidLoad` 메서드를 사용한다. 이 원리는 뷰 컨트롤러와 연관된 뷰가 생성될 때마다 실행된다. 임대 관리 애플리케이션 안에 `RootViewController`[3]의 `viewDidLoad` 메서드 구현을 보면, 이것이 바로 `cityMappings` 딕셔너리가 만들어진 곳임을 알 것이다. 또한, 이것은 메모리 부족 상황 때문에 파괴되면 재생성된다는 것을 보장할 수 있다.

이 가장 기본적인 규칙의 연장으로 뷰가 메모리에서 지워지기 전에 애플리케이션 상태를 저장하기에 알맞은 곳과 일치하는 `viewDidLoad` 메시지 오버라이딩을 원할 수도 있다.

9.6.3 UI 애플리케이션 DidReveiveMemoryWarningNotification 관찰하기

애플리케이션에서 제공하는 클래스를 사용할 때, 부족한 메모리 자원을 가용하기 위해서 뷰 컨트롤러나 애플리케이션 델리게이트를 사용하는 것이 편하지 않을 수 있다. 따라서 외부 클래스 필요로 하며 가용 메모리를 위하여 캡슐화를 하지 않고 그 클래스의 내부적 접근을 필요로 한다. 이 경우를 위해 Cocoa Touch는 **notification**을 이용하여 다른 대안의 해결책을 제공한다.

notification은 클래스가 애플리케이션에 어디에 있던지 메모리 부족 상태와 같은 이벤트에 클래스가 응답할 수 있게 한다. 더 이상 `UIViewController` 하위 클래스를 필요로 하지 않는다. 대개 `sender`라는 객체가 notification을 생성하고, 이것은 `observers`라는 0개 아니면 몇 개의 객체를 받아서 보낸다.

Observer와 연결된 notification sender를 호출하는 것은 `NSNotificationCenter` 클래스 이다. 이 클래스는 sender가 새로운 notification을 방송(broadcast)하고, observer가 특별한 notification 유형 수신을 기록할 수 있는 방법론을 제공한다. notification 센터는 이메일 배포 목록 개념과 비슷하다. 한 개 또는 두 개 이상의 이메일 주소(observer)와 메일 목록(notification 센터)이 함께 기록된다. 그리고 새로운 이메일(notification)이 sender에 의해 보내졌을 때는 현재 기록되어 있는 모든 이메일 주소로 그 notification이 보내진다. 주어진 이메일로 모든 이메일을 받지 못할 수도 있다. 왜냐하면 주소가 이메일 서버에 의해 모든 이메일 목록 안에 기록되어 있지 않을 수 있기 때문이다.

---

3) 3) XCode 4.2 이상에서는 MasterViewController 클래스를 의미한다.

Objective-C에 notification 처리하는 첫 번째 일은 알맞은 notification이 발견될 때마다 실행되기를 원하는 방식을 명확히 하는 것이다. 예를 들어, **CTRentalProperty** 클래스에 다음과 같은 방식을 정해놓을 수 있다.

```
- (void)HandleLowMemoryWarning:(NSNotification *)notification
{
    NSLog(@"HandleLowMemoryWarning was called");
}
```

메서드가 정해지면, 반드시 NSNotificationCenter에 특정한 notification 유형을 관찰 (oberving)하는 것을 알려야 한다. 이것은 addObserver:selector:name:object: 메시지를 다음 리스트와 같이 보내는 것으로 해결된다.

리스트 9.3   메모리 경고 notification을 관찰하기 위한 observe 등록

```
- (id)initWithAddress:(NSString *)newAddress
        rentalPrice:(float)newRentalPrice
        andType:(PropertyType)newPropertyType {
    if ((self = [super init])) {
        self.address = newAddress;
        self.rentalPrice = newRentalPrice;
        self.propertyType = newPropertyType;

        [[NSNotificationCenter defaultCenter]
        addObserver:self
        selector:@selector(HandleLowMemoryWarning)
        name:UIApplicationDidReceiveMemoryWarningNotification
        object:nil];
    }

    return self;
}
```

Observer와 selector 인자는 어떤 객체가 observer 역할을 해야 하는지와 객체에 알맞은 notification이 수신되었을 때 보내졌으면 하는 메시지에 대해서 일일이 보여주고 있다. 마지막 두 인자는 UIApplicatioDidReceiveMemoryWarningNotification이라고 하는 특정 notification 을 원한다는 것을 자세히 보여준다. 객체 인수를 위해 nil을 전달하는 의미는 이 이벤트를 어느 누가 보냈든 관찰하고 싶음에 흥미 있음을 말한다. 다른 객체에 의해 생성된 notification을 처리하는 것 대신 그 객체를 명시할 수 있다.

Notification 센터에 등록한다는 것은 notification 이벤트를 관찰했음을 의미한다. 그러므로 더 이상 notification 이벤트 수신을 원하지 않는다면 기록에서 지우는 것이 타당하다. 이것은 아래 보이는 바와 같이 removeObserver:name:object:를 보내는 것으로 해결된다.

```
- (void)dealloc {
    [[NSNotificationCenter defaultCenter]
    removeObserver:self
    name:UIApplicationDidReceiveMemoryWarningNotification
    object:nil];

    [address release];
    [super dealloc];
}
```

객체가 메모리에서 해제되기 전에 observer 기록을 지우는 것은 중요하다. 그렇지 않으면, 다음 notification이 보내졌을 때, NSnotificationCenter는 존재하지 않는 객체에 메시지 보내는 것을 시도할 것이며 이것은 애플리케이션의 고장을 초래할 수 있다.

> **addObserver:selector:name:object:는 많은 유연성을 제공한다.**
>
> addObserver:selector:name:object: 메시지는 observer으로 어떻게 notification을 처리해야 할지를 결정하는 데 많은 옵션을 제공한다.
>
> addObserver:selector:name: object: 메시지를 같은 observer 객체로 (할 때마다 다른 이름을 이용해) 여러 번 호출할 수 있기 때문에 한 가지가 아닌 두 개 이상의 많은 notification 유형을 한 객체로 처리할 수 있다.
>
> 마찬가지로 selector 인수를 사용하여, 각각 다른 notification 유형의 메서드 또는 한 메서드로 한꺼번에 처리할지를 결정할 수 있다.
>
> 만약 이 하나의 메서드가 다양한 notification 유형을 처리한다고 결정되면, NSNotfication 객체는 현재 왜 이것이 실행되고 있는지를 구분할 수 있게 도와주는 name 속성을 갖는 메서드로 전달된다.

9.7 요약

Objective-C에서 정확한 메모리 관리에 대한 책임은 개발자에게 있다. 쓰고 버리는 형식의 환경이라고 볼 수 있는 가비지 컬렉션 환경과는 달리, Objective-C 안에 객체의 메모리 해제는 오직 `retain`와 `release`, `autorelease` 메시지에 의해서만 지정된 시간 안에 알맞은 곳에서 일어날 것이다. 실수를 하게 되면 객체는 메모리 해제되지 않을 것이며 어쩌면, 너무 일찍 메모리 해제되거나 애플리케이션이 망가지는 더 나쁜 경우를 초래할 수도 있다.

이것을 처리하기 쉽게 만들기 위하여 대부분의 Objective-C 클래스는 9.5절에서 검토한 보통의 메모리 관리 패턴에 맞추려고 애를 쓴다. 주기적으로 메모리 할당을 처리함으로써, 주어진 객체 트랙 유지 시 무엇이 원인인지를 측정하기 위해 수시로 문서를 참조할 필요가 없을 것이다.

자동 해제 풀은 암시된 오버헤드 없이 가비지 컬렉션 환경의 효율적인 면을 갖는다. 객체는 미래의 어느 시기에 release 메시지가 보내지도록 기록될 수 있다. 이 말은 객체에 전형적인 `retain` 그리고 `release` 메시지를 사용하지 않아도 객체가 결과적으로 메모리를 해제할 정보는 안전하다는 것을 의미한다.

이것은 iOS4.0이 출시된 후 그리고 멀티태스킹 기능을 하는 애플리케이션이 iPhone에 자리 잡기 위해 더 중요해졌다. 애플리케이션을 개발하는 동안 애플리케이션이 메모리 부족 경고를 받고 응답하기 위해 몇 분을 투자해야 한다. `Retain`과 `release` 메시지가 제대로 제공되었고 메모리 부족 상황에 응답하는 몇 가지의 자원을 자유자재로 사용할 수 있다. 그렇다면 최종 사용자는 애플리케이션에서 아무런 차이점을 느끼지 못할 것이다. 메모리 부족 notification을 실행하는 것은 고객 만족과 iTunes에 애플리케이션이 충돌한다는 코멘트를 남기는 차이이다.

10장에서 우리는 iOS 애플리케이션에서 Ojbective-C를 개발할 때 발생하는 모든 에러와 예외를 처리하는 방법을 배울 것이다.

제 3 부

프레임워크 기능 최대한 사용하기

만약 모든 iOS 애플리케이션이 시간과 노력을 낭비하여 만들어진다면 iTunes App Store 에는 훨씬 적은 수의 애플리케이션이 있을 것이다. 왜냐하면 개발자가 비슷비슷한 기능을 수행하는 클래스를 다시 개발하는 데 시간을 낭비해야하기 때문이다. Cocoa Touch 환경 은 간단한 코드와 함께 지원 라이브러리와 클래스를 지원하고, 효과적이고 복합적인 방식 으로 애플리케이션 개발자가 사용할 수 있게 한다. Store에 빨리 출시되고 독창적인 애플 리케이션에 시간을 더 투자하기 위해서는 애플리케이션 개발자는 어떤 종류의 서비스를 iOS SDK가 지원하는지, 그리고 그 장점이 무엇인지 아는 것이 중요하다.

3부에서는 Objective-C 프레임워크가 어떻게 오류를 처리하고 회피하는지 보여주는 것으 로 시작할 것이다. 그 다음에 애플리케이션 안에 유연한 분류 방법과 필터링을 사용하는 **Key Value Coding**(KVC)과 **NSPredicate**라는 기술에 대해 살펴볼 것이다. 또한, 이 두 가지 기술은 KVC와 NSPredicate를 이용한 데이터베이스로 작업한 핵심 데이터 사용에 대한 지식을 이용하여 어떻게 정확한 정보가 다시 사용될 수 있는지를 보여준다.

3부의 후반부에는 많은 일을 한 번에 수행하거나 또는 외부의 웹 서비스의 응답을 기다리 는 동안에 어떻게 애플리케이션 안에서 사용자 경험을 전달할 수 있는지를 다룬다. 애플 리케이션이 오랫동안 응답이 없는 것만큼 나쁜 상황은 없지만 Grand Central Dispatch (GCD)는 이것을 해결할 수 있다. 그리고 애플리케이션이 복잡해 졌을 때 실행, 메모리 관련 이슈를 디버깅하고 진단하는 툴을 소개할 것이다.

10장

오류와 예외 처리

이 장에서 배우는 것
- NSError 처리
- NSError 객체 만들기
- 예외(exception)를 사용해야 하는 경우와 사용하지 말아야 하는 경우

무언가 잘못되었다고 해도 놀라지 마라. 또 구축한 소프트웨어도 문제가 있을 수 있다. 아마도 대화하고 싶은 API 호스트 서버에 연결이 안 될 수도 있고, 분석이 필요한 XML 파일에 오류가 생길 수도 있고, 열고 싶어 하는 파일이 존재하지 않을 수도 있다. 이러한 케이스를 적절히 처리할 수 있게 준비해야 한다. 이 말은 충돌 없이 사용자에게 적절한 메시지를 주어야 한다는 것이다.

Cocoa Touch와 Objective-C는 문제점을 다룰 수 있는 두 가지 방법을 제안한다. NSError와 예외(exception)이 바로 그것이다. NSError는 (호스트와 연결 실패 같은…) 예상되는 오류를 다룰 때 선호하는 방법이다. 예외는 개발 중 일어나는 프로그램 오류를 다루고 기록하며 실행 중 사용자에게는 오류 다루거나 기록하지 않는다는 뜻이다. 이것이 자주 사용되는 Java 같은 언어와 차별 점은 Objective-C 예외의 목적이다.

이 장에서 NSError에 대해 중점적으로 알아보고 현실에서 예외 사용의 경우를 알아볼 것이다.

10.1 NSError - Cocoa 방식의 오류 처리

Cocoa와 Cocoa Touch에서 마지막 파라미터로 NSError 포인터를 포인터로 제어할 수 없다는 이유로 거의 모든 방식에서 실패할 가능성이 있다. 왜 포인터에서 포인터로인가?

262

왜냐하면 이러한 방법이 NSError 인스턴스를 생성할 수 있고 그 후 NSError 포인터를 통해 접근할 수 있기 때문이다.

다른 내용을 알아보기 전에, 아래의 코드의 예제를 살펴보자.

리스트 10.1 존재하지 않는 파일 열기 시도하기

```
NSError *error;
NSData *data = nil;

data = [[NSData dataWithContentsOfFile:@"i-dont-exist"
        options:NSDataReadingUncached
        error:&error] retain];

if (data == nil) {
    NSLog(@"An error occurred: %@",
          [error localizedDescription]);
} else {
    NSLog(@"Everything's fine");
}
```

위 예제는 간단하다. error라는 NSError 포인터 변수를 만든다. 그 다음에 NSData 객체를 존재하지 않는 파일로 초기화하고 포인터 변수의 주소로 연결한다. 그 후에 객체 데이터를 가지고 있는지 확인한다. 이 과정은 매우 중요하다. 아무런 문제점도 발견되지 않았을 때는 error 포인터 상태가 정의되지 않은 것이다! 오류 발생이 확실하지 않는 한 오류 포인터로 무엇을 하던 간에 안전하지 않다. 이것이 언제나 error 객체에 접근하기 전에 메서드의 반환 값을 확인해야 하는 이유이다.

이 코드를 사용할 때, 리스트 10.1 안 오류의 설명은 사용자에게 별로 도움이 되지 않는다.

"An error occurred: The operation couldn't be completed. (Cocoa error 260.)"

어떻게 하면 이것으로부터 사용자에게 유용한 정보를 보여줄 수 있는지 NSError에 대해 더 깊이 알아보자.

10.1.1 대화하기 위하여 NSError 얻기

NSError 객체는 오류 도메인과 오류 코드를 둘 다 가지고 있다. 도메인은 대부분 기존에 나타난 원인과 함께 하지만, 유용한 정보를 제공한다. 왜냐하면 이것이 어떤 프레임워크가 오류를 기록하였는지 말해주기 때문이다. 오류 도메인은 문자열이며, 프레임워크는 네 개의 대표적인 오류 도메인을 선언한다. NSMachErrorDomain, NSPOSIXError Domain, NSOSStatusErrorDomain과 NSCocoaErrorDomain. Core Data와 같은 프레임워크는 그것만의 오류 도메인을 가지고 있으며, 오류 코드나 그 그룹별로 네임스페이스(namespaces)를 제공한다.

오류 코드는 숫자 형식이며 어떤 오류가 발생했는지 알려준다. 다른 프레임워크의 오류 코드는 대게 헤더(header) 파일로 정의되며 온라인 문서(http://developer.apple.com/library/ios/navigation/)에서도 찾을 수 있다. 예를 들어 Foundation 오류 코드는 <Foundation/Foundation-Errors.h>에 규정된다. 왜냐하면 이것은 숫자 형식이고, 적절한 방식으로 예상한 오류 코드를 다루기 위해 그 상태를 바꾸는 것이 편하기 때문이다. 도메인이나 코드는 둘 다 유용하지 않을 수 있다. 운 좋게 NSError는 더 많은 정보를 가지고 있다.

localizedDescription 메서드는 사용자에게 보여줄 수 있는 문자열을 항상 반환할 수 있다. 이것은 종종 오류에 관한 유용한 정보를 제공한다. (다음 세션에서는 위치(Localized) 디스크립션(description)이 충분하지 않을 때 어떻게 하는지를 다룰 것이다.) 또한 NSError는 사용자에게 유용한 정보를 공급할 수 있는 세 가지 다른 메서드를 가지고 있다. localizedFailureReason, localizedRecoverySuggestion, 그리고 localized RecoveryOptions이다. 하지만 이 메서드들은 어떤 값을 반환 한다는 보장은 할 수 없다.

그러면 이러한 모든 정보들이 유용하지 않을 때 어떻게 해야 할까? userInfo 딕셔너리를 열어보면 된다!

10.1.2 NSError의 userInfo 딕셔너리 알아보기

NSError의 userInfo 딕셔너리는 오류에 관한 추가적인 정보를 공급하기 위해 유연한 방법을 제공한다. 콘텐츠와 NSLog를 함께 쓰면 이것의 콘텐츠를 콘솔에서 간단히 조사할 수 있다. 지금 한번 시도해보자. 리스트 10.1을 다음과 같이 NSLog(@"An error occurred:

%@", [error localizedDescription]); to NSLog(@"An error occurred: %@", [error userInfo]); 바꾼 후 실행시켜보자. 그러면 아래와 같은 결과를 볼 수 있다.

```
An error occurred: {
  NSFilePath = "i-dont-exist";
  NSUnderlyingError = "Error Domain=NSPOSIXErrorDomain Code=2 \"The operation
    couldn\U2019t be completed. No such file or directory\"";
}
```

확실히 NSUnderlyingError 정보가 사용자에게 더 유용하다. "No such file or directory"가 좋은 예이다. userInfo 딕셔너리 안에 NSUnderlyingError의 값 – 존재하는지 – 문제점의 원인을 설명 하고 있는 다른 NSError 오브젝트를 포함한다. 가장 세밀한 오류 메시지를 사용자에게 보여주기 위해, 아래와 같이 할 수 있다.

리스트 10.2 더 구체적인 메시지 표시하기

```
NSDictionary *userInfo = [error userInfo];
NSString *message;

if (userInfo && [userInfo
                objectForKey:NSUnderlyingErrorKey]) {
    NSError *underlyingError = [userInfo
                objectForKey:NSUnderlyingErrorKey];
    message = [underlyingError localizedDescription];
} else {
    message = [error localizedDescription];
}

UIAlertView *alert = [[UIAlertView alloc]
                initWithTitle:@"Error"
                message:message
                delegate:nil
                cancelButtonTitle:nil
                otherButtonTitles:@"OK", nil];

[alert show];
[alert release];
```

리스트 10.2에서 우선 오류 객체가 userInfo를 가지고 있는지 검사한 후 딕셔너리에서 NSUnderlyingErrorKey의 값이 있는지 검사한다. 그 값이 있다면 localizedDescription을 보여준다. 만약 없다면 메인 오류 객체의 localizedDescription를 보여준다.

265

이 기술은 사용자에게 모든 경우에 최적의 메시지를 출력하지 않는다. 개발 중에 다른 오류를 테스트하고 `userInfo` 딕셔너리의 콘텐츠를 확인하는 것이 중요하다. 왜냐하면 다른 프레임워크와 다른 하위 시스템은 이것이 만들어내는 `NSError` 객체 안에서 다른 양과 종류의 정보를 제공하기 때문이다. 사용자에게 오류 메시지를 보여주기 위해 한 가지 방법으로 모든 해결책을 만들 수 없다. 거의 모든 경우 어떠한 코드에 어떠한 문제점이 생길지 알 수 있다. 사용자 중심의 가능한 메시지를 만들고 디스플레이하기 위해 고민해야 한다.

`NSError` 객체를 만들려면 어떻게 해야 하는지 다음 절에서 알아보자.

10.2 NSError 오브젝트 생성하기

Cocoa의 오류 핸들링 패턴을 코드에 적용하는 것은 간단하다. 메서드의 인수로 NSError 포인터를 포인터하면 된다, 호출자로부터 제공되었는지 검사하고, 무언가 잘못 되었을 경우 오류를 설명하는 정보와 함께 NSError의 객체를 만들자. 실제 예제를 살펴보자.

10.2.1 RentalManagerAPI 소개하기

my-awesome-rental-manager.com과 메시지를 교환하기 위한 프레임워크를 만든다고 가정해보자. 개발자는 서드 파티 개발자가 이 프레임워크를 iOS 프로젝트에 쓸 수 있도록 오류를 확실하게 다룰 수 있는 API를 구축하기 원한다. 프레임워크의 메서드 중 한 가지는 간단히 하기 위해 분류된 광고를 표현하는 값의 딕셔너리를 사용 하는 것이다. 실제로 이러한 광고를 표현하기 위해 사용자 클래스를 사용할 것이다. 이 메서드는 필요한 값이 존재하는지 검사 후에 그 광고를 웹사이트에 올린다. 존재하지 않는다면, 그림 10.1에서 보여주는 것과 같이 어떤 곳이 없는지 표시하는 오류를 만들고 출력한다.

그림 10.1 RentalManagerAPI가 애플리케이션에 오류를 표시함.

이번 장에서 오류를 어떻게 만들고 다루는지에 대해 살펴봤기 때문에 데모 프로젝트를 어떻게 만드는지, 또는 인터페이스 빌더 안에 이 애플리케이션을 위한 사용자 인터페이스를 어떻게 디자인하는지에 대해서는 상세히 다루지 않을 것이다. 만약 이전 장에서 배운 기술을 사용하고 싶다면 그렇게 해도 좋다. XCode에서 새로운 View-based application을 생성하면 된다. 그렇지 않을 경우 이 장 안에 있는 다운로드 가능한 소스 코드를 이용하여 RentalManagerAPI 프로젝트를 확인 할 수 있다.

아래의 코드를 살펴보자.

리스트 10.3 RentalManagerAPI.h

```
#import <Foundation/Foundation.h>

extern NSString * const RMAMissingValuesKey;
extern NSString * const RMAAccountExpirationDateKey;

extern NSString * const RMAErrorDomain;

enum {
    RMAValidationError = 1,            ←————요청된 값 손실
    RMAAccountExpiredError = 2,        ←————계정 만기
    RMAWrongCredentialsError = 3       ←————잘못된 사용자/비밀번호
};

@interface RentalManagerAPI : NSObject {

}

+ (BOOL)publishAd:(NSDictionary *)anAd
    error:(NSError **)anError;

@end
```

아래 리스트는 코드의 나머지 부분이다.

리스트 10.4 RentalManagerAPI.m

```
#import "RentalManagerAPI.h"

NSString * const RMAErrorDomain =         ←————사용자 오류 도메인 정의
    @"com.my-awesome-rental-manager.API";
```

```
NSString * const RMAMissingValuesKey = @"RMAMissingValuesKey";
NSString * const RMAAccountExpirationDateKey =
    @"RMAAccountExpirationDateKey";

@implementation RentalManagerAPI

+ (BOOL)publishAd:(NSDictionary *)anAd error:(NSError **)anError {
    if (anAd == nil) {                        ◀━━━━━━━━━━ ad 객체가 없으면 예외 처리
        @throw [NSException exceptionWithName:@"RMABadAPICall"
                reason:@"anAd dictionary is nil"
                userInfo:nil];
    }

    NSMutableArray *missingValues = [NSMutableArray array];
    for (NSString *key in [@"name price city"
                        componentsSeparatedByString:@" "]) {
        if ([[anAd objectForKey:key] length] == 0) {
            [missingValues addObject:key];
        }                                     ◀━━━━━━━━━━ 값 손실 검사
    }

    if ([missingValues count] > 0) {
        if (anError != NULL) {
            NSString *description = @"The ad could not be \    ◀━━┐
                        published because some required \
                        values are missing.";                     │
            NSString *recoverySuggestion = @"Please provide \     │ 오류 호출자
                        the missing values and try again.";       │
            NSArray *keys = [NSArray arrayWithObjects:
                        NSLocalizedDescriptionKey,
                        NSLocalizedRecoverySuggestionErrorKey,
                        RMAMissingValuesKey, nil];
            NSArray *values = [NSArray arrayWithObjects:
                        description,
                        recoverySuggestion,
                        missingValues, nil];
            NSDictionary *userDict = [NSDictionary
                        dictionaryWithObjects:values
                        forKeys:keys];
            *anError = [[[NSError alloc] initWithDomain:
                        RMAErrorDomain
                        code:RMAValidationError
                        userInfo:userDict] autorelease];
        }
        return NO;
```

```
    } else {
        return YES;
    }
}

@end
```

코드를 살펴보자. 헤더파일에 상수를 정의한다. 사용자 오류 도메인, `userInfo` 딕셔너리의 특별한 키, 그리고 몇 개의 오류 코드. 이 상수와 열거형 사용은 코드를 훨씬 더 읽기 편하고 유지하기 쉽게 만든다. `publishAd:error:` 메서드의 구현에서 `@throw` 명령어 사용은 흥미롭다. 다음 절에서 예외에 관해 살펴보기 전에 catching 프로그래밍 오류를 살펴보자. `NSDictionary` 인스턴스 없이 메서드는 호출될 수 없으므로 이러한 예외를 이용하여 개발 중에 이러한 오류를 수정할 수 있다.

나머지 메서드는 큰 기술을 필요로 하지 않는다. 필요로 하는 값이 있는지 검사하고 배열에 저장한다. 만약 어떠한 값이 없을 때 설명과 함께 복구할 수 있게 제안하고 없어진 값의 배열과 함께 딕셔너리에 넣는다. 이렇게 `NSError` 인스턴스를 만들고 다양한 이름 앞에 별표(asterisk)를 사용하여 이것을 가리키는 포인터 (`anError`)를 정의한다. 이것은 `anError` 자체의 값이 아닌, `anError`가 가리키는 포인터의 값을 수정하도록 컴파일러에게 요청한다.

이것은 복잡한 방법이라고 생각할 수 있지만 곧 이해할 수 있을 것이다. 마지막으로 오류가 발생하면 `YES`가 아닌 `NO` 코멘트를 반환받는다. 이 메서드를 어떻게 호출하고 어떻게 반환할 오류를 다룰 것인가?

10.2.2 RentalManagerAPI 오류 핸들링과 표시하기

리스트 10.5를 살펴보자. 이 코드는 무엇을 하는가? 첫 번째 텍스트 필드 값으로부터 광고 딕셔너리를 준비한다. 그리고 `NSError` 유형의 포인터를 만들고 `publishAd:error:` 메서드를 호출한 후 반환되는 값을 검사한다. 만약 `YES`가 뜨면 메시지 표시를 성공한 것이다. 오류를 뜻하는 'NO'가 뜨면 에러 도메인이 `RentalManagerAPI`인지 검사한다. 만약 그렇다면 다른 에러 코드를 검사하고 적당한 메시지를 만들어야 한다. 그렇지 않으면, 그냥 `localizedDescription`을 사용하고 마지막으로 `UIAlertView`에 그것을 표시하면 그걸로 끝이다. 이제 Cocoa안에 오류를 어떻게 다루고 어떻게 만드는지에 대한 기초지식을 충분히 이해했을 것이다.

리스트 10.5   publishAd:error: 메서드 호출

```
- (IBAction)publishAd:(id)sender {
    NSArray *keys = [NSArray arrayWithObjects:@"name", @"city",
                                              @"price", nil];
    NSArray *values = [NSArray arrayWithObjects:nameTextField.text,
                       cityTextField.text,
                       priceTextField.text, nil];
    NSDictionary *ad = [NSDictionary dictionaryWithObjects:values
                        forKeys:keys];        ◄──── ad 생성


    NSError *error;   ◄────── NSError 포인터 생성
                                                            RentalManagerAPI
    if ([RentalManagerAPI publishAd:ad error:&error]) {  ◄─┘ 호출
        UIAlertView *av = [[UIAlertView alloc]
                           initWithTitle:@"Success"
                           message:@"Ad published successfully."
                           delegate:nil
                           cancelButtonTitle:@"OK"
                           otherButtonTitles:nil];
        [av show];                             ◄─┐ 메시지
        [av release];                            │ 표시 성공
    } else {
        NSString *message;
                                                   사용자 정의 에러
        if ([error domain] == RMAErrorDomain) {  ◄─┘ 도메인
            switch ([error code]) {    ◄───── 핸들 에러
                case RMAValidationError:                      ◄──────┐
                    message = [NSString
                        stringWithFormat:@"%@\nMissing values: %@.",
                        [error localizedDescription],
                        [[[error userInfo] objectForKey:
                          RMAMissingValuesKey]                  타당한 에러를
                          componentsJoinedByString:@", "]];     위한 메시지
                    break;
                case RMAWrongCredentialsError:
                    break;
                default:
                    message = [error localizedDescription];
                    break;
            }
        } else {                                    이 메시지를 사용하는
            message = [error localizedDescription];  ◄─┘ 다른 에러
        }
```

```
            UIAlertView *av = [[UIAlertView alloc]
                            initWithTitle:@"Error"
                            message:message
                            delegate:nil
                            cancelButtonTitle:@"OK"
                            otherButtonTitles:nil]; Display error
        [av show];                          ◄─┐ 디스플레이
        [av release];                         │ 에러 메시지
    }
}
```

10.3 예외

예외(exception)는 java와 같은 언어와 달리 Objective-C와 Cocoa 안에서는 다른 역할을 한다. Cocoa에서 예외는 오직 프로그래머 오류에만 사용되고 프로그램은 이러한 예외가 발견되자마자 종료되도록 되어 있다. 예외는 호스트 연결 실패, 파일 찾기 실패와 같이 예상되는 오류를 관리 또는 기록하지 못하게 되어 있다. 대신에 값이 nil이면 안 되는 것과 같은 nil 프로그래밍 오류를 찾아내거나 적어도 원소가 두 개 이상이어야 하는데 하나뿐인 배열을 찾는 데 사용된다. 이제 이것에 대해 이해했을 것이다.

그러면 어떻게 예외를 만들까?

10.3.1 예외 처리

예외는 NSException의 인스턴스이다. 이것은 이름, 원인, 그리고 임의의 userInfo 딕셔너리, NSError로 구성된다. 예외로 문자열을 쓸 수 있고 또는 http://developer.apple.com/library/ios/#documentation/Cocoa/Conceptual/Exceptions/Concepts/PredefinedExceptions.html에서 찾을 수 있는 Cocoa에 정의된 이름을 사용할 수 있다.

예외는 @throw 명령의 사용 또는 NSException의 경우 raise 메서드를 호출하여 처리할 수 있다. 아래 코드는 미리 정의된 예외 이름과 함께 예외를 만들고 처리하는 예를 보여주고 있다.

```
if (aRequiredValue == nil) {
    @throw [NSException
            exceptionWithName:NSInvalidArgumentException
            reason:@"aRequiredValue is nil"
            userInfo:nil];
}
```

잡히지 않는 예외는 애플리케이션이 종료되는 원인이 된다. 아마도 개발 중에 코드나 로직이 잘못되었을 때 경고창이 띄는 것을 원할 것이다. 어떻게 예외를 처리할 수 있을까?

10.3.2 예외 잡기

이미 예상한대로 예외를 처리할 가능성이 있는 코드는 @try 블록에 있어야 하고 @try 블록 안의 코드에 의해 처리될 예외를 처리하기 위한 한 개나 그 이상의 @catch() 블록이 따라야 한다.

선택적으로, @finally 블록을 추가할 수 있다. @finally 블록 안의 코드는 예외가 발생할지 안 할지 개의치 않고 작동된다. 왜 @catch 블록이 존재하는 것일까? 왜냐하면 다른 종류의 예외가 있을 수 있기 때문에 Objective-C 실행하는 동안 예외 처리가 가장 어울리는 @catch 블록을 선택한다. @try, @catch와 @finally 블록은 고유의 영역을 가지고 있어서 @finally 블록에서는 @try 블록에서 생성된 객체에 접근할 수 없다는 것을 알아야 한다. 예를 들어, 만약 그것을 수행하고 싶으면 @try 블록 밖에 변수를 선언해야 한다. 아래의 코드가 간단한 예이다.

```
@try {
    NSLog(@"Trying to add nil to an array...");
    NSMutableArray *array = [NSMutableArray array];
    [array addObject:nil];
}
@catch (NSException *e) {
    NSLog(@"Caught exception: %@, Reason: %@", [e name], [e reason]);
}
@finally {
```

```
    NSLog(@"Executed whether an exception was thrown or not.");
}
```

@try 블록 안에서 nil을 배열에 삽입하기를 시도한다. 예외는 @catch 블록에 의해 처리되고, 그 후에 @finally 블록이 작동한다. 이 코드의 콘솔 출력은 아래와 같다.

```
Trying to add nil to an array...
Caught exception: NSInvalidArgumentException, Reason: *** -
[NSMutableArray insertObject:atIndex:]: attempt to insert nil object at 0
Executed whether or not an exception was thrown.
```

예외는 Cocoa 개발에서 별로 사용되지 않지만 프로그램 오류를 잡는 데 유용하다.

10.4 요약

Cocoa와 Cocoa Touch는 둘 다 오류 처리 방법이 간단하고 유연하다. 애플리케이션에 나오는 오류를 무시하지 말아라. 확실히 이것들을 다루고 사용자가 이해할 수 있도록 오류에 대해 설명해야 한다. 예외의 개념은 Cocoa에 역시 존재하지만 다른 프레임워크와 언어에 비해 역할의 비중이 적다. 개발 중에 오류를 잡는 목적으로 사용하자.

11장에서는 값을 수정하고 접근할 수 있도록 하는 중요한 Cocoa의 개념인 키 값(Key-Value) 코딩과 NSPredicate를 다룰 것이다.

키-값 코딩과 NSPredicate

KVC는 문자열을 사용하는 객체 속성에 접근 할 수 있게 하는 기초 프레임워크이다. 객체 속성의 현재 값을 얻기 위해 아래와 같은 메시지를 객체로 보낸다.

```
CTRentalProperty *house = …;
NSString *addressOfProperty = [house address];
```

5장에서 개발한 **CTRentalProperty** 클래스의 인스턴스가 주어지며, 이것은 house의 address 속성의 현재 값을 반환할 수도 있다. Objective C 2.0에서 제공되는 속성 접근자 구문을 대안으로 사용할 수 있다.

```
NSString *addressOfProperty = house.address;
```

둘 중 하나의 구문을 사용할 때, 런타임 동안 속성에 접근되는 것을 바꾸는 것은 불가능하다. 왜냐하면 그 속성의 이름은 확실히 소스코드에 있기 때문이다. 이러한 문제는 if 문장을 이용하여 해결할 수 있다.

```
id value;
if (someConditionIsTrue)
    value = [house address];
else
    value = [house propertyType];
```

이러한 종류의 코드 작성 시 문제점은 개발자가 컴파일 시간에 가능성 있는 모든 속성을 알아야 한다는 것이다. 잠재적인 코드를 유지하는 것은 악몽 같은 일이다, 왜냐하면 새로운 속성이 클래스에 더해질 때마다 새로운 절을 if 문에 더해야 한다는 것을 기억해야 하기 때문이다. KVC는 아래와 비슷한 간단한 문장으로 이 불안정한 로직을 대체할 수 있게 해준다.

```
NSString *key = @"address";
NSString *value = [house valueForKey:key];
```

valueForKey: 메시지는 속성 이름을 포함한 문자열을 예상하고 현재 값을 되돌린다. 접근하려 하는 속성은 문자열로 표현되기 때문에, 런타임 동안 이것을 바꾸거나 사용자 입력에 동적으로 반응하거나 속성의 접근을 수정할 수 없다.

KVC는 프레임워크로부터 따로 생성된 사용자 정의 객체와 성공적으로 상호작용한 Core Data와 같은 더 많은 고급 프레임워크를 가능하게 하는 기술이다. Core Data는 12장에서 중점적으로 다룰 것이다.

대체로 객체를 조건과 비교하고 이 비교에 의한 액션을 실행시킨다. 이것은 보통 프리디케이트 조건(predicate condition)이라 부르며 기초 프레임워크에서 NSPredicate 클래스로 대표된다. 이 클래스는 내부적으로 KVC와 키 경로(key path)를 사용하며, 이 장의 후반부에 어떻게 NSPredicate의 장점을 이용할 수 있는지 알아볼 것이다.

11.1 KVC-compliant 객체 만들기

KVC는 규칙에 관한 것이 전부이다. Setter 또는 getter 메시지를 받는지 KVC를 결정하기 위해서는 주어진 키에 접속하기 위해 보내져야 하고 정해진 규칙에 따라야 한다. 만약 KVC와 함께 non-KVC-compliant 객체를 사용하려 한다면, 런타임 동안 아래와 같은 예외를 보게 될 것이다.

```
[<CTRentalProperty 0x1322> valueForUndefinedKey:] this class is not key value
    coding-compliant for the key age
```

다행이 이 관습은 사용자 정의 클래스를 개발하는 데 복잡하지 않도록 쉽게 되어 있다. 현재 값 속성 문의를 지원하기 위해 아래 리스트 중 적어도 한 개 객체는 공급되어야 한다는 valueForKey: 메시지를 보낸다.

- getKey 또는 key이라는 getter 메서드
- isKey라는 getter 메서드(전형적으로 BOOL 형 properties으로 사용된다.)
- _key 또는 _isKey라는 변형된 인스턴스
- key 또는 isKey라는 변형된 인스턴스

setValue:forKey:와 일치하기 위해서 적어도 아래 리스트 중 하나의 객체를 제공해야 한다는 메시지를 보낸다.

- setKey:라는 setter 메서드
- _key 또는 _isKey라는 변형된 인스턴스
- key 또는 _isKey라는 변형된 인스턴스

이러한 규칙에 따라서, 런타임 동안 객체와 상호작용할 방법을 선택하기 위해 Objective-C 메타데이터를 위한 KVC 프레임워크를 사용한다. 비록 이 프레임워크가 (_) 접두어와 함께 시작하는 변형된 인스턴스를 제공하긴 하지만, (_) 접두어는 일반적으로 Objective-C 런타임과 Apple에 의해 내부적으로 사용되기 위해 남겨져야 하기 때문에 피해야 한다.

> **거의 모든 객체는 기본적으로 KVC-compliant이다.**
>
> NSString같은 기초 프레임워크를 가지고 있는 거의 모든 Objective-C 객체는 기본적으로 KVC 기술 사용에 알맞다는 것을 알아야 한다. 모든 객체는 근본적으로 NSObject로부터 상속되었기 때문이다. @synthesize 편집, 알맞은 getter 생성과 기본 설정에 따른 자동 setter 메서드는 5장에서 알아보았다. 대체로 KVC와 함께 양립할 수 없는 객체를 생성하기 위한 방법을 찾아야 한다.

11.1.1 KVC로 속성 접근

지금까지 어떻게 KVC와 양립할 수 없는 객체를 만드는지 알았다. 이제 어떻게 KVC 기법이 현재 속성 값을 얻고 업데이트 하는 데 쓰이는지 알아보자.

현재 속성 값의 객체를 질의하기 위해, valueForKey 메시지를 사용할 수 있다. 비슷한 setValue:forKey: 메시지는 속성에 새로운 값을 명시할 수 있게 한다.

```
NSLog(@"House address is: %@", [house valueForKey:@"address"]);
```

```
[house setValue:@"42 Campbell Street" forKey:@"address"];
```

valueForKey에서 이 객체의 접근을 표시하는 방식의 프로토타입을 알아야 한다. 이 말은 직접 int, float, 또는 BOOL과 같은 기본적인 데이터의 값을 사용하지 못한다는 것이다. 이것을 NSNumber 클래스의 인스턴스로 묶어야 한다. KVC 프레임워크는 자동적으로 요청에 따라 이러한 값을 아래와 같이 해결한다.

```
NSNumber *price = [house valueForKey:@"rentalPrice"];
NSLog(@"House rental price is $%f ", [price floatValue]);
```

```
[house setValue:[NSNumber numberWithFloat:19.25] forKey:@"rentalPrice"];
```

편리한 규칙으로 KVC는 또한 여러 KVC 요청을 한 번에 가능하게 하는 dictionary WithValuesForKeys:와 setValuesForKeysWithDictionary: 메서드를 제공한다. dictionaryWithValuesForKeys: 메시지 인스턴스, NSArray 속성 이름을 제공하고 NSDictionary 속성 이름/값을 반환 받는다.

11.1.2 키 경로 생성

접속 프로퍼티를 요청한 객체에 접속하는 키의 사용을 배우면 KVC는 훨씬 흥미로워진다. 하위 클래스로 내려가기 위해 더 상위의 **키 경로**(key path)를 사용하는 것이 가능하다. 이러한 기능을 가능하게 하기 위해 valueForKey: 대신에 valueForKeyPath:를 사용한다.

키 경로 문자열 안에 주기적으로 속성의 이름을 나누고 KVC 프레임워크에서 그 문자열을 분석한다. 다음 단계로 가기 위해 KVC를 사용하는 객체 프레임워크가 질문하는 과정을 밟는다. 예를 들어, CTRentalProperty 클래스는 length 속성을 가지고 있는 NSString와 NSString 객체를 되돌리는 address 속성을 가지고 있다. KVC 주요 경로 질의에 따라 속성 address의 글자 수를 물어볼 수 있다.

```
NSNumber *len = [house valueForKeyPath:@"address.length"];
NSLog(@"The address has %d characters in it", [len intValue]);
```

그곳에는 알맞은 setter 메시지가 공급된 하위 객체의 현재 속성 값을 업데이트하기 위해 사용된 동등한 setValue:forKeyPath:가 있다.

11.1.3 여러 값 되돌리기

키 경로 측정 동안, 0이나 더 큰 값을 대표하는 프로퍼티를 접할 것이다. 예를 들어, 6장에서 NSArray 프로퍼티를 포함한 Teacher 클래스를 만들었다.

배열의 속성은 1대 다 관계를 대표한다. 배열이 키 경로에서 발견되었을 때, 남겨진 부분은 배열 안 각 요소들로 인식되고, 배열 안으로 수집된다.

예를 들어, 아래의 질의는 myTeachers:라는 배열 안에서 찾은 선생님들에게 배운 수업 (classes)을 결정하기 위해 valueForKeyPath:를 사용한다.

```
NSArray * courses = [myTeachers valueForKeyPath:@"classes"];
NSLog(@"Courses taught by teachers: %@", courses);
```

이 질의는 아래와 같은 결과가 나온다.

```
Courses taught by teachers: (English, Spanish, Math, ARM, Immersive Gaming, P
    hysical Computing)
```

> **KVC는 NSArray대신에 컬렉션을 사용할 수 있다.**
>
> 비록 이 장 안에 예는 NSArray 컬렉션을 반환하는 프로퍼티에 많이 의존하였지만, KVC 기반은 다른 컬렉션 기반 데이터 구조나 사용자 정의 구조로 실행될 수 있다.
>
> 키는 클래스가 컬렉션에 접근할 수 있게끔 정확한 관습을 따르는 메시지를 지원하게 하는 것이다. 더 많은 속성을 위해서 **키-값 코딩 프로그래밍 가이드**의 "Collection Accessor Patterns for To-Many Properties" 부분을 참고하자.

11.1.4 어그리게이트와 병합 키

키 경로 안에서 일-대-다 관계로 작업하는 동안, 키 경로에 따르는 각 값의 결과 대신에 원래 데이터를 요약한 종합된 결과를 선호할 수 있다. 예를 들어, 세입자 리스트보다 가장 오래된 세입자의 나이, 세입자의 평균 나이, 또는 모든 세입자의 성이 필요할 수 있다.

키-값 경로는 @ 접두어를 사용한 키 경로 안에 컬렉션 연산자를 이용하여 계산할 수 있다. 실행 중에 거의 모든 주요 경로는 두 부분을 가지고 있다. 표 11.1을 보자.

표 11.1 컬렉션 안의 값의 합과 요약을 수행하는 일반적인 키 경로 컬렉션 연산자.

연산자	설명
@avg	연산자 오른쪽의 키 경로에 컬렉션을 double로 변환하고 평균값을 반환함.
@count	키 경로안의 객체의 수를 연산자 왼쪽으로 반환한다.
@max	연산자 오른쪽의 키 경로에 컬렉션을 double로 변환하고 최대값을 반환함.
@min	연산자 오른쪽의 키 경로에 컬렉션을 double로 변환하고 최소값을 반환함.
@sum	연산자 오른쪽의 키 경로에 컬렉션을 double로 변환하고 총합값을 반환함.
@distinctUnionOfObjects	연산자 오른쪽에 있는 키 경로에 의해 명시된 속성 안에 중복없는 객체를 포함한 배열을 되돌린다.

예를 들어 아래 코드에서 rentalProperties 배열 안의 임대 부동산의 수를 결정하기 위해 @count 명령어를 사용한다.

```
NSNumber *count = [rentalProperties valueForKeyPath:"@count"];
NSLog(@"There are %d rental properties for available", [count intValue]);
```

내부적으로 KVC는 일반적으로 키 경로를 물어보지만 어그리게이트(aggregate) 기능을 발견했을 때 이것은 요소의 짝을 찾고 요청 받은 계산을 수행하기를 반복하는 한 반복문을 만든다. 이러한 과정은 사용자가 인지할 수 없이 깔끔히 진행된다. 필요한 결과가 무엇인지 문자열 안에 표시한다. 예를 들어 아래의 두 질의는 모든 임대 속성의 주소 길이의 최상, 평균값을 반환한다.

```
NSNumber *avg = [rentalProperties valueForKeyPath:@"@avg.address.length"];
NSNumber *max = [rentalProeprties valueForKeyPath:@"@max.address.length"];
```

필요한 또 다른 것은 모든 임대료 리스트와 같이 주어진 부동산에 부과된 고유 값이다. KVC 질의에 따라 리스트를 생성하는 것을 좋아할 수도 있다.

```
NSArray *rentalPrices = [rentalProperties valueForKeyPath:@"rentalPrice"];
```

그러나 만약 두 개 이상의 임대 부동산이 같이 대여되면 이 질의는 중복되어 결과가 배열이 될 것이다. @distinctUnionOfObjects 기능을 사용해서 이러한 인스턴스를 해결한다.

```
NSArray *rentalPrices =
    [rentalPropertiesvalueForKeyPath:@"@distinctUnionOfObjects.rentalPrice"];
```

11.2 특별한 인스턴스 다루기

KVC를 사용하는 동안 더 전통적인 방식의 getter 프로퍼티와 setter 접근 코드를 발생시키지 못하는 경로를 접할 수 있다. 어떤 Objective-C 편집의 오류는 편집하는 동안 실행 시간 중에만 발견 된다고 경고한다.

11.2.1 알 수 없는 key 다루기

속성을 명시하기 위해 문자열을 사용하는 것에 대한 문제점은 아래와 같은 KVC 질의를 쓰는 것에 제한이 없다는 것이다.

```
id value = [house valueForKeyPath:@"advert"];
```

CTRentalProperty 클래스는 advert라는 속성을 가지고 있지 않지만, Objective-C 편집은 컴파일하는 동안 경고 또는 오류로 이것을 표시할 수 없다. 왜냐하면 이 보이는 모든 것이 끊임없는 문자열을 가능하게 하기 때문이다. 이 편집은 그 문자열이 런타임 동안 KVC에 의해 어떻게 해석되고 활용되는지 알 수 없다.

그러나 런타임 동안 아래 예외 사항과 같은 키 경로로써 접근을 시도한다.

```
[<CTRentalProperty 0x1322> valueForUndefinedKey:] this class is not key value
    coding-compilant for the key advert]
```

이 예외는 KVC 기반이 현재 CTRentalProperty 안에 advert라는 속성에 접근하는 방법을 결정할 수 없음을 표시한다(적어도 이 장의 초반부에 명시된 규칙을 따른다).

그러나 가끔 객체가 실제로 존재하지 않거나 적어도 그 전에 언급된 규칙을 따르지 않은 키의 값을 얻거나 설정하기 위해 반환되는 객체를 원할 수 있다. 비록 아래와 같은 CTRentalProperty 안에 setValue:forUndefinedKey:과 valueForUndefinedKey: 메시지 오버라이딩과 이름에 의한 프로퍼티를 가지고 있지 않지만 CTRentalProperty를 advert 키에 응답하도록 만들 수 있다.

리스트 11.1 setValue:forUndefinedKey:와 valueForUndefinedKey:

```
- (void)setValue:(id)value forUndefinedKey:(NSString *)key {

    if ([key isEqualToString:@"advert"]) {
        NSArray *bits = [value componentsSeparatedByString:@", "];
        self.rentalPrice = [[bits objectAtIndex:0] floatValue;
        self.address = [bits objectAtIndex:1];
    } else {
        [super setValue:value forUndefinedKey:key];
    }
}

- (id)valueForUndefinedKey:(NSString *)key {
    if ([key isEqualToString:@"advert"]) {
        return [NSString stringWithFormat:@"$%f, %@",
                rentalPrice, address];
    } else {
        [super valueForUndefinedKey:key];
    }
}
```

중요하게 고려해야 할 것은 setValue:forUndefinedKey:와 value-ForUndefinedKey: 메시지 실행이 내부적으로 직접 ivars를 지원하는 것보다 setter 메서드 또는 프로퍼티에 접근해야만 한다는 것이다. 만약 직접 다양한 인스턴스에 접근하거나 업데이트한다면 키-값 관찰(Observing)이 키의 값을 언제나 정확히 찾지 못할 것이고 이런 이유로 관심을 가진 관측자를 찾지 못할 것이다. 그러므로 리스트 11.1 안의 self.rentalPrice와 self.address로 rentalPrice와 address를 참고하는 것은 중요하다. 왜냐하면 변형된 인스턴스 대신에 이 구문 (또는 [self rentalPrice], [self address]대안)이 KVO에 변화를 찾을 기회를 주기 위해 setter 메서드의 짝을 찾을 것이다.

리스트 11.1의 추가적인 실행 메서드와 함께, CTRentalProperty 객체는 예를 들어, "$175, 46 Coleburn Street"라는 "$price, address" 형식 안에 문자열을 되돌릴 수 있는 advert라는 추가적인 프로퍼티를 가지게 된 것을 나타낸다. 아래 예는 어떻게 이 속성이 접속될 수 있는지를 보여준다.

```
NSLog(@"Rental price is: %@", [house valueForKey:@"rentalPrice"]);
NSLog(@"Address is: %@", [house valueForKey:@"address"]);

NSString *advert = [house valueForKey:@"advert"];
```

```
NSLog(@"Advert for rental property is '%@'", advert);
```

이것은 setValue:forUndefinedKey:와 valueForUndefinedKey: 메시지의 현실적인
실행 메서드가 아니다. 이것은 더 쉽고 효율적이며 깔끔한 방법으로 advert를
CTRentalProperty 클래스에 더할 것이다. 더 현실적인 실행은 임대 부동산에 임의의
메타데이터를 저장하기 위한 CTRentalProperty 객체를 활성하려고 NSMutableDictionary
같은 것을 사용하는 것이다.

11.2.2 nil 값 다루기

setValue:forKey:에 nil 값이 전달될 때 비슷한 문제점이 일어날 수 있다. 예를 들어,
아래와 같이 실행시키면 어떻게 될까?

```
[house setValue:nil forKey:@"rentalPrice"];
```

CTRentalProperty 클래스의 rentalPrice 프로퍼티가 기본 데이터 형이기 때문에,
nil 값을 저장할 수 없다. 이런 인스턴스에 기본 메서드는 아래와 같은 예외가 발생되지
않게 해야 하는 것이 KVC의 기본이 되어야 한다.

```
[<CTRentalProperty 0x123232> setNilValueForKey]: Could not set nil as the
    value for the key rentalPrice.
```

대부분의 인스턴스에서 이것은 의미있는 일이 아니기 때문에 어떻게 nil 값 (전반적으로
값의 부재를 설명하기 위하여 쓰여짐)이 처리될지 오버라이드할 가능성이 있다. CTRental
Property의 rentalPrice 프로퍼티를 예를 보면 보다 합리적인 접근은 nil이 인정됐을
때 rentalPrice 값을 0으로 설정하는 것이다. 여기서 보이는 것과 같이 최우선 시
되는 setNilValueForKey:라는 메시지에 의해 설정할 수 있다.

```
- (void)setNilValueForKey:(NSString *)key {
    if ([key isEqualToString:@"rentalPrice"]) {
        rentalPrice = 0;
    } else {
        [super setNilValueForKey:key];
    }
}
```

setNilValueForKey:의 실행으로 rentalPrice 프로퍼티를 nil로 설정하기 위해 KVC를 사용할 수 있다.

11.3 프리디케이트 필터링과 매칭

이제 어떻게 문자열을 기반으로 한 키 경로로 객체 속성을 접속하고 참고하는지 알았을 것이다. 그래서 다른 기술의 레이어가 이 기초 위에 구축되는 일은 그리 놀라운 일이 아닐 것이다.

객체가 제공될 때, 개발자는 이것을 확실한 조건과 비교하기를 원하고 그 비교의 결과를 기반으로 한 다른 조치를 취한다. 만약 NSArray와 NSSet 같은 데이터의 컬렉션을 가지고 있다면, 확실한 필터의 기준, 또는 데이터의 선택, 부분 집합의 세트를 원할 수도 있다.

이런 표현의 형태를 보통 **프리디케이트 조건**이라 부르고 내부적으로 KVC, 그리고 특히 키 경로를 사용하는 NSPredicate 클래스에 의한 기초 프레임워크 안에 대표된다.

11.3.1 프리디케이터 평가

CTRentalProperty의 객체의 임대비용이 $500 이상이라면 빨리 결정하게 될 것이라고 가정해라. 수학적으로, 이것은 아래의 프리디케이트 표현에 의하여 표현된다.

```
rentalPrice > 500
```

계획적으로 아래와 같은 Objective-C로 검사를 수행한다.

```
BOOL conditionMet = (house.rentalPrice > 500);
```

이 조건은 소스코드에 기록되고 런타임 동안이나 사용자 입력의 응답 중에 바꿀 수 없다. 이런 인스턴스 NSPredicate 클래스는 KVC가 getter나 setter 연산자를 위해 하는 것과 비슷한 방식의 것을 분리한다. 그 예제 조건은 NSPredicate 클래스를 사용하는 아래의 코드 정보에 의해서 평가될 수 있다.

```
NSPredicate *predicate =
    [NSPredicate predicateWithFormat:@"rentalPrice > 500"];
```

```
BOOL conditionMet = [predicate evaluateWithObject:house];
```

여기 "rentalPrice > 500"이라는 프리디케이트 표현은 런타임 동안 생성되거나 바꾸려는 몇 번의 기회를 위하여 문자열로 표출된다. NSPredicate 객체가 필요한 표현으로 생성됐을 때, 확실한 객체를 프리디케이트 표현과 비교하기 위해 evaluateWithObject: 메시지를 활용하고 객체가 일치하는지 아닌지를 결정한다.

NSPredicate는 고객이 애플리케이션에 특화된 질의 또는 필터 조건에 전달할 수 있게 할 방법으로 프레임워크 안에서 사용된다.

11.3.2 콜렉션 필터링

이제 일반적인 프리디케이트 조건을 표현할 수 있다, 몇 가지 목적으로 이것을 사용할 수 있다. 보통의 임무는 NSArray와 같은 컬렉션 안에 프리디케이트를 각 객체와 비교하는 것이다.

예를 들어, 만약 allProperties라는 CTRentalProperty 객체의 배열이 있다면, 아래와 비슷한 코드 정보를 실행함에 따라 어떤 것이 $500 이상의 임대료를 가지고 있는지 결정할 수 있다.

```
NSPredicate *predicate =
    [NSPredicate predicateWithFormat:@"rentalPrice > 500"];

NSArray *housesThatMatched =
    [allProperties filteredArrayUsingPredicate:predicate];

for (CTRentalProperty *house in housesThatMatched) {
    NSLog(@"%@ matches", house.address);
}
```

원하는 조건을 표현하는 NSPredicate를 가지게 되었을 때, filteredArrayUsing Predicate: 메시지가 배열 안의 각 객체에 대응하는 프리디케이트를 평가하는 데 사용될 수 있고, 조건에 맞는 객체만 포함한 새로운 배열을 반환할 수 있다.

만약 대신에 가변배열이 있다면, filterUsingPredicate:와 비슷한 메시지는 새로운 복사본을 생성하는 것보다 이미 존재하는 배열에서 프리디케이트와 맞지 않는 객체를 지울 수 있게 한다.

11.3.3 프리디케이트 조건 표현하기

간단한 프리디케이트 조건의 형태는 프로퍼티 키 경로와 일반적으로 상수와 같은 다른 값을 비교한다. 이 예는 전에 나온 `rentalPrice >500` 프리디케이트 표현이다. 또 다른 일반적인 비교 연산자는 표 11.2에 나열하였다.

표 11.2 NSPredicate 표현을 사용하기 위한 공통 비교 연산자. 연산자는 대안 부호를 가지고 있다.

연산자	설명	예제
==, =	같음	rentalPrice == 350
!=, ⟨ ⟩	다름	rentalPrice ⟨⟩ 350
⟩	큼	rentalPrice ⟩ 350
⟩=, =⟩	크거나 같음	rentalPrice ⟩= 350
⟨	작음	rentalPrice ⟨ 350
⟨=, =⟨	작거나 같음	rentalPrice ⟨= 350
BETWEEN		rentalPrice BETWEEN {400, 1000}
TRUEPREDICATE	항상 참	TRUEPREDICATE
FALSEPREDICATE	항상 거짓	FALSEPREDICATE

프리디케이트 표현에서 작은 따옴표나 큰 따옴표를 이용하여 문자형 상수가 표현되며 수치 상수(7, 1.2343 등)는 일반적으로 표현된다. 부울 유형의 값은 `true`나 `false`로 표현된다. 그러나 보통 표현 언어와 다르게 `true`나 `false` 같은 단일 정수로는 표현될 수 없다. 만약 true나 false를 항상 평가하기 위해 NSPredicate을 원한다면, 대신에 **TRUEPREDICATE** 또는 **FALSEPREDICATE**를 대안으로 사용해야 한다(또는 "true = true" 라는 더 복잡한 표현을 사용한다). 프리디케이트 표현이 계산에 포함하는 것 역시 가능하다. 비록 그 일을 위한 매우 복잡한 인스턴스라도 $500 이상 임대료의 프리디케이트를 표현하는 다른 방식은 아래와 같을 것이다.

```
rentalPrice > 5 * 100
```

특히 완성된 표현이 소스코드 안을 컴파일 하는 동안 문자열로 저장되었을 때와 같이, 표현은 종종 이치에 맞지 않는다. 나중에 배우게 되겠지만 런타임 동안 사용자 입력에 따라 프리디케이트가 구현될 때 이것은 도움이 될 것이다.

11.3.4 더 복잡한 조건

또한, NSPredicate는 표 11.3와 같이 문자열 기반 내용으로 구성된 프로퍼티를 사용하기 위해 디자인된 조건 연산자 전체 범위를 지원한다.

이것은 AND (&&), OR (||), 그리고 NOT (!) 연산자를 사용하여 복합 프리디케이트를 만들 수 있다. 예를 들어, 아래의 코드는 $500보다 낮게 임대되거나 Summer에 위치한 임대 부동산의 리스트를 반환한다.

```
NSPredicate *predicate = [NSPredicate predicateWithFormat:
    @"rentalPrice < 500 || address ENDSWITH 'Sumner'"];

NSArray *housesThatMatched =
    [allProperties filteredArrayUsingPredicate:predicate];

for (CTRentalProperty *house in housesThatMatched) {
    NSLog(@"%@ matches", house.address);
}
```

대체적인 부호를 가진 비교 연산자 수와 비슷하게, 모든 복합적인 프리디케이트를 대체하는 형태를 가지고 있다. 괄호는 더 복잡한 표현, 특히 계산을 포함한 인스턴스의 순서를 평가하도록 활용된다.

표 11.3 문자열 명령어는 NSPredicate기반 프리디케이트 표현이 가능함. 정규식 표현은 "valid email address"와 "valid phone number"와 같은 패턴의 대항하는 유효한 문자열 값을 만드는 영향력 있는 방법이다.

연산자	설명	예제
BEGINSWITH	문자열이 특별한 접두어로 시작하는지 판별	address BEGINSWITH '17'
ENDSWITH	문자열이 특별한 접미어로 끝나는지 판별	address ENDSWITH 'Street'
CONTAINS	문자열 어딘가 특별한 문자열이 포함되는지 판별	address CONTAINS 'egg'
LIKE	문자열에 특별한 패턴의 문자열이 포함되는지 판별. ?은 임의의 문자 *은 0개 이상의 문자와 일치하는지 확인	address LIKE '?? Kipling*'
MATCHES	특별한 정규식표현과 일치하는지 판별함. 예제는 문자열이 4나 7로 시작하는 확인함	address MATCHES '[47].*'

특히 객체가 **CTRental**의 **propertyType 프로퍼티**와 같이 열거형 데이터 타입에 포함될 때 가치가 있는 또 다른 연산자는 **IN**이다. 이것은 가능성 있는 값의 수와 비교되는 값을 위해서 구문(문법)을 간략하게 한다. 예를 들어, 만약 임대 부동산의 유형이 **TownHouses** 또는 **Units**과 일치하고 싶다면, 아래의 **NSPredicate** 표현을 사용할 수 있다.

```
propertyType IN { 0, 1 }
```

각각 **0**과 **1**값은 **TownHouse**와 **Unit** 부동산 유형과 일치한다. 이 표현은 논리적으로 더 장황한 표현과 동등하다는 뜻이다.

```
(propertyType = 0) or (propertyType = 1)
```

11.3.5 프리디케이트 표현에서 키 경로 사용

입력된 정수와 단일 속성 값을 비교한 표현으로 **NSPredicate** 사용했다. 그러나 가상으로 **NSPredicate** 표현 안에 모든 키 경로 사용이 가능하다. 이것은 굉장히 복잡한 필터 조건을 개발할 수 있다는 뜻이다.

예를 들어, 아래의 프리디케이트는 적어도 주소에 30개의 문자를 포함하는 모든 임대 부동산과 일치할 것이다.

```
address.length > 30
```

배열 또는 비슷한 컬렉션이 키 경로 안에 존재할 때 set 기반 조건을 실행하기 위해 추가적인 연산자의 범위를 사용하는 것이 가능하다. 표 11.4의 예를 보자.

표 11.4 키 경로에 객체 컬렉션이 존재할 때 NSPredicate 기반 표현 안에 사용되는 Set 기반 연산자.

연산자	설명	예제
ANY	키 경로에 하나 이상의 객체가 있을 때.	ANY address.length > 50
ALL	키 경로에 포함된 모든 객체가 조건에 일치할 때.	ANY address.length < 20
NONE	키 경로에 포함된 모든 객체가 조건에 일치하지 않을 때.	NONE address.length < 20

11.3.6 파라메터라이징과 템플릿 프리디케이트 표현

지금까지 NSPredicate 객체를 생성하는 모든 예는 predicateWithFormat 클래스 메시지를 사용하였고 간단한 문자열을 구성하였다. predicateWithFormat: 메시지는 메시지 이름에서 NSString stringWithFormat:-스타일 포맷 인자를 사용하는 것을 암시한다. 예를 들어, 아래의 코드는 rentalPrice > 500 || address ENDSWITH 'Sumner':라는 프리디케이트 표현을 생성한다.

```
NSPredicate *predicate = [NSPredicate predicateWithFormat:
    @"rentalPrice > %f || address ENDSWITH %@", 500.0f, @"Sumner"];
```

따옴표 표시를 제외한 Sumner 문자열과 같은 원래의 예와 달리 이 예는 %@ 형식을 사용한다. 그리고 NSPredicate는 필요한 인용 표시를 소개하기 충분하다. 아래의 코드는 그전 코드에 의해 생성된 최종 프리디케이트 표현이다.

```
NSLog(@"The predicate expression is %@", [predicate predicateFormat]);
```

이것은 문자열을 간단히 다룰 수 있게 하며, 이것은 따옴표 내부에 포함한 문자열을 정확하지 않은 동적 표현을 생성할 때 발생하는 문제점을 피할 수 있도록 도움을 준다.

UISlider 컨트롤 수 값이 연결된 이것의 값을 동적으로 조절하기 위해 프리디케이트 표현을 파라미터로 나타낸다면, NSPredicate 클래스는 더 좋아질 수 있다. 그전 코드를 변경하여 아래의 프리디케이트 예의 정의를 사용할 수 있다.

달러 기호로 시작하는 이름은 런타임 동안 다른 값을 대신할 수 있는 표현식을 표시할 수 있다. 만약 이 예에서 프리디케이트를 직접 쓰고 싶다면, MINPRICE와 SUBURB 값을 지원하지 않음을 알리기 위해 NSInvalidArgumentException은 버려진다. 이러한 값을 선언하기 위해, predicateWithSubstitutionVariables 메시지를 선언하고 아래와 같이 다양한 이름과 짝을 이루는 값을 전달한다.

```
NSPredicate *template = [NSPredicate predicateWithFormat:
    @"rentalPrice > $MINPRICE || address ENDSWITH $SUBURB"];

NSDictionary *variables = [NSDictionary dictionaryWithObjectsAndKeys:
                    [NSNumber numberWithFloat:500],
                    @"MINPRICE",
                    @"Sumner",
```

```
                    @"SUBURB",
                    nil];

NSPredicate *predicate = [template
    predicateWithSubstitutionVariables:variables];
```

이제 프리디케이트는 그전 절에서 실행한 것과 같이 사용될 수 있다.

11.4 예제 애플리케이션

NSPredicate를 기반으로 한 필터링과 KVC를 실제 상황에서 실행하기 위해, 사용자가 사용자에 의해 명시된 조건이 일치하는 부동산을 볼 수 있도록 임대 부동산의 리스트를 필터링할 수 있도록 Rental Manager 애플리케이션을 수정하자.

아래의 코드로 RootViewController.h 정보를 수정한다.

리스트 11.2 rental 속성의 필터링 된 값을 저장하도록 RootViewController.h 수정

```
@interface RootViewController : UITableViewController<UIAlertViewDelegate> {
    NSDictionary *cityMappings;
    NSArray *allProperties;
    NSArray *filteredProperties;
}

@end
```

아래의 리스트를 이용하여 RootViewController.h 정보가 대체되었는지 확인한다.

리스트 11.3 RootViewController.m 수정

```
#import "RootViewController.h"
#import "CTRentalProperty.h"

@implementation RootViewController

- (void)viewDidLoad {
    [super viewDidLoad];

    NSString *path = [[NSBundle mainBundle]
                    pathForResource:@"CityMappings"
```

```
                                    ofType:@"plist"];                    ◀──────── 도시 이미지 이름 로드
          cityMappings = [[NSDictionary alloc] initWithContentsOfFile:path];

          allProperties = [[NSArray alloc] initWithObjects:  ◀───────
              [CTRentalProperty rentalPropertyOfType:TownHouse            모든 속성을 위한
                  rentingFor:420.0f                                       배열 생성
                  atAddress:@"13 Waverly Crescent, Sumner"],
              [CTRentalProperty rentalPropertyOfType:Unit
                  rentingFor:365.0f
                  atAddress:@"74 Roberson Lane, Christchurch"],
              [CTRentalProperty rentalPropertyOfType:Unit
                  rentingFor:275.9f
                  atAddress:@"17 Kipling Street, Riccarton"],
              [CTRentalProperty rentalPropertyOfType:Mansion
                  rentingFor:1500.0f
                  atAddress:@"4 Everglade Ridge, Sumner"],
              [CTRentalProperty rentalPropertyOfType:Mansion
                  rentingFor:2000.0f
                  atAddress:@"19 Islington Road, Clifton"],
              nil];                                                       필터링 된 속성을
          filteredProperties = [[NSMutableArray alloc]   ◀─────────     위한 배열 생성
                              initWithArray:allProperties];

          self.navigationItem.rightBarButtonItem =
              [[UIBarButtonItem alloc]
              initWithTitle:@"Filter"
              style:UIBarButtonItemStylePlain              "Filter"
              target:self                              ◀─── 버튼 추가
              action:@selector(filterList)];
      }

      - (void)filterList {                          필터링된 옵션을
          UIAlertView *alert =     ◀────────────    위한 경고 생성
              [[UIAlertView alloc] initWithTitle:@"Filter"
              message:nil delegate:self
              cancelButtonTitle:@"Cancel"
              otherButtonTitles:nil];

          [alert addButtonWithTitle:@"All"];
          [alert addButtonWithTitle:@"Properties on Roads"];
          [alert addButtonWithTitle:@"Less than $300pw"];
          [alert addButtonWithTitle:@"Between $250 and $450pw"];

          [alert show];
          [alert release];
```

```
}
- (void)alertView:(UIAlertView *)alertView
       clickedButtonAtIndex:(NSInteger)buttonIndex

{
    if (buttonIndex != 0)          ◄──────────  사용자가 취소를 클릭하지
    {                                            않는지 확인
        NSPredicate *predicate;
                                                        필터 프리디케이트
        switch (buttonIndex) {     ◄────────────────┘   생성
            case 1:
                predicate = [NSPredicate
                    predicateWithFormat:@"TRUEPREDICATE"];
                break;
            case 2:
                predicate = [NSPredicate
                    predicateWithFormat:@"address CONTAINS 'Road'"];
                break;
            case 3:
                predicate = [NSPredicate
                    predicateWithFormat:@"rentalPrice < 300"];
                break;
            case 4:
                predicate = [NSPredicate
                    predicateWithFormat:
                        @"rentalPrice BETWEEN { 250, 450 }"];
                break;
        }

        [filteredProperties release];
        filteredProperties = [[allProperties
            filteredArrayUsingPredicate:predicate] retain];

        [self.tableView reloadData];  ◄───────  새로운 필터링 된
    }                                            값을 저장
}

-(NSInteger)tableView:(UITableView *)tableView
  numberOfRowsInSection:(NSInteger)section {
    return [filteredProperties count];
}

- (UITableViewCell *)tableView:(UITableView *)tableView
    cellForRowAtIndexPath:(NSIndexPath *)indexPath {
```

291

```
        static NSString *CellIdentifier = @"Cell";

        UITableViewCell *cell = [tableView
            dequeueReusableCellWithIdentifier:CellIdentifier];

        if (cell == nil) {
            cell = [[[UITableViewCell alloc]
                    initWithStyle:UITableViewCellStyleSubtitle
                    reuseIdentifier:CellIdentifier] autorelease];
        }
        CTRentalProperty *property =       ◄──┐ filteredProperties로부터
            [filteredProperties objectAtIndex:indexPath.row];   속성 가져오기

        int indexOfComma = [property.address rangeOfString:@","].location;
        NSString *address = [property.address
                            substringToIndex:indexOfComma];
        NSString *city = [property.address
                        substringFromIndex:indexOfComma + 2];

        cell.textLabel.text = address;

        NSString *imageName = [cityMappings objectForKey:city];      ┐ 올바른 도시 이미지를
        cell.imageView.image = [UIImage imageNamed:imageName];  ◄──┘ 가져와서 표시하기

        cell.detailTextLabel.text =
            [NSString stringWithFormat:@"Rents for $%0.2f per week",
            property.rentalPrice];

        return cell;
    }

- (void)dealloc {
    [cityMappings release];
    [allProperties release];
    [filteredProperties release];

    [super dealloc];
}

@end
```

alertView:clickedButtonAtIndex: 메서드 안에 이 로직의 핵심이 있다.

이 메서드는 사용자가 내비게이션 바의 오른쪽 버튼을 눌러서 원하는 필터 조건을 선택할 때 사용된다. 첫 번째로 `UITableView`에 보이는 부동산의 상세 정보를 가진 `NSPredicate` 인스턴스를 만든다.

그 다음 임대 부동산(`allProperties`) 배열에서 명시된 조건과 일치하는 임대 부동산의 부분적인 집합으로 구성된 새로운 배열(`filteredProperties`)을 생성한다. 마지막으로 `UITableView`는 사용자에게 필터링 된 임대 부동산 집합을 표시하기 위하여 두 번째 배열을 사용하여 다시 로드하도록 요청한다.

11.5 요약

KVC와 `NSPredicate`를 기반으로 한 로직은 질의 필터, 분석 그리고 메모리 내의 객체 기반의 데이터 모델을 이용한 데이터 접속에 유용한 방식이다. 그리고 이것은 KVC가 가진 능력의 빙산의 일각이다.

KVC의 진짜 능력은 개발자가 제공할 수 있는 요약 단계를 알았을 때 빛나기 시작한다. `@min`, `@max` 그리고 `@distinctUnionOfObjects`와 같은 키경로 연산자에 대해 논의했을 때, 요구된 연산자의 간단한 형식으로 표현한 후, 결과를 생성하기 위해 임시 데이터 구조를 요구하거나 데이터 모델과 모든 메모리 관리자 처리를 반복하는 방법을 결정하기 위한 프레임워크 사용 방법을 알았을 것이다.

12장에서는 Core Data 기반 객체 모델로 사용하기 위하여 변환이 가능하다는 것을 배울 것이다. 비록 프로그래밍 모델은 동등하고 익숙하더라도, 실행방식이 더 다를 수는 없다. Core Data 인스턴스, KVC는 주요 경로와 필터 표현을 기반으로 한 `NSPredicate`를 데이터베이스 단계에 실행되는 Structured Query Language(SQL) 쿼리로 변환한다.

개발자로서 대부분은 신경 쓰지 않아도 된다. 요구된 필터 조건의 생성과 이것의 단계를 요구된 로직을 실행하기 위한 프레임워크로 올리는 데 최고의 방법이 무엇인지 고민하면 된다.

다음 12장에서 Core Data와 iOS 애플리케이션 생성에 관하여 배울 것이다.

12장

애플리케이션 데이터 읽고 쓰기

이 장에서 배우는 것

- Core Data 기초
- 데이터 모델
- NSFetchedResultsController 클래스
- 데이터 유효와 실행

만약 연락처 애플리케이션을 종료할 때, 모든 연락처가 지워진다면 쓰기 편할까? 또는 iPhone의 전원을 껐을 때 노트 애플리케이션의 모든 노트가 사라진다면 쓰기 편할까? 절대 그렇지 않다. 그러면 대부분의 애플리케이션을 유용하게 만들어주는 한 가지는 무엇일까? 바로 데이터 영속성(Data persistence)이다. 애플리케이션 종료나 다시 시작 또는 휴대폰이 꺼졌을 때 '생존(survive)'하는 영속적인 데이터 저장소이다.

데이터 영속성은 거의 모든 애플리케이션에 필요하다. 게임에서는 최고점, 사용자 정보 또는 게임 진행상황을 기록해야 한다. 생산성 애플리케이션에서는 to-do 리스트를 저장, 편집 삭제해야 한다. 또는 RSS reader 애플리케이션에서 사용자가 구독을 원하는 피드를 저장하고 싶어 하면 어떻게 iPhone에 데이터를 저장해야 할까?

iPhone이 처음 소개됐을 때, Apple은 SQLite을 지원하였다. SQLite는 가볍고, 구조적 질의어(Structured Query Language; SQL)를 사용하여 접근 가능한 데이터베이스 시스템 이다. 이것은 원래 iPhone에 데이터를 남겨두는 방법이었다. 이 방법은 구현이 가능했으 나 개발하는 데 많은 비용이 들었다. SQLite를 사용하기 위하여 수동으로 모든 일을 해야만 했다. 데이터를 초기화하고 생성해야만 했고, 모든 CRUD(생성, 읽기, 업데이트, 삭제)를 위해 SQL 코드를 써야만 했다. 수동적으로 관계들을 설정하고 관리해야 했다. 그리고 훌륭한 객체지향 개발자로서 Objective-C 데이터 안의 데이터베이스로부터 가져 온 데이터를 넣고 업데이트, 생성 또는 삭제와 같은 데이터베이스 질의를 구축하길 원할

294

때 다시 그 객체를 가져가야만 했다. 이 말은, 기본 키나 외부 키 등을 관리해야 한다는 것이다. 이제 상상이 갈 것이다. 모든 코드를 작성하는 것은 굉장히 힘든 일이다. 다행히 Apple이 그것을 알고 Software development kit(SDK) 3.0버전부터 iPhone에 Core Data 체계를 추가하였다.

Core Data는 ActiveRecord(Ruby on Rails를 안다면) 또는 Hibernate(Java 개발자라면)와 비교될 수 있다. 이것은 데이터 진행의 낮은 단계의 핵심 세부사항을 다룬다. SQL 코드를 쓸 필요 없고, 데이터와 데이터 객체 사이에 map을 만들 필요가 없으며, 관계를 관리할 필요가 없다.

이번 장에서는 Core Data의 모든 부분을 상세히 알아볼 것이고 간단한 Core Data 애플리케이션을 구축할 것이다. Core Data는 상급자 레벨의 주제이며, 이것에 대해 알아야 할 것은 책 한 권 전체 분량인 것을 명심하자. 그러나 이 장에서는 일반적인 데이터의 영속성을 위해 알아야 하는 Core Data를 설명한다.

12.1 Core Data 역사

거의 모든 애플리케이션은 데이터 모델과 모델 객체(사람, 청구서, 생산품, 부서 등 개발자가 이름을 정한 것들)를 가지고 있다. 그리고 거의 모든 애플리케이션은 대부분 또는 모든 데이터를 디스크에 저장해야만 한다. 프레임워크를 위하여 개발자가 반복적으로 호출하는 문제의 해결책으로 이것은 기능적으로 애플리케이션이 상당히 중요하다. 그렇기 때문에 Apple이 이 데이터 모델링과 기능의 지속을 프레임워크 안에 넣고 이것을 Core Data라고 부른 이유이다. 이것은 2005년 Mac OS X(10.4) Tiger와 함께 소개되었다. Core Data는 MVC (model-view-controller)의 M이다. 이것은 모델 객체 안의 관계를 포함한 완성된 모델의 레이어를 관리하고, 디스크로부터 객체 그래프를 저장하고 호출하기 굉장히 쉽게 만들었다.

Core Data의 사용을 알아보기 전에, Core Data work를 만드는 객체를 알아보자.

12.1.1 Core Data의 임무는 무엇인가?

Core Data는 데이터베이스 접속을 위한 랩퍼가 아니다. 그러나 대부분의 경우 Core Data는 디스크 안에 저장하기 위해 SQLite 데이터베이스를 사용한다. Mac OS X 개발자는 대부분 Core Data로 작업 시 SQLite를 선택하지만 XML 포맷의 데이터 저장을 선택할 수도 있다. 이것은 Core data가 간단한 데이터베이스 접속 라이브러리가 아니라는 것을 보여준다. 그 안에 무슨 일이 일어나는지 설명하기 위해, 간단히 SQLite에 대해 알아볼 것이다, 왜냐하면 SQLite는 Core Data의 기초적인 이해를 쉽게 도와줄 것이다.

이 책에서 애플리케이션을 구축하는 블록 객체에 관하여 광범위하게 살펴보았다. 다양한 인스턴스를 포함하는 NSString, NSNumber, NSArray 등과 같은 다양한 유형의 객체를 보았다. 일반적으로 개발자는 이러한 다양한 인스턴스의 속성을 설정하기 위해 데이터베이스 테이블을 생성할 수 있다. 데이터베이스 테이블은 스프레드시트로 생각될 수 있으며, 각 행은 다양한 인스턴스 중 한 가지를 대표한다. 만약 6장에서 만든 것과 같이 네 가지 Person 객체를 저장하기 원한다면, 그 표는 아마 다음과 같을 것이다.

ID (INT)	Name (String)	Age (INT)	Gender (INT
1	"Jimmy Miller"	16	0
2	"Brian Shedlock"	22	0
3	"Caitlin Acker"	28	1
4	"Collin Ruffenach"	35	0

Person 객체는 네 개의 행과 열로 인스턴스 변수를 표현한다. 객체의 유일한 식별자인 ID, 문자열 유형의 Name, 정수형의 Age, 정수형의 Gender이다. 남성은 0, 여성은 1로 설정되었으므로 데이터베이스 접근 클래스는 정수형으로 변환하여 작성해야 한다. Core Data를 사용하기 전에 데이터베이스 안에 Person 객체를 저장하고 싶다면, 비슷한 표를 만들어야 한다. 그리고 DBController라는 클래스를 만든다. DBController는 애플리케이션의 파일 디렉토리 안의 SQLite 데이터베이스 경로를 알고 있다. 아래와 같은 데이터베이스 접속을 위한 메서드를 가질 것이다.

리스트 12.1 데이터베이스 접근 메서드의 예 (DBController)

```
- (void)addPersonToDatabase:(Person *)aPerson;

- (Person *)personWithName:(NSString *)aName

- (NSArray *)peopleWithAge:(int)anAge;

- (void)removePeopleWithGender:(Gender)aGender;
```

```
- (BOOL)updatePersonWithName:(NSString *)aName toAge:(int)anAge;
```

애플리케이션 안에 액션을 통해 데이터베이스에 접근하고자 할 때 이 메서드가 사용된다. 복잡한 객체를 가진 큰 애플리케이션에서 DBController 클래스는 부담이 된다. 이것은 저장하기 위하여 프로젝트에 많은 코드를 추가한다.

Core Data는 이 모든 접속 메서드의 생성을 자동화하고 개발자에게 데이터베이스 접근의 핵심을 숨긴다. 이것은 프로젝트에 추가되는 코드의 양을 상당수 감소시키며 대부분의 질의를 위한 데이터베이스 접속 시간을 향상시킨다. plist와 같이 간단히 추가할수 있는 작은 것을 저장하는 경우 외에, Apple은 수동적 SQLite 실행보다 Core Data를 추천한다.

XCode 안에 CoreData.framework를 추가하여 저장 기술로 Core Data를 사용하기 위해 새로운 프로젝트 환경을 생성할 수 있다. 프로젝트는 Core Data를 사용하기 위해 환경을 설정하고 데이터가 어떤 모습인지 정의를 내리기 위해 사용되는 XCode 데이터의 모델을 생성한다.

12.2 Core Data 객체

Core Data의 기능은 알려진 **Core Data 스택**과 같은 것으로 구성된 네 개의 객체를 포함한다. 이것은 Core Data 기능을 만드는 주요 네 가지 객체다. 다음 절에서 이것의 목적을 알아볼 것이다. 요점은 객체 내용을 통한다는 것이다. 만약 시스템의 볼트와 너트에 관해 덜 신경 쓴다면, 저장 진행 관리자나 객체 저장 진행에 대해 그리 크게 신경 쓸 필요가 없다.

12.2.1 관리된 객체 내용

NSManagedObjectContext는 객체를 추가, 접근, 수정 그리고 삭제하기 위한 작업을 하는 객체이다. 관리된 객체 내용(managed object context) 중 하나에 접속할 때, 이것의 NSManagedObject 또는 하위 클래스는 반환된다. Person의 예에서, 반환된 NSManagedObject는 Person 객체가 될 수 있다. 하지만 모든 것의 하위 클래스를 만들 필요는 없다. 이 장의 데모 애플리케이션에서 볼 수 있듯이 NSManagedObject 인스턴스로도 작업이 가능하다.

관리된 객체 내용으로부터 검색된 NSManagedObject로 작업할 때, 로직이 어떻게 작동되는지 생각하는 좋은 방법은 문서 파일과 비교하는 것이다. 저장하기 전까진 문서 파일을 열거나 바꾸거나 추가하거나 삭제하여도 아무 문제가 없다. 그래서 관리된 객체 내용으로부터 NSManagedObject를 검색했을 때, 수정된 것은 관리된 객체 내용에 저장했을 때만 데이터베이스에 적용된다. 이 장의 후반부에 이것의 세부사항에 대해 알아볼 것이지만 중요한 요점은 관리된 객체 내용 사용을 위해 NSManagedObjects와 사용자 정의 하위 클래스를 추가, 검색, 저장하는 방법을 알아야 하는 것이다.

12.2.2 영속적 저장 코디네이터

스택에서 독점적으로 관리된 객체 내용과 작업할 수 있으며, 복잡한 애플리케이션이 몇 개의 관리된 객체 내용을 가질 때는 모든 Core Data를 기반으로 한 프로젝트는 한 개의 저장 관리자만 가진다. 저장 진행 관리자는 관리된 객체 내용과 객체 저장 진행 사이에 자리하며 데이터베이스의 주요 소유자라고 보면 된다. 관리된 객체 내용은 요청된 접속 수정 또는 삭제가 허락되는지 객체 진행 관리자에게 물어봐야 한다. 단일 저장 진행 관리자를 사용하는 이유는 저장 관리자가 사용자에 의해 행동의 유효성을 확인하는 것이 중요하기 때문이다. 하나 이상의 관리자가 존재한다면, 데이터베이스 접속에 문제가 생길 것이다. 저장 진행 관리자는 데이터베이스 테이블에 접속하는 것을 수정하기 위해 필요한 모든 로직을 관리한다.

12.2.3 관리된 객체 모델

관리된 객체 모델은 영속적 저장 코디네이터에 연결되는 객체다. 지속되는 객체 저장에서 추출된 데이터를 이해하기 위해 영속적 저장 코디네이터는 관리된 객체 모델을 사용한다. 그 모델은 Core Data로 사용하기 위해 계획된 데이터의 실제 정의이다. 이것은 청사진의 설계도와 같다. 수동적으로 객체 저장하는 계획을 위한 클래스를 만드는 것보다, Core Data가 이주한 NSManagedObject의 인스턴스 또는 XCode가 객체 클래스(NSManagedObject의 서브클래스)를 생성한 경우와 함께한 작업과 관리된 객체 모델의 정의를 내린다. XCode는 그 모델의 생성과 관리를 할 수 있도록 개발자에게 특별한 사용자 인터페이스를 공급한다. 이 장의 후반부에 Objective-C를 보유하는 모델을 만들 것이고, 지속되는 객체 저장을 통하여 사용할 것이다.

12.2.4 영속적 객체 저장

Core Data의 기반은 영속적 객체 저장소이다. 영속적 객체 저장소는 관리된 객체 내용 안의 객체와 디스크의 파일을 연결한다. 영속적 저장소에는 다른 종류가 있다. 하지만 iOS 안에 NSSQLiteStoreType이 일반적으로 사용된다. Core Data 애플리케이션은 몇 개의 영속적 객체 저장소를 가질 수 있지만, iOS 애플리케이션에서는 대게 한 개만 사용한다.

12.3 Core Data 자원

Core Data 기술의 장점을 활용하려면, 확실한 파일이 프로젝트 안에 있어야 한다. 이 파일은 Core Data 체계에 의존한다. 6장과 7장에서 논의 한 것처럼, 이 프레임워크는 iPhone SDK에 마법을 부른다. 이것은 애플리케이션이 잘 작동하도록 돕는 훌륭한 장점을 가지고 이전에 생성한 클래스를 나타낸다. 기본적으로 프로젝트를 만들 때 UIKit.framework와 Foundation.framework만이 포함된다. Core Data를 사용하여 프로젝트의 환경을 설정하는 두 가지 방법이 있다. 수동적으로 CoreData.framework를 프로젝트에 추가하고 수동으로 모든 것을 설정하거나 XCode를 작동시킬 수 있다. XCode는 저장 기술을 위해 Core Data를 활용한 프로젝트를 생성할 수 있다. 이것은 Core Data 모델을 생성하기 위해 작업한 기본 파일 CoreData.framework와 XCode 데이터 모델을 생성한다.

12.3.1 Core Data 개체

Core Data는 지속된 저장소의 입력과 출력을 위해 생성된 Objective-C 클래스를 사용하기 위해 매우 간단한 인터페이스를 제공한다. Core Data의 팀에서 클래스는 **개체**이며, 개체는 Core Data에 구축된 블록이다. 이것은 친숙한 Core Data의 고유 객체를 대표한다. 객체를 데이터베이스에 저장하고 쉽게 질의하기 위해 Core Data가 생성, 저장, 수정한 NSObjects가 있다. 기본 개체는 NSManagedObject의 하위 클래스이다. NSManaged Object는 Core Data가 필요로 한 모든 기능을 제공할 수 있는 클래스이다. Apple은 이 메서드의 하위 클래스를 강조하였지만 조심스레 core behaviour 메서드를 버리지 말아야 한다고 언급하였다. 아래는 버리지 말아야 하는 NSManagedObject 메서드이다.

```
- (id)primitiveValueForKey:(NSString *)key
- (void)setPrimitiveValue:(id)value forKey:(NSString *)key
- (BOOL)isEqual:(id)anObject
- (NSUInteger)hash
- (Class)superclass
- (Class)class
- (id)self
- (NSZone *)zone
- (BOOL)isProxy
- (BOOL)isKindOfClass:(Class)aClass
- (BOOL)isMemberOfClass:(Class)aClass
- (BOOL)conformsToProtocol:(Protocol *)aProtocol
- (BOOL)respondsToSelector:(SEL)aSelector
- (id)retain
- (oneway void)release
- (id)autorelease
- (NSUInteger)retainCount
- (NSManagedObjectContext *)managedObjectContext
- (NSEntityDescription *)entity
- (NSManagedObjectID *)objected
- (BOOL)isInserted
- (BOOL)isUpdated
- (BOOL)isDeleted
- (BOOL)isFault
```

대부분의 Core Data를 사용하는 경우, 하위 클래스를 필요로 하지 않거나, 이것에 대한 어떤 이슈도 걱정하지 않아도 된다. 만약의 경우에 실행하는 경우 이 메서드는 변하지 않도록 두어 Core Data의 기능에 영향 받지 않도록 한다.

12.3.2 Core Data 속성

개체는 속성과 관계로 구성된다. 속성은 문자열과 정수와 같은 유형이다. 표 12.1은 열거된 Objective-C로 변형된 Core Data의 간단한 속성 유형을 보여준다.

많은 객체는 이러한 간단한 유형으로 구성될 수 있다. 개체 안에 이것을 정의 내리는 것은 데이터베이스 테이블을 위한 각 행의 데이터 유형이 무엇인지 Core Data에게 알려 주는 것이다. 나중에 이 개체 중 사용 가능한 Objective-C 클래스를 생성할 수 있다. Core Data는 이 개체를 대표하는 클래스 파일을 생성하고 데이터베이스 표에 들어가고 나오는 것 중에 네이티브 객체를 합성하기 위해 보통 요구되는 불필요한 작업들을 제외

표 12.1 간단한 네이티브 Core Data 객체 유형

단순 유형	objective-C 유형
Int (16, 32, 64)	NSNumber
Decimal	NSNumber
Float	NSNumber
String	NSString
BOOL	NSNumber
Date	NSDate
Binary	NSData

한다. 확실한 속성은 정해진 다른 한도를 가질 수 있다. 수의 값(정수, 실수 등)의 최대 최소치를 정할 수 있다. 문자열은 최대 최소 길이가 붙여진 보통의 표현에 따라서 명시될 수 있다. 마지막으로, 모든 속성은 어떤 유형이든 선택이나 의무적인 것으로 정의될 수 있으며 기본값을 받을 수 있다. 이것은 가게의 계산대 같이 정보를 모델링하는 데 유용하다, 왜냐하면 이러한 진행 동안 필요한 모든 정보의 접속 없이 'order' 객체를 생성하지 않을 것이기 때문이다. 그러나 문제점은 아직 남아있다. 대부분의 객체는 간단하고 복잡한 유형의 결합을 요구한다. 이러한 문제를 다루기 위해, Core Data 개체의 관계를 정의할 수 있다.

12.3.3 Core Data 관계

관계는 클래스가 복잡하게 변형된 인스턴스의 개체 안에서 이루어지는 연결이다. 관계는 XCode 데이터 모델 안에 정의된 다른 개체에 중점을 둔다. 관계를 정의할 때 객체와 클래스의 관계를 정의해야 한다. 이것은 일-대-일 또는 일-대-다 관계가 될 수 있다. 일-대-다 관계의 요소는 개체에서 변화하는 집합으로 대표된다. 일-대-다 관계는 속성의 정의와 더 비슷하다. 또한 관계 구성 집합을 위한 최대치와 최소치를 정한다. 간단한 예는 많은 수의 사람들에게 해야 하는 많은 일을 알려주는 작업 리스트이다. 임대 관리 애플리케이션 동료로서, 바쁜 에이전트의 스케줄과 해야 할 일의 관리를 도와주고 이것을 수행하고 업무를 완수했을 시 체크해주는 것을 포함한 iPhone 애플리케이션을 만들 것이다. Core Data 툴을 사용한 객체를 만들어보자.

12.4 PocketTasks 애플리케이션 구축

Core Data를 사용한 저장을 위하여 새로운 Window-based project[1]를 생성한다 (프로젝트를 만들 때 Use Core Data for Storage가 체크되어 있는지 확인한다). 프로젝트 이름을 PocketTasks라고 설정한다. XCode는 모든 개체를 정의 내려주는 `PocketTasks.xcdatamodel`을 자동적으로 만든다. 이 장에서 리스트에 대해 빠른 알림: 구축한 다른 클래스의 메모리 해제 방식에서 인스턴스 변수의 해제에 대해서는 정확히 언급하지 않는다. 이것은 이 장에 대한 다운로드 가능한 소스 코드에서 찾을 수 있을 것이다.

12.4.1 XCode Core Data 탬플릿 알아보기

데이터 모델 파일을 보기 전에, PocketTasksApp-Delegate.m.을 간단히 살펴보자. 아래의 세 가지 메서드를 보자.

```
- (NSManagedObjectContext *)managedObjectContext
- (NSManagedObjectModel *)managedObjectModel
- (NSPersistentStoreCoordinator *)persistentStoreCoordinator
```

이 메서드는 Core Data 스택을 관리한다. `ManagedObjectModel` 메서드는 다음 단계에서 만들 데이터 모델 설명 파일로 새로운 `NSManagedObjectModel` 인스턴스를 생성한다. `PersistentStoreCoordinator` 메서드는 애플리케이션의 문서 디렉토리 안에 SQLite 데이터베이스 접속을 관리하고 `managedObjectModel`를 사용한 `NSPersistentStore Coordinator`의 새 인스턴스를 생성한다. `ManagedObjectContext` 메서드는 `persistent StoreCoordinator`의해 제공된 `NSManagedObjectContext`의 새 인스턴스를 생성한다. 대부분의 경우, 여기에 설정된 상태면 `persistentStoreCoordinator`와 `managedObject Model`를 직접 다루지 않아도 된다. `ManagedObjectContext`는 특히 데이터를 불러오거나 저장할 때 많이 사용된다.

이제 지원되는 시스템에 대해 알았을 것이다. PocketTasks 애플리케이션의 데이터 모델을 정의하자.

---

[1] XCode 4.2 이상에서는 삭제된 템플릿이다. 이 장에서는 XCode 4.2 이전 버전에서 Window-based project를 사용하는 것을 가정하고 설명한다.

12.4.2 데이터 모델 구축

PocketTasks.xcdatamodel를 클릭하면 필요한 속성, 관계와 같은 모든 개체를 정의하기 위해 사용된 XCode의 데이터 모델링 툴이 뜬다.

새로운 개체를 생성하기 위해, XCode window 편집창의 왼쪽 아래에 있는 Add Entity의 더하기 기호를 클릭하고, 'Person' 이라는 개체를 호출한다. 이름과 성의 속성을 Person 개체에 추가하기 위해서, 속성 리스트의 왼쪽 아래 코너의 + 기호를 클릭하고 속성의 이름을 쓴다. 처음 속성을 'firstName'이라고 부르고, Type list에서 문자열을 위한 datatype을 선택한다. 왜냐하면 모든 Person 객체는 명시된 이름의 속성을 가지고 있어야 하기 때문에, Data Model Inspector를(Cmd-Option-3 단축키나 View 〉 Utilities 〉 Data Model Inspector) 열고 옵션 체크 박스의 체크를 해제한다. 똑같은 설정으로 두 번째 속성을 만들고 'lastName'이라고 정의한다. 여기까지가 첫 번째 개체 모델을 정의하는 것이다.

그러나 이게 끝이 아니다. 추측한 것과 같이 해야 할 일을 위한 두 번째 개체가 필요하다. 'Task'라 부르는 또 다른 개체를 추가하고 문자열 타입의 'name'과 부울 타입의 'isDone' 이라 불리는 두 속성을 만들자. 'isDone' 속성은 옵션이어야 하며 'name' 속성은 필수이어야만 한다(그래서 Optional을 체크 해제해야 한다). XCode 데이터 모델 에디터는 데이터 모델을 그래픽으로 보여줄 수 있다.

메인 에디터 패널의 오른쪽 아래에서 Editor Style이 붙여진 토글 버튼을 볼 수 있다. 이것은 표와 그래픽 사이에서 토글링을 한다. 그래프는 그림 12.1에서 보이는 것과 같다. 이 그래프는 같은 데이터 모델을 대표하지만 데이터베이스 개발자에게는 더 친숙하고 편안한 데이터로 보여진다.

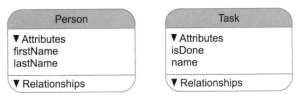

그림 12.1 XCode의 데이터 모델링 툴은 데이터 모델의 개체를 시각적으로 표현한다.

12.4.3 관계 정의

현재의 Person과 Task 모델로 할 수 있는 것은 별로 없다. 사람의 스케줄에 여러 업무를 추가하길 원할 것이다. 이 말은 Task 'belongs to' Person(Task는 Person에 "속한다"), Person 'has many' Task(Person은 많은 Task를 가진다)라는 두 가지 개체 사이의 관계를 생성해야 한다는 것이다.

테이블 에디터(Table Editor) 스타일에 Data Modeling 툴에서 Person 개체를 선택 하고 Relationships 섹션에서 + 버튼을 클릭한다. 이 관계를 "tasks"라 부르고 이것의 목적으로 Task 개체를 선택한다. Data Model Inspector 영역에서, Plural 다음으로, Person 개체가 하나 이상의 업무를 가질 수 있다고 Core Data에게 알려주기 위해 To-Many Relationship box를 체크한다. 마지막으로, Delete Rule을 Cascade로 설정한다. Cascade는 Person 개체가 삭제될 때 주어진 Person 개체가 속한 업무도 삭제되게 하기 때문이다. 예를 들어 Peter 라는 사람이 있다. Peter에게는 쇼핑하기, 세차하기, Core Data 공부하기와 같은 세 가지 업무가 있다. Peter를 삭제한다면 그 세 가지 업무도 다 삭제된다. 다른 두 가지 설정은 아래와 같다.

- **Nullify** ― 하위(child) 개체는 삭제되지 않으나 Peter에게 아직 세 가지 업무가 있다면 업무는 더 이상 삭제된 Peter의 개체에 속하지 않는다.
- **Deny** ― Core Data는 하위 개체가 있다면 상위 개체가 삭제될 수 없게 한다. 이 경우 Peter에게 세 가지 업무가 아직 있다면 Peter는 삭제될 수 없다.
- **No Action** ― 객체 목적지를 원래 있던 데로 남겨둔다. 이 말은 더 이상 존재하지 않는 상위 개체가 요점이라는 뜻이다. 이 경우, Peter가 삭제됐더라도 세 가지 업무는 계속 Peter에게 속한다 ― 보통은 피해야 하는 경우이다.

지금까지 한 사람에게 많은 업무가 있는 것을 명시했다. 이제 사람에 속한 업무를 명시해야 한다. Task 개체를 선택하고 "person"이라는 새로운 관계를 추가한다. 할당되지 않은 업무의 생성을 원치 않기 때문에 Optional 체크를 해제한다. Destination 개체는 확실히 Person이다. Inverse Relationship destination 개체 필드는 안의 일치되는 관계를 선택할 수 있게 한다(Person 개체와 작업 관계의 경우). 왜 이것이 중요한가? 데이터의 무결성을 위해, 언제나 관계의 두 측면을 연결하길 원할 것이다. 언제나 Person 객체를 업무에 연결할 수 있어야 하고, 업무 객체는 Person에 접속할 수 있어야 한다. 이 방법으로 업무의 배치를 Peter에서 Mary로 바꿀 수 있고 Core Data는 작업에 할당된 사람을 Mary

로 업데이트해야 하며, Peter와 Mary의 업무 리스트를 업데이트해야 한다. 반대의 관계로, 데이터가 바뀌지 않고 Core Data가 정확히 일을 처리 하는지 확실히 해야 한다. 반대의 관계를 설정하는 것을 절대로 잊어버리지 말자. 단지 한 개의 업무가 삭제될 때, 그 사람도 삭제하는 것을 막기 위해 Delete Rule을 Nullify에 남긴다.

업무 관계는 그림 12.2와 같아야 한다. 그리고 Person 관계는 그림 12.3과 같아야 한다.

이제 데이터 모델을 끝마쳤다. 다음 단계로 가기 전에 저장하자.

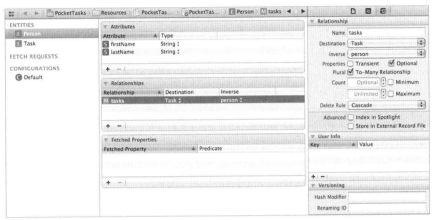

그림 12.2 Task와 Person 개체의 관계. 관계는 옵션이며, 많은 개체를 가리킬 수 있다(예를 들어 한 사람이 많은 업무를 가질 수 있음). Person을 다시 가리키는 역 관계(Inverse Relationship)를 가질 수 있다.

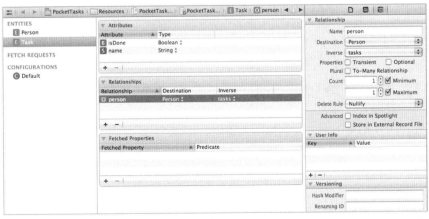

그림 12.3 Task 개체와 person 관계. 이것은 옵션이 아니며(업무는 그 업무를 수행할 사람이 있어야한다) 한 사람만 가리킬 수 있고, 많은 사람을 가리킬 수는 없다.

12.4.4 순수 코드에 Person 개체 생성

이제 Core Data와 데이터 모델이 정의 되었다. 이제 이것을 사용해 보자! UI를 구축하는 데 너무 많이 집중 하는 것 대신, 프로그램적으로 데이터를 추가해야 하고 프로그램적으로 데이터를 읽어 이것을 콘솔에 출력할 것이다. 나중에 이것을 만들게 될 것이다.

PocketTasksAppDelegate.h를 열고 아래 리스트에 있는 두 가지 방법을 추가하자.

리스트 12.2 PocketTasksAppDelegate.h에 메서드 선언

```
- (void)createSampleData;
- (void)dumpDataToConsole;
```

이제 PocketTasksAppDelegate.m을 다음 리스트에서 구현된 메서드로 교체해라.

리스트 12.3 PocketTasksAppDelegate.m에 메서드 구현

```
- (void)createSampleData {
  NSArray *peopleToAdd =
      [NSArray arrayWithObjects:
       [NSArray arrayWithObjects:@"Peter", @"Pan", nil],
       [NSArray arrayWithObjects:@"Bob", @"Dylan", nil],
       [NSArray arrayWithObjects:@"Weird Al", @"Yankovic", nil],
       nil];

  for (NSArray *names in peopleToAdd) {
    NSManagedObject *newPerson =
        [NSEntityDescription
         insertNewObjectForEntityForName:@"Person"
         inManagedObjectContext:[self managedObjectContext]];

    [newPerson setValue:[names objectAtIndex:0] forKey:@"firstName"];
    [newPerson setValue:[names objectAtIndex:1] forKey:@"lastName"];

    NSLog(@"Creating %@ %@...", [names objectAtIndex:0],
                                [names objectAtIndex:1]);
  }

  NSError *error = nil;
  if (![[self managedObjectContext] save:&error]) {
     NSLog(@"Error saving the managedObjectContext: %@", error);
  } else {
```

```
        NSLog(@"managedObjectContext successfully saved!");
    }
}

- (void)dumpDataToConsole {
    // we'll implement this later
}
```

애플리케이션 런칭이 종료되면 다음 리스트에서 보이는 것처럼 application:didFinish
Launching:WithOption을 만들어 createSampleData 메서드를 호출한다.

리스트 12.4 PocketTasksAppDelegate.m 샘플 데이터 생성을 위한 메서드 호출

```
- (BOOL)application:(UIApplication *)application
  didFinishLaunchingWithOptions:(NSDictionary *)launchOptions {

    [self createSampleData];
    [self.window makeKeyAndVisible];
    return YES;
}
```

이것을 코딩하고 실행하면, iPhone에서 하얀색 스크린만 볼 수 있을 것이다. 하지만
콘솔을 보면 새로운 세 개의 Person 개체가 생성된 것을 볼 수 있을 것이다. 이 라인에서
중요한 것은 NSEntityDescription's insertNewObjectForEntity-ForName:inManaged
ObjectContext: 메서드를 호출하는 것이다. 새로운 Person의 관리된 객체를 생성하고
이것을 반환한다. 다음 두 라인 안에서 이것의 값을 설정할 수 있다. 그러나 아직 아무것
도 저장하지 않은 것을 알아야 한다. managedObjectContext 안에서 save:를 호출한
것만 데이터를 저장 한다.

더 재미있는 것을 원한다면, 성과 이름 중 하나를 설정한 라인을 주석처리 한 후 다시
실행시킨다. 이름과 성 둘 다 요구된다고 정의 내렸기 때문에 Core Data가 데이터 저장을
거절한다고 콘솔에 뜨는 것을 볼 수 있다.

12.4.5 순수 코드에서 Person 개체 페치하기

자연히 저장한 데이터에 접속하길 원한다(그렇지 않으면 이 모든 것이 쓸모없지 않은가?).
리스트 12.5는 dumpDataToConsole 방식의 실행을 보여준다. 이것은 성에 의해 정렬된

307

모든 Person 개체를 가지고 오고 콘솔로 이것을 출력하는 일을 한다. 정렬은 NSSort Descriptors의 배열에 의해 된다. NSSortDescriptor의 인스턴스는 속성의 이름을 설정하면서 어떻게 객체가 정렬되고, 선택적으로, 객체를 비교하기 위해 사용되고 그 정렬이 오름차순인지 내림차순인지, 명시된 메서드나 블록을 설명한다. 예를 들어 성 다음에 이름을 정렬하고 싶을 수도 있기 때문에 NSFetchRequest의 setSort Descriptors: 메서드는 NSSortDescriptors의 배열을 가진다.

리스트 12.5 PocketTasksAppDelegate.m에 모든 Person 개체를 콘솔로 보내기

```
- (void)dumpDataToConsole {
    NSManagedObjectContext *moc = [self managedObjectContext];
    NSFetchRequest *request = [[NSFetchRequest alloc] init];
    [request setEntity:[NSEntityDescription entityForName:@"Person"
                        inManagedObjectContext:moc]];
    // Tell the request that the people should be sorted by their last name
    [request setSortDescriptors:[NSArray arrayWithObject:
        [NSSortDescriptor sortDescriptorWithKey:@"lastName"
        ascending:YES]]];
    NSError *error = nil;
    NSArray *people = [moc executeFetchRequest:request error:&error];
    [request release];

    if (error) {
        NSLog(@"Error fetching the person entities: %@", error);
    } else {
        for (NSManagedObject *person in people) {
            NSLog(@"Found: %@ %@", [person valueForKey:@"firstName"],
                                   [person valueForKey:@"lastName"]);
        }
    }
}
```

마지막으로 아래와 같이 createSampleData 메서드 대신에 dumpDataToConsole 메서드를 호출하려면 application:didFinishLaunchingWith-Options: 메서드만 바꾸어주면 된다.

리스트 12.6   application:didFinishLaunchingWithOptions: 변경하기

```
- (BOOL)application:(UIApplication *)application
  didFinishLaunchingWithOptions:(NSDictionary *)launchOptions {

    [self dumpDataToConsole];
    [self.window makeKeyAndVisible];

    return YES;
}
```

이것을 구현하고 실행하면 아래의 출력을 콘솔에서 볼 것이다.

```
Found: Bob Dylan
Found: Peter Pan
Found: Weird Al Yankovic
```

NSFetchRequest 인스턴스를 생성하였고 Person 개체를 불러오기 위한 설정을 완료하였고, 성으로 결과의 배열을 정렬하도록 명령했다. 만약 데이터베이스 프로그래밍이 익숙하다면, NSFetchRequest가 SQL SELECT 문장을 실행하게 될 것이라고 상상할 수 있을 것이다. 어떤 종류의 데이터를 원하고 어떻게 처리되고 어떻게 추출할지 정할 수 있다(성이 'Smith'인 사람만).

Core Data로 생성되고 페치된 두 데이터를 보는 것은 어렵지 않다. 이제 데이터 모델이 작동하는지, Core Data가 제대로 설정되었는지 확인할 수 있는 애플리케이션으로 넘어가자.

12.4.6 마스터 TableView 추가하기

동일한 세 명의 사람을 계속 생성하는 것은 사용자에게 필요할 것 같지 않다. 사용자가 사람을 추가, 편집 그리고 삭제하도록 수정하고 UI를 구축해야한다. 이것을 구축하기 위해 필요한 모든 코드를 살펴보진 않고, Core Data와 관련된 부분만 살펴볼 것이다. 복잡한 소스 코드는 인터넷에서 찾아볼 수 있다.

XCode에서 File 〉 New 〉 New File 을 선택한다. 나타난 문서에서 iOS 〉 Cocoa Touch 〉 UIViewController 하위 클래스를 선택하고 다음을 누른다. 그리고 클래스에서 하위 클래스로 UITableViewController를 선택하고 사용자 인터페이스를 위해서 XIB의 선

택을 해제한다. 다음을 누르고 'PeopleViewController.'를 호출한다. PeopleView
Controller.h를 열고 아래와 같이 다양한 인스턴스와 custom `init` 메서드를 추가한다.

리스트 12.7 The PeopleViewController.h 파일

```
#import <UIKit/UIKit.h>

@interface PeopleViewController : UITableViewController
                            <NSFetchedResultsControllerDelegate> {
    NSFetchedResultsController *resultsController;
    NSManagedObjectContext *managedObjectContext;

}

- (id)initWithManagedObjectContext:(NSManagedObjectContext *)moc;

@end
```

`NSFetchedResultsController` 클래스는 Core Data로 데이터를 불러와서 table view
에 나타내기 쉽고 효율적으로 기억하게 만든다. 대부분의 Core Data iOS 애플리케이션에
서, 특히 큰 용량의 데이터를 다룰 때 `NSFetchedResultsController`를 사용한다.

이제 PeopleViewController.m로 바꾸고 아래의 코드의 메서드를 실행한다.

리스트 12.8 PeopleViewController.m 에 추가하는 메서드

```
- (id)initWithManagedObjectContext:(NSManagedObjectContext *)moc {
    if ((self = [super initWithStyle:UITableViewStylePlain])) {
        managedObjectContext = [moc retain];

        NSFetchRequest *request = [[NSFetchRequest alloc] init];
        [request setEntity:[NSEntityDescription entityForName:@"Person"
                        inManagedObjectContext:moc]];
        [request setSortDescriptors:[NSArray arrayWithObject:
                [NSSortDescriptor sortDescriptorWithKey:@"lastName"
                ascending:YES]]];          ◄──── 이름을 가지는
                                                NSFetchRequest
        resultsController = [[NSFetchedResultsController alloc]   생성
                        initWithFetchRequest:request
                        managedObjectContext:moc
                        sectionNameKeyPath:nil
                        cacheName:nil];  ◄──── NSFetchedResultsController
                                                생성
```

```
        resultsController.delegate = self;

        [request release];

        NSError *error = nil;
                                                      페치 요청
        if (![resultsController performFetch:&error]) {  ◄─┤ 실행하기
            NSLog(@"Error while performing fetch: %@", error);
        }
    }

    return self;
}

- (NSInteger)numberOfSectionsInTableView:(UITableView *)tableView {
    return [[resultsController sections] count];
}

- (NSInteger)tableView:(UITableView *)tableView
    numberOfRowsInSection:(NSInteger)section {

    return [[[resultsController sections]
            objectAtIndex:section] numberOfObjects];
}

- (void)configureCell:(UITableViewCell *)cell
    atIndexPath:(NSIndexPath *)indexPath {
                                                   table
    NSManagedObject *person =                  ◄─┤ cell 설정
        [resultsController objectAtIndexPath:indexPath];
    cell.textLabel.text = [NSString stringWithFormat:@"%@ %@",
                            [person valueForKey:@"firstName"],
                            [person valueForKey:@"lastName"]];
    cell.detailTextLabel.text = [NSString stringWithFormat:@"%i tasks",
                                [[person valueForKey:@"tasks"] count]];
}

- (UITableViewCell *)tableView:(UITableView *)tableView
    cellForRowAtIndexPath:(NSIndexPath *)indexPath {

    static NSString *CellIdentifier = @"PersonCell";

    UITableViewCell *cell =
        [tableView dequeueReusableCellWithIdentifier:CellIdentifier];
    if (cell == nil) {
        cell = [[[UITableViewCell alloc]
```

```
                    initWithStyle:UITableViewCellStyleSubtitle
                    reuseIdentifier:CellIdentifier] autorelease];
        cell.accessoryType = UITableViewCellAccessoryDisclosureIndicator;
    }
                                                        configureCell
                                                        호출
    [self configureCell:cell atIndexPath:indexPath]; ◄──┘

    return cell;
}
```

Init 메서드에 dumpData-ToConsole에서 사용했던 방식과 같은 NSFetchRequest를 설정한다. 그리고 NSFetchRequest와 NSFetchedResultsController과 모델의 객체 내용을 설정한다(아직은 cacheName대해 걱정하지 않아도 된다). 마지막으로 요청된 페치를 실행시킨다.

numberOfSectionsInTableView:와 tableView: numberOfRowsIn Section이 무엇을 하는지 추측할 수 있을 것이다. 하지만 NSFetched-ResultsController가 그 메서드의 실행을 얼마나 쉽게 만드는지 아는 것은 좋다. 이 예에서는 한 개의 섹션밖에 없다. 하지만 데이터가 나눠지고 NSFetchedResultsController이 설정되는 동안 알맞은 sectionNameKeyPath를 지원한다면, 모든 섹션을 자유롭게 다룰 수 있다. 마지막으로 tableView:cellForRowAtIndex Path: 메서드는 화면에 표시되어야 하는 각 셀(cell)을 설정한다. 이것은 그 사람의 이름을 제목으로 그 사람이 가진 업무를 부제목을 정하기 위해 configureCell:atIndexPath:를 호출한다. 데이터 모델을 설정할 때 생성한 task 관계의 사용을 알아야 한다. 왜 다른 방식으로 셀의 환경을 설정할까? 이는 셀을 업데이트할 때 코드를 재사용해서 코드가 복사되는 것을 막기 위해서이다.

메모리 부족을 막기 위해 [managedObjectContext release]을 PeopleViewController의 dealloc 메서드에 추가하자. NSFetched ResultsController 시도 전에 아래와 같이 Pocket-TasksAppDelegate.m 안에서 application:didFinishLaunchingWithOptions: 메서드를 한 번 더 바꾸는 것이다.

리스트 12.9 PocketTasksAppDelegate.m 에 PeopleVewController 추가하기

```
- (BOOL)application:(UIApplication *)application
   didFinishLaunchingWithOptions:(NSDictionary *)launchOptions {

   PeopleViewController *peopleVC =
```

```
        [[PeopleViewController alloc]
        initWithManagedObjectContext:[self
managedObjectContext]];
    UINavigationController * navCtrl =
        [[UINavigationController alloc]
        initWithRootViewController:peopleVC];
    [peopleVC release];
    peopleVC = nil;

    [self.window addSubview:[navCtrl view]];

    [self.window makeKeyAndVisible];

    return YES;
}
```

PeopleViewController.h 역시 임포트해야 하며, 부분은 다시 언급하지 않는다. 다음은 구축과 실행이다.

만약 모든 것이 제대로 설정되었다면, 그림 12.4와 같은 결과를 볼 수 있을 것이다.

그림 12.4 PocketTasks 애플리케이션은 Core Data를 사용하여 로드하고 테이블 뷰에 디스플레이한다.

12.4.7 사람 추가와 삭제

샘플 사람을 나타내는 것은 좋지만, 사람을 추가하거나 삭제하는 기능이 있어야 할 것이다. 이것을 시도해보자.

리스트 12.10과 12.11을 참조하여 첫 번째로 File 〉 New 〉 New File을 선택한 후 Person-DetailViewController를 추가하고 사용자 인터페이스를 위해 XIB로 새로운 UIViewController 하위 클래스를 생성한다. 새로운 사람과 관리된 객체 내용, 그리고 NSManagedObject-Context를 가진 초기화를 위해서 유형 NSManagedObject의 ivar와 UIText-Field IBOutlets 두 개를 추가한다. 다음으로 Interface Builder에 텍스트 필드를 두 개 추가하고 이것을 outlets에 연결한다. PersonDetailViewController.h 파일은 아래와 같다.

```
#import <UIKit/UIKit.h>

@interface PersonDetailViewController : UIViewController {
    IBOutlet UITextField *firstNameTextField;
    IBOutlet UITextField *lastNameTextField;

    NSManagedObjectContext *managedObjectContext;
    NSManagedObject *person;
}

- (id)initWithManagedObjectContext:(NSManagedObjectContext *)moc;

@end
```

PersonDetailViewController의 흥미로운 점은 saveAndDismiss 메서드라는 것이다. 이것은 새로운 person 개체를 만들고 저장에 성공하면 모달 뷰 컨트롤러를 제거한다.

```
- (id)initWithManagedObjectContext:(NSManagedObjectContext *)moc {
    if ((self =
         [super initWithNibName:@"PersonDetailViewController"
         bundle:nil])) {

        managedObjectContext = [moc retain];
    }

    return self;
}

- (void)saveAndDismiss {
    if (!person) {
        person = [NSEntityDescription
                insertNewObjectForEntityForName:@"Person"
                inManagedObjectContext:managedObjectContext];
    }

    if ([[firstNameTextField text] length] < 1 ||
        [[lastNameTextField text] length] < 1) {

        UIAlertView *alert =
            [[UIAlertView alloc] initWithTitle:@"Error"
            message:@"First and last name can't be empty."
```

```
            delegate:nil
            cancelButtonTitle:nil
            otherButtonTitles:@"OK", nil];
        [alert show];
        [alert release];
    } else {
        [person setValue:[firstNameTextField text] forKey:@"firstName"];
        [person setValue:[lastNameTextField text] forKey:@"lastName"];

        NSError *error = nil;
        if (![managedObjectContext save:&error]) {
            NSLog(@"Unresolved error %@, %@", error, [error userInfo]);
        } else {
            [self dismissModalViewControllerAnimated:YES];
        }
    }
}
```

새로운 상세 뷰 컨트롤러를 사용하기 위해, PeopleViewController.m을 불러오고 아래 리스트의 메서드를 추가한다.

리스트 12.12 PeopleViewController.m의 PersonDetailViewController 사용하기

```
- (void)viewDidLoad {
    [super viewDidLoad]; editButtonItem              UIViewController의
                                                   editButtonItem 추가
    self.navigationItem.leftBarButtonItem = self.editButtonItem; ◄

    UIBarButtonItem *addButton = ◄────────오른쪽 내비게이션 바에 add 버튼 추가
        [[UIBarButtonItem alloc]
         initWithBarButtonSystemItem:UIBarButtonSystemItemAdd
         target:self
         action:@selector(addPerson)];
    self.navigationItem.rightBarButtonItem = addButton;
    [addButton release];
}
                                        PersonDetailViewController
                                        생성
- (void)addPerson {
    PersonDetailViewController *detailController =
      [[PersonDetailViewController alloc]
        initWithManagedObjectContext:managedObjectContext];

    UINavigationController *controller = ◄
```

```
        [[UINavigationController alloc]
         initWithRootViewController:detailController];

     detailController.navigationItem.rightBarButtonItem =
        [[[UIBarButtonItem alloc]
         initWithBarButtonSystemItem:UIBarButtonSystemItemSave
         target:detailController
         action:@selector(saveAndDismiss)]
        autorelease];

     [self presentModalViewController:controller animated:YES];

     [controller release];
     [detailController release];
}

- (void)tableView:(UITableView *)tableView
    commitEditingStyle:(UITableViewCellEditingStyle)editingStyle
    forRowAtIndexPath:(NSIndexPath *)indexPath {

    if (editingStyle == UITableViewCellEditingStyleDelete) {
        [managedObjectContext deleteObject:[resultsController
                                  objectAtIndexPath:indexPath]];
        NSError *error = nil;
        if (![managedObjectContext save:&error]) {
            NSLog(@"Unresolved error %@, %@", error, [error userInfo]);
            abort();
        }
    }
}

- (void)controllerWillChangeContent:
    (NSFetchedResultsController *)controller {

    [self.tableView beginUpdates];
}

- (void)controller:(NSFetchedResultsController *)controller
    didChangeObject:(id)anObject
    atIndexPath:(NSIndexPath *)indexPath
    forChangeType:(NSFetchedResultsChangeType)type
    newIndexPath:(NSIndexPath *)newIndexPath {

    UITableView *tableView = self.tableView;

    switch(type) {
```

Save 버튼 추가

모달 보이기

Core Data 객체 제거

변경을 위한 테이블 뷰 설정

결과 컨트롤러로부터 콘텐츠 변경

```
        case NSFetchedResultsChangeInsert:
            [self.tableView
             insertRowsAtIndexPaths:[NSArray arrayWithObject:newIndexPath]
             withRowAnimation:UITableViewRowAnimationFade];
            break;

        case NSFetchedResultsChangeDelete:
            [self.tableView
             deleteRowsAtIndexPaths:[NSArray arrayWithObject:indexPath]
            withRowAnimation:UITableViewRowAnimationFade];
            break;

        case NSFetchedResultsChangeUpdate:
            [self.tableView
             reloadRowsAtIndexPaths:[NSArray arrayWithObject:indexPath]
             withRowAnimation:UITableViewRowAnimationFade];
            break;

        case NSFetchedResultsChangeMove:
            [self.tableView
             deleteRowsAtIndexPaths:[NSArray arrayWithObject:indexPath]
             withRowAnimation:UITableViewRowAnimationFade];
            [self.tableView
             insertRowsAtIndexPaths:[NSArray arrayWithObject:newIndexPath]
             withRowAnimation:UITableViewRowAnimationFade];
            break;
    }
}

- (void)controllerDidChangeContent:(NSFetchedResultsController *)controller {
    [self.tableView endUpdates];          ◄─┐ 모든 변경이 완료하면
                                            │ 그것들을 움직이게 하기
}
```

이 모든 코드 무엇을 위한 것인가? 첫째로 viewDidLoad 메서드 안에 편집과 추가 버튼을 설정한다. UIViewController로부터 editButtonItem를 공짜로 얻은 것을 알아야 한다. addPerson 메서드에서, 새로운 사람을 추가하기 위해 뷰 컨트롤러를 설정하고 나타나게 한다. 다음으로 tableView:commitEditingStyle:forRowAtIndexPath: 메서드에서 관리된 객체에서 들어온 것의 삭제를 관리하고 저장한다. 마지막으로, 그 굉장히 긴 메서드인 controller:didChangeObject:atIndex-Path:forChangeType:newIndexPath:는 결과 세트가 바뀔 때마다 NSFetchedResultsController에 의해 호출된다. 관리된

객체 내용에서 사람을 추가 삭제할 때 페치된 결과 컨트롤러는 이 메서드를 호출하고 리스트 12.8의 NSFetchedResultsController를 대표하는 PeopleView Controller의 인스턴스를 설정하기 위해 테이블 뷰를 설정한다.

애플리케이션을 구축하고 실행하라. 이제 사람을 추가 삭제하는 것을 할 수 있다.

12.4.8 업무(task) 관리

이제 애플리케이션에서 사람을 나열하고 추가하고 삭제할 수 있다. 한 가지 빼먹은 것은 사람에게 업무를 추가하는 것이다. 이것을 하기 위해, 또 다른 UITableViewController 하위 클래스를 만들고 TasksViewController를 호출한다. 조금 다른 PeopleView Controller를 볼 수 있을 것이다(PeopleViewController에서 코드를 복사하고 붙여넣기하는 것으로 시작한다). 이것은 NSManagedObject 안에 다양한 사람 인스턴스와 아래 리스트와 같이 initWithPerson:라고 불리는 init 메서드를 가질 것이다.

리스트 12.13 person과 TasksViewController 초기화하기 (TasksViewController.m)

```
- (id)initWithPerson:(NSManagedObject *)aPerson {
    if ((self = [super initWithStyle:UITableViewStylePlain])) {
        NSManagedObjectContext *moc = [aPerson managedObjectContext];
        person = [aPerson retain];

        NSFetchRequest *request = [[NSFetchRequest alloc] init];
        [request setEntity:[NSEntityDescription entityForName:@"Task"
                              inManagedObjectContext:moc]];
        [request setSortDescriptors:
            [NSArray arrayWithObject:
             [NSSortDescriptor sortDescriptorWithKey:@"name"
              ascending:YES]]];

        [request setPredicate:
            [NSPredicate predicateWithFormat:@"person == %@", person]];

        resultsController = [[NSFetchedResultsController alloc]
                                initWithFetchRequest:request
                                managedObjectContext:moc
                                sectionNameKeyPath:nil
                                cacheName:nil];

        resultsController.delegate = self;
```

```
            [request release];

            NSError *error = nil;

            if (![resultsController performFetch:&error]) {
                NSLog(@"Error while performing fetch: %@", error);
            }
        }

    return self;
}
```

이 대부분의 메서드는 익숙할 테지만 한 가지 다른 점이 있다. 그것은 프리디케이트의 사용이다. 프리디케이트는 무엇인가? 이것은 SQL 쿼리 안의 WHERE 절과 같은 필터 문장이다. 이 경우, 주어진 사람에게 속한 업무만을 불러오길 원할 것이다. 그래서 사람 관계를 사용한 프리디케이트를 생성할 것이고, 명시된 사람과 짝을 이루는 사람관계의 업무들만 돌려주는 필터 기준으로 Task 개체를 정의할 것이다.

아래의 리스트는 나머지 흥미로운 메서드를 보여준다.

리스트 12.14 TasksViewController.m의 필수 메서드

```
- (void)viewDidLoad {
    [super viewDidLoad];

    UIBarButtonItem *addButton =         ┐  오른쪽 내비게이션 바에
        [[UIBarButtonItem alloc]      ◄──┘  Add 버튼 추가하기
            initWithBarButtonSystemItem:UIBarButtonSystemItemAdd
            target:self
            action:@selector(addTask)];
    self.navigationItem.rightBarButtonItem = addButton;
    [addButton release];
}

- (void)configureCell:(UITableViewCell *)cell
    atIndexPath:(NSIndexPath *)indexPath {

    NSManagedObject *task =
        [resultsController objectAtIndexPath:indexPath];
    cell.textLabel.text = [task valueForKey:@"name"];

    if ([[task valueForKey:@"isDone"] boolValue]) {
        cell.accessoryType = UITableViewCellAccessoryCheckmark;
```

```objc
    } else {
        cell.accessoryType = UITableViewCellAccessoryNone;
    }
}
```
완료한 업무를 위한
체크마크 표시하기

```objc
- (void)addTask {
    NSManagedObject *task =
        [NSEntityDescription
        insertNewObjectForEntityForName:@"Task"
        inManagedObjectContext:[person managedObjectContext]];

    [task setValue:[NSString stringWithFormat:@"Task %i",
                    [[person valueForKey:@"tasks"] count] + 1]
    forKey:@"name"];
    [task setValue:[NSNumber numberWithBool:NO] forKey:@"isDone"];
    [task setValue:person forKey:@"person"];

    NSError *error = nil;
    if (![[person managedObjectContext] save:&error]) {
        NSLog(@"Unresolved error %@, %@", error, [error userInfo]);
    } else { }
    }
```
새 업무
생성하기

사람과 업무
연결하기

저장하기

```objc
- (void)tableView:(UITableView *)tableView
    didSelectRowAtIndexPath:(NSIndexPath *)indexPath {

    [tableView deselectRowAtIndexPath:indexPath animated:YES];
    NSManagedObject *task =
        [resultsController objectAtIndexPath:indexPath];
    if (![[task valueForKey:@"isDone"] boolValue]) {
        [task setValue:[NSNumber numberWithBool:YES] forKey:@"isDone"];

        NSError *error = nil;
        if (![[task managedObjectContext] save:&error]) {
            NSLog(@"Unresolved error %@, %@", error, [error userInfo]);
            abort();
        }
    [self.tableView
     reloadRowsAtIndexPaths:[NSArray arrayWithObject:indexPath]
     withRowAnimation:UITableViewRowAnimationFade];
    }
}
```
행에 업무
업데이트하기

viewDidLoad에서 새로운 업무를 추가하기 위해 필요한 버튼을 추가한다. configureCell: atIndexPath: 메서드는 업무의 이름을 보여주고 업무가 완수됐을 때 체크 마크를 보여주기 위한 테이블 셀의 환경을 설정한다. addTask 메서드는 새로운 업무가 추가되면 이것의 이름을 task1, task2…..와 같이 설정한다. 사용자가 자신의 실제 이름을 업무 입력 사용자 인터페이스를 추가하는 것을 망설일 필요가 없다. 이 메서드에서 업무와 사람 관계는 선택된 사람에 속하는 새로운 업무를 생성하기 위해 정해진다는 것을 알아야 한다. [NSNumber numberWithBool:NO]의 사용 또한 알아야 한다. 왜 그냥 [task setValue:NO forKey:@"isDone"]라고 말할 수 없을까? 왜냐하면 언제나 기본 값이 아닌 객체의 값을 제공해야 하기 때문이다. 그렇기 때문에 NSNumber 인스턴스에 정수형, 더블형, 실수형 또는 불린(Boolean) 값을 대입해야 한다.

마지막으로 tableView: didSelectRowAtIndexPath: 메서드는 값의 설정, 내용의 저장, 체크 마크를 표시하기 위한 configureCell:atIndexPath:를 호출함으로써 업무를 표시한다.

새로운 사람을 선택할 때 나타나는 TasksViewController를 만들기 위해, PeopleViewController.m로 한 번 더 되돌아 가야 한다. 리스트 12.15에 있는 코드를 사용해서, TasksViewController 인스턴스를 생성하고 내비게이션 컨트롤러에 이것을 넣기 위해 TasksViewController.h를 불러오고 tableView:didSelectRowAtIndexPath: 메서드를 실행한다.

리스트 12.15 PeopleViewController.m의 tableView:didSelectRowAtIndexPath

```
- (void)tableView:(UITableView *)tableView
    didSelectRowAtIndexPath:(NSIndexPath *)indexPath {

    TasksViewController *tasksVC =
        [[TasksViewController alloc]
          initWithPerson:[resultsController objectAtIndexPath:indexPath]];
    [self.navigationController pushViewController:tasksVC animated:YES];
    [tasksVC release];
}
```

이제 애플리케이션을 구축하고 실행해보자. 이제 업무를 추가할 수 있고 스크린을 터치해서 끝낼 수 있도록 설정할 수 있다.

12.4.9 모델 객체 사용

지금까지 사람과 업무에 접근하기 위해 NSManaged
Object를 사용하였다. 이것이 제대로 실행된다면 [person
valueFor-Key:@"firstName"] 대신에 [person firstName]
(또는 person.firstName, 여기서 점은 속성을 표시한다)
을 사용하는 것이 더 좋다. 또한 애플리케이션의 몇 군데
에서 사람의 성과 이름이 필요할 것이다. 매번 필요할 때
마다 성과 이름을 넣는 것보다 더 효율적으로 그냥
[person fullName]을 나타낼 수 있다. Core Data는
NSManagedObject의 하위 클래스인 모델 클래스를 사용
하기 위해 더 쉬운 방법을 지원한다. 메서드를 모델 객체
클래스에 추가하고 모든 속성과 관계를 위한 접근 메서드
를 추가한다.

그림 12.5 업무(Task)는 이것들
을 선택해서 추가하거나 표시할
수 있다. 완수된 업무는 오른쪽
에 체크마크가 생긴다.

PocketTasks를 모델 객체 클래스로 변환하기 위해, 첫번
째로 XCode가 알맞은 클래스를 생성할 수 있게 한다. File
〉 New 〉 New File…을 선택하고 iOS 〉 Core Data 부분으
로부터 NSManagedObject 하위 클래스를 선택한다. 다음을 누르고 PocketTasks 데이터
모델을 선택한다. 또다시 다음을 누르고 Person과 Task 옆에 체크마크가 보이게 한다(그
림 12.6 참고).

마지막으로 Finish를 선택한다.

애플리케이션을 구축하고 실행하자. 프로젝트는 전과 같이 작동될 것이다.

Person과 Task 클래스의 소스 파일을 보면, 그 속성과 관계의 접근을 찾을 수 있을
것이다. Person 클래스에 하나의 메서드를 추가해보자. Person.h를 열고 아래의 코드를
추가하자.

```
@property (readonly) NSString *fullName;
```

다음으로 Person.m을 열고 다음 구문을 추가한다.

```
- (NSString *)fullName {
    return [NSString stringWithFormat:@"%@ %@",
            self.firstName, self.lastName];
}
```

이제 모델 안에 하나의 자리에 이름과 성을 다 넣기 위한 코드를 가지게 된다. Core
Data 프로젝트에서 이 **NSManagedObject** 하위 클래스로 작업하는 것의 거의 대부분을
이해할 수 있다. 속성과 관계에 접근하기 더 쉽고, 모델에 사용자 정의 로그를 추가
하도록 하며, 코드를 더 쉽게 읽고 보완할 수 있도록 만든다.

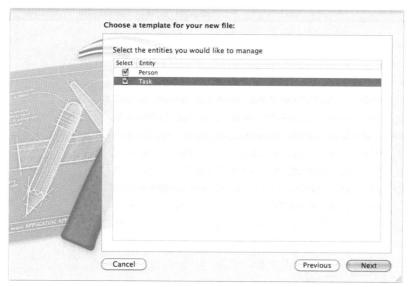

그림 12.6 XCode는 데이터 모델 안의 개체를 위한 Objective-C 클래스를 자동으로 생성한다.

이제 새로운 모델 클래스를 어떻게 사용할까? TasksViewController.m 안의 addTask
메서드를 살펴보자. 이제 혼자서 애플리케이션의 나머지를 변환할 수 있을 것이다. 만약
막힌다면, 온라인에서 완성된 프로젝트의 코드를 찾아보면 된다. 첫 번째로, Person.h와
Task.h를 확인하고 person의 다양한 인스턴스가 NSManagedObject로부터 Person으로
바뀌었는지 확인한다. 새로운 **addTask** 메서드는 아래의 코드와 같을 것이다.

```
- (void)addTask {
    Task *task = [NSEntityDescription
                    insertNewObjectForEntityForName:@"Task"
                    inManagedObjectContext:[person managedObjectContext]];

    task.name =
        [NSString stringWithFormat:@"Task %i", [person.tasks count] + 1];
    task.isDone = [NSNumber numberWithBool:NO];

    [person addTasksObject:task];

    NSError *error = nil;
    if (![[person managedObjectContext] save:&error]) {
        NSLog(@"Unresolved error %@, %@", error, [error userInfo]);
    } else {
    }
}
```

더 좋아 보이지 않는가? Person 클래스의 addTasksObject: 메서드는 현재 사람에게 새로운 업무를 추가하기 위해 사용된다. 이것은 코드를 더 읽기 쉽게 만들고 무슨 일이 발생하는지 더 확인하기 쉽게 한다. 이것은 새로운 모델 클래스를 사용하는 코드의 나머지 부분을 바꾸는 데 문제가 되지 않는다.

12.5 기초 이상으로

첫 번째 Core Data 애플리케이션을 만들었다. 데이터 모델을 어떻게 생성하는지, 불러오는지, 저장하는지, 그리고 필터하고 어떻게 데이터를 처리하지까지 알았다. 전에 언급했듯이, Core Data는 복잡한 프레임워크를 가지고 있기 때문에 더 배워야 할 것들이 있다. Core Data를 깊이 알기 위해서는 이 장에서 다룬 내용 이상을 배워야 하겠지만, 다음 세 개의 절에서 몇 개의 중요한 토픽을 살펴보고 Core Data를 제대로 사용하기 위한 더 많은 정보를 지원할 것이다.

12.5.1 데이터 모델 바꾸기

수정은 어느 소프트웨어나 불변하는 한 가지이다. 개체에 속성을 추가하고, 데이터 모델에 새로운 개체를 추가하고, 새로운 관계를 추가할 날이 올 수도 있다. 그런 일이 생겼을 때, 사용자 데이터가 애플리케이션의 새로운 버전에서 작동할 수 있게 하기 위해 추가적인 단계를 거쳐야 한다. 데이터 모델을 바꾸지 않을 것이다, 대신에 새로운 것을 추가할 것이지만 데이터 모델 버전에 저장됐던 데이터를 읽기 위해 그전 버전은 가지고 있을 것이다.

데이터 이전(migration)은 복잡한 일이지만, 데이터 모델의 변화가 작을 경우(예를 들어, 새로운 속성을 추가하거나 선택적인 속성을 선택적으로 만드는 경우)에는 Core Data가 알아서 해준다. 이러한 이동은 lightweight migrations으로 불린다. 연습에서 이것이 어떻게 생겼는지 알아보자. 나이라는 새로운 속성을 Person 개체에 추가하자. 이것을 하기 위해, 첫 번째로 데이터 모델의 새로운 버전을 생성한다. PocketTasks. xcodedatamodel를 선택하고, 다음에 메뉴에서 Editor 〉 Add Model Version을 선택한다. PocketTasks 2.xcdatamodel이라는 새로운 파일이 PocketTasks.xcdatamodeld 디렉토리에 나타날 것이다. 지금부터 이 새로운 버전은 새로운 애플리케이션에 사용될 것이다. 효과를 얻기 위해 Utilities 패널의 첫 번째 탭에 있는 'Versioned Data Model' 섹션 안의 'Current' 선택 상자의 'PocketTasks 2'를 선택하고 PocketTasks.xcdatamodeld를 선택한다. 그 파일은 작은 녹색의 체크 마크를 가질 것이다. 이제 새로운 age 속성을 방금 생성한 새로운 버전 안의 Person 개체에 추가한다. optional로 설정하고, Integer16으로 타입을 설정 한다. 저장하고 빌드 후에 실행한다. 이 애플리케이션은 제대로 작동이 되지 않고 콘솔에서 오류가 뜰 것이다. 저장된 데이터는 새로운 데이터 모델과 같이 할 수 없다! Core Data에게 자동적으로 이것을 이전하라고 명령해야 한다. PocketTasksAppDelegate.m을 열고 persistentStoreCoordinator 메서드를 찾는다. 이것을 아래의 리스트와 같이 바꾼다.

리스트 12.17 PocketTasksAppDelegate.m의 자동 데이터 모델 이전하기

```
- (NSPersistentStoreCoordinator *)persistentStoreCoordinator {
    if (__ persistentStoreCoordinator != nil) {
        return __persistentStoreCoordinator;
    }

    NSURL *storeURL =
        [[self applicationDocumentsDirectory]
        URLByAppendingPathComponent:@"PocketTasks.sqlite"];

    NSDictionary *options =
```

```
        [NSDictionary dictionaryWithObjectsAndKeys:
                [NSNumber numberWithBool:YES],
                NSMigratePersistentStoresAutomaticallyOption,
                [NSNumber numberWithBool:YES],
                NSInferMappingModelAutomaticallyOption, nil];

    NSError *error = nil;
    __persistentStoreCoordinator =
        [[NSPersistentStoreCoordinator alloc]
        initWithManagedObjectModel:[self managedObjectModel]];

    if (![__persistentStoreCoordinator
        addPersistentStoreWithType:NSSQLiteStoreType
        configuration:nil
        URL:storeURL
        options:options
        error:&error])
    {
        NSLog(@"Unresolved error %@, %@", error, [error userInfo]);
        abort();
    }

    return __persistentStoreCoordinator;
}
```

이제 해야 하는 것은 Core Data에게 자동적으로 데이터 모델 사이에서 무엇이 바뀌었는지 결정하고 자동적으로 데이터를 이전하라고 시키는 것밖에 없다.

이것을 구축하고 다시 실행하면 모든 것이 정상적으로 작동할 것이다.

가능하다면 너무 많은 데이터 모델의 변화는 피해야 한다. 이미 사용자들이 애플리케이션을 사용했다면 더욱 그래야 한다. 코딩을 시작하기 전에 데이터 모델을 계획하는 데 시간을 써야 한다.

더 복잡한 이전을 실행해야 한다면 Apple의 'Core Data Model Versioning and Data Migration Programming Guide (http://developer.apple.com/iphone/library/documentation/Cocoa/Conceptual/CoreDataVersioning/Introduction/Introduction.html)'를 확인하자.

12.5.2 성능

NSFetchedResultsController의 사용은 이미 iOS Core Data 애플리케이션에서 할 수 있는 일 중 최고이다. 그래도 몇 가지 염두해야 할 것이 있다. 만약 항상 개체의 관계에 접속하는 것이 필요하다면, 처음에 요구된 페치로 하위 개체를 페치해야 한다고 Core Data에 알려야 한다. 그렇지 않으면 Core Data는 모든 개체에 또 다른 페치를 실행할 것이다. 사람이 100명이면 101개 페치 요청을 만들 것이다(처음에 사람을 불러오기 위한 페치와 사람 각각이 업무를 얻기 위한 페치). NSFetchResult's setRelationshipKeyPathsForPrefetching 메서드의 사용은 이런 문제를 피한다. 이 예에서 사람을 페치했을 때의 성능을 향상시키기 위해서는 아래와 같이 해야 한다.

```
[request setRelationshipKeyPathsForPrefetching:[NSArray
    arrayWithObject:@"tasks"]];
```

이 코드는 사람에 따른 업무를 불러온다. 성능에서 신경 써야 하는 또 다른 것은 이진 데이터이다. 데이터가 작은 경우(100 KB보다 작은 경우)를 제외하고, 이것에 속해 있는 개체 안에 직접적으로 저장하면 안 된다. 100 KB보다 큰 경우(사람에 속한 프로필 사진일 수도 있다), 나눠진 개체에 이것을 저장 하고 데이터 개체와 이것에 속한 개체 사이에 관계를 설정한다. 1 MB보다 크면 Core Data 개체에 저장하면 안 되므로, 파일로 디스크에 저장해야 한다. 단지 파일의 경로는 Core Data를 사용한다.

성능에 관한 더 많은 정보는 Apple의 Core Data 프로그래밍 가이드 http://developer.apple.com/mac/library/documentation/Cocoa/Conceptual/CoreData/Articles/cdPerformance.html에서 볼 수 있다.

12.5.3 오류 처리와 유효성

관리된 객체 내용을 저장할 때 마다 포인터가 NSError안으로 보내지는 것을 알 수 있을 것이다. 지금까지, 이런 오류에 대하여 다루지 않았다. 실제 애플리케이션에서 사용자는 그들의 데이터에 대한 모든 오류를 알아야 할 권리가 있다. 그러면 어떻게 Core Data에서 오류를 다룰 수 있을까?

복구할 수 없는 오류(데이터를 디스크에 쓰지 못하거나 더 심한 경우)가 발생했을 때, UIAlertView로 사용자에게 이 오류를 알려야 하고 그 애플리케이션을 종료하기 위해

abort()기능을 사용해야 한다. Apple은 abort() 기능의 사용을 막았고 홈 버튼을 이용해서 애플리케이션을 종료하라는 개발자에게 메시지를 뜨게 하라고 지시한다. 그런 방법도 가능하지만, abort() 기능은 한 가지 장점이 있다 - crash 로그를 생성할 수 있다. 로그는 문제점을 파악하는 데 굉장히 유용하다. 치명적인 오류를 어떻게 다룰지는 개발자의 몫이지만, abort() 기능은 잘 사용하면 절대 나쁜 방법이 아니다.

요구된 값이 없어졌거나, 문자열이 너무 짧거나, 수가 너무 큰 경우 같이 유효한 오류 또한 다뤄져야 한다. 이러한 오류는 복구될 수 있고, 사용자에게 그것을 알려서 사용자가 그 오류를 수정하도록 해야 한다.

리스트 12.18은 유효한 오류를 다루고 화면에 표시하는 한 가지 방법을 보여준다(예를 들어, PersonDetailViewController). 이 메서드를 애플리케이션과 이것을 쓰는 사용자에게 맞추어야 한다. 이 메시지는 사용자에게는 친절하지는 않지만 단지 "저장실패"라고 하는 것보단 좋을 것이다.

리스트 12.18 평가 에러를 다루고 표시하기 위한 한 가지 방법

```
- (void)displayValidationError:(NSError *)anError {        내장된 에러가 있는지 확인하기
    if (anError &&
        [[anError domain] isEqualToString:@"NSCocoaErrorDomain"]) {

    NSArray *errors = nil;

    if ([anError code] == NSValidationMultipleErrorsError) {
      errors = [[anError userInfo] objectForKey:NSDetailedErrorsKey];
    } else {                                           단일 에러들을 감싸고 있는
      errors = [NSArray arrayWithObject:anError];      다중 에러 추출하기
    }

    if (errors && [errors count] > 0) {        에러 반복하기
      NSString *messages = @"Reason(s):\n";

      for (NSError *error in errors) {                   엔트리
        NSString *entityName =                           이름 얻기
          [[[[error userInfo]
              objectForKey:@"NSValidationErrorObject"]
            entity]
           name];                            속성 이름 얻기
        NSString *attributeName =
          [[error userInfo] objectForKey:@"NSValidationErrorKey"];
```

```
NSString *msg;

switch ([error code]) {
  case NSManagedObjectValidationError:
    msg = @"Generic validation error.";
    break;
  case NSValidationMissingMandatoryPropertyError:
    msg = [NSString stringWithFormat:
            @"The attribute '%@' mustn't be empty.",
            attributeName];
    break;
  case NSValidationRelationshipLacksMinimumCountError:
    msg = [NSString stringWithFormat:
            @"The relationship '%@' doesn't have enough entries.",
            attributeName];
    break;
  case NSValidationRelationshipExceedsMaximumCountError:
    msg = [NSString stringWithFormat:
            @"The relationship '%@' has too many entries.",
            attributeName];
    break;
  case NSValidationRelationshipDeniedDeleteError:
    msg = [NSString stringWithFormat:
            @"To delete, the relationship '%@' must be empty.",
            attributeName];
    break;
  case NSValidationNumberTooLargeError:
    msg = [NSString stringWithFormat:
            @"The number of the attribute '%@' is too large.",
            attributeName];
    break;
  case NSValidationNumberTooSmallError:
    msg = [NSString stringWithFormat:
            @"The number of the attribute '%@' is too small.",
            attributeName];
    break;
  case NSValidationDateTooLateError:
    msg = [NSString stringWithFormat:
            @"The date of the attribute '%@' is too late.",
            attributeName];
    break;
  case NSValidationDateTooSoonError:
    msg = [NSString stringWithFormat:
            @"The date of the attribute '%@' is too soon.",
```

◀── 적당한 오류 메시지
생성하기

```
                                          attributeName];
                    break;
                case NSValidationInvalidDateError:
                    msg = [NSString stringWithFormat:
                            @"The date of the attribute '%@' is invalid.",
                            attributeName];
                    break;
                case NSValidationStringTooLongError:
                    msg = [NSString stringWithFormat:
                            @"The text of the attribute '%@' is too long.",
                            attributeName];
                    break;
                case NSValidationStringTooShortError:
                    msg = [NSString stringWithFormat:
                            @"The text of the attribute '%@' is too short.",
                            attributeName];
                    break;
                case NSValidationStringPatternMatchingError:
                    msg = [NSString stringWithFormat:
                            @"The text of the attribute '%@' "
                             "doesn't match the required pattern.",
                            attributeName];
                    break;
                default:
                    msg = [NSString stringWithFormat:
                            @"Unknown error (code %i).", [error code]];
                    break;
            }

                messages = [messages stringByAppendingFormat:@"%@%@%@\n",
                    (entityName?:@""),
                    (entityName?@": ":@""),
                    msg];                                  ◄──  메시지에 문자열
        }                                                       추가하기

    UIAlertView *alert = [[UIAlertView alloc]
                            initWithTitle:@"Validation Error"
                            message:messages
                            delegate:nil
                            cancelButtonTitle:nil
                            otherButtonTitles:@"OK", nil];

    [alert show];            ◄───────── 메시지 표시하기
    [alert release];

}
```

```
    }
}
```

12.6 요약

Core Data는 필요한 데이터를 위한 세련된 프레임워크이다. 이것은 매우 효과적이고 사용하기 편하다. 이 장이 끝났다. 이제 iOS 애플리케이션에서 Core Data의 사용을 위해 필요한 모든 것을 알았다. 애플리케이션이 볼륨 설정 또는 사용자 이름 등을 저장하려 한다면 반드시 Core Data를 사용해야 한다.

13장에서는 Grand Central Dispatch(GCD)와 블록에 대해서 배우고, 프로그래밍에서 New York의 Grand Central Terminal이 무엇을 하는지에 대해 알아볼 것이다.

13장

블록과 Grand Central Dispatch

이 장에서 배우는 것

– 블록 구문 이해하기
– 메모리 관리 처리하기
– 시스템 프레임워크에서 블록 사용하기
– Grand Central Dispatch 배우기
– 비동기로 작업 실행하기

뉴욕 도시의 그랜드 센트럴 터미널에 가본 적 있는가? 기차가 수없이 도착하고 출발하는 아주 큰 곳이다. 수동으로 그 많은 운영을 관리해야 한다고 상상해보라 – 어떤 기차가 어느 트랙으로 와야 하는지? 언제 어느 기차의 트랙을 바꿔야 하는지? 어느 엔진을 어느 기차에 부착해야 하는지? 등, 아마 30분도 안 가서 일을 그만두고 프로그램 개발을 위해 돌아갈 것이다!

그러나 프로그래머가 된다는 것은, 실행하는 애플리케이션에 각기 다른 부분에서 멀티스레드 애플리케이션을 동시에 써야 할 때와 같은 비슷한 상황에 놓이는 것일 수도 있다. 반드시 또 다른 스레드를 운영할 수 있는 충분한 리소스를 확보해야 하고, 반드시 멀티스레드와 같은 데이터를 동시에 다룰 수 없다는 것을 확실히 해야 하며, 반드시 하나의 스레드가 다른 스레드와 독립적일 경우 어떻게든 처리해야 하는 일 등은 골치 아픈 일이다. 오류가 많이 발생할 수 있고, 마치 혼자 그랜드 센트럴 터미널을 운영하려 노력하는 것과 같다.

고맙게도, Apple의 Mac OS X 10.6에서 Grand Central Dispatch(GCD)라고 불리는 기술을 소개하였고, iOS 4의 iOS 장치에 삽입하였다. GCD 굉장하게도 멀티스레드된 프로그래밍을 단순화시킨다. GCD와 함께 Apple은 C에 새로운 언어 요소를 더했다. 블록은 원한다면 단순히 코드의 블록, 또는 익명 기능이다. GCD와 블록은 굉장히 강력한 듀오가 된다. 이제 짧은 코드를 쓰고 그것을 GCD로 건네서 기존의 멀티스레드 프로그래밍을 어떤 어려움이 없이 대응할 수 있는 스레드에서 처리할 수 있다. 병렬 처리가 쉽지는 않지만 이젠 GCD로 어려워 할 이유가 없다.

GCD를 더 깊이 살펴보기 전에, 블록을 먼저 살펴보자. 어떻게 만드는지, 어떻게 사용하는지, 또 어떤 것을 주의 깊게 봐야 하는지를 살펴보자.

13.1 블록의 구문

블록(bolck)의 구문이 처음에는 겁을 줄지도 모른다 - 우리도 겁을 먹었었다! 하지만 이해하기 쉽게 해석하여 설명할 테니 걱정하지 않아도 된다.

우선, 다음에 있는 간단한 블록의 예를 함께 살펴보자.

리스트 13.1 간단한 블록 예

```
int (^myMultiplier)(int, int) = ^int (int a, int b){
    return a * b;
};

int result = myMultiplier(7, 8);
```

미리 말했듯이, 좀 복잡해 보일 것이다. 이 코드는 인자로 두 가지의 정수를 취하고, 정수를 변환하고, `myMultiplier`라고 불리는 변수에 저장하는 새로운 블록을 만든다. 그런 후, 그 블록이 실행되면, 56개의 결과가 'result'라고 불리는 정수 변수 안에 저장된다.

이 코드는 두 개의 부분으로 구성된다. 변수 선언과 블록 문자(등호 다음 부분)이다. 두 가지를 자세히 살펴보자(참조 그림 13.1).

변수 선언을 C 역할 선언이라고 생각할 수도 있다 왜냐하면 구문이 거의 동일 하기 때문이다. 차이점은 블록 이름이 괄호 안에 있고, 탈자부호(^)에 의해 삽입된다는 것이다. 아래의 코드는 이것을 더 명확하게 설명해줄 것이다.

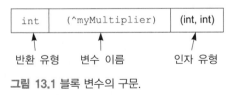

그림 13.1 블록 변수의 구문.

리스트 13.2 블록 변수 선언과 할당

```
int (^myMultiplier) (int, int);

myMultiplier = ^int (int a, int b){
    return a * b;

};

myMultiplier(4, 2);
```

만약에 다양한 같은 유형의 블록 변수를 선언하고 싶다면? (다른 말로 같은 인자를 가지고 있고 같은 반환 유형을 갖는 것이다). 다음 코드는 이것을 하는 잘못된 방법과 옳은 방법을 설명하고 있다.

리스트 13.3 재사용을 위해 typedef을 써서 블록 타입 선언하기

```
int (^myTimes2Multiplier) (int);
int (^myTimes5Multiplier) (int);
int (^myTimes10Multiplier) (int);

myTimes2Multiplier = ^(int a) { return a * 2; };
myTimes5Multiplier = ^(int a) { return a * 5; };
myTimes10Multiplier = ^(int a) { return a * 10; };

typedef int (^MultiplierBlock) (int);

MultiplierBlock myX2Multi = ^(int a) { return a * 2; };
MultiplierBlock myX5Multi = ^(int a) { return a * 5; };
MultiplierBlock myX10Multi = ^(int a) { return a * 10;};
```

각각의 블록 변수를 길게 선언하는 것은 잘못된 방법이다. 비록 코드가 컴파일 오류는 없을지라도, 이 방법으로 하는 것이 그리 좋은 방법은 아니다. 게다가, 나중에 이 코드를 지속 사용하는 데에 어려움이 따를 것이다. Typedef를 사용하여 블록 타입을 명확히 하는 것은 옳은 방법이다. 이 방법은 블록 변수를 선언하는 일과 정확하게 같은 방법으로 작동한다. 하지만, 이번에는 괄호 안에 있는 이름이 변수이름이 아닌 유형이름으로 간주된다. 이 식으로, 원하는 만큼의 `MultiplierBlock` 타입 블록을 선언할 수 있다. 블록변수를 선언하는 방법은 잠시 두고, 훨씬 더 자주 이용하게 될 블록 리터럴(block literals)을 살펴보자. 이전에 코드 예제에서도 블록 문자를 많이 봤지만, 이제 그것들의 구문을 더 자세히 살펴보자(참조 그림 13.2).

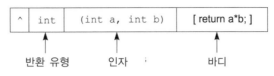

블록 리터럴은 항상 탈자부호(^)로 시작하고, 반환 유형, 중괄호 안에 인자 그리고 마지막 본문 – 실제코드 –

그림 13.2 블록 리터럴 구문

로 이어진다. 반환 유형과 인자는 모두는 선택이다. 만약 반환 유형이 비어있다면, 전부를 생략할 수 있다. 이것은 인자에도 똑같이 적용된다. 만약 블록의 본문에 `return` 문장에 의해 컴파일이 된다면 반환 유형 또한 선택이다. 다음 코드는 블록 문자를 쓰는 몇 가지 필요한 길고 짧은 두 가지 방법을 보여준다.

리스트 13.4 몇 가지 블록 리터럴을 쓰는 길고 짧은 두 가지 방법

```
^void (void) { NSLog(@"Hello Block!"); };
^{ NSLog(@"Hello Block!"); };

^int { return 2001; };
^{ return 2001; };

^int (int a, int b) { return a + b; };
^(int a, int b) { return a + b; };
```

블록 문자에 불필요한 인자나 반환 유형을 생략하는 것이 편리해보일 것이다. 만약 리스트 13.4 안의 코드를 관리하려고 한다면 주목하라. 아무 일도 일어나지 않을 것이다. 이것은 블록을 실제로 실행하지 않아서이다. 이것은 마치 호출되지 않은 함수 목록을 선언하는 것과 같다. 블록은 함수가 실행되는 것과 마찬가지로 실행된다. 블록 한 쌍의 괄호는 붙이는 것, 블록 리터럴을 어떤 변수로 지정한 후 그 변수를 이용해 블록을 실행할 것이다(리스트 13.1과 13.2에서 본 바와 같이). 직접적으로 어떤 인자도 선언하지 않는 블록 문자를 실행할 수 있다. 다음 코드는 두 접근 방법을 보여준다.

리스트 13.5 블록 실행하기

```
int (^myMultiplier)(int, int) = ^int (int a, int b){
    return a * b;

};

myMultiplier(7, 8);
```

```
^{ NSLog(@"Hello Block!"); }();
```

지금까지의 블록은 함수와 그리 달라 보이지 않는다 - 하지만 이들은 한 가지가 다르다.

13.1.1 블록은 절(closure)이다.

블록은 그것들의 어휘 안에서 사용할 수 있거나 정의된 변수들에게 접근할 수 있다. 이것이 무슨 뜻인가? 다음 코드에 있는 예를 함께 보자.

리스트 13.6　변수 캡처하기

```
void (^myBlock) (void);

int year = 2525;

myBlock = ^{ NSLog(@"In the year %i", year); };
myBlock();
```

블록 안에서 로컬 변수 'year'를 접근할 수 있다. 그러나 정확히 말하자면 변수에 접근하고 있는 것이 아니다. 대신에 그것을 만들어낸 시간에 변수는 복사되거나 블록 안에 멈추어 있는 것이다. 아래의 코드는 멈추어진 변수를 설명해준다.

리스트 13.7　캡처된 변수는 멈춤

```
void (^myBlock) (void);

int year = 2525;

myBlock = ^{ NSLog(@"In the year %i", year); };
myBlock();

year = 1984;

myBlock();
```

블록에 의해서 캡처된 다음의 변수 값을 바꾸는 것이 블록 안에 있는 캡처된 복사본까지 침범할 수는 없다. 하지만 만약 그렇게 되기를 원한다면? 아니면 또 만약 블록 안에서 그 값을 바꾸고 싶다면? 그렇다면 블록 저장 타입을 이용해야 한다. 이것은 실지적으로 블록 안에 있는 변수의 값을 변경하기 쉽게 한다. 블록 밖에 있는 변수에 일어난 변화의 결과는 블록 안에서 적용되며 그 반대도 마찬가지다(다음 리스트 참조).

리스트 13.8 __block 저장 유형

```
void (^myBlock) (void);

__block int year = 2525;
__block int runs = 0;
myBlock = ^{
    NSLog(@"In the year %i", year);
    runs++;
};
myBlock();

year = 1984;

myBlock();

NSLog(@"%i runs.", runs);
```

이 중 재미있는 것은 블록에 의해 캡처된 로컬 변수는 변수에 정해진 함수 또는 메서드가 끝나도 계속 남아있다는 것이다. 이것이 바로 아주 강력한 특징이며, 이 장이 끝나기 전 이 특징에 대하여 좀 더 깊게 이야기할 것이다. 다음 리스트의 예를 함께 보자.

리스트 13.9 캡처된 변수는 함수가 끝난 뒤에도 남아있다

```
typedef void (^MyTestBlock)(void);

MyTestBlock createBlock() {
    int year = 2525;

    MyTestBlock myBlock = ^{
        NSLog(@"In the year %i", year);
    };

    return Block_copy(myBlock);
}

void runTheBlock() {
    MyTestBlock block = createBlock();

    block();
```

```
        Block_release(block);
}
```

리스트 13.9는 로컬 변수 year가 블록 안에 있으며 createBlock 함수가 반환된 후에도 블록 안에 아직도 쓸 수 있는 상태임을 명백히 보여주고 있다. 또한 다음 주제가 될 Block_copy와 Block_release의 사용법에 주목하라.

13.1.2 블록과 메모리 관리

블록은 하나의 함수나 메서드 안에 있는 어느 다른 로컬 변수와 같이 그 스택에서 시작된다. 만약 스코프가 종료된 후에도 블록을 사용하고 싶다면(예를 들어, 리스트 13.9처럼 함수가 반환된 후), 반드시 Block_copy를 사용해 그것을 힙으로 복사해야 한다. 메모리가 부족한 것을 막기 위해서는, 항상 Block-release를 사용해서 Block_copy로 복사한 모든 블록은 더 이상 필요가 없으면 해제해야 한다.

Objective-C에서는 블록은 또한 항상 Objective-C 개체이다. 그래서 그것에게 익숙한 copy와 release 메시지도 보낼 수 있다.

그렇다면 블록에 캡처된 객체는 어떻게 되는 것인가? Objective-C에서는 블록 안에서 참조되는 모든 객체는 자동직으로 보유를 위한 retain 메시지를 받게 된다. 블록이 끝나면, 그 모든 객체는 해제를 위한 release 메시지를 받게 된다. 유일한 예외는 __block 저장 유형인 객체이다. 이것은 자동적으로 유지되거나 해제되지 않는다. 인스턴스 변수인 객체가 블록 안에서 참조되면, 인스턴스 객체 대신 소유하고 있는 객체가 retain 메시지를 받게 된다. 다음 리스트가 이것을 확실하게 한다.

리스트 13.10 자동 retain과 release

```
typedef void (^SimpleBlock)(void);    ◄──┐  SimpleBlock
                                         │  유형 정의
@interface MyBlockTest : NSObject
{
    NSMutableArray *things;    ◄──────────블록의 내부에서 ivar 사용
}

- (void)runMemoryTest;
- (SimpleBlock)makeBlock;
```

```
@end

@implementation MyBlockTest

- (id)init {
    if ((self = [super init])) {
        things = [[NSMutableArray alloc] init];
        NSLog(@"1) retain count: %i", [self retainCount]);
    }
    return self;
}

- (SimpleBlock)makeBlock {
    __block MyBlockTest *mySelf = self;        ←── MyTestBlock에
    SimpleBlock block = ^{                          포인트
        [things addObject:@"Mr. Horse"];       ←── 현재 MyTestBlock의
        NSLog(@"2) retain count: %i", [mySelf retainCount]);   "things" ivar
    };
    return Block_copy(block);                  ←── 비자동 보유를
}                                                   참조하는
                                                    retainCount
- (void)dealloc {                                   출력
    [things release];
    [super dealloc];
}

- (void)runMemoryTest {
    SimpleBlock block = [self makeBlock];
    block();
    Block_release(block);
    NSLog(@"3) retain count: %i", [self retainCount]);

}

@end
```

MyTestBlock 클래스의 인스턴스를 생성하고, runMemoryTest 메서드를 실행하면 아래
와 같은 결과를 콘솔에서 볼 수 있다.

```
1 retain count: 1
2 retain count: 2
3 retain count: 1
```

왜 이런 일이 발생하는지 살펴보기로 하자. things라는 인스턴스 변수를 갖고 있다. makeBlock 메서드에 __block 저장 유형과 함께 MyBlockTest의 현재 인스턴스를 참조하도록 만든다. 왜? 블록이 self를 유지하는 것을 원하지 않기 때문이다. 블록에서의 NSLog 문장 안에 self를 사용하고 그것의 things라는 인스턴스 변수 중 하나를 사용하기 때문에 블록이 self를 유지하기를 원하지 않는다. 다음으로 블록 안에 things를 참조하고 콘솔에 things를 소유한 객체의 현재 retainCount를 출력 한다. 마지막으로, 블록의 사본을 반환한다.

runMemoryTest 메서드는 makeBlock 메서드를 호출했을 때 반환된 블록을 실행하고 그것을 해제한다. 마지막으로, retainCount를 다시 출력한다. 이 예는 myBlockTest의 인스턴스가 자동으로 유지됨을 증명한다. 왜냐하면, 더미로 복사한 블록 안에 있는 인스턴스 변수 중 하나—things—를 사용했기 때문이다. 이것을 더 명백하게 만들자면, 블록의 첫 문장 ([things addObject...])을 주석처리하고 다시 실행해보자. MyBlockTest 인스턴스의 Retain count가 언제나 1이라는 것을 발견할 것이다. 이제 더 이상 블록 안의 그 어떤 인스턴스 변수들도 참조하지 않기 때문에 MyBlockTest의 인스턴스는 더 이상 자동으로 유지되지 않을 것이다.

블록과 실행할 때의 마지막 경고, 블록 리터럴(^{...})은 블록을 나타내는 스택-로컬 (stack-local) 데이티 구조의 메모리 주소이다. 이 말은 데이터 구조의 범위는 이것을 포함하는 문장이다(예를 들자면, for 반복문 또는 if 문장의 내용이다). 왜 이것을 알아야 하는가? 왜냐하면, 만약 다음과 같은 코드를 쓴다면, 문제를 발생할 것이기 때문이다.

리스트 13.11 블록 리터럴 영역에 대해 주의하자

```
void (^myBlock) (void);

if (true) {

    myBlock = ^{
        NSLog(@"I will die right away.");
    };
} else {

    myBlock = Block_copy(^{
        NSLog(@"I will live on.");
    });
}
```

```
myBlock();
```

블록 리터럴 그것이 정해진 범위 안에서만 유효하다는 것을 기억하라. 만약 블록 리터럴의 영역 밖에서 사용하고 싶다면, Block_copy로 그것을 더미로 복사해야 한다. 그렇지 않으면 프로그램 오류가 발생할 것이다.

이제 블록에 대한 근본적인 이해가 되었을 것이다. Cocoa Touch에서 보게 될 몇 가지 내용을 살펴보자.

13.1.3 Apple iOS 프레임워크의 블록 기반 API

많고 계속 수적으로 증가하는 Apple 프레임워크 클래스는 블록을 매개 변수로 쓴다. 대부분 간단하게 코드를 정리하고 코드를 줄이기 위해서이다. 대체로, 블록은 정렬과 열거, 그리고 뷰 에니메이션과 전송을 위해 완료, 에러, 알림(notification)할 때 사용된다.

이 절에서는 시스템 프레임워크에서 블록을 사용하는 데 익숙해질 수 있도록 간단하지만 실용적인 예를 살펴보기로 하자.

다음 리스트는 문자열의 각 라인에서 어떻게 블록을 써야 하는지 보여준다.

리스트 13.12 블록으로 문자열 안의 모든 라인을 열거하기

```
NSString *string = @"Soylent\nGreen\nis\npeople";

[string enumerateLinesUsingBlock:
        ^(NSString *line, BOOL *stop) {
            NSLog(@"Line: %@", line);
        }];
```

결과가 어떻게 나올지 분명히 예측하고 있을 것이다. 멋지지 않나?

리스트 13.13은 두 블록 기반 API의 용도를 보여주고 있다. 첫 번째, ObjectsPassing Test:는 한 집합 안에 각 객체를 위해 주어진 블록을 적용한다. 그 블록은 각 객체를 위해 YES 아니면 NO로 반환된다. 그리고 이 메서드는 그 테스트를 통과한 모든 객체로 만들어진 하나의 새로운 집합을 반환한다. 두 번째, enumerateLinesUsingBlock:, 집합 안의 모든 객체를 위해 주어진 블록을 한 번 적용한다. 이것은 근본적으로 for 반복문과 동일하다.

리스트 13.13 블록을 이용한 필터링과 열거

```
NSSet *set = [NSSet setWithObjects:@"a", @"b", @"cat",
            @"c", @"mouse", @"ox", @"d", nil];

NSSet *longStrings =
    [set objectsPassingTest:
                        ^BOOL (id obj, BOOL *stop) {
                            return [obj length] > 1;
                        }];

[longStrings enumerateObjectsUsingBlock:
                        ^(id obj, BOOL *stop) {
                            NSLog(@"string: %@", obj);
                        }];
```

코드 13.13에 있는 코드를 실행하면 콘솔에 cat, mouse 그리고 ox가 출력될 것이다. 왜냐하면 이것들은 한 문자보다 더 긴 문자인지의 테스트를 통과했기 때문이다.

다음의 예는 블록을 어떻게 공지 핸들러로 쓸 수 있는지를 보여준다.

리스트 13.14 블록을 알림 핸들러로 사용하기

```
NSNotificationCenter *nc = [NSNotificationCenter defaultCenter];
[[UIDevice currentDevice]
  beginGeneratingDeviceOrientationNotifications];

[nc addObserverForName:
  UIDeviceOrientationDidChangeNotification
  object:nil
  queue:[NSOperationQueue mainQueue]
  usingBlock:^(NSNotification *notif){
    UIDeviceOrientation orientation;
    orientation = [[UIDevice currentDevice] orientation];
    if (UIDeviceOrientationIsPortrait(orientation)) {
        NSLog(@"portrait");
    } else {
        NSLog(@"landscape");
    }
}];
```

리스트 13.14는 기본 알림 센터를 참조하여 장치의 방향이 변경되었을 때 알림을 보내기 위하여 현재 장치 인스턴스를 실행한다. 결국 블록은 방향 변경 알림을 위한 관찰자 역할로 알림 센터에 추가된다. `NSOperationQueue` 사용에 대해서는 나중에 다시 언급할 것이므로 지금은 신경 쓰지 않아도 된다. 블록을 다양한 이벤트에서 핸들러로 사용하는 이유 중 가장 좋은 점은 이벤트를 바로 조정할 수 있는 코드를 가지고 있기 때문이다. 코드의 어딘가에서 어떤 타겟 메서드를 찾지 않아도 된다. 코드는 훨씬 더 읽기 쉽고, 덜 혼잡하고, 더 간결하며 이해하기 쉽다.

블록이 얼마나 다양한 역할을 할 수 있는지 그리고, 이것이 확실히 일을 더 쉽게 해 줄 것이 명백하다. 다음은 블록이 정말 유용한 매우 특별한 부분인 비동기화와 병렬 실행에 대해서 이야기할 것이다.

13.2 비동기화로 일 실행하기

일을 비동기화(asynchronously)로 실행한다는 뜻은 몇 가지 일들을 동시에 해내거나 또는 마치 그렇게 하는 것처럼 만드는 것이다.

설명하자면, 아주 큰 슈퍼마켓에 카운터를 보는 직원이 20명이 있고 카운터가 하나밖에 없다고 생각해보자. 얼마나 짜증나는 일인가! 직원들은 그 카운터 하나 갖고 다툴 것이며 손님들은 길게 줄을 서서 기다려야 하니 화가 날 것이다. 하지만 20개의 캐시 카운터가 열려있다면 훨씬 편할 것이다. 20명의 손님들이 한 번에 도움을 받을 테니, 모든 일은 훨씬 빨리 진행될 것이며, 손님들도 화낼 일이 없다. 그리고 모든 직원은 자기의 할 일을 하고 있을 것이다. iOS 애플리케이션 안에 딱 한 카운터만 열려있기를 원하지는 않을 것이다. 이 애플리케이션을 사용하는 손님들도 화가 날 것이니 말이다. 인터넷에서 데이터를 다운받는 것과 같은 일들이 오래 걸린다. 일을 비동기화로 처리하는 것 - 하나씩 하나씩 - 은 애플리케이션을 방해할 것이며 사용자에게 그 임무가 끝날 때까지 애플리케이션은 늦게 반응할 것이다. 이것을 원하지는 않을 것이다. 대신에 애플리케이션이 어느 상황에서나 다른 일 - 비동시적으로, 사용자에게 알리거나, 하는 일이 끝나면 UI를 업데이트하는 것 등 - 에 처리할 수 있기를 원할 것이다. 긴 시간을 필요로 하는 때는 특히나 그럴 것이다. 블록과 연결되어 있는 GCD는 이것을 극도로 쉽게 할 수 있게 만들어준다.

13.2.1 GCD를 만나다.

GCD는 많은 스레드를 처리하고, 얼마나 많은 시스템 자원이 있는지에 따라 그 스레드에 안전하게 블록을 운영한다. 그 어떤 스레드를 처리하는 것에 대하여 걱정 하지 않아도 된다. GCD가 그 모든 일을 해준다.

GCD가 어떻게 일하는지 설명하자면, 다시 뉴욕 시티의 그랜드 센트럴 터미널의 분석을 생각해보길 바란다. 모든 사람은 기차가 객차들로 이루어져 있다는 것과 트랙을 따라 간다는 것도 알고 있다. 한 기차역에 대개 몇 개의 트랙이 지나게 되고, 그러므로 다른 기차들이 같은 시점에 그 역에 다다르고 출발할 수 있게 된다. GCD 안에서는 블록이 기차를 이루는 작은 객차이다. 그리고 디스패치 큐(dispatch queue)는 그 기차가 타는 트랙이라고 보면 된다. GCD는 네 개의 미리 만들어진 큐를 갖고 있다. 낮은, 부족한, 최우선의 세 전역 큐와 애플리케이션에서 가장 주된 스레드를 담당하는 하나의 메인 큐가 그것이다. GCD는 또한 디스패치 큐를 만들어 블록을 그곳에서 운영할 수 있도록 해준다. 메인 디스패치 큐와 생성된 디스패치 큐는 직렬 큐이다. 선택된 블록은 선착순으로 하나씩 직렬 큐에서 실행된다(First In, First Out = FIFO). 블록을 같은 시리얼 큐에 넣었다면, 절대 동시에 실행되지 않지만, 블록을 다른 시리얼 큐에 넣는다면 다른 기차가 다른 트랙에서 병렬식으로 운행하는 것과 같이 동시에 처리될 것이다.

단 예외가 있다면 그것은 나머지 세 전역 큐이다. 이것은 블록을 동시에 처리한다. 이것은 블록이 큐에 삽입된 시점으로부터 일을 시작한다. 하지만 먼저 시작한 블록이 마칠 때까지 기다리지 않고 다음 블록을 시작한다.

이 모든 게 이론적으로는 조금 혼란스러울 수 있으니 몇 가지 코드를 함께 살펴보도록 하자.

13.2.2 GCD의 기초와 원리

다음의 리스트는 전역 큐의 기본 순서에 있는 익명의 블록을 어떻게 사용하는지를 보여 준다.

리스트 13.15 전역 큐에서 블록 실행하기

```
dispatch_async(
    dispatch_get_global_queue(DISPATCH_QUEUE_PRIORITY_DEFAULT, 0),
                            ^{
                                    NSLog(@"Hello GCD!");
                            });
```

dispatch_async 함수는 두 개의 인자(블록이 실행될 큐와 블록 그 자체)를 갖는다. dispatch_get_global_queue는 단지 세 개의 전역 큐(낮은, 부족한 또는 최우선 순위) 중 한 개의 큐를 반환한다. 두 번째 매개 변수는 항상 0이여야 한다. 왜냐하면, 다음 사용을 위해서 남겨져 있어야 하기 때문이다. dispatch_async 함수는 바로 반환되고, 블록을 주어진 큐에서 운영하기 위해 GCD로 보낸다. 아주 쉽지 않나?

또한 다음 코드처럼 직렬 디스패치 큐도 만들 수 있다.

리스트 13.16 사용자 정의 직렬 디스패치 큐 만들기

```
dispatch_queue_t queue;
queue = dispatch_queue_create("com.springenwerk.Test", NULL);

dispatch_async(queue, ^{
    NSLog(@"Hello from my own queue!");
});

dispatch_release(queue);
```

dispatch_queue_create 함수는 매개 변수로 이름과 항상 NULL이여야 할 두 번째 매개 변수를 갖는다. 항상 NULL이여야 하는 이유는 다음 사용을 위해 남겨두어야 하기 때문이다. 이름을 쓰는 것의 혼돈을 막기 위해서는, 생성된 직렬 디스패치 큐 이름에 예비 도메인 이름을 사용해야 한다. 그리고 나서는 그것을 다른 큐의 dispatch_asyn에 보낸다. 디스패치 큐는 참조-횟수 객체이기 때문에, 메모리 소모를 막기 위해 그것을 해제해야 한다.

이것이 GCD를 운영하기에 필요한 모든 기초이다. 그리 어렵진 않다. 그렇지 않은가?

어쩌면 아직도 이 이론이 와닿지 않을 수도 있다. 그럼 함께 GCD를 이용한 작은 애플리케이션을 만들어 현실에서는 어떻게 적용되는지 알아보자.

진짜 부동산 중개인은 그들의 고객에게 그들이 관심 있어 하는 아름다운 집을 보여주기를 좋아한다. 어디든 원하는 장소의 부동산 이미지를 찾을 수 있게 해주는 '부동산 뷰(RealEstateViewer)' 이것이 바로 새로 만들 애플리케이션이다.

13.2.3 RealEstateViewer만들기

XCode 안에 새로운 Window-based 애플리케이션을 만들고 RealEstateViewer라고 정의하자. 그리고 프로젝트에 새로운 `UITableViewController` 서브 클래스를 추가한다.(Cocoa Touch Class > `UIViewController` 하위 클래스와 `UITableViewController` 서브클래스 선택). 그것을 `ImageTableViewController`라고 정의하자. 그 다음 그것을 애플리케이션 델리게이트에 포함하고 리스트 13.17와 13.18에 보이는 것과 같이 `imageTableView Controller`의 뷰에 윈도우의 뷰를 붙여라(그림 13.3 참조).

그림 13.3 개발이 종료된 RealEstateViewer 애플리케이션.

리스트 13.17 RealEstateViewerAppDelegate.h

```
#import <UIKit/UIKit.h>
#import "ImageTableViewController.h"

@interface RealEstateViewerAppDelegate : NSObject <UIApplicationDelegate> {
    UIWindow *window;
    ImageTableViewController *imageTableViewController;

}

@property (nonatomic, retain) IBOutlet UIWindow *window;

@end
```

346

리스트 13.18   RealEstateViewerAppDelegate.m

```
#import "RealEstateViewerAppDelegate.h"

@implementation RealEstateViewerAppDelegate
@synthesize window;

- (BOOL)application:(UIApplication *)application
    didFinishLaunchingWithOptions:(NSDictionary *)launchOptions {

    imageTableViewController = [[ImageTableViewController alloc] init];

    [window addSubview:[imageTableViewController view]];
    [window makeKeyAndVisible];

    return YES;
}

- (void)dealloc {
    [imageTableViewController release];
    [window release];
    [super dealloc];

}
@end
```

이것이 작성해야 하는 표준 코드이다. 액션의 나머지 부분은 imageTableViewController 안에서 이루어질 것이다. JSON 형식으로 데이터를 반환하는 Google의 이미지 검색 API를 사용해야 하기 때문에 애플리케이션에 Stig Brautaset의 JSON 프레임워크에 추가 해야 한다. 이 말이 복잡하게 들릴 수 있다. 일단 이것을 http://stig.github.com/ json-framework/에서 다운로드 하고, Classes 폴더 안에 있는 모든 파일을 애플리케이션 의 Classes 폴더로 복사하라(아니면 이 장의 소스코드에서 파일을 갖고 가도 좋다).

자, 이제 검색 바를 테이블 위에 붙이고, 몇 개의 델리게이트 메서드, 검색 결과를 보이기 위한 ivar, 그리고 이미지 검색을 실행하기 위한 코드를 추가하라. 이 다음에 나오는 두 개의 코드는 imageTableViewController가 어떻게 되어 있어야 하는지 보여준다.

리스트 13.19 ImageTableViewController.h

```objc
#import <UIKit/UIKit.h>

@interface ImageTableViewController : UITableViewController
                                    <UISearchBarDelegate> {
    NSArray *results;
}

@property (nonatomic, retain) NSArray *results;

@end
```

리스트 13.20 ImageTableViewController.m

```objc
#import "ImageTableViewController.h"
#import "JSON.h"

@implementation ImageTableViewController
@synthesize results;

#pragma mark -
#pragma mark Initialization

- (id)initWithStyle:(UITableViewStyle)style {
    if ((self = [super initWithStyle:style])) {
        results = [NSArray array];

        UISearchBar *searchBar =
            [[UISearchBar alloc]
            initWithFrame:CGRectMake(0, 0,
            self.tableView.frame.size.width, 0)];
        searchBar.delegate = self;
        searchBar.showsCancelButton = YES;
        [searchBar sizeToFit];

        self.tableView.tableHeaderView = searchBar;     ← headerView로 설정되는
        [searchBar release];                               UISerchBar; 생성

        self.tableView.rowHeight = 160;

    }
    return self;
}

#pragma mark -
```

```objc
#pragma mark UISearchBarDelegate methods

- (void)searchBarSearchButtonClicked:(UISearchBar *)searchBar {
    NSLog(@"Searching for: %@", searchBar.text);
    NSString *api = @"http://ajax.googleapis.com/ajax/"
                    "services/search/images?v=1.0&rsz=large&q=";
    NSString *urlString =
        [NSString
          stringWithFormat:@"%@real%%20estate%%20%@",
          api,
        [searchBar.text
          stringByAddingPercentEscapesUsingEncoding:NSUTF8StringEncoding]];
    NSURL *url = [NSURL URLWithString:urlString];
    [NSThread sleepForTimeInterval:1.5];
    NSData *data = [NSData dataWithContentsOfURL:url];
    NSString *res = [[NSString alloc] initWithData:data
                    encoding:NSUTF8StringEncoding];

    self.results = [[[res JSONValue] objectForKey:@"responseData"]
                objectForKey:@"results"];

    [res release];
    [searchBar resignFirstResponder];
    [self.tableView reloadData];
}

- (void)searchBarCancelButtonClicked:(UISearchBar *)searchBar {
    [searchBar resignFirstResponder];
}

#pragma mark -
#pragma mark Table view data source

- (NSInteger)numberOfSectionsInTableView:(UITableView *)tableView {
    return 1;
}

- (NSInteger)tableView:(UITableView *)tableView
    numberOfRowsInSection:(NSInteger)section {

    return [results count];
}

- (UITableViewCell *)tableView:(UITableView *)tableView
    cellForRowAtIndexPath:(NSIndexPath *)indexPath {
```

검색 문자열로 URL 생성

1.5초 멈추기; 느린 네크워크를 가정하기 위함

JSON 데이터 파싱; 결과를 ivar로 할당

네트워크 결과를 로드하기위한 블록 메서드 사용하기

349

```
        static NSString *CellIdentifier = @"Cell";

        UITableViewCell *cell =
            [tableView dequeueReusableCellWithIdentifier:CellIdentifier];
        if (cell == nil) {
            cell = [[[UITableViewCell alloc]
                        initWithStyle:UITableViewCellStyleDefault
                      reuseIdentifier:CellIdentifier]
                    autorelease];
        } else {
            for (UIView *view in cell.contentView.subviews) {
                [view removeFromSuperview];
            }
        }
    UIImage *image =
        [[results objectAtIndex:indexPath.row] objectForKey:@"image"];

    if (!image) {
        image = [UIImage imageWithData:
                    [NSData dataWithContentsOfURL:
                      [NSURL URLWithString:
                        [[results objectAtIndex:indexPath.row]
                          objectForKey:@"unescapedUrl"]]]];
                        [[results objectAtIndex:indexPath.row]
                          setValue:image forKey:@"image"];
        }
        UIImageView *imageView =
            [[[UIImageView alloc] initWithImage:image] autorelease];

        imageView.contentMode = UIViewContentModeScaleAspectFit;
        imageView.autoresizingMask =
            UIViewAutoresizingFlexibleWidth | UIViewAutoresizingFlexibleHeight;
        imageView.frame = cell.contentView.frame;

        [cell.contentView addSubview:imageView];

        return cell;
    }

    #pragma mark -
    #pragma mark Memory management

    - (void)dealloc {
        [results release];
```

요구된 행을 위하여
캐시된 이미지
가져오기 시도

블록킹 메서드를
이용하여 이미지 로드

이미지 캐시

```
[super dealloc];

}

@end
```

지금 애플리케이션을 만들어 실행해보라. 이제 완성된 부동산 이미지 검색 애플리케이션
을 갖고 있게 된다. 그러나 사용자 경험으로 이것이 얼마나 서투른지를 바로 감지 할
수 있을 것이다. 검색어를 입력 했을 때, 모든 애플리케이션은 몇 초 동안 멈추고, 화면을
밑으로 내리면, 몇 번 더 이런 일 이 발생할 것이다. 전혀 맘에 들지 않도록! 왜 이런
일이 일어나는 걸까? 이 코드는 심각하게 잘못되어 있다. 오랜 시간 동안 멈춰있다 -
검색 결과를 찾는 것과 이미지를 다운로드 하는 것. 메인 스레드는 반드시 항상 UI
업데이트와 들어오는 이벤트를 처리하기 위해 비어 있어야 한다. 이것이 바로 메인 스레
드에 부하되는 일을 맡기지 않아야 할 이유다. 블록과 GCD를 이용해서 이런 문제를
풀 수 있을까? 이미지를 다운로드하는 코드와 이미지 검색 API 질문 코드를 모두 블록에
담은 후 그 블록을 GCD로 옮기면 된다. GCD는 이것을 병렬 스레드에서 실행할 것이며
그러므로 메인 스레드는 방해 받지 않는다.

13.2.4 비동기화로 이미지 검색하게 하기

다음의 코드는 GCD 기반 비동기화 이미지 검색이 어떤 식으로 실행되는지 보여준다.

리스트 13.21 GCD를 이용한 이미지 검색 동기화

```
- (void)searchBarSearchButtonClicked:(UISearchBar *)searchBar {
    NSLog(@"Searching for: %@", searchBar.text);
    NSString *api = @"http://ajax.googleapis.com/ajax/"
                    "services/search/images?v=1.0&rsz=large&q=";
    NSString *urlString = [NSString
                    stringWithFormat:@"%@real%%20estate%%20%@",
                    api,
                    [searchBar.text
                     stringByAddingPercentEscapesUsingEncoding:
                     NSUTF8StringEncoding]];
        NSURL *url = [NSURL URLWithString:urlString];

        // get the global default priority queue
        dispatch_queue_t defQueue =
```

351

```
                    dispatch_get_global_queue(DISPATCH_QUEUE_PRIORITY_DEFAULT, 0);

            void (^imageAPIBlock)(void);

            imageAPIBlock = ^{
                [NSThread sleepForTimeInterval:1.5];

                NSData *data = [NSData dataWithContentsOfURL:url];

                NSString *res = [[NSString alloc]
                                    initWithData:data
                                    encoding:NSUTF8StringEncoding];

            NSArray *newResults =
                [[[res JSONValue] objectForKey:@"responseData"]
                 objectForKey:@"results"];

            [res release];

            dispatch_async(dispatch_get_main_queue(), ^{
                self.results = newResults;
                [self.tableView reloadData];

            });
        };

        dispatch_async(defQueue, imageAPIBlock);

        [searchBar resignFirstResponder];
}
```

이 코드가 어떻게 보이는가? 먼저, 이것은 방금 전 언급했던 세 가지의 전역 큐를 참조로 한다. 또 이것은 이미지 검색 API와 함께 네트워크 커뮤니케이션을 실행하는 블록을 선언한다. 그리고 JSON 파싱을 한다. 이것이 다 끝나면, 이것은 다시 dispatch_async를 호출한다(그렇다, 블록 안에서 dispatch_async를 호출한다). 핵심은 애플리케이션의 메인 스레드에 영향을 미치는 메인 큐이다(UI와 이벤트를 관장하는). 새로운 결과를 설정한 동기화 블록과 테이블 뷰를 다시 로드하는 것을 생략한다. 왜 imageAPIBlock에서 바로 되지 않는 걸까? 두 가지 이유에서이다. 첫째, UI 구성요소는 오직 메인 스레드에서만 업데이트되어야 한다. 둘째, 복잡한 조건을 예방한다. 두 가지 검색을 굉장히 빠르게 연속해서 시작한다고 상상해보라. 세 개의 전역 큐가 동시에 블록을 실행하기 때문에, 두 개의 블록이 동시에 결과 정렬을 업데이트하려고 시도하는 일이 일어날 수 있다.

이것은 거의 대부분 애플리케이션을 망가뜨리게 될 것이다. 메인 큐는 항상 다음 블록을 실행하기 전에 한 블록이 먼저 끝내기를 기다리기 때문에, 언제나 한 블록의 결과만이 결과 정렬을 업데이트한다고 확신할 수 있을 것이다.

지금 애플리케이션을 실행하면, 검색하는 일이 훨씬 원만하게 이루어지는 것을 알 수 있다. 그러나 짧은 시간 동안은 잠시 멈추고, 스크린을 내릴 때 역시 몇 번은 멈춘다. 아직도 이미지 로딩을 메인 스레드에서 받아야 한다. 이제 그것을 해보자.

13.2.5 이미지 로딩 비동기화.

리스트 13.22에서 보이는 것처럼 tableView:cellForRowAtIndexPath: 메서드를 굉장히 많이 바꾼다. 일단 필요한 이미지를 이미 갖고 있는지를 체크한다. 만약 그렇다면, UIImageView를 설정하고 셀을 반환한다. 그렇지 않다면, 블록에 이미지를 로드하고, 그 블록은 메인 큐에 또 다른 블록을 보내는 것에 의해 메인 스레드를 다시 호출한다. 이 메인 큐는 이미지를 저장하고 해당 열에 셀을 다시 로드하기 위해 tableView를 실행한다.

리스트 13.22 GCD로 이미지 로딩 동기화

```
- (UITableViewCell *)tableView:(UITableView *)tableView
    cellForRowAtIndexPath:(NSIndexPath *)indexPath {

    static NSString *CellIdentifier = @"Cell";

    UITableViewCell *cell =
        [tableView dequeueReusableCellWithIdentifier:CellIdentifier];
    if (cell == nil) {
        cell = [[[UITableViewCell alloc]
            initWithStyle:UITableViewCellStyleDefault
            reuseIdentifier:CellIdentifier] autorelease];
    } else {
        for (UIView *view in cell.contentView.subviews){
        [view removeFromSuperview];
        }
    }
    __block UIImage *image =
        [[results objectAtIndex:indexPath.row] objectForKey:@"image"];
```

캐시된 이미지 패치하기 시도; 편집가능한 변수 생성 ←

```
if (!image) {
    void (^imageLoadingBlock)(void);                    블록을 유지하는
                                                        변수 생성

    UIActivityIndicatorView *spinner =
        [[UIActivityIndicatorView alloc]
        initWithActivityIndicatorStyle:                 테이블 뷰의 열을 추가
        UIActivityIndicatorViewStyleGray];              하기 위한 스피너 생성

    spinner.autoresizingMask =
        UIViewAutoresizingFlexibleLeftMargin |
        UIViewAutoresizingFlexibleRightMargin |
        UIViewAutoresizingFlexibleTopMargin |
        UIViewAutoresizingFlexibleBottomMargin;

    spinner.contentMode = UIViewContentModeCenter;
    spinner.center = cell.contentView.center;
    [spinner startAnimating];

    [cell.contentView addSubview:spinner];
    [spinner release];                                  이미지 로드하기 위한
                                                        블록 생성
    imageLoadingBlock = ^{
        image = [UIImage imageWithData:
                    [NSData dataWithContentsOfURL:
                     [NSURL URLWithString:
                       [[results objectAtIndex:indexPath.row]
                        objectForKey:@"unescapedUrl"]]]];

        [image retain];

        dispatch_async(dispatch_get_main_queue(),^{     매인 큐를 위하여
            [[results objectAtIndex:indexPath.row]       익명의 블록 디스패치
            setValue:image
            forKey:@"image"];                    ◄──────── 이미지 캐쉬

            [image release];
            [spinner stopAnimating];
                                                        영향받은 행에
            // reload the affected row                  다시 로드
            [self.tableView
             reloadRowsAtIndexPaths:[NSArray arrayWithObject:indexPath]
             withRowAnimation:NO];

        });
    };
```

이미지 로드 블록
비동기 디스패치

```
        dispatch_async(
            dispatch_get_global_queue(DISPATCH_QUEUE_PRIORITY_DEFAULT, 0),
            imageLoadingBlock);

    } else {
        UIImageView *imageView =
            [[[UIImageView alloc] initWithImage:image] autorelease];

        imageView.contentMode = UIViewContentModeScaleAspectFit;
        imageView.autoresizingMask =
            UIViewAutoresizingFlexibleWidth |
            UIViewAutoresizingFlexibleHeight;
        imageView.frame = cell.contentView.frame;

        [cell.contentView addSubview:imageView];
    }

    return cell;
}
```

캐쉬된 이미지
사용과 화면표시

이 코드는 일단 셀이 재사용될 수 있는지 없는지를 체크한다. 만약 다시 쓸 수 있다면, 셀의 모든 하위 뷰를 삭제한다(이미지 뷰와 스피너). 그리고 그것의 저장된 버전이 아직 없을 때를 대비해서 값을 블록 안에서 설정하기를 원하기 때문에 이미지 변수를 위해 __block 저장 타입이 사용된다. __block은 자동적으로 보존되는 것을 막기 때문에 블록 안에 이미지를 보유해야 한다. 최종적으로, 이미지를 메인 큐에 실행되는 블록 안에 다시 실행해야 한다. 이미지를 보유한 매치되는 결과 사전을 먼저 추가했기 때문이다.

이제 애플리케이션을 실행할 때에 모든 것이 매끄럽게 한 번의 멈춤 없이 실행되는 것을 볼 수 있다.

13.3 요약

이 장에서 많은 부분을 다뤘다. C언어에 굉장히 강력하고 다방면으로 쓰이는 새로운 블록에 대하여 또 GCD의 기초와 애플리케이션에서 동시 일 처리를 쉽게 할 수 있는 방법, 언제라도 다른 것에 바로 반응할 수 있는 방법을 다뤘다. GCD 대해 배워야 할 것은 아직도 많다. 하지만 그것은 이 장의 범위를 넘는 것일 것이다. 가장 중요한 부분을 배웠다. UI를 업데이트하기 위해 메인 스레드를 다시 불러내는 것과 백그라운드에서 일을 처리 하는 것 말이다. GCD에 대해서 좀 더 깊게 공부하고 싶다면, Apple의 http://developer.apple.com/library/ios에서 병렬처리 프로그래밍 가이드(concurrent programming guide)를 보면 도움이 될 것이다.

마지막으로 14장은 좀 더 진보적인 디버깅 기술에 대해서 이야기한다.

14장

디버깅 기술

이 장에서 배우는 것

– buggy 애플리케이션 만들기
– NSLog 사용하기
– 명령어 누출 제어
– 좀비 탐지하기

새로운 애플리케이션을 공개하기 전에 살펴보다가 뚜렷한 이유 없이 생기는 난해한 애플리케이션 오류를 발견하는 것보다 더 나쁜 일은 없을 것이다. 매일 개발을 하더라도 한번에 완벽한 코드를 개발할 수 없기에 XCode 환경 안에서 애플리케이션을 디버그(debug)하는 법을 익히는 것은 아주 중요한 기술이다.

XCode 환경은 수많은 디버깅과 코드분석 도구를 통합한 것이지만, 다른 것과 마찬가지로 어떤 도구를 어떻게 언제 이용할지를 알 때에만 진면목을 발휘할 수 있다. C# 혹은 Java 환경을 관리하던 새로운 Objective-C 개발자에게 가장 흔한 불만은 메모리 관리(retain와 release, autorelease dealloc 메시지 처리)와 객체 보유 횟수의 올바른 취급이 어렵다는 점이다. 그래서 XCode는 메모리 관련 에러 탐지와 진단에 관한 광대한 지원을 제공하고 있다.

14.1 완전한 버그가 있는 애플리케이션 만들기

일단 애플리케이션을 만들고 고의적으로 에러를 만들어서 그 에러들을 찾고 살펴보고 해결해보기로 한다. 애플리케이션은 지나치게 복잡하지 않지만 디버깅 툴로 디버그 하는 데 도움이 된다. XCode에서 `Navigation-based Application`[1])을 만들고 DebugSample로 이름을 지정한 후, `RootViewController tableview:numberOfRows`

InSection:와 ableView:cellForRowAtIndexPath: 메서드[2]를 아래와 같이 구현한다.

리스트 14.1 고의적인 버그 실행을 위한 Tableview 샘플

```
- (NSInteger)tableView:(UITableView *)tableView
    numberOfRowsInSection:(NSInteger)section {

    return 450;
}

- (UITableViewCell *)tableView:(UITableView *)tableView
    cellForRowAtIndexPath:(NSIndexPath *)indexPath {

    static NSString *CellIdentifier = @"Cell";

    UITableViewCell *cell =
        [tableView dequeueReusableCellWithIdentifier:CellIdentifier];

    if (cell == nil) {
        NSLog(@"We are creating a brand new UITableViewCell...");
        cell = [[[UITableViewCell alloc]
                initWithStyle:UITableViewCellStyleDefault
                reuseIdentifier:CellIdentifier] autorelease];
    }

    NSLog(@"Configuring cell %d", indexPath.row);
    cell.textLabel.text =
        [[NSString stringWithFormat:@"Item %d", indexPath.row] retain];

    return cell;
}
```

이 애플리케이션을 만들고 실행할 때 450개 항목이 있는 UITableView를 볼 수 있어야 한다. 또한 테이블을 넘겨보다 보면 아래 그림 14.1에서처럼 현재 구성되고 있는 셀을 가리키는 로그 메시지가 나오는 것을 볼 수 있다.

---

1) XCode 4.2 이상에서는 Master-Detail Application으로 변경되었다.
2) XCode 4.2 이상에서는 MasterViewController에서 tableview:numberOfRowsInSection:와 ableView:cellForRowAtIndexPath: 메서드에서 작업을 수행한다.

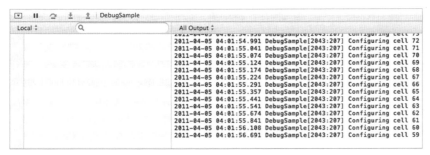

그림 14.1 DebugSample 애플리케이션의 콘솔 출력. UITableView로 구성된 각 셀마다 새 로그 메시지가 출력된다.

14.2 NSLog 이해하기

이 책에서는 진단 메시지를 XCode 디버거 콘솔 창에 출력하기 위해 NSLog 기능을 사용해왔다. NSLog는 애플리케이션을 디버깅하지 않아도 계속해서 로그 메시지를 기록했다는 것을 아직 모를 수도 있다. 이것은 사용자가 iTunes App Store에서 애플리케이션을 구매하고 개인의 장치에서 실행하면서부터 로그 메시지를 기록한다는 것이다. 그렇다면 이 로그 메시지는 어디에 기록되고, 어떻게 검색할 수 있을까?

이에 답하기 위해서는 먼저 DebugSample 애플리케이션을 실제 iPhone 혹은 iPad에 설치하고 애플리케이션을 두 번 정도 실행한다(처음 자신의 장치에 설치하는 경우 자세한 사항은 부록 A를 참조한다). 자신의 장치를 컴퓨터에 연결 시 그림 14.2와 비슷한 XCode 관리 창을 불러올 수 있다.

이 창은 여러 가지 작업에 쓰일 수 있는데 예를 들어 애플리케이션 삭제하기, 장치 권한설정 프로파일 관리 그리고 애플리케이션 충돌 리포트나 스크린 샷 캡처 등에 사용될 수 있다. 그림 14.3에서와 같이 콘솔 부분을 보자.

콘솔을 스크롤하다 보면 장치가 컴퓨터에서 해제되어 있는 동안 디버그 샘플에서 NSLog로 보낸 신호에 의해 생긴 로그 엔트리를 볼 수 있다. 연결되어 있는 동안 장치에서 애플리케이션을 시작했을 경우에도 실시간으로 콘솔 창에 업데이트되는 것을 확인할 수 있다.

이것은 많은 양의 콘텐츠를 로그로 남기기 위하여 NSLog를 이용하는 개발에는 편리할
수도 있지만, 보통 고객이 받게 될 최종 빌드에는 큰 매력이 없다. NSLog로의 불필요한
호출을 수동으로 코멘트하는 것보다[3] C 프로세서를 이용하여 자동으로 NSLog로의 호출
이 디버그 빌드에만 나타나게 할 수 있다. DebugSample-Prefix.pch 파일을 열고 다음
리스트과 같이 콘텐츠를 입력해보자.

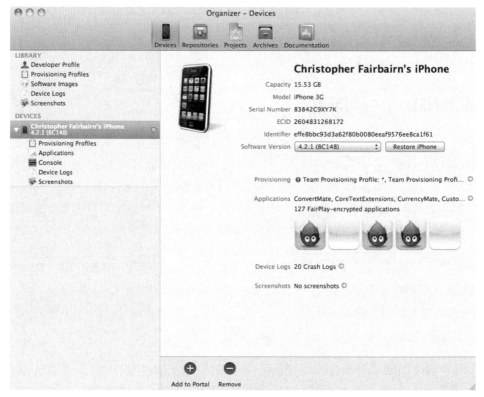

그림 14.2 XCode 관리 창에서 연결된 iOS 장치 리스트를 볼 수 있다. 여러 가지 탭을 이용하여 애플리케
이션 설치 혹은 제거, 권한설정 프로파일 관리, 스크린 샷 캡처 그리고 애플리케이션 충돌과 로그 파일 확
인 등 연결된 장치를 다른 측면에서 통제할 수 있다.

---

3) DebugSample-Prefix.pch 파일은 Supporting Files 폴더 안에 있다.

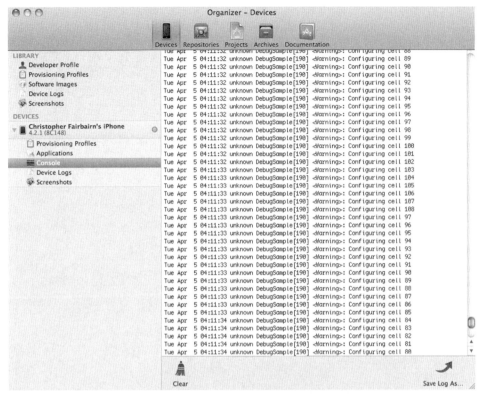

그림 14.3 장치 콘솔 부분의 관리 창에서는 장치 상의 애플리케이션 NSLog로부터의 로그 메시지 외에도 다른 시스템 애플리케이션과 iOS 플랫폼 서비스도 보여준다.

리스트 14.2 개발과정에서 로깅 유연성 향상에 도움이 되는 매크로

```
#ifdef DEBUG
#    define LogDebug(...) NSLog(__VA_ARGS__)
#else
#    define LogDebug(...) do {} while (0)
#endif

#define LogAlways(...) NSLog(__VA_ARGS__)
```

그림 14.2는 LogAlways와 LogDebug라는 두 C 프로세서 매크로를 정의한다. LogAlways 는 NSLog 별칭이다. LogDebug의 뜻은 DEBUG가 정의된 상태인지 아닌지에 따라 변한다. 만약 DEBUG가 정의되었을 때, LogDebug도 정의되어 NSLog로 호출되지만 DEBUG가 정의되지 않았을 경우, 다음과 같은 do while문이 LogDebug에 호출로 대체된다.

```
do { } while (0)
```

대체되는 것이 이상하여 여겨 아래와 같이 LogDebug에 호출이 비어있는 문장과 바꿀 수 있다고 생각할 수도 있다.

```
#define LogDebug(...)
```

이러한 구현의 문제점은 미묘하고 찾기 어려운 변화로 애플리케이션 행동에 영향을 미치는 것이다. 아래의 소스 코드가 LogDebug 매크로를 이용한다고 가정해보자.

```
LogAlways("Process started");
if (a != b)
    LogDebug(@"A and B don't match!");
LogAlways("Process completed");
```

빌드를 릴리즈하는 동안 LogDebug로 호출이 비어있는 문장으로 대체되었다면, Objective-C 컴파일러를 통해 아래와 같은 예상했던 바와 완전 다른 행동에서 비롯된 소스 코드를 보게 된다.

```
LogAlways("Process started");
if (a != b)
    LogAlways("Process completed!");
```

LogDebug 호출을 do {} while (0)로 교체함으로써 최종 사용자가 NSLog에서 나온 디버그 메시지를 볼 수 없게 됨과 동시에 대체자가 컴파일 에러나 예상치 못한 행동의 변화를 일으키지 않을 것을 확신할 수 있다. 디버그 실행 중 어떠한 LogDebug 매크로 사용은 자동으로 보통 NSLog 호출로 변환이 되기에 개발이나 진단을 위한 XCode는 로그 메시지를 유지한다.

tableView:cellForRowAtIndexPath:를 위한 소스 코드에서 NSLog로의 호출 중 하나를 LogAlways와 교체하고, 다른 것은 LogDebug로의 호출로 대체한다. 그리고 나서 테이블 뷰를 넘겨보며 애플리케이션을 확인해보면 XCode 콘솔 창이 그전에 로그되었을 때와 같은 로깅 내용임을 볼 수 있다. 이것은 초기설정에 의해 XCode 안에 iOS 프로젝트 템플릿이 DEBUG 전 처리기 기호를 지정하기 위해 프로젝트를 구성하기 때문이다. 그러나 애플리케이션을 정시시키고 애플리케이션 출시 버전으로 만들려면 XCode로 변환해야 한다(Product 〉 Edit Scheme 〉 Info에서 빌드 구성을 위한 Build Configuration 옵션을 바꾼다). 그리고 애플리케이션을 다시 보면 LogAlways로의 호출만 콘솔 창에 도달하는 것을 알 수 있을 것이다. **LogDebug** 호출은 Objective C 컴파일러가 소스 코드를 컴파일 하기도 전에 C 전 처리기에 의해 모두 제거된다.

코드 기반 **LogDebug**와 **LogAlways** 같은 매크로의 소개를 시작하면, 업데이트가 필요한 **NSLog** 모든 견본이나 다른 기능들을 찾고 교체하는 일이 힘들 수 있다. 다행히도 XCode 는 이런 작업을 실행하는 데 좀 더 효율적인 도움을 제공하고 있다. 터미널 창에서 다음 명령어로 프로젝트 폴더를 훑어 볼 수 있다.

```
tops replace "NSLog" with "LogAlways" *.m
```

이 명령은 모든 NSLog 기능으로의 호출을 **LogAlways**로의 호출로 교체시킬 수 있다. 이것은 모든 현재 디렉터리 안의 모든 *.m 소스 코드를 위해 실행한다. Tops는 코멘트 안에 있는 NSLog에 다른 참조사항을 바꾸지 않을 만큼 기능이 훌륭하다. Objective-C 구문의 정보가 내부에 장착되어 있어 단순한 검색이나 교체 이상을 실행할 수 있다. 안전을 위해 어떠한 호출이 tops로 실행되는지 확인을 하고 싶다면, **-don't** 인자를 명령어 란에 입력하면 된다. 이 인수는 tops가 어느 한 파일도 수정한지 않는 것 외에 정상으로 실행되도록 만든다. 대신 **-don't** 인수가 없었을 경우 실행되었을 변화 목록을 콘솔에 보낸다.

또한 XCode 텍스트 에디터에서 직접적으로 실행할 수도 있다. 마우스를 **NSLog** 호출 코드 로 움직인 후 오른쪽을 버튼 클릭을 하고 Refactor를 선택한다. 대화 창이 뜨면 **LogAlways** 라고 쓰고 미리 보기 버튼을 클릭한다. XCode가 바꿀 파일 목록이 나오면 하나하나 선택할 때마다 적용 버튼을 클릭했을 때 생길 변화들이 시각적으로 하이라이트 된다.

여기까지가 **NSLog** 상황 개선을 요약한 것이다 – 하지만 샘플 애플리케이션에 다른 문제 가 있다. 애플리케이션을 실행했을 때 제대로 작동하는 듯하지만 (특별히 실제 기기에서) 결국에는 멈추게 될 것이다. 이것은 메모리 누출 때문인데 어떻게 찾을 수 있을까?

스키마 추가가 도움이 된다.
초기설정에서 XCode 프로젝트 템플릿은 하나의 스키마에 프로젝트를 만들지만 여기에 추가 로 다른 스키마를 만들 수 있다.
예를 들어, 애플리케이션의 'light' 그리고 'full' 버전을 위한 다른 스키마를 만들 수 있다. 다른 C 전 처리기 정의를 사용하여 두 개의 완연히 다른 XCode 프로젝트를 유지 할 필요

없이 두 애플리케이션 동작에 대한 정의를 다음 코드와 비슷한 소스 코드를 구성하여 바꿀 수 있다.

```
#ifdef FULL_VERSION
...
#endif
```

14.3 Instruments 제어를 기반으로 한 메모리 누출 통제

XCode에서 Product 〉 Profile을 선택한다. iOS 시뮬레이터에 추가된 Instruments라는 애플리케이션을 볼 수 있을 것이다. Instruments의 초기 화면에서 Leaks trace template[4]을 선택한 후 Profile을 선택한다. 그림 14.4와 같은 화면이 나타날 것이다.

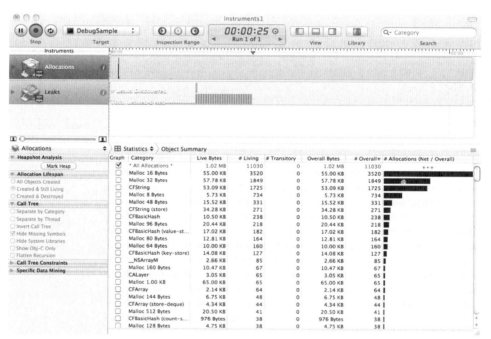

그림 14.4 Instruments는 유연한 애플리케이션으로 instruments라는 하나 이상의 진단 도구를 애플리케이션에 추가할 수 있다. 애플리케이션을 실행하면서 instruments는 성능과 동작을 모니터하며 애플리케이션에 문제될 가능성이나 성능 향상을 강조한다.

---

4) XCode 4.2 이상에서는 Leaks라고 표기가 변경되었다.

Instruments가 애플리케이션의 실행을 모니터하는 동안, Allocation instrument를 선택한 후 `UITableView`를 스크롤 해보자. Allocations라고 라벨이 붙어 있는 라인은 (애플리케이션에 배분되어 있는 모든 메모리를 표시함) 계속해서 메모리가 소비되고 있음을 표시하고 있는 것을 볼 수 있다. 이것은 현재 애플리케이션에서 살아있는 객체의 수를 나타내는 #Living라고 표시된 열을 통해 확인할 수 있다. `UITableView`를 계속해서 스크롤하다 보면, 스크롤하는 수에 비례하듯 수가 꾸준히 올라감을 알 수 있다. Leaks라 표시된 그래프가 누출이 발견됐음을 보여주는 것이고, 계속 늘어나는 파란 줄은 누출되고 있는 메모리의 양이다.

Instruments 툴바에 있는 정지 버튼을 클릭하여 애플리케이션을 멈추면 Instruments가 발견한 누출 가능성이 있는 메모리 안의 모든 객체 목록을 받아볼 수 있다. 애플리케이션에서 몇 개의 문자열 객체가 누출되었는지 알아 보자.

메모리 누출이 있음을 알게 되는 것은 좋지만 어떻게 누출 되었는가를 알아내는 것이 더 유용하다. 메모리 누출 중 하나를 선택하고, Extended Details(Cmd-E) 패널을 열어보면, 어디서 메모리가 최초에 위치하게 되었는지를 보여주는 호출 스택을 볼 수 있다.

여러 메모리 누출들을 살펴보면 대부분의 콜 스택이 거의 비슷함을 알 수 있게 된다. 이것은 하나의 버그만 찾아도 된다는 것을 의미한다. 또한 `RootViewController`의 `tableView:cellForRowAtIndexPath:` 메서드를 위한 스택 추적 라인을 보게 될 것이다. 그것을 더블 클릭하면 그 메서드의 소스코드가 다음과 같이 강조된 라인으로 되어 있는 것을 볼 수 있다.

```
cell.textLabel.text =
    [[NSString stringWithFormat:@"Item %d",indexPath.row] retain];
```

이 라인을 보며 제9장에서 논의했던 객체 소유권 규칙을 검토해보면 이 라인이 메모리 누출의 근원임을 알 수 있다.

이 라인은 자동해제 풀에 추가된 새로운 `NSString` 객체를 배치한다(명명규칙 `class nameWithxxxx` 사용이라 불리는 클래스 메서드의 이용효과를 통해). 그 후 retain 메시지를 보내면서 문자열 객체 소유권을 가지게 되며 결국 `UITableViewCell`의 `textLabel` 텍스트 속성으로 배정한다. 텍스트 속성 역시 객체의 소유권을 가지게 되지만, `UITableViewCell`이 할당 취소되었을 때 문자열의 소유권 출력을 관리하기 때문에 메모리 누출의 근원이 아닌 것이다.

메모리 누출의 근원은 객체에 보내진 명백한 retain 메시지이다. Retain 메시지를 보내며 현재 코드는 객체의 책임을 지지만 release 혹은 autorelease 메시지를 보냄으로 참조 횟수를 절대로 감소하지 않는다. 그러므로 아래 라인으로 만들어진 문자열 객체는 레퍼런스 카운트 0으로 돌아가거나 할당 취소되지 않는다.

```
cell.textLabel.text =
    [[NSString stringWithFormat:@"Item %d", indexPath.row] retain];
```

이것이 메모리 누출의 근원이다. 레퍼런스 카운트를 올바르게 유지하는 다음과 같은 버전이 있는 라인으로 교체해야 한다.

```
cell.textLabel.text =
    [NSString stringWithFormat:@"Item %d", indexPath.row];
```

메모리 누출이 해결되었다면, Instruments로 애플리케이션으로 다시 돌아와서 분석이 정확한지와 메모리 누출이 해결되었는지를 확인한다. 이번에는 Instruments가 어느 누출도 발견하지 못하고 살아있는 객체의 총 숫자가 약간의 변동이 있음에도 상당히 고정적인 것을 볼 수 있다. 테이블 뷰를 스크롤해도 늘어나지 않게 된다.

이번 절에서는 객체를 너무 오랫동안 유지하기 위해 객체의 보유 횟수가 뜻하지 않게 너무 많이 증가한 상황을 어떻게 디버그하는가에 대해 논의했다. 반대 상황이 일어날 수도 있다. 객체의 보유 횟수는 0으로 갑자기 감소하여 사용이 끝나기도 전에 할당 취소가 될 수도 있다.

이것은 메모리 누출보다 더 나쁜 경우일 수 있는데 이는 한번 객체가 할당 취소되면 어떤 코드든 그 객체에 접근하려 할 경우 때에 따라 치명적인 결과를 초래할 수 있기 때문이다. 애플리케이션은 별 문제 없이 계속 작동할 수 있고, 완전히 충돌할 수도 있으며 잘못된 결과를 산출하거나 엉뚱한 것을 실행할 수도 있다.

DebugSample 애플리케이션에 또 다른 에러를 고의적으로 넣어 이런 버그가 우연히 애플리케이션에 슬쩍 들어왔을 때 어떻게 발견하고 해결하는지 알아보자.

14.4 좀비 발견하기

객체가 할당 취소된 후에는 Objective-C 런타임은 다른 메모리 배치 요청을 위해 연상되었던 메모리를 재사용한다. 그 객체는 더 이상 존재하지 않는다. 하나 이상의 활동적인 소유자가 있는 '살아있는(live)' 객체에 비교했을 때 그것은 '죽은(dead)' 것이다.

죽은 객체에 접근하려 할 때, 운이 좋다면 그 객체는 아직도 메모리 안에 있을 수 있으며 다른 점을 눈치 채지 못할 수도 있다 (객체가 할당 취소되었을 때, bookkeeping은 업데이트 된다. 하지만 메모리 안에 있는 그 메모리가 재사용되기 전까지는 겹쳐 써지지 않는다). 하지만 일반적으로는 Obejctive-C 런타임이 다른 작업을 위해 그 연상된 메모리를 재배치하고 그 죽은 객체를 접근 시도할 때 애플리케이션은 충돌할 것이다.

죽은 객체를 참조하고 있는 죽은 객체를 찾는 것은 어려울 수 있으나 Instruments와 Ovjective-C 런타임은 죽은 객체를 더욱 쉽게 찾을 수 있고 항상 눈에 띄게 실행이 실패하도록 해주는 NSZombies라는 기능을 제공한다. 이것은 죽은 객체를 좀비(Zombie)로 바꾼다. 좀비 객체는 '살아있는 죽음'이다. NSZombies 기능을 작동시키면 할당 취소가 되어 있어야 하는 객체를 (dealloc 메시지를 보냄) 메모리 안에서 살려둔다. Objective-C의 여러 동적인 기능을 이용하여 _NSZombie_xxx로 객체의 종류를 바꿔준다. 여기서 xxx는 원래 클래스 이름이다. NSZombie 클래스는 객체에 보내지는 어떠한 메시지에도 콘솔로 NSZombie 기능을 사용하지 않았으면 존재하지 않았을 객체와 무엇인가가 상호작용을 시도했음을 메시지 로깅으로 답한다.

좀비 객체 탐지를 시범하기 위해 RootVeiwController.m[5])에 다음과 같은 코드를 추가해 보자.

리스트 14.3 NSZombies 사용하기

```
static NSString *mymsg = nil;

- (NSString *)generateMessage:(int) x {
    NSString *newMessage;

    if (x > 1000)
        newMessage = @"X was a large value";
```

---

5) XCode 4.2이상에서는 MasterViewController.m에서 수정을 수행한다.

```
        else if (x < 100)
            newMessage = [NSString stringWithFormat:@"X was %d", x];

        return newMessage;
}

- (void)viewDidLoad {
    [super viewDidLoad];
    mymsg = [self generateMessage:10];
}

- (void)tableView:(UITableView *)tableView
    didSelectRowAtIndexPath:(NSIndexPath *)indexPath {
    NSLog(@"Your message has %d characters in it", mymsg.length);
}
```

코드가 바뀐 후, Product 〉 Profile 〉 Allocations Trace Template을 선택하여 Instruments
에서 애플리케이션을 실행해보자. 애플리케이션이 시작하자마자, 툴바에 있는 정지 버튼
을 클릭하여 Instruments(그리고 애플리케이션)를 멈춘다. 그런 다음 Allocations
instrument 오른쪽에 있는 (i) 아이콘을 클릭한다. 이제 instrument를 구성할 수 있다.
Enable NSZombie Detection과 Record Reference Counts 체크상자를 체크한다. 그리고
툴바에 Record 버튼을 클릭해서 다시 애플리케이션을 시작한다.

NSZombies가 실행됨과 동시에 본래 메모리 누출 탐지가 작동하지 않을 것이라는 경고가
뜰 것이다. 이것은 NSZombie 사용으로 객체는 절대 할당 취소되지 않음을 의미하기
때문에 이 기능의 자연스러운 부작용이다. 후에 코드가 접근하려 할 때에 모두 좀비로
변환되어 메모리 안에 남겨진다.

DebugSample 애플리케이션에서 테이블 뷰에 있는 셀을 누르면 애플리케이션이 충돌하
고 그림 14.5와 비슷한 Instruments에서 팝업 메시지가 뜨는 것을 볼 수 있다.

좀비 메시지의 두 번째 라인 옆의 작은 화살표를 클릭하면 Instruments의 아래 패널에
참조 - 질문에서 개체의 카운트 히스토리 - 표시가 업데이트된다.

그림 14.5의 히스토리 리스트에서 최초 할당된 메모리의 개체를 볼 수 있을 것이고,
다음으로 NSString의 stringWithFormat: 메시지(Responsible Caller 컬럼에 상세 설
명될 것처럼)에 의하여 자동릴리즈 풀에 추가될 것이다. 그 다음 NSAutoreleasepool에
서 해제되었을 때 해제될 것이다.

그림 14.5 좀비 객체와 상호작용을 시도하는 것을 발견하는 Instruments 예제이다.
아래 패널에서는 객체의 참조 횟수 기록을 보여준다.

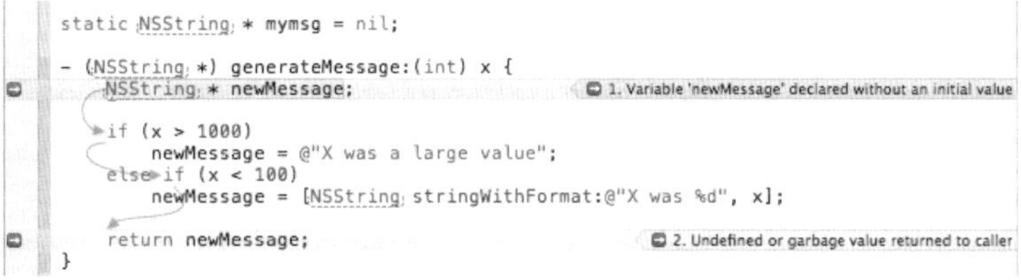

```
static NSString * mymsg = nil;

- (NSString *) generateMessage:(int) x {
    NSString * newMessage;                        1. Variable 'newMessage' declared without an initial value

    if (x > 1000)
        newMessage = @"X was a large value";
    else if (x < 100)
        newMessage = [NSString stringWithFormat:@"X was %d", x];

    return newMessage;                            2. Undefined or garbage value returned to caller
}
```

그림 14.6 정적 코드 분석 툴의 에러 발견은 XCode IDE에 시각적으로 디스플레이 된다.
에러가 발생되었을 때의 실행 경로의 알림은 실제 소스 코드에 화살표로 표시된다.

이 이벤트 시리즈는 개체의 참조 횟수(RetCt 컬럼에 표시됨)가 0이 될 때 가져오며 개체는 할당이 취소된다. 그러나 **NSZombies** 속성이 활성화 되었기 때문에 개체가 대신 좀비로 변환되고, 이 개체는 다음 RootViewController의 tableView:didSelectRowAtIndexPath: 메서드에 의해 접근된다.

tableView:didSelectRowAtIndexPath:와 연계된 라인 아무 곳을 더블 클릭하면 더 이상 존재하지 않는 객체에 접근하려 한 것을 보여주는 소스 코드를 불러올 수 있다.

이 경우, `viewDidLoad` 메서드 안에 `mymsg` 변수가 확실한 보유 메시지를 가지고 있지 않아 가리켜진 문자열 객체 때문에 발생하는 에러를 볼 수 있다. 다음 소스 코드가 이 문제를 해결할 수 있다.

```
mymsg = [[self generateMessage:10] retain];
```

이 버그는 발견되기 쉽게 만들어졌다. 리스트 14.3은 다른 버그를 포함하고 있다. 다행히도 XCode는 애플리케이션을 실행하고 충돌하기를 기다릴 필요도 없어 탐지해낼 만큼 영리하다. XCode로 정적 분석을 실행하려면 Product 〉 Analyze를 선택한다. 호출에 의하여 알 수 없거나 부정확한 값이 반환된다는 "Undefined or garbage value returned to caller"란 메시지와 함께 `generateMessage:` 메서드에 반환을 의미하는 return 문장이 하이라이트된 것을 볼 수 있다.

이 메시지는 적어도 한 시나리오에서는 `generateMessage:` 메서드가 유효한 문자열 객체 반환을 실패할 수도 있으며 대신 임의로 부정확한 "쓰레기값"을 내보내 애플리케이션을 충돌시킬 수도 있다. 이것이 어떻게 가능한지 알기 위해서 코드 편집기 창의 오른쪽에 있는 에러 메시지를 클릭한다. 그림 14.6에서와 같이 소스코드 위의 파란 화살표가 에러 해석을 안내해줄 것이다.

그림에서 변화하는 `newMessage`에 초기 값이 주어지지 않았음을 볼 수 있다. XCode의 값을 기본으로 첫 번째 if 문은 거짓으로 평가되어 두 번째 if문으로 실행을 넘긴다. 이 선언 역시 거짓으로 평가될 수 있어 이런 경우 return 문이 실행될 수 있다. 이 시점에서 값이 확실히 설정되지 않은 `newMessage`의 값을 반환하는 시도는 에러를 일으킬 것이다.

XCode의 코드 분석 기능은 이런 오류를 탐지하면 논리를 분석하고 변수가 우발적으로 초기설정이 되어있지 않았거나 못 본 코너 케이스가 있는지를 결정할 수 있는 계기가 될 수 있다.

14.5 요약

XCode는 광범위한 디버깅 도구를 제공하는데, 이것은 여러 가지 오픈 소스 도구와 잘 융합한다. Instruments 기술은 거의 오픈 소스이며, 시각적으로 캡처된 데이터를 해석하고 분석할 수 있으며 사용법이 쉬워 그 어떤 것과도 경쟁이 되지 않는다.

iTunes App Store를 통해 출시하는 애플리케이션을 디버그하기 위해 되풀이할 수 없는 충돌 진단을 최대화하고 싶다면 더 많은 고려가 필요하다. 적어도 출시하는 애플리케이션의 매 업데이트 소스 코드와 디버깅 기호들(*.dsym 파일) 복사본을 보관해야만 한다. 이렇게 하는 것은 실전에서 생길 수 있는 충돌 원인들을 빨리 0으로 만들 수 있는 기회를 높이게 되는 것이다.

iOS SDK 설치하기

이 부록에서는 간단한 iOS Software development kit(SDK) 설치법 대해 설명한다.

A.1 iOS SDK 설치하기

제일 먼저 Apple의 개발자 프로그램을 선택하고 가입한 후 SDK를 다운로드 받는다.

A.1.1 Apple의 개발자가 되기와 SDK 다운로드 받기

Apple은 XCode 설치와 다운로드 방법을 종종 바꿔왔다. 이 글은 쓴 시기에는 간단히 Mac OS X Lion의 Mac App Store에서 XCode를 검색하여 다운로드 받을 수 있다. 가장 최신 버전과 설명서는 〈http://developer.apple.com/xcode/〉에서 항상 볼 수 있다. 유용한 최근 개발자 자료를 얻기 위해서는 〈http://developer.apple.com/programs/register〉에서 무료 개발자 계정을 만들어야 한다. 파란색 Get Start 버튼을 클릭하고 가입 절차를 마치면 된다. 무료계정은 Mac OS X Snow Leopard 예전 버전과 그 이하 버전도 이용할 수 있다.

하지만 단순히 Mac App Store에서 다운로드받거나 구매를 하더라도 실제 iOS 기기에서 개발한 앱을 실행하고 테스트할 수는 없다. 실제 기기에서 애플리케이션을 실험해보고 싶거나(하는 것이 좋다) App Store에 출시하려면 1년에 $99하는 iOS 개발자 프로그램을 선택한다. 등록은 〈http://developer.apple.com/programs/ios/〉에서 파란 Enroll Now 버튼을 클릭하고 절차를 마치면 된다. 이렇게 하면 개발한 앱을 기기에서 테스트해보고 App Store에 출시할 수 있다.

A.1.2 시스템 권장 사양

현재 이 글을 쓰는 시점에서 XCode와 iOS SDK를 Mac App Store에서 설치하는 데 필요한 권장 사양은 인텔 기반으로 Mac OS X Lion 10.7 혹은 이후 버전의 Mac과 10GB 의 사용 가능한 디스크 공간이다. 만약 무료나 유료 개발자 프로그램에 가입했다면 Mac OS X Snow Leopard를 위한 지난 XCode 버전도 다운로드 받을 수 있다.

Download Xcode 4 for Mac OS X and iOS

Xcode 4.0.1 and iOS SDK 4.3
Build: 4A1006
Posted: Mar 24, 2011
File Size: 4.61 GB

그림 A.1. Apple 개발자 페이지의 다운로드 섹션.

A.1.3 iOS SDK와 XCode 다운로드 받기

Mac App Store에서 XCode를 구입하고자 한다면, XCode는 바로 설치가 되지 않을 것이다. 대신 XCode를 설치할 수 있는 애플리케이션이 다운로드되고, 설치될 것이다. 이렇게 했다면, 계속해서 다음 단계로 넘어가도 좋다.

만약 iOS 개발자 프로그램에 가입했다면 〈http://developer.apple.com/xcode/index. php〉로 가서 사용자명과 비밀번호로 로그인한다. 다운로드를 시작하려면 그림 A.1에서 와 같이 다운로드 XCode 4 상자가 있는 커다란 링크를 클릭하면 된다. 애플리케이션 크기가 4.5 GB로 크기 때문에 인내심을 가지고 기다리자.

A.1.4 iOS SDK 와 XCode 설치하기

Mac App Store에서 XCode를 구매했다면, 'XCode 설치' 앱을 더블 클릭하여 설치를 진행한다. Apple 개발자 웹사이트에서 XCode를 다운로드 받았다면, 다운로드 완료 후 디스크 이미지(DMG)가 자동으로 Finder에서 열릴 것이다(그렇지 않을 경우 .dmg 파일을 더블 클릭한다). XCode와 iOS SDK 아이콘을 더블 클릭하면 설치가 시작된다. 특별히 무엇을 원하거나 필요한지를 알고 있지 않다면 설정을 그대로 두고 계속하기 버튼을 클릭하여 설치를 시작한다. 설치하는 데 다소 시간이 걸리므로 다시 한 번 인내심을 가지고 기다리자. 설치가 완료되면 /Developer/Applications/XCode에서 XCode를 볼 수 있을 것이다.

A.2 개발을 위한 iOS 기기 준비

iOS 기기용 애플리케이션을 개발하다 보면, 시뮬레이터에서만 테스트해보는 것보다 실제 기기에서 테스트해보기를 원할 것이다. 기기에서 실행하기 위해서는 iOS 애플리케이션은 디지털 서명이 되어 있어야 하기 때문에 애플에서 디지털 인증을 받고 기기에 Provisioning 프로파일을 설치해야 한다. 이것부터 해보자.

A.2.1 인증서 만들기

제일 먼저 Mac에서 Keychain Access라는 애플리케이션을 시작한다(유틸리티 폴더에 있는 애플리케이션 폴더 안에 있다). 메뉴 바에서 Keychain Access 〉 Preferences를 선택하고, Online Certificate Status Protocol과 Certificate Revocation List on the Certificates의 탭을 모두 다 끈다. 그런 다음 메뉴 바에서 Keychain Access 〉 Certificate Assistant 〉 Request a Certificate From a Certificate Authority...를 선택한다. 그럼 그림 A.2와 같은 창을 볼 수 있게 된다.

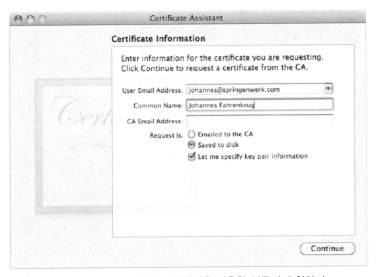

그림 A.2 Keychain Access 애플리케이션을 이용한 인증서 요청하기.

이메일 주소(Apple 개발자로 가입했을 때 사용한 것과 동일한 것)와 이름을 입력하고 Request Is 섹션에 있는 Saved to Disk를 선택한 후 Let Me Specify Key Pair Information 체크 상자를 선택한다. 계속하기를 클릭해 파일을 저장하고 어디에 저장했는지 기억해 둔다. 다음 단계에서 Apple 웹사이트에 업로드를 해야 한다. 다음 화면에서 키 사이즈가 2048비트와 RSA 알고리즘으로 되어 있는지 확인한다. 계속하기를 누르고 마침을 클릭한다.

이제 http://developer.apple.com/ios로 가서 로그인하고 우측 상단에 iOS Provisioning Portal을 선택한다. 거기에서 왼쪽 사이드 바에서 Certificates을 선택하고 Add Certificate 버튼을 클릭한다. 많은 양의 텍스트를 보고 나면 Certificates 페이지 아래쪽에 Choose File 버튼을 볼 수 있을 것이다. 클릭하고 이전 단계에서 저장했던 파일을 선택한다. 제출하기 버튼을 클릭하여 Certificate Signing Request to Apple을 업로드한다. 인증서가 만들어지는 데에 수초에서 수분이 소요된다. Provisioning Portal에서 인증서 옆 Certificates 섹션에 Approve 버튼이 나타나면 클릭하고 페이지 새로 고침 후 다운로드를 클릭한다. Keychain 에서 설치하도록 다운로드 받은 파일을 더블 클릭한다.

WWDC 중간 인증서도 다운로드하고 설치해야 한다. 링크 역시 Certificates 페이지에서 볼 수 있다. 다운로드가 완료되면 더블 클릭하고 Keychain에 설치하면 된다.

A.2.2 XCode를 이용하여 기기 사용 준비하기

일반적인 개발을 위해 (예를 들어, 이 책에 있는 모든 데모 코드 실행) XCode는 개발을 위한 기기 설정을 알아서 처리한다. app 내부의 구매나 알림 푸쉬(push notifications)와 같은 고급기능 사용 시 웹사이트에서 손수 설정해야 한다. A.2.3에서 자세히 설명되어 있다.

XCode를 사용하여 기기를 사용 준비할 때 XCode를 시작하고 Window 〉 Organizer를 선택한다. Organizer 창에서 기기 관리, 프로파일 준비하기, 애플리케이션 기록보관 그리고 저장소 소스 컨트롤 등을 할 수 있다. Devices 탭에서 왼쪽에 있는 Library 섹션에서 Provisioning Profiles를 선택한다(그림 A.3).

그림 A.3 XCode Organizer 섹션에 있는 Provisioning Profiles.

창 아래쪽에 Automatic Device Provisioning의 체크 상자를 선택한다(그림 A.4).

그림 A.4 XCode Organizer 있는 Enabling Automatic Device Provisioning.

이제 USB 케이블을 이용하여 iOS 기기를 연결해보자. Devices 섹션에서 볼 수 있을 것이다. 선택한 후 the Use for Development 버튼을 클릭한다. Apple 개발자 신용 증명서를 물어보는 대화 창이 뜰 것이다. 내용을 입력하고 XCode가 개발자 인증서 요청을 원하게 될 경우를 위해 Submit Request를 클릭한다. XCode는 Provisioning Portal에 로그인한 후 기기 ID를 등록시키고 Team Provisioning Profile: *라고 불리는 프로비전 프로파일을 만든 다음 기기에 설치를 할 것이다.

이제 여러분의 기기는 개발을 위한 준비가 되었다!

A.2.3 수동으로 기기 사용 준비하기

수동으로 기기를 사용 준비하고 싶다면, 여전히 앞에서 나왔던 단계를 모두 이행해야 개발자 포털에 기기를 추가할 수 있다. 이 과정 역시 수동으로 하길 원한 다면, 기기를 Mac에 연결하고 XCode Organizer를 열어 기기를 선택한 후 Identifier라고 불리는 긴 스트링의 숫자와 문자를 복사한다. 이제 iOS Provisioning Portal에 로그인하고 Devices를 선택한다.

Add Devices 버튼을 클릭하고 의미 있는 이름을 입력한 후 기기 ID를 두 번째 텍스트 칸에 붙여넣기를 한다. Submit을 클릭하여 기기를 저장한다.

Apple App Store에 애플리케이션을 제출하려면 특정한 App ID가 필요하다. App ID에는 회사와 애플리케이션의 이름이 거꾸로 된 URL을 포함하고 있다. 예를 들면 com.회사이름.애플리케이션 이름(이것이 XCode가 새로운 프로젝트를 만들 때마다 App ID를 입력하라고 하는 이유인 것이다)이다. 새 App ID를 추가하려면 사이드 바에서 App IDs를 선택하고 New App ID 버튼을 클릭한다. 두 번째 텍스트 칸에 의미 있는 이름과 bundle identifier를(애플리케이션 이름이 있는 거꾸로 된 URL) 기입한다. 이 bundle identifier는 XCode 프로젝트에서 명시되었던 세팅과 일치해야만 한다.

마지막으로, Provisioning Profile은 실질적으로 기기를 (혹은 기기 그룹) 명확한 App

ID로 설치 및 실행시키기 위한 App ID와 기기 ID의 배합이다. 개발과 배포 둘 모두를 위한 Provisioning Profile을 만들 수 있다. A.2.2에서는 개발만을 위한 Provisioning Profile을 만든 것을 설명했었다. 이제는 배포를 위해 Provisioning Profile을 만드는 것을 알아보자.

Provisioning Portal에서 Provisioning을 선택하고 Distribution 탭을 선택한다. New Profile 버튼을 클릭한다. 그 다음 페이지에서는 App Store에 애플리케이션을 등록하는 프로파일을 만들 것인지 Ad Hoc 배포를 통해 베타 테스트기에 보낼 것인지를 선택할 수 있다. 다음 단계에서 App Store와 Ad Hoc의 배포는 동일하다. 한 가지 다른 점은 App Store 프로파일을 위해 따로 기기를 지정할 필요가 없다는 것이다. 지금은 일단 Ad Hoc을 선택하고 의미 있는 이름을 기입 후(내 멋진 App Ad Hoc과 같은) 원하는 App ID를 Select 상자에서 선택하고 이 Provisioning Profile이 유효한 기기(들)를 선택한다. Submit을 클릭하고 Distribution 탭으로 돌아가 새로 만들어진 Ad Hoc Provisioning Profile 옆에 있는 Download 버튼을 클릭한다. 프로파일 다운로드가 완료되면 더블 클릭하여 설치한다. 이것으로 모두 완료된다.

A.2.4 기기에서 애플리케이션 실행하기

기기에 애플리케이션을 실행하는 것을 배우려면 비어있는 새 XCode 프로젝트를 만들어 기기에서 실행시킨다. XCode를 작동시키고 File 〉 New 〉 New Project를 선택한다. Tab Bar Application을 선택하고 Next를 클릭한다. 'My Great App'이라고 이름 짓고 회사이름을 거꾸로 한 URL을 Company Identifier로 입력한다. Next를 클릭하고 프로젝트를 저장한다. 이제 iOS 기기를 연결하고 XCode에 있는 Run과 Stop 버튼 바로 옆에 있는 Scheme Selector에서 iOS 기기를 선택한다. 실행버튼을 누른다. 프로젝트가 컴파일되고 기기에서 실행될 것이다.

Code Signing 섹션으로 스크롤해서 Build Settings 탭을 선택하고 XCode 안에 Navigator 뷰에서 프로젝트를 선택함으로써 어떤 Provisioning Profile이 사용되어야 할지를 정할 수 있다(여러 개가 있을 경우). Debug 혹은 Release 구성 아래 Any iOS SDK 엔트리 옆에 있는 다른 것을 선택해서 Provisioning Profile과 인증을 바꿀 수 있다(그림 A.5).

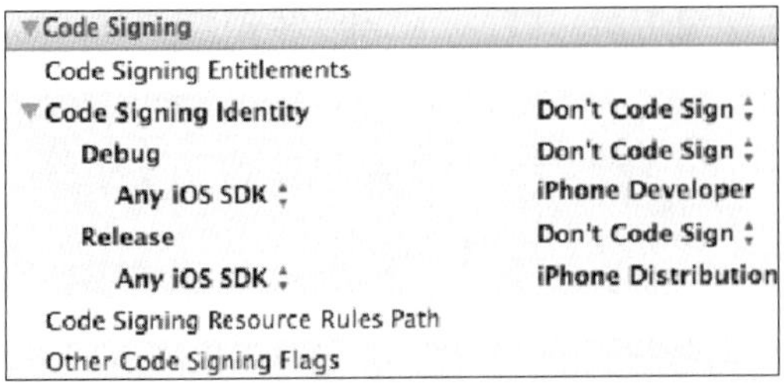

Code Signing	
Code Signing Entitlements	
Code Signing Identity	Don't Code Sign ⫶
Debug	Don't Code Sign ⫶
Any iOS SDK ⫶	iPhone Developer
Release	Don't Code Sign ⫶
Any iOS SDK ⫶	iPhone Distribution
Code Signing Resource Rules Path	
Other Code Signing Flags	

그림 A.5 XCode안에 Code Signing 설정하기.

이제 기기에서 애플리케이션을 테스트하고 실행할 준비가 끝났다. 조금 더 복잡한 기기 사용 준비와 인증 관련 주제에 대해 알고 싶다면, Apple의 Provisioning Portal 웹사이트 있는 비디오와 튜토리얼을 통해 자세히 알아 볼 수 있다.

C의 기초

이 책에서는 이미 Objective-C의 기본 문법을 이해하고 있다고 가정해왔다. iPhone으로 처음으로 Objective-C를 접하게 되었다 하여도 C 언어와 비슷한 류의 다른 언어에 대한 지식이 이미 있을 것이다. 예를 들어, C, C++, Java C#의 기본 운영 구조는 본질적으로 같다.

많은 Objective-C 개발자는 Objective-C와 같은 계열인 C를 그다지 높게 평가하진 않지만 근본적으로 Objective-C는 C의 위에 있다. Objective-C의 객체 위주의 기능을 활용하지 않더라도 정의에 의해 모든 C 프로그램 역시 Objective-C의 유효한 프로그램이다.

이 C 계열의 영향은 Objective-C가 애플리케이션 안팎에서의 실행흐름을 결정하고 조정하는 대부분의 구문이 C 프로그램 언어와 완전히 일치한다는 것이다. 진정 대단한 Objective-C 프로그래머가 되고 싶다면 먼저 C 사용이 능통해야 한다.

이 부록은 처음으로 프로그램을 접하게 되었거나, C 계열의 언어로 코드를 작성해보지 않은 사용자를 위한 것이다. 기본 운영 구조와 C 형식의 언어로 되어있는 프로그램을 자세히 다룰 것이다. 컴파일 도중에 나타날 수 있는 오류를 피하기 위해 어떻게 변수, 메시지와 클래스에 이름을 지어야 하는지부터 시작해보자.

B.1 변수 명명 규칙

모든 애플리케이션 안의 변수, 메서드와 클래스는 확인할 수 있는 이름을 부여해야 하는데 어떤 변수이름이 유효할까?

변수 이름은 식별자의 한 종류이다. 식별자는 애플리케이션을 만드는 소스 코드의 기능, 맞춤 데이터 종류나 변수와 같은 요소를 특징적으로 확인하는 단순한 이름이다. C에서 식별자는 아무 순서의 글자, 숫자 또는 언더스코어(_)로 이루어질 수 있다. 숫자로 시작할 수는 없지만 언더스코어로 시작하는 것은 지원 라이브러리나 컴파일러의 내부적 사용을 위해 정해져 있다. 식별자 길이는 상관없지만 소대문자를 구별하기 때문에 fooBar, FOOBAR, FooBar 모두 각기 유효한 식별자로 애플리케이션에서 다르게 참조된다.

다음은 유효한 변수 식별자의 보기이다.

- MyVariable
- variable123
- Another_Variable

그리고 다음은 유효하지 않은 변수 식별자의 예이다.

- $Amount
- cost(in_cents)
- monthly rental
- 10timesCost
- int

마지막 무효한 변수 식별자 int는 추가 해설이 필요하다. 처음 봤을 때는 유효한 식별자의 규칙을 모두 따르는 듯해 보인다. int 자체는 이미 C 소스 코드에서 특별한 의미를 가지고 있다. 그것은 완전한 기본형 데이터형으로 식별된다. C 애플리케이션에서 이미 특별한 의미를 가지고 있는 단어들을 **reserved words** 즉, 예약어라 부른다. 이 예약어는 C 컴파일러에게 특별한 뜻을 가지고 있는 식별자이기 때문에 따로 소스 코드에서 식별자로 사용될 수 없다. 다른 확보된 단어들 중에는 if, return, else 등이 있다.

B.1.1 헝가리식 표기법

앞에서 설명한 규칙에 따른 식별자를 이용하여 변수 이름을 마음대로 지을 수 있지만, 시간이 지나면서 많은 작명 관습과 서로 상반되는 스타일은 최적의 식별자 명명 지침으로 발전해왔다. 많은 C 바탕의 애플리케이션 개발자는 이미 **헝가리 식 표기법**(Hungarian notation)이라 불리는 방식에 익숙하다.

형가리식 표기법은 변수와 관계되는 데이터 종류의 설명을 변수에 인코딩하는 방식이다. 이것은 데이터 종류를 상징하는 접두사로 만들어진다. 예를 들어 iCount는 정수 카운트를 그리고 chGender는 문자를 저장할 수 있는 변수를 가리킨다. 표 B.1은 가장 자주 보게 되는 접두사를 나열한 것이다.

표 B.1 C 소스코드에서 변수에 일반적으로 사용되는 형가리식 표기법 접두사.

변수 식별자 보기	설명
chFoo	문자 (char)
iFoo, nBar, cApples	정수, 숫자 혹은 카운트 (int)
bFlag, fBusy	연산자 혹은 플래그 (BOOL)
pszName	스트링을 제거한 Null에 포인터 (char*)

Code Sense(Apple의 IntelliSense와 비슷함)와 같은 기능과 함께 IDE가 더욱 더 강력해짐에 따라, 개발자 사이에서 형가리식 표기법 사용은 빠르게 감소해 나갔다. 요즘은 변수와 관련된 데이터의 종류를 이름을 인코딩하지 않고도 빨리 정할 수 있다. 이제 형가리식 표기법은 C 바탕의 소스 코드 사용에만 제한되어 있다. 그렇다고 다른 명명 지침의 관습 역시 사라지고 있다는 것은 아니다. 그 예로 카멜 케이스는 Objective-C 개발자들 사이에서 여전히 인기가 있다.

B.1.2 카멜 케이스

이것은 식별자를 최대한 묘사하는 데 도움이 되어 자체문서화시키는 데 편리하다. 예를 들면 CountOfPeople이라는 이름의 변수는 단순히 n이라는 이름의 변수보다 더 의미가 있다.

식별자에는 띄어쓰기가 허용하지 않기 때문에 이를 위해서 변수이름을 CountOfPeople와 같이 각각 단어의 첫 글자를 대문자로 한다. 중간 중간에 대문자가 보이는 것이 '혹'을 연상시키기 때문에 낙타 케이스 - **카멜 케이스**(camel case)라고 한다. 카멜 케이스 대신 단어를 나누기 위해 사용되는 것이 언더스코어이다(예: Count_Of_People).

B.1.3 네임스페이스

애플리케이션이 조금 더 복잡해지거나 제삼자의 의해 개발된 코드를 사용하게 되었을 때 생기는 문제는 식별자 사이의 충돌이다. 이것은 두 개의 각기 다른 애플리케이션의 부분이 같은 식별자를 이용하여 다른 것을 표시하려 할 때 생긴다. 한 예로, Counter라는 이름의 변수를 만들고, 서드 파티 라이브러리는 클래스를 Counter라는 이름으로 만들 수 있다. 만약 소스코드에서 Counter를 인용하려 했다면 컴파일러는 어떤 것을 말하는지 파악하지 못할 것이다.

어떤 프로그램 언어는 이 문제를 네임스페이스(namespace)라는 기법을 이용하여 해결한다. **네임스페이스**는 연관되어 있는 식별자을 다른 그룹들이나 컨테이너로 그룹 지을 수 있도록 허용한다. 예를 들면 Apple에 의해 작성된 모든 코드는 한 네임스페이스 안에 넣을 수 있고 개발자에 의해 작성된 모든 코드는 다른 네임스페이스에 넣을 수 있다. 변수나 함수를 인용할 때마다(정확하기 보다는 함축적이라도). 식별자의 이름뿐만이 아닌 포함하고 있는 네임스페이스 역시 제공해야 한다.

이렇게 함으로써 만일 두 개의 다른 지역의 코드가 Counter라는 것을 인용하려 할 때 컴파일러는 두 개의 차이를 알게 되고 원래 원하는 것을 이해할 수 있게 된다.

C 프로그램 언어는 네임스페이스와 비슷한 콘셉트를 제공하지 않지만 가장 일반적으로 동의된 접두사를 식별자에 사용함으로써 네임스페이스의 특징을 충분히 따라 할 수 있다.

이런 기법의 가장 좋은 예로는 유서 깊은 NSLog 함수이다. 이 함수는 NS라 불리는 네임스페이스에 log라는 이름을 가지고 있다고 생각하면 된다. NS는 Apple의 Foundation Kit 라이브러리에서 사용하는 네임스페이스 접두사이다. 이미 현존하고 있는 Apple의 함수와 충돌할 가능성이 높기 때문에 변수나 함수의 이름을 NS 접두사로 시작하는 것은 현명치 못할 것이다.

개발자의 이름이나 회사명 등을 따라 공개적으로 볼 수 있는 본인만의 접두사를 만드는 습관을 가지는 것이 좋다.

올바른 변수 이름을 짓고 다른 요소를 치우며, 더 이상 컴파일 시 에러를 만들지 않는다면, 문제에 대답을 하거나 새 값을 계산하는 하나 이상의 변수를 이용하는 방법을 알아보자.

B.2 표현식

적어도 하나의 수학적 계산 없이 애플리케이션을 개발하는 것은 보기 드문 일이다. 그렇기 때문에 C에서는 수학식을 위해 훌륭한 연산자(Operator) 집합을 제공한다.

B.2.1 산술 연산자

가장 이해하기 쉬운 연산자는 가장 익숙한 기본적인 수학적 연산자인 산술 연산자(arithmeic operator)이다. 이 연산자는 표 B.2에서 볼 수 있다.

표 B.2 C에서 유용한 산술 연산자

연산자	설명
+	더하기
−	빼기
*	곱하기
/	나누기
%	계수 (나머지)

이러한 산술 연산자는 모두 정해진 행동이 있다. 예를 들면, 4 + 3은 7이라는 계산 결과를 가져온다. 계수 연산자는 정수 나누기 연산자의 나머지로 반환하기 때문에 9 % 2는 1인데, 이것은 9에 2가 네 번 포함되고 1이 남기 때문이다.

B.2.2 비교 연산자

한 값을 계산하고 나면 다른 것과 비교해보고 싶어진다. 관계 연산자(Relation operator)는 이런 비교를 가능하게 하며, 계산결과로 참과 거짓을 표현하는 부울의 계산된 결과를 반환한다. 표 B.3은 유효한 관계 연산자를 나열한 것이다.

한 예로, x> = 5*10는 변수는 x 값이 50보다 크거나 같은가를 결정한다(표현식의 값이 > = 연산자의 오른쪽).

가끔은 한 값을 비교하는 것이 충분하지 않을 수도 있다. 예를 들면, 어느 한 사람의 나이가 25살 위이고 몸무게가 180파운드보다 적은지를 확인해야 할 때가 있다. 이런 경우 복합 조건 명령문을 사용해야 한다.

표 B.3 C에서 유효한 관계 연산자.

연산자	설명
==	같음
!=	같지 않음
>	보다 큰
<	보다 작은
>=	보다 크거나 같은
<=	보다 작거나 같은

복합 조건 명령문은 두 부울 식을 논리적으로 결합한 것이다. 가장 일반적인 논리적 연산은 표 B.4에서 볼 수 있다.

표 B.4 C에서 유효한 논리적 연산자.

연산자	설명
&&	And
11	or
!	not

예를 들어, 앞에서 말한 조건은 (나이>25 && 무게<180)이라고 표현할 수 있다. !는 단 하나의 부울 값을 필요로 하며 논리적으로 반대를 취하는(참은 거짓이 되고 거짓은 참이 되는) 특별한 논리적 연산자이다.

방금 본 표현식과는 조금 다르게 C는 단락회로 부울 평가를 수행한다는 것을 아는 것이 중요하다. 어떠한 의심의 여지없이 결과가 나올 때 표현식은 수치 구하는 것을 멈출 것이다. 다음 && 연산자를 포함한 표현식은 애플리케이션이 마구잡이로 충돌하거나 올바르게 실행되는 것의 어떤 변화를 가져오는지 보여주고 있다.

```
struct box *p = get_some_pointer_value();

BOOL result = (p != NULL) && (p->width == 20);
```

이 표현식의 두 번째 줄은 만약 p가 NULL 포인터가 아니고 포인터가 가리키는 상자의 너비는 20이다가 참인지 값을 구한다.

단락회로 부울 평가가 없다면 p가 NULL일 때마다 표현식은 충돌할 것이다. 이것은 && 연산자의 왼쪽 값을 구한 다음 오른쪽 (p->width == 20)을 구하면 NULL 포인터의 역참조를 시도하다 충돌하기 때문이다. 그 표현식의 최종 결과는 x의 모든 값에 대하여 false && x는 항상 거짓이 될 것이기 때문에 거짓인 경우에도 오른쪽이 평가된다.

C로 구현된 단락회로 부울 평가에서 p가 NULL일 때, 잠재적인 NULL 포인터 참조 예외를 안전하게 피하며 표현식의 오른쪽은 구해지지 않는다.

B.2.3 비트 연산자

C에 있는 연산자를 처음 봤을 때 가장 혼동되는 것은 논리 연산자(logical operator)가 겹쳐있는 것이다. 예를 들면, or (|, ||), Amd (&, &&), 그리고 not (~, !) 모두 두 개의 형식을 가지고 있게 보인다. 이 정신 없는 것을 해결하는 방법이 있다. **비트 연산자** (bitwise poerator)라고 불리는 단일 형태는 **논리 연산**과는 살짝 다른 기능을 가지고 있다. 비트 연산자는 표 B.5에 나열되어 있다.

표 B.5 C에서 유효한 비트 연산자.

연산자	설명
&	And
		Or
^	Xor(베타적 논리합)
~	하나의 보수 (0은 1이 되고, 1은 0이 됨)
<<	왼쪽으로 이동
>>	오른쪽으로 이동

바이트(byte)는 C 프로그램에서 작동할 수 있는 가장 작은 사이즈의 변수이다. on이나 off 상태를 저장할 수 있는 비트(bit) 데이터 유형은 없다. 그러나 비트 연산자는 한 정수 값을 만드는 각각의 비트를 테스트, 토글 또는 이동할 수 있게 해준다. 다음과 같은 코드의 예로 논리연산자와 비트연산자와의 차이를 비교해보자.

```
int x = 8 && 1;
int y = 8 & 1;

NSLog(@"x = %d, y = %d", x, y);
```

이 코드의 결과 x는 1을, y는 0을 가지고 있는 것으로 나온다. 확실하게 논리와 비트 연산자는 다른 연산을 수행한다. 첫 번째 표현식은 논리 연산자(&&)을 사용했고 8과 1 둘 다 0이 아닌 true을 의미하기 때문에 결과적으로 **true**가 구해진다.

두 번째에서는 비트 연산자(&)을 사용하여 두 정수 변수 안에 각각의 비트를 따로 계산하는 연산자가 실행되었다. 8과 1의 값을 2진법으로 변환하면 00001000과 00000001이 된다. 첫 번째 bit는 둘 다 0이므로 false를 의미하는 0이 나올 것이며, 두 번째 값도 둘 다 0이므로 0이 도출된다. 이렇게 각 값의 모든 비트의 연산은 결과적으로 00000000이 나온다. 둘 다 1을 가지고 있는 비트 위치가 없기 때문이다.

B.2.4 대입 연산자

여기까지 변수 연산에서의 값을 저장하기 위해 대입 연산자 (=)를 사용해왔다. 하지만 이것은 Objective-C 개발자에게 유효한 대입 연산자(assignment operator)의 유일한 형태가 아니다. 아래의 코드에서는 += 대입 연산자를 소개하고 있다.

```
int x = 5, y = 5;

x = x + 4;
y += 4;

NSLog(@"x = %d, y = %d", x, y);
```

이 코드에서 두 변수는 5로 초기화된다. 변수 x에는 이제 x + 4의 결과가 주어지며 4의 값만큼 늘어난다. 한편 변수 y는 좀 += 연산자를 이용한 좀 더 간단한 구문을 이용하여 4의 값만큼 증가하였다

+= 연산자의 사용은 "표현식의 오른쪽에 있는 값만큼 왼쪽의 변수를 증가하라"고 할 수 있다. 비슷하게 단축된 구문은 한 번에 수학 연산과 대입을 수행하기 위해 +, -, *, /, %, &, |, ^, >>, 그리고 << 등을 사용하는 대부분의 산술과 비트연산에 사용된다.

또 하나 빠질 수 없는 대입 연산자 (=)의 기능은 외부 표현식에서도 사용할 수 있다는

것이다. 대입 연산자의 값은 왼쪽의 변수에 저장될 값이 된다. 이것은 다음과 같은 명령 문으로 이어질 수 있다.

```
int x, y;

x = (y = 5 + 2) + 4;

NSLog(@"X is %d, Y is %d", x, y);
```

(y = 5 + 2) + 4 표현식은 각각 두 단계를 포함하고 있다. 안에서 밖으로 풀어나가며 처음에 5와 2를 더하고 변수 y에 값 7을 저장한다. 그리고 4는 가로 안에 결과물에 더해져 변수 x에 결과적으로 값 11을 저장하게 된다.

방금 본 것처럼 대입 연산자를 사용하는 것은 흔하지 않지만, 이 경우의 대입 연산자가 가지는 이득은 이 부록 후반부에 설명할 조건 반복문 구조체에서 더욱 확실해진다.

이제 대입 연산자가 외부 표현식에서 사용될 수 있음을 알게 되었으니 C의 증가 그리고 감소 연산자를 보도록 하자. 이런 연산자들은 변수를 1 증가 또는 감소한다는 식을 간단 하게 표현한 것이라 생각하면 된다. 아래에서 보이는 것과 같이 두 개의 ++ 또는 -- 기호로 표시되며, 변수의 앞부분(전위)과 뒷부분(후위)에 사용이 가능하다:

```
int x, y, z;

x = 5;
y = ++x + 10;
z = x++ + 10;

NSLog(@"X is %d, Y is %d, Z is %d", x, y, z);
```

이 코드는 변수 x가 7, y와 z 둘 다 16이 되는 결과를 가져온다. ++x와 x++ 연산자는 각자 1을 x값으로 증가하는 데 사용하였지만, 각각의 명령문이 실행된 후 x의 값이 변하여도 y와 z 둘 모두 16으로 구해지기 때문에 ++의 위치는 그것이 포함된 외부 표현식 에서 확실히 다른 영향을 주고 있다.

표현식 y = ++x + 10은 앞부분에서 설명했던 표현식의 특징과 비슷하게 y = (x = x +1)로 다시 쓰일 수 있다. 변수 x는 (5의 값으로 시작하는) x + 1의 새 값이 저장되므로 결과적으로 6을 가지게 된다. 이 새로운 값은 10에 더해져 결과적으로 16이 나오게 되며 변수 y에 저장된다.

387

그 다음 표현식 y = x ++ + 10은 같은 세트의 연산자를 다른 순서로 실행한다. 이 경우, 현재 x 값에 (처음 이 줄을 실행할 때 6이였던) 10이 더해졌다. 이는 변수 z의 값이 16으로 정해진 후에야 변수 x를 1만큼 증가한다.

이 전위 연산자 (++x)는 변수의 값을 늘리고 후위 연산자 (x++)가 외부 표현식에서 현재 값으로 저장된 변수를 이용한 후 변수의 값을 늘리는 동안 그 결과를 외부 표현식에서 사용한다. 비슷하게 --x와 x— 연산자는 전위, 후위 감소 연산자를 실행한다.

B.2.5 연산자 처리 순서

어떤 표현식은 애매하여 여러 가지 방법으로 해석될 수 있다. 예를 들어 다음에 나오는 변수 x는 값이 20일까 아니면 14일까?

```
int x = 2 + 3 * 4;

int y = (2 + 3) * 4;
int z = 2 + (3 * 4);
```

C는 어느 표현식부터 계산되어야 하는(예를 들면 곱하기와 나누기는 더하기와 빼기 먼저 수행) 특정 처리 순서 처리 규칙 집합이 있다. 이 규칙에 의하면 변수 x는 14가 된다.

만약 이 처리 순서 규칙을 뒤엎어야 할 경우, 변수 y와 z에서 보듯이 괄호를 활용하여 어느 연산자부터 계산할지를 통제할 수 있다.

이것으로 C 기반 애플리케이션에서의 표현식 설명과 어떻게 지정하는가를 모두 마친다. 조금 더 관심을 가지고 봐야 할 한 가지 종류의 표현식은 조건부 표현식이다. 이런 형태의 표현식은 애플리케이션에 저장된 데이터 상태를 확인하고 복잡한 상황에서 진실을 표시하는 한 개의 부울(true 혹은 false) 값으로 나타날 수 있다. 여기서 설명되지 않은 것은 애플리케이션에서 이런 값을 이용하여 실행의 흐름을 바꾸는 것이다. C는 **조건문**(conditional statement)이라 불리는 명령문 집합을 제공한다.

B.3 조건문

명령어의 고정된 순서를 실행하는 애플리케이션은 그다지 흥미롭지 않거나 실용적이지 않다. 예외 없이 복잡한 애플리케이션에서는 사용자의 행동에 따르거나 변수의 값을 바탕으로 조건에 대한 결정을 해야만 하며 알맞은 실행의 행동이나 흐름을 바꿔야 한다.

조건부 결정을 내리는 것은 프로그램 언어에서 가장 근본적인 부분이며 C 역시 예외는 아니다.

B.3.1 if-else 조건문

if-else 조건문은 가장 단순한 조건문이다. 단 하나의 부울 표현식을 구하고 참과 거짓 값에 따라 만약 참일 경우 참에 대한 명령문과 거짓일 경우의 거짓에 대한 명령문을 실행한다. 일반적인 형태는 다음과 같다.

```
if (조건) {
    명령어 블록 1
} else {
    명령어 블록 2
}
```

이 조건에는 어떠한 부울 표현식도 가능하다. 만약 표현식이 참으로 구해진다면 (0이 아닌 아무 값), statement block 1은 실행된다. 그렇지 않은 경우 statement block 2가 실행된다. 어떤 길이 선택되어도 if 명령문 바로 다음의 첫 번째 명령문으로 실행은 진행된다.

다음에 나오는 if 명령문은 변수 x값이 10이상 값을 가지고 있는지 확인하고 이 비교 결과에 따라 다른 결과를 출력한다.

```
int x = 45;

if (x > 10) {
    NSLog(@"x is greater than 10");
} else {
    NSLog(@"x is less than or equal to 10.");
}
```

else 키워드와 관련된 명령문 블록은 선택항목이며 거짓이 구해지는 특정한 조건을 실행하는 명령문이 없다면 포함시키지 않아도 된다. 다음은 if 명령문은 변수 x가 10보다 클 때에만 메시지를 출력한다.

```
int x = 45;
if (x > 10) {
    NSLog(@"x is greater than 10");
}
```

이런 경우 조건문의 문장 블록은 오직 한 명령문만이 실행되는 데 필요하므로 { 중괄호 안에 있는 명령문은 다른 곳으로 넘길 필요가 없다. 문장 끝에 있는 세미콜론은 여전히 필요하다. C는 다른 언어에서처럼 여러 가지 명령문을 분리하는 데만 쓰지 않고 현재 명령문을 종료한다는 의미로 사용하기 때문이다. 다음 if 명령문은 기능면에서 이전과 같은 것이다.

```
int x = 45;
if (x > 10)
    NSLog(@"x is greater than 10");
```

중괄호를 생략하는 것은 스타일적인 토론의 주제다. 많은 개발자는 NSLog 호출 바로 아래 바로 두 번째 명령문을 추가하면 if 명령문으로 해결되길 기대하는 것처럼, 만들기는 쉬우나 종종 실수를 하면 그 실수를 찾기 어려운 점을 피하기 위해 if 명령문에 의해 조건부로 실행되는 명령문에는 항상 중괄호를 사용해야 한다고 주장한다.

많은 조건부는 단순히 참이나 거짓의 비교로 분류되지는 않는다. 예를 들면, 애플리케이션은 사용자의 나이를 물어 사용자가 어린이, 십대, 성인 혹은 노인인지에 따라 다른 작업을 실행하려 할 것이다. 여러 개의 if-else 조건문을 함께 엮음으로 여러 가지의 연관된 조건을 확인할 수 있다. 이럴 경우 다음 리스트는 현재 디지털 나침반이 향하는 곳을 비교하기 위해 여러 개의 if-else 조건문을 사용하는 것을 보여주고 있다.

리스트 B.1 여러 개의 if-else 조건문 엮기

```
enum direction currentHeading = North;

if (currentHeading == North)
    NSLog(@"We are heading north");
else if (currentHeading == South)
    NSLog(@"We are heading south");
else if (currentHeading == East)
```

```
    NSLog(@"We are heading east");
else if (currentHeading == West)
    NSLog(@"We are heading west");
else
    NSLog(@"We are heading in an unknown direction");
```

이것은 어떻게 보면 지금까지 다루었던 명령문 구조와는 조금 달라 보이지만 이 코드에는 새로운 것이 아무것도 없다. else 부문이 중괄호가 없고 다른 if-else 조건문을 포함하고 있는 if 명령문이 연달아 있는 것일 뿐이다.

B.3.2 조건부 연산자

조건부 연산자는 (?) 물음표로 표시되며 일반적인 if-else 조건문에 구문의 속기로 취급될 수도 있다. 특정한 조건을 바탕으로 새로운 값을 변수에 지정하는 if-else 조건문을 고려해보자.

```
int x;
if (y > 50)
    x = 10;
else
    x = 92;
```

실행 후에 이 명령문에서 변수 x는 만약 y>50이 참이면 10을, 만약 거짓일 경우 92를 저장하게 된다. 이런 종류의 조건부대입은 많은 애플리케이션에서 일반적이기 때문에 C는 이런 경우를 더욱 자세히 다뤄 디자인된 다른 종류의 구문을 제공한다. 예로 다음 명령문은 단 한 줄의 소스 코드만을 필요로 하나 앞서 다루었던 것과는 동일한 일을 하는 명령문이다.

```
int x = (y > 50) ? 10 : 92;
```

일반적인 조건부 연산자 명령문의 포맷은 다음과 같다.

조건표현식 ? 표현식1 : 표현식2

조건부 연산자가 탐지되면, 조건 표현식이 구해진다. 만약 표현식 결과가 참으로 구해지면 표현식 1이 구해지고 조건부 연산자의 결과가 된다. 거짓으로 구해졌을 경우, 표현식 2가 구해지고 조건부 연산자의 결과가 된다.

391

B.3.3 제어문

if-else 명령문을 리스트 B.1에서처럼 엮은 것은 일반적인 것으로 내역과 구조를 단순하게 만들기 위해 C가 제공하는 switch라는 특별한 명령문이다. switch문은 하나하나 열거하는 데이터 종류를 사용하고 있을 때와 매 가능한 값에 따라 각각 다른 작동을 실행시키고 싶을 때 특히 편리하다. 다음 리스트는 일반적인 형태를 보여준다.

리스트 B.2 switch 문의 보편적인 구문

```
switch (expression)
{
    case value1:
        statements;
        break;

    case value2:
        statements;
        break;

    default:
        statements;
        break;
}
```

괄호안에 정수 표현식의 결과 값은 차례로 하나 이상의 case 블록에서 제공된 일정한 값과 비교된다. 한번 일치하는 case가 발견되면, 뒤따르는 명령문은 break 키워드가 발견될 때까지 실행된다. 이 키워드는 특정한 case의 끝을 알리고 전체 제어문 끝으로 바로 실행이 진행된다.

만일 현재 결과가 case와 맞지 않을 경우, default 키워드를 가지는 catch-all case로 진행된다.

예를 들어 리스트 B.1은 다음과 같이 제어문을 사용하여 다시 작성될 수 있다.

리스트 B.3 switch 문 사용하기

```
enum direction currentHeading = North;

switch (currentHeading) {
    case North:
```

```
        NSLog(@"We are heading north");
        break;

    case South:
        NSLog(@"We are heading south");
        break;

    case East:
        NSLog(@"We are heading east");
        break;

    case West:
        NSLog(@"We are heading west");
        break;

    default:
        NSLog(@"We are heading in an unknown direction");
}
```

리스트 B.1을 리스트 B.3과 비교해보면 다른 문장과 흰 여백의 양이 이러한 명령문의 유지보수 가능성과 읽기 쉬움에 큰 영향을 미치는 것을 볼 수 있다. switch에서 또 하나 눈에 띄는 점은 여러 개의 명령문은 반드시 중괄호로 닫혀야 한다는 일반적인 규칙에서 제외된다는 것과 만약 case 값이 일치하며 이후 순서대로 실행된다는 것이다.

리스트 B.3에서 매 case 블록의 끝에는 특정한 case 블록의 끝을 알리고, 실행이 전체 switch 끝으로 건너뛰는 break 키워드로 중단된다. 이 break 키워드는 선택사항이다. 만약 없다면, switch는 다른 case 블록의 일부이더라도 실행은 다음 명령문으로 계속 내려간다. 이 기능은 여러 개의 가능한 값이 같거나 비슷한 태도로 다룰 때 흔히 사용된다. 다소 억지 예문이지만 다음 리스트를 보자.

리스트 B.4 각각 떨어져 실행되는 case 문장을 가진 switch 문

```
enum { Horse, Pony, Cat, Kitten } pet = Kitten;

switch (pet)
{
    case Kitten:
        NSLog(@"This is a young cat so turn on the fire");
        // Falls through
    case Cat:
```

```
        NSLog(@"Cats can sleep inthe living room");
        break;

    case Horse:
    case Pony:
        NSLog(@"These pets don't belong inside the house!");
        break;
}
```

이 코드는 변수 pet이 Cat 혹은 Pony를 저장하는 경우에 제격이다. 둘 다의 값을 위해 제어문은 출력할 값을 NSLog로 실행하고 break 키워드를 통해 제어문 끝으로 건너뛴다.

break 문장으로 끝나지 않는 Kitten의 경우는 그다지 간단하지 않다. 만일 switch 문에서 변수 pet이 Kitten 값을 저장하는 동안 실행되었다면 첫 번째 NSLog로의 콜이 실행된 후 계속해서 다음 명령문으로 진행한다. Kitten 경우 추가적인 명령문이 없기 때문에 Cat의 케이스 블록으로 자연스럽게 넘어가고 두 번째 NSLog로의 콜이 이행된다.

Horse의 경우처럼 case 블록이 꼭 아무 명령문이나 있어야 하는 것은 아니다. Pony로 바로 이동하는 것을 볼 수 있을 것이다. 이 기능은 여러 가지 값을 똑같이 다루어야 할 때 편리하다.

이제 조건문에서 새로 알게 된 지식으로 애플리케이션이 실행하는 연산자 순서를 바꿀 수 있다. 그리고 C개발자의 도구상자에는 더욱 많은 방법이 있다. 실제로도 iPhone 애플리케이션이 실행하는 길은 똑바르지 않다. 많은 굴곡과 꼬임이 함께 하고 있다. 여러 세트의 명령문을 반복하거나, 배열에 포함된 데이터를 확인하거나 사용자가 버튼을 누르는 것과 같은 특정한 조건이 참이 될 때까지 계속해서 무언가를 하고 있을 수 있다.

B.4 반복문

애플리케이션 로직에서 특정한 명령문을 일정한 수만큼 반복해야 할 때가 있다. 제 1장에서는 다음과 같은 명령문으로 "Hello, World!"를 디버그 콘솔로 출력했었다.

```
NSLog(@"Hello, World!");
```

만약 연속적으로 "Hello, World!"를 세 번 반복하고 싶다면 NSLog을 두 번 추가 호출하고 싶을 것이다.

```
NSLog(@"Hello, World!");
NSLog(@"Hello, World!");
NSLog(@"Hello, World!");
```

`if` 명령문을 이용하여 변수에 저장된 값의 조건에 따라 "Hello, World!"를 출력할 수 있는 수를 늘릴 수 있다. 예를 들면 다음 리스트에 나오는 소스 코드는 콘솔에 "Hello, World!"를 몇 번 (0에서 3번 사이) 출력할 것인가를 결정하는 변수 n의 값을 사용하고 있다.

리스트 B.5   프로그램 상황에 따라 얼마나 많은 메시지가 로그로 출력되는지 통제하기

```
int n = 2;

if (n > 0)
    NSLog(@"Hello, World!");
if (n > 1)
    NSLog(@"Hello, World!");
if (n > 2)
    NSLog(@"Hello, World!");
```

이 방법은 완벽하게 가능하지만, 그다지 최고이거나 계속 사용할 방법은 아니다. 예를 들어, 이 방법을 확장하여 "Hello, World!"를 랜덤하게 0에서 1000번 사이에서 출력하도록 해보자. 많은 양의 반복 되는 코드를 쓰다보면 그 코드 유지가 상당히 힘들고 오류가 발생할 기회를 많이 제공하는 것을 빨리 알아챌 수 있을 것이다. "Hello, World!" 대신 "Hello, Objective-C!"로 바꾸는 것 역시 어렵다.

다행히도 C는 특정한 조건이 계속해서 참으로 유지되거나 프로그램으로 반복이 허용되는 명령문 세트가 있는 시나리오에 더 나은 해결안을 제공한다.

이런 명령문의 첫 번째로 볼 것은 while 반복문이며, 조건이 참인 동안 반복된다.

B.4.1   while 문

`while` 명령문은 특정한 조건이 계속해서 참일 동안에 계속해서 한 명령문 세트를 실행 가능하게 해준다. 보편적인 `while` 명령문은 다음과 같다.

```
while (조건) {
    명령어 블록
}
```

이 명령문이 실행되면, 그 조건이 구해진다. 만약 표현식이 거짓으로 구해질 경우, 실행은 명령문 블록을 넘어 while 반복문의 다음 첫 명령문으로 진행된다. 참으로 조건이 구해질 경우, 반복문의 맨 위로 돌아오기 전에 블록의 명령문은 실행되고 반복문을 또한 번 통과해야 할지를 결정하기 위해 조건은 다시 구해진다.

그 예로 다음 리스트에 있는 while 반복문은 "Hello, World!"를 15번 출력하도록 만들어졌다.

리스트 B.6 임의의 수 메시지를 표시하는 융통성 있는 방법

```
int x = 0;

while (x < 15)
{

    NSLog(@"Hello, World!");
    x = x + 1;
}
```

이 반복문을 통과하는 실행을 통제하는 것은 0으로 초기화 되어있는 변수 x나. while 반복조건은 만약 x가 15보다 적은지를 결정하기 위해 구하며, 아직까지 15보다 작기 때문에 진실로 평가가 되어 while 반복문의 명령문은 실행된다.

매번 반복될 때 "Hello, World!"의 스트링 복사본이 만들어지도록 NSLog로 호출을 보내며, x의 값은 1씩 늘어난다. 실행은 그 후 while 반복문의 맨 위로 돌아오고 다시 한 번 명령문 블록을 반복하는 것이 필요한가를 결정하기 위해 재평가된다.

15번째 while 반복문을 통과한 후 x<15는 더 이상 참이 되지 않기에 반복은 멈추고 실행은 while 반복문 다음 첫 명령문으로 진행한다.

while 반복문에 대해 한 가지 중요한 것은 반복문 시작부분에 조건이 구해지기 때문에 괄호 안에 명령문은 절대로 실행되지 않을 수도 있다는 것이다. 이것은 초기 확인에서 반복 조건이 거짓으로 판명이 났을 경우 생긴다.

while 반복문을 사용하면 이제 코드 복사 붙여넣기에 의지하지 않고 "Hello, World!" 문자열이 출력되는 횟수를 쉽게 바꿀 수가 있다. 변수 x의 값을 바꾸면서 몇 번 반복할지를 통제할 수 있다.

고정된 수의 반복에 while 반복문을 제한할 필요는 없다. 마음대로 실행 조건을 사용하여 while 반복문의 실행 통제가 가능하다. 다음은 정해진 목표에 수의 합이 다다를 때까지 반복되는 조금 더 복잡한 반복 조건을 선보인 것이다.

리스트 B.7   while 반복문은 정해진 수만큼만 반복 될 필요가 없다

```
int numbers[11] = {1, 10, 0, 2, 9, 3, 8, 4, 7, 5, 6};
int n = 0, sum = 0;

while (sum < 15)
{
    sum = sum + numbers[n];
    n = n + 1;
}
```

이 while 반복문은 합이 15의 값을 넘을 때까지 첫 줄에 있는 numbers 배열의 수를 더하게끔 디자인되어 있다. 그런 다음 실제 합과 그 수에 도달하기 위해 얼마가 필요했는지를 디버그 콘솔에 출력한다.

B.4.2   Do-while 문

do-while 반복문은 while 반복문이 살짝 변형된 것으로 반복의 조건이 처음이 아닌 끝으로 움직였다. 이 명령문의 일반적인 형태는 다음과 같다.

```
do
{
    명령어 블록
} while (조건);
```

do 반복문은 C에서 조건이 무엇이든지 간에 적어도 한 번의 반복을 이행하는 구조를 가진 유일한 반복문이다. 이것은 조건이 반복 끝에 평가되기 때문이다. 한 번의 완전한 실행은 끝에 있는 조건에 도달하기 위해 반드시 이행되어야만 한다. 다음의 리스트 B.6은 do 반복문으로 변환하는 것이다.

리스트 B.6 do 반복문을 이용하여 임의의 수 메시지를 로그하는 방법

```
int x = 0;

do {
    NSLog(@"Hello, World!");
    x = n x 1;
} while (x < 15);
```

리스트 B.8과 리스트 B.6은 행동과 스타일 면에서 비슷함을 알 수 있을 것이다. 이 예에서 한 가지 다른 점은 초기의 값이 15 또는 이상이 되게 변수 x의 값이 변할 때 생기는 것이다. 예를 들어 만약 x가 초기에 16의 값이라면, do-while 반복문 버전은 while 반복문 버전에서 실행하지 않은 한 번의 "Hello, World!"를 출력한다.

B.4.3 For 문

while과 do 반복문이 융통성이 있어도, 한 번에 이해할 수 있는 간결한 명령문은 아니다. 주어진 while 반복문이 반복하게 될지 또는 어떤 조건에 존재하는지를 결정하기 위해서는 소스코드 여러 줄에 퍼져 있는 수많은 각각의 명령문의 가능한 논리를 찾아야만 한다.

for 반복문은 특정한 수로 반복되는 일반적인 시나리오에서 좀 더 쉽게 만들기 위해 디자인 되었고, 더 복잡한 반복조건을 구성할 수 있는 융통성도 제공한다. while과 do 반복문이 포함된 여러 가지의 코드 리스트를 보면 세 가지의 보편적인 공통점을 찾을 수 있을 것이다.

- 초기 값으로 변수를 초기화 하는 명령문
- 반복문이 계속 반복되어야 하는지를 결정 짓기 위해 변수를 확인하는 조건
- 반복문을 지날 때마다 변수의 값을 업데이트하는 명령문

for 반복문은 모든 세 가지 사항을 하나의 간결한 명령문으로 지정할 수 있다. for 반복문의 보편적인 형태다.

```
for (초기표현식; 반복조건; 증감표현식)
{
    명령문 블록
}
```

괄호안의 세 표현식은 앞서 나열했듯이 세 가지 사항을 지정하고 for 반복문의 명령문이 몇 번 실행될지를 결정한다. 유연한 각각 세 표현식은 몇 가지 변경을 허용하지만 가장 보편적인 배열은 for 반복문이 정해놓은 수만큼 반복하며 실행하는 것이다.

이 경우 초기화 표현식은 반복 카운터의 초기 값을 정하기 위해 실행된다. 두 번째 사항은 반복이 계속 이행되도록 조건이 계속해서 참인 조건을 제어하고 마지막 사항은 반복 카운터의 값을 한 바퀴 돌 때마다 업데이트하기 위해 매번 끝에서 평가되는 표현식 이다.

do 반복문에서처럼 조건 표현식은 첫 반복의 실행 전에 구해진다. 이 뜻은 for 명령문의 내용 조건이 초기에 거짓으로 구해지면 아예 실행되지 않는다는 것이다.

다음은 for 반복문은 "Hello, World!"를 10번 반복하는 데 사용되는지를 보여준다.

```
int t;
for (t = 0; t < 10; t = t + 1) {
    NSLog(@"Hello, World!");
}
```

초기 표현식에서 반복 카운터(t)를 0으로 설정하고, 계속해서 반복해야 하는지를 (t가 10과 같거나 더 클 때까지) 확인하는 조건표현식, 그리고 매번 반복되며 반복카운터 1씩 늘어나는 표현식임을 알 수 있을 것이다

이전에도 말했듯이 for 명령문의 세 표현식은 대단한 융통성을 제공한다. 세 표현식이 서로와 연관될 필요는 없지만 이것은 흥미로운 반복 조건이 구성되는 것을 허용한다. 예를 들어, for 반복문을 사용하기 위해 15보다 합한 숫자가 더 커질 때까지 합하는 리스트 B.7의 코드를 다시 쓸 수 있다.

```
int numbers[11] = {1, 10, 0, 2, 9, 3, 8, 4, 7, 5, 6};
int n, sum = 0;

for (n = 0; sum < 15; sum += numbers[n++])
    ;

NSLog(@"It takes the first %d numbers to get the sum %d", n, sum);
```

코드를 보면 초기화, 조건 그리고 표현식 증가는 모두 같은 변수를 참조하지 않는 것을 볼 수 있을 것이다. 초기화 명령문은 반복카운터 n을 0으로 정하지만, 반복이 계속 실행

되어야 하는지를 확인할 때는 합이 15보다 적은지를 확인한다. 마지막으로 매 반복 때마다, 표현식 증가는 현재 숫자를 합에 더하고 그 부작용(side effect)으로 반복 카운터 역시 n을 다음 숫자 지수로 늘어난다.

모든 필요한 행동은 for 반복문을 이루는 세 표현식 안에 지정되어 있기에 for 반복문을 통과할 때마다 실행되어야 하는 명령문은 없다. 홀로 있는 세미콜론은 비어 있는 '아무것도 하지 않는' 명령문을 표시한다.

B.4.4 반복 통제하기

지금까지 보아온 반복 구조를 통한 실행의 흐름은 한 바퀴 도는 반복문의 맨 처음이나 끝에서 발생하는 조건에 의해 통제되었다. 가끔은, 일찍 반복문의 밖으로 나가거나 반복 조건을 바로 재평가하는 것이 유리하다. C는 이것을 위해 두 명령문 break와 continue 를 제공하고 있다.

break

break 문은 반복문에 있는 break 이후 추가적인 명령문을 건너뛰고 반복 조건을 재평가 하지 않고 반복문에서 바로 나갈 수 있는 데 사용된다. 이후 while 혹은 for 반복문 다음에 오는 첫 명령문으로 건너뛰어 실행한다. 예를 들면, 다음은 리스트 B.7을 변형한 것이다. 숫자 배열에서 0이 발견됐을 때 while 반복문이 정지(break)되는 if 문을 포함하고 있다.

리스트 B.9 while 반복문에서 먼저 빠져나오기

```
int numbers[11] = {1, 10, 0, 2, 9, 3, 8, 4, 7, 5, 6};
int n = 0, sum = 0;

while (sum < 15)
{
    if (numbers[n] == 0)
        break;

    sum = sum + numbers[n];
    n = n + 1;
}

NSLog(@"It takes the first %d numbers to get the sum %d", n, sum);
```

break 문은 언제든지 0의 값이 발견되면 바로 while 반복문을 빠져 나온다. 이후 실행은 직접적으로 NSLog로의 콜로 진행되고 추가적인 while 반복문을 건너뛴다.

이 예문은 약간 고의적으로 만들어졌다. 다음 리스트에서 보는 것처럼 조금 더 복잡한 반복 조건을 이용하여 break 문 없는 while 반복문을 다시 쓸 수 있다.

리스트 B.10 break 문을 제거하기 위한 반복 조건 재작업

```
int numbers[11] = {1, 10, 0, 2, 9, 3, 8, 4, 7, 5, 6};
int n = 0, sum = 0;

while (sum < 15 && numbers[n] != 0)
{

    sum = sum + numbers[n];
    n = n + 1;
}

NSLog(@"It takes the first %d numbers to get the sum %d", n, sum);
```

이 버전에서는 && 연산자는 양쪽 모두 사실일 때만 계속해서 반복하는 혼합된 반복 조건으로 if와 break 문을 교체한 것이다. 이 논리를 리스트 B.9와 비교하면 행동이 똑같음을 볼 수 있을 것이다. 0이 탐지되거나 합이 15와 같거나 더 커지면 반복은 멈춘다.

break 문은 더 복잡한 코드에서 단 한 개의 표현식으로 표현할 수 없는 복잡한 계산 후 반복문을 나오기로 결정해야 할 때나 반복문을 일찍 나오기 전에 추가로 프로세스를 실행하고 싶은 때 더 유용하다.

continue

continue 문은 현재 되풀이되고 있는 반복문을 일찍 끝낸 후 반복문의 조건으로 바로 이동하여 재평가하는 지름길로 사용된다. 예를 들어, 다음 리스트는 배열에서 5보다 큰 숫자는 뛰어넘는 반복문을 제시한 것이다.

리스트 B.11 continue를 사용하여 현재 실행되고 있는 반복문을 일찍 끝내기

```
int numbers[11] = {1, 10, 0, 2, 9, 3, 8, 4, 7, 5, 6};
int n = 0, sum = 0;

do{
    if (numbers[n] > 6)
        continue;

    sum = sum + numbers[n];
} while (n++ < 11 && sum < 15);

NSLog(@"It takes the first %d numbers to get the sum %d", n, sum);
```

반복조건은 n이 11보다 작은 동안 (numbers 배열에 있는 마지막 숫자가 아직 통과 하지 않음을 가리킨다) 그 합이 15보다 작을 때 반복문이 반복되게 한다.

반복문을 통과하는 매 반복은 이행 합계의 수에 더해진다. 하지만 그 수는 제일 먼저 6보다 큰지 확인하고 그렇다면 continue 문에서 추가 문장은 건너뛰고 바로 numbers 배열에 있는 다음 수로 진행된다.

반복 카운터 변수 n의 증가를 보면 현재 반복문에서 나와 반복 조건표현식으로 옮겨간다. 만약 옮겨가지 않고 대신 이전의 코드 샘플과 비슷하게 증가했다면 첫 수가 6보다 큰 것을 발견하면 반복문이 종료하지 못하는 무한반복문에 빠져버릴 것이다. 이런 경우, 그 숫자가 반복문의 나머지 명령문을 모두 건너뛰고 continue 문을 실행하게 만든 것이 지만 배열 다음 수를 보기 위해 한 바퀴 반복을 일으키는 n의 값을 아무것도 증가시키지 못할 것이다.

continue 문과 break 문은 while나 do while, for 사용 시에만 사용할 수 있다는 중요한 사실을 알아야 한다. 만약 하나 이상의 반복문이 다른 반복문 안에 있다면 한꺼번에 여러 개의 반복문을 빠져 나오는 것은 불가능하다.

B.5 요약

C는 Objective-C의 절대적의 슈퍼 세트이기에 Objective-C이 제공하는 추가적인 요소들을 배우기 전에 C의 근본적인 원리를 잘 이해해두는 것이 중요하다. 이 부록은 Objective-C를 배우기에 앞서 탄탄한 기본 지식을 제공한다. C 바탕의 프로그램을 완전히 다루는 것은 힘든 것이며 많은 세부 사항이 빠지기도 했다.

Objective-C는 C 프로그램 언어에 많은 빛을 지고 있다. C 기반으로 한 지식으로 애플리케이션의 실행 흐름을 바꿀 수 있고 결정을 지을 수 있으며 계산을 이해할 수도 있다. Objective-C는 C 근본을 바탕으로 자신만의 객체 위주로 확장할 것이다.

Objective-C의 대안

Apple의 창립자 중의 한 명인 Steve Jobs는 Apple이 1976년에 설립된 이후 컴퓨터 산업에서 많은 혁신을 이끌며 흥미로운 생산품을 만들어왔다.

그 중 가장 획기적인 두 상품은 이유 불문하고 iPhone과 iPad이다. iPhone이 스마트폰 시장에 막강한 영향을 주었다는 데에는 다른 의견이 없다. 소프트웨어 개발자, 기기 제조업자 그리고 통신사 담당자들은 iPhone의 존재 덕분에 혁신에 대한 관심이 높아진 것, 시각적으로 끌리는 UI를 제공한 것, 셀 방식의 데이터 서비스와 콘텐츠 다운로드 이용이 늘었다는 것 등의 적어도 어떠한 형태의 영향이나 변화에 득을 얻었다고 할 수 있다.

만약 Apple의 개발 플랫폼인 iPhone이 당신의 첫 진입이라면, 그들의 다른 기원 때문에 개발에 필요한 도구와 언어는 생소하고, 현재의 다른 플랫폼에 비해 난해하고 고전적으로도 느껴질 것이다.

iPhone의 대부분 하드웨어는 iPod 이전으로 올라갈 수 있으며, 이는 Objective-C 와 Cocoa Touch의 25년 이상의 역사와 가계를 따라갈 수 있다. iPhone은 파격적인 디자인 만큼이나 기술 역시 극치에 달아 정점을 찍었다.

이 부록에서는 Objective-C를 이용한 iOS 애플리케이션 개발의 대안을 다루기 전 우선 Objective-C의 기원부터 이해하는 것이 중요하다.

C.1 Objective-C 의 간단한 역사

1970년 말부터 1980년 초에는 소프트웨어 개발자는 생산하는 시스템의 생산력과 신뢰도를 높이기 위한 수많은 실험을 했다. 생각에 꼬리를 물어 떠오른 것이 절차 기반(procedural-based) 프로그래밍 언어에서 프로그래밍 언어를 포함한 객체 지향(object-oriented) 디자인 원칙으로 전환하게 되어 이득을 얻을 수 있다는 것이었다.

1970년에 제록스 PARC에서 개발한 프로그래밍 언어인 Smalltalk는 **객체 지향 프로그래밍**(object-oriented programming)을 일반 개발자 공동체에게 처음으로 선보인 것이었다.

그 언어는 1980년에 Smalltalk-80으로 널리 배포되었고 Smalltalk는 그 후 줄곧 최근의 프로그램 언어에도 그 영향을 길게 남기게 되었다.

C.1.1 Objective-C 의 기원

1980년 초, Brad Cox 박사와 그의 회사, Stepstone 사는 Smalltalk-80 스타일의 객체 지향의 기능을 기존에 대중적인 C 프로그램 언어에 추가시키는 실험을 했다. 그들은 곧 프로토타입을 얻게 되었고 Object-Oriented Programming in C(OOPC)라 부르기 시작했다.

이 언어는 계속해서 진화하여 1986년에 Brad Cox가 **Object-Oriented Programming: An Evolutionary Approach**라는 이미 그 당시에 Objective-C가 된 태초의 설명을 다룬 책을 출판하였다. 이것은 객체 지향 기능을 C 프로그램 언어 위에 새로운 한 층을 올린 것이었다. 초창기에는 Objective-C를 C 소스 코드로 바꾸고 기존 C 컴파일러로 다시 실행을 했던 전처리기로 구현되어 있었다. C의 진정한 슈퍼세트로 Objective-C는 기존의 C 개발자들에게 익숙했고 Objective-C 컴파일러를 이용하여 유용한 다른 C 프로그램의 컴파일이 가능한 이점을 가지고 있었다. 이것은 C 기반의 라이브러리로 코드 재사용의 고급화를 가능하게 했다.

C.1.2 NeXT사에 의한 대중화

1988년에 NeXT사는 (1985년 Apple을 떠난 Steve Jobs에 의해 설립됨) Stepstone사로부터 승낙을 받아 Objective-C를 그만의 컴파일러와 언어를 위한 런타임 라이브러리를 개발했다. 컴파일러와 런타임 라이브러리는 NeXTStep의 운영 시스템 환경 개발을 바탕으로 쓰이며, NeXT 컴퓨터와 NeXTCube와 같은 새롭고 혁신적인, 시대를 앞섰다 할 정도의 워크스테이션에 공급되었다.

NeXTStep 운영 시스템은 컴퓨터 역사에 있어 지존적인 위치에 있다. 그 당시 IBM의 PC 상품에 비해 비싼 가격으로 비평을 받았음에도 불구하고 혁신적인 플랫폼으로 널리 존경을 받았다. 하지만 여러 많은 분야에서의 혁신은 NeXTStep 기반의 컴퓨터 사용자 덕분이다. 예를 들면, Tim Berners-Lee 경은 NeXT 컴퓨터 환경에서 첫 번째 웹 브라우저 를 개발했고 그 경험에 대해 다음과 같이 말했다.

> 나는 NeXT 컴퓨터를 사용하여 프로그램을 만들었다. 이건 여러 유용한 도구가 있는 이점이 있었다─대체로 대단한 컴퓨터 환경이었다. 사실 다른 플랫폼에서는 1년도 넘게 걸리는 것을 NeXT에서는 이미 많은 것이 만들어져 있었기 때문에 두 달 만에 구현할 수가 있었다
>
> 월드 와이드 웹 브라우저
> (www.w3.org/People/Berners-Lee/WorldWideWeb)

지금도 고전적인 게임인 id 소프트웨어에서 개발한 DOOM과 Quake도 Objective-C 와 NeXTStep 하드웨어와 밀접한 관계가 있다. John Romero는 최근 많은 시간이 지난 지금도 왜 여전히 NeXT 컴퓨터에 열광하는지에 대해 말했다.

> id 소프트웨어에서 우리는 4년 동안 NeXTStep 3.3 OS에서 여러 가지 하드웨어를 실행하며 획기적인 게임 DOOM과 Quake를 개발했다. 난 Objective-C에서 DoomEd와 QuakeEd를 코딩하던 즐거운 시간을 아직도 기억한다. 그것은 예전에 경험해보지 못한 것이었으며 오늘날에도 이러한 환경은 아직 없다.
>
> 2006년 Apple-NeXT합병 기념일
> (http://rome.ro/labels/apple%20next%20doom%20quake.html)

C.1.3 Apple에 의한 채용과 진화

1996년 NeXT사는 Apple에 흡수되었고 Steve Jobs는 Apple의 지도자로 돌아왔다. Tim Berners-Lee와 John Romero는 매혹적인 많은 NeXTStep 기술을 차츰 2001년에 첫 출시된 Mac OS X에 자리하게 하였다.

애플리케이션 개발을 위한 Objective-C를 바탕으로 한 프로그램 모델을 이어 받으면서 Mac OS X은 많은 NeXTStep GUI의 콘셉트를 포함시켰다. 그림 C.1에서 OPENSTEP 스크린 샷을 예로 들어 보면 dock과 같은 Mac OS X 특유의 기능은 NeXTStep에서 기원했다.

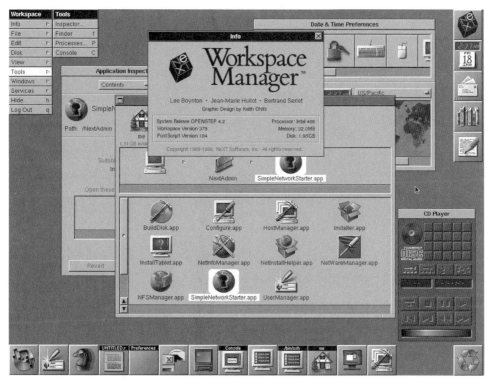

그림 C.1 Mac OS X 같은 기능을 보여주는 OPENSTEP 4.2 데스크톱의 스크린 샷

C.2 Objective-C와 Cocoa의 대안

고정관념에서 벗어나, XCode와 iPhone Software development kit(SDK)는 C, C++ 애플리케이션 개발과 Objective-C 바탕의 변형을 지원하지만 그것만이 개발자에게 주어진 선택의 다는 아니다. 어느 개발자의 배경과 필요에 맞는 제3의 다른 개발 도구를 제공한다.

그것 중 하나로 Lua 또는 Ruby 같은 스크립트 언어로 애플리케이션을 개발할 수 있거나

HTML, Cascading Style Shhets(CSS) 그리고 고객 쪽 웹 개발자들에게 익숙한 JavaScript 같은 기술을 사용하는 데에 많은 관심이 쏠려 있다. Objective-C와 다른 Smalltalk에서 영감을 받은 언어들은 C와 C++의 개선책으로 받아들여진 것처럼 이런 종류의 도구는 더 빠르고 아마 더 생산적인 작업 환경을 제공할 수 있어 보편적으로 사용하게 되었다.

C.2.1 정곡 찌르기: Objective-C++와 평범하고 오래된 C나 C++

만약 다른 모바일 플랫폼을 개발해봤다면, C나 C++의 경험이 있을 것이다. 한 규모의 목적을 위한 음성합성, 물리엔진, 통신 그리고 이미지 분석 같은 많은 서드파티 지원 라이브러리 역시 이런 언어로 개발한다.

XCode는 한 iPhone 프로젝트에서 C (.c)나 C++(.cpp) 소스 코드를 Objective-C (.m) 소스 코드와 같이 쉽게 컴파일할 수 있다. 간단하게 프로젝트에 파일을 추가하고 XCode 가 일반적으로 프로젝트를 빌드하게 허용한다. Core Graphics와 같은 iOS의 여러 주요 뼈대는 C 바탕의 API 이기에 때문에 이미 Objective-C 프로젝트와 C나 C++에서 개발된 코드를 통합하는 것에 익숙할 것이다.

Mac OS X과 달리 iOS는 GUI를 만들기 위한 C 바탕의 API(Carbon 같은 것이 없다)를 제공하지 않는다. 이것은 곧 완전한 맞춤형 OpenGL(또 다른 C 바탕의 API)과 UI 개발에 관심이 없다면 C나 C++ 소스 코드 사용은 이미도 Objective-C에서 작성한 UI와 상호작용하는 숨겨진 로직에 제한될 것이다. 만약 iOS, Android, 심비안 그리고 Window Mobile 같은 C나 C++ 개발을 지원하는 여러 플랫폼에 걸친 로직의 코어 세트를 작성하길 원한다면, 이것은 그리 나쁜 접근은 아니다. 코어 로직을 C나 C++로 개발하고 지원하고 싶은 각각의 플랫폼을 위해 플랫폼 각각을 위한 UI 레이어를 씌운다.

Objective-C++는 말 그대로, Objective-C를 C가 아닌 C++프로그래밍 언어 위에 적용된 객체 지향 기능이기 때문에 흥미롭다. 이 혼합은 꽤 재밌는 부작용을 야기한다. 예를 들면, 특정한 유형 시스템을 통합하려는 시도가 없었기 때문에 Objective-C 클래스에서 C++ 클래스를 추출할 수 없다.

C.3 iPhone SDK: 사파리(Safari)

처음 iPhone가 출시되었을 때, 플랫폼을 확장할 수 있는 방법은 오로지 웹 바탕의 애플리케이션을 배포에 의해서였다. 그 당시 Apple 출판물에서 이렇게 서술했다.

> **개발자는 iPhone 안에 만들어진 애플리케이션처럼 행동하고 보이며 전화를 걸거나 이메일을 보내고 구글 지도에 위치를 표시를 포함한 iPhone 서비스를 별 탈 없이 이용할 수 있는 Web2.0 애플리케이션을 만들 수 있다.**
>
> 서드파티 Web2.0 애플리케이션을 지지하는 iPhone
> (www.apple.com/pr/library/2007/06/11iphone.html)

이 평을 보면 Apple 바탕의 플랫폼 외에는 크게 쓸 일이 없는 기술인 Objective-C를 왜 배워야 하는지 상상하기 힘들다. HTML, CSS 그리고 JavaScript 같은 재사용 가능한 기술이 더 나아 보이기도 한다. iPhone 웹 애플리케이션은 iPhone의 사파리 웹 브라우저로 만들어진 단순한 웹사이트일 수도 있다. CSS 스타일링 같은 레이아웃으로의 바꿈으로, 그림 C.2에서 볼 수 있듯이 웹 애플리케이션은 고유 애플리케이션의 모습과 느낌이 거의 유사해질 수 있다.

그림 C.2 다른 점을 찾아보아라. 왼쪽의 Facebook 웹 애플리케이션과 실제 Facebook 애플리케이션. 웹 애플리케이션은 카메라와 포토 라이브러리 이용 같은 특정 기능이 빠져 있다.

웹 애플리케이션의 한 가지 장점은 새로운 버전을 자동으로 즉각 업데이트하는 것이다. 웹 서버의 호스트 된 소스 코드를 업데이트하면 모든 사용자는 바로 업그레이드된 애플리케이션을 이용할 수 있게 된다. 사실 사용자는 언제 업그레이드가 되는지에 결정할 수 있는 선택권이 없다. 다른 단점은 iTunes App Store에서 수익화하여 애플리케이션을 청구할 수 있는 간단하고 경제적인 모델을 제공하고 있는데 이것을 사용할 수 없다는 것이다. iTunes App Store에 등록할 수 없는 웹 애플리케이션을 수익화하는 방법을 찾는 것은 개발자에게 과제로 남아 있다.

C.3.1 HTML, CSS3 그리고 기타 현대의 표준

웹 바탕의 애플리케이션은 웹 서버에서 소스 코드를 다운로드하기 위해 인터넷 연결이 필요하다. 이것은 라디오로 수신되는 기기 사용을 제한하거나 통신이 불안한 구역인 비행기나 지하철 안에서 사용가능 설정을 불가능하게 한다. 모바일 사파리는 이런 한계에 해결을 제공하는 Offline Application Cache라는 HTML5 기능의 지원을 제공한다. 웹 애플리케이션이 필요로 하는 파일(HTML, JavaScript, CSS 그리고 이미지 파일)을 서술하는 manifest 파일을 쓰도록 허용한다. 사파리는 manifest에 등록된 모든 파일을 다운로드하고 오프라인 동안 유효할 수 있도록 지킨다. Offline Application Cache는 사파리에 의해 제공된 많은 진보적인 기술 중 하나일 뿐이다. 둥근 테두리, 그림자, 변형, 애니메이션 그리고 전이를 지원하는 CSS로 확장을 포함하는 예가 있다. 풍부한 캔버스와 벡터 기반 사용자 그리기를 지원하는 SVG, 사용자 쪽에 데이터를 저장하는 API.

모바일 사파리는 진지한 웹을 기반으로 한 애플리케이션 개발을 도와주도록 디자인 된 세계 수준급 모바일 브라우저이다.

순수한 HTML, CSS 그리고 JavaScript로 만들어질 수 있는 강력한 UI 요소의 증거로 Matteo Spinelli의 블로그 http://cubiq. org에 있는 여러 가지 데모를 한 번 수행해보자. 그림 C.3에서 보는 것과 같이 Apple과 서드파티 iOS 애플리케이션에서 볼 수 있는 많은 UI요소는 웹 환경에서 쉽게 복제될 수 있다.

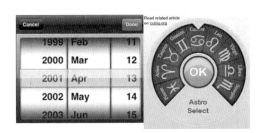

그림 C.3 Matteo Spinelli의 블로그 http://cubiq.org에서 보여주는 고유 iPhone 애플리케이션과 모습과 느낌, 행동이 비슷한 웹 기반의 UI를 만들기 위한 CSS3 전이, 애니메이션, 변형, JavaScript 그리고 HTML의 이용.

평준화된 웹 바탕의 기술을 이용하는 본질적인 장점은 한 개 이상의 플랫폼을 지원할 수 있는 타고난 능력이다. HTML와 CSS로 시스템의 약간의 변경과 함께 Microsoft의 Windows Mobile(지금은 Windows Phone으로 명칭이 변경되었음), Motion의 Blackberry, Palm의 WebOS 그리고 Nokia의 여러 플랫폼과 같은 광범위한 모바일 플랫폼에 걸쳐 상당히 괜찮은 고유의 모습이나 느낌을 주는 웹 애플리케이션을 개발할 수 있다. 모바일 사파리가 앞서는 가운데, 거의 대부분의 이런 대안 플랫폼은 똑같이 풍부한 웹 브라우저의 지원을 가지고 있다. 특정 기기의 기능을 이용할 수 없는 평범한 애플리케이션만 남았다고 얘기하려는 것이 아니다. iPhone 웹 애플리케이션은 여러 개의 iPhone 특정 기기 능력들과 기능을 이용할 수 있다.

C.3.2 iPhone OS 통합

웹 애플리케이션을 위한 iPhone 통합은 GPS, 가속도계 그리고 나침반과 같은 하드웨어 기능의 이용뿐만 아니라 웹 애플리케이션이 운영 시스템의 자연스러운 부분처럼 느껴질 수 있도록 도와주는 사항 역시 다룬다. 예를 들면, 다음과 같은 HTML 라인을 메인 페이지에 추가하여, splash 화면 뒤에서 웹 애플리케이션 HTML과 JavaScript 소스 코드가 다운로드, 분석 그리고 만들어지는 동안 정지된 이미지를 splash 화면처럼 표시할 수 있다. `<link rel="apple-touch startup-image" href="img/splash.png" />`.

사파리 웹 브라우저에서 애플리케이션을 전체 스크린에 윈도우 크롬도 없이 표시할 수 있고 특정 모바일 기기를 위해 디자인된 콘텐츠에는 예상치 못한 불필요하지만 원래 데스크톱 사이즈의 스크린을 위해 만들어진 콘텐츠를 크게 볼 수 있는 기능 같은 웹 페이지를 표시하는 다른 방법을 바꿀 수 있도록 비슷한 태그를 사용할 수 있다.

웹 애플리케이션의 iOS 통합에 관해 알아두면 좋을 다른 태그는 `<link rel="apple-touch-icon" href="img/icon.png"/>`이다. 이 태그는 모바일 웹 애플리케이션에 설정해야하는 중요한 것이다. 이 태그로 인용된 이미지는 웹 애플리케이션을 이용하기 위하여 사용자가 URL을 입력하고 Add to Home Screen 옵션을 사용하게 되면 기기의 홈 스크린에 나타날 것이다. 아이콘을 누르면 고유의 애플리케이션처럼 웹 애플리케이션이 URL을 입력하지 않아도 뜰 것이다. 이 기능은 오프라인 애플리케이션 캐시 등 다른 것을 합쳐 웹 애플리케이션이 고유의 애플리케이션 (브라우저, 윈도우 크롬, 북마크 혹은 URL이 보이지 않는)처럼 보이고 느껴지도록 한다.

기기 하드웨어에서는 확장된 HTML, CSS 그리고 JavaScript에서 멀티터치, 가속도계 그리고 iPhone 애플리케이션에 가장 보편화된 위치 기능을 이용할 수 있게 허용한다. 리스트 C.1은 W3C Geolocation API(www3.org/TR/geolocation-API/)를 이용하여 웹 페이지를 보여주고 있는 현재 위치를 표시하는 단순한 웹 애플리케이션을 보여주고 있다. 위치 추적 결과를 제공하는 웹 애플리케이션을 시작하는 좋은 첫 단계가 될 것이다.

리스트 C.1 W3C Geolocation API를 사용하는 웹 애플리케이션

```html
<!DOCTYPE html>
<html lang="en">
  <head>
    <title>Example of Geoposition API</title>
  </head>
  <body>
    <script language="javascript" type="text/javascript">
      function locationFound(position) {
        alert('You are currently located at '
          + position.coords.latitude + ", " + position.coords.longitude);
      }

  function errorOccurred(error) {
    alert('An error occurred trying to determine your location. '
      + error.message);
  }

  if (navigator.geolocation)
    navigator.geolocation.getCurrentPosition(locationFound, errorOccurred);
  else
    alert('Your device does not support the geolocation API');
    </script>
  </body>
</html>
```

웹 애플리케이션이 현재는 – 아마도 항상 – Objective-C가 하는 것보다 하드웨어 기능과 운영 시스템 서비스에 보다 적은 이용을 하는지 보는 것이 중요하다. 현재 Objective-C에서만 이용 가능한 기능은 사용자의 주소록, 카메라 포토 라이브러리 그리고 iPod 음악을 포함한다. 이것에 관해 지속적인 개선책이 만들어지고 있다. 예를 들어 iPhone OS 3.0은 GPS 위치 정보를 이용한 웹 애플리케이션의 기능을 소개하였고, iOS 4.2는 가속도계 데이터이용을 추가하였다. 하지만 웹 애플리케이션 플랫폼은 언제나 개발자에게

Objective-C 개발자에게 접근 가능한 기능의 서브 세트를 제시할 것이다. Apple 엔지니어는 웹 애플리케이션에 노출시키고 싶은 아무 기능 그리고 어느 웹사이트에서나 접근할 수 있는 기능에서 생기는 안전과 사생활 문제를 위한 JavaScript 이용 등 가능하면 쉽고 비용을 절약하여 생산하는 데 추가적인 노력을 해야만 한다.

C.3.3 PhoneGap과 기타 확장 가능한 크로스 플랫폼 해결책

개발자는 사파리 웹 브라우저에서 내장 된 서비스를 찾고 웹 기반이 애플리케이션의 원하는 기능이 불충분하다고 HTML, CSS 그리고 JavaScript를 개발 플랫폼으로 버릴 필요가 없다.

웹 기반 기술로 작성된 애플리케이션을 전통적인 사파리 브라우저 바탕의 환경 밖에서 실행할 수 있고, 그 과정에서 시스템 하드웨어로 더 쉬운 접근을 얻을 수 있는 여러 가지 해결책이 있다. 한 예로 이를 위해 개발된 PhoneGap이라는 도구가 있다. PhoneGap은 오픈 소스 생산품으로 애플리케이션을 HTML과 JavaScript로 만들 수 있게 해준다. 사파리에서 실행되는 웹 애플리케이션과 달리, 위치 정보, 진동, 가속계, 연락처 그리고 사운드와 같은 모바일 플랫폼의 추가적인 기능을 제공하는 JavaScript 소스 코드 역시 PhoneGap SDK API를 이용할 수 있다.

PhoneGap은 이 책에서 계속 언급했던 XCode와 Objective-C를 이용하여 만든 iOS의 고유 애플리케이션이기 때문에 가능하다. 대부분의 애플리케이션은 XCode 프로젝트 안에 들어간 HTML 그리고 JavaScript 콘텐츠를 표시하는 **UIWebView** 통제를 설정하는 Objective-C 이전에 개발된 구성요소(프로젝트 템플릿으로 자동 삽입되고 거의 모든 부분이 숨겨있다)이다. Objective-C 구성요소에서 JavaScript가 사용할 수 있는 추가적 서비스를 노출하기 때문에 가능하다. 모든 웹 애플리케이션이 꼭 해야 할 일은 PhoneGap JavaScript 파일을 불러오는 `<script/>` 요소를 포함시키는 것이다.

적어도 겉으로는 보통의 Objective-C 바탕의 iOS 애플리케이션으로 보이는 것은 PhoneGap 애플리케이션이 쉬운 수익화와 소비자 발견/마케팅 형식을 제공하는 iTunes Store를 통해 배포될 수 있음을 뜻한다.

PhoneGap의 중심이 HTML, CSS 그리고 JavaScript로 쓰여 있기 때문에, 대부분의 모바일 플랫폼에 걸쳐 어느 정도 이식될 수 있어 Android, Window Mobile, iPhone 그리고

Blackberry를 포함한 여러 개의 플랫폼에서 PhoneGap의 고유 부분이 유효하더라도 놀랄 필요는 없다. 웹 브라우저 설정을 다루고 기기 특별한 외관을 가지고 있으며 플랫폼에 관대한 JavaScript를 합하고 일정한 PhoneGap JavaScript 바탕의 API로 기기 기능을 감싸면 더 이상 그림의 떡이 아닌 나만의 케이크가 – 크로스 플랫폼의 휴대기능을 너무 많이 포기하지 않은, HTML, CSS 그리고 JavaScript로 만든 iPhone 애플리케이션 개발 – 생기고 먹을 수도 있다.

비슷한 해결책으로 Titanium Mobile이 있다. Titanium의 특유의 기능은 iPhone 또는 Android IU 기능 세트 전체를 이용 가능하다는 것이다. 테이블 뷰, 스크롤 뷰, 고유 버튼, 스위치, 탭 그리고 팝 오버는 Titanium Mobile 기반 애플리케이션의 JavaScript에서 이용 가능하다.

두 해결책 모두 소스 코드가 유효하기 때문에, JavaScript에 노출되지 않은 기기 기능을 찾게 되고 조금의 Objective-C나 C를 쓰는 것이 편하다면, 문제의 기능을 위한 JavaScript를 호출할 수 있는 와퍼를 쉽게 제공할 수 있고 사용자의 애플리케이션에서의 특별한 변형 해결책을 만들 수 있다.

마지막으로 웹 대 고유 iPhone 개발에 관한 결정은 개개인의 경험과 편리함에 달려 있다. 웹 개발자라면, iPhone에서 웹 페이지 보기의 최적화를 배우는 것이 가장 빠른 방법일 것이다. 만약 오래된 C, C++, C# 또는 J2ME 개발자라면 애플리케이션을 만들기 위해 Objective-C와 Cocoa를 배울 시간을 할애하는 것은 보람된 일이며 이전 프로젝트에서 코드 재사용의 가능성을 연다.

C.4 스크립팅 언어: Lua와 Ruby

Objective-C 바탕의 애플리케이션이 HTML, CSS 그리고 JavaScript으로 쓴 콘텐츠를 호스트할 수 있다면 Python, Ruby 혹은 Lua 같은 보편전인 스크립트 언어로 애플리케이션 개발을 할 수 있는 비슷한 쉘을 만들 수 있는지 궁금해 할 것이다. App Store 승인 진행이 이런 경우 항상 순탄하지는 않았지만 이에 대한 답은 예스다.

이러한 생산품 중 하나는 Ansca Mobile에서 만든 Corona SDK이다. Corona는 PhoneGap이 JavaScript를 위해 했던 것과 비슷하게 개발자가 Lua 스크립트 언어로 애플리케이션을 쓸 수 있게 한다.

PhoneGap이 더 웹 바탕의 콘텐츠 가능에 집중했다면, Corona의 초점은 Open GL-ES처럼 아마 틀림없이 게임일 것이고, 비슷한 게임 기술은 Corona SDK에서 드러낸 API를 이용한 Lua 스크립트에 많이 쓰인다.

Corona 웹 사이트에서 Open GL-ES를 이용하여 이미지를 스크린으로 불러 오는 Objective-C 소스 코드의 예로 든 리스트 C.2를 제공한다. 아마 틀림없이 소스 코드가 필요 이상으로 바람직하지 않지만, 같은 작업: display.newImage("myImage.jpg", 0, 0)을 실행하기 위한 Corona 애플리케이션에서 필요한 한 라인의 Lua 소스 코드를 비교해 봤을 때 얻는 잠재된 생산력의 이득은 거부하기 힘들다.

리스트 C.2 OpenGL Objective-C를 이용하여 이미지를 스크린에 출력하기

```
NSString *path = [[NSBundle mainBundle] pathForResource:@"myImage"
                    ofType:@"jpg"];
NSData *texData= [[NSData alloc] initWithContentsOfFile:path];
UIImage *image = [[UIImage alloc] initWithData:texData];

if (image == nil)
    NSLog(@"Do real error checking here");

GLuint width = CGImageGetWidth(image.CGImage);
GLuint height = CGImageGetHeight(image.CGImage);
CGColorSpaceRef colorSpace = CGColorSpaceCreateDeviceRGB();
void *imageData = malloc(height * width * 4);
CGContextRef context = CGBitmapContextCreate(imageData, width, height,
    8, 4 * width, colorSpace,
    kCGImageAlphaPremultpliedLast | kCGBitmapByteOrder32Big);
CGColorSpaceRelease(colorSpace);
CGRect imageRect= CGRectMake(0, 0, width, height);
CGContextClearRect(context, imageRect);
CGContextTranslateCTM(context, 0, height - height);
CGContextDrawImage(context, imageRect, image.CGImage);

glTexImage2D(GL_TEXTURE_2D 0, GL_RGBA, width, height, 0,
    GL_RGBA, GL_UNSIGNED_BYTE, imageData);

CGContextRelease(context);

free(imageData);
[image release];
[texData release];
```

Corona SDK와 같은 기술은 iPhone 애플리케이션 개발을 더 광범위한 사람들에게 열어 준다. 개발은 강한 프로그램 백그라운드에 제한되지 않는다. 이런 종류의 기술의 주 전제는 탐지와 분석이 어려운 에러를 일으키는 언어에서 보다 고급 스크립트 언어는 개발이 더 수월하고 관대하다는 것이다(하드웨어에 더 가까이 다가갈 수 있게 허용하는 Objective-C와 같이). 이런 경우, 운영 시스템의 모든 하드웨어 기능을 즉각 이용할 수 없기 때문에 맞바꾸는 것은 허용될 수 있다고 생각한다. 만약 Lua가 그리 편하지 않다면, 온라인에서 검색을 조금하여 이와 비슷한 해결책인 본인에 맞는 언어를 찾을 수 있을 것이다. 예를 들어, Ruby 개발자는 Rhodes라고 불리는 오픈소스 뼈대를 이용하여 블루 투스, 싸인 캡처, 매핑, 카메라, PIM 정보, GPS 등의 기능이 가능한 기기의 여러 개의 플랫폼에 (iPhone, Window Mobile, RIM, Symbian, Android, MeeGo 그리고 Windows Phone 7) 작동되는 고유의 애플리케이션을 만들 수 있다.

Corona 같은 플랫폼을 이용하여 맞바꾸는 것은 상품에 의해 지원되는 기기 기능의 특정한 서브 세트에 제한될 수도 있다. 웹 애플리케이션 개발과 비슷한 주장으로 스크립 팅 언어는 모든 API 개발자가 원하는 스크립팅 언어를 사용하여 저렴하게 개발되어야 하기 때문에 항상 뒤쳐질 가능성이 있다. 이런 플랫폼은 크로스 플랫폼 구현을 걱정할 때 특별히 사실이며 종종 이런 경우 그 기능이 또 다른 기기에 제공하기가 어렵거나 불가능할 때 특정 플랫폼의 기능을 고의로 노출시키지 않는다.

스크립팅 언어는 모든 개발자가 iTunes App Store에 애플리케이션을 만들어 출시하기 위해 꼭 받아들여야만 하는 iPhone OS SDK 허가 동의서 약정과 충돌하지 않도록 조심해 야 한다. 특별히, 3.3.2 항목은 문제점을 일으킬 수도 있다.

3.3.2 - 애플리케이션은 플러그인 구조, 다른 프레임워크, 다른 API 또는 그 외에 것을 제한 없이 포함하여 설치하거나 어떠한 방법으로 실행하지 않을 수 있다. Apple 의 문서화 된 API와 내장된 인터프리터 의해 실행되고 해석되는 코드를 제외한 애플 리케이션에서의 어떠한 해석된 코드도 다운로드 되거나 사용되지 않아야 한다.

iPhone OS SDK는 Lua나 Ruby 인터프리터에는 포함하지 않으며 이 상품은 Apple Documented API나 내장된 인터프리터에서 코드를 실행하는 것은 불가능하기 때문에 이 항목은 Corona나 Rhodes를 사용하는 애플리케이션의 개발에는 상관이 없다.

Lua와 다른 언어로 스크립트된 수많은 애플리케이션이 App Store에서 승낙된 것을 보면 Apple은 3.3.2항목의 해석에 대해 조금 관대해 보인다. 일반적인 요점은 기능성이 사용자에게 노출되지 않는 한 스크립팅은 괜찮으며 보통 App Store 애플리케이션 과정을 통하지 않고는 애플리케이션의 행동은 변하지 않는다. 이 부분에 대해서는 이 부록 후반부에서 다시 보도록 하자.

C.5 방안에 있는 1000 파운드의 고릴라: Adobe Flash

한번 Corona 같은 해결책을 이해하고 나면, 혹시 Adobe Flash를 이용하여 콘텐츠를 감싸고 iOS 기기에 독자적으로 재생되는 것과 비슷한 접근을 이용 가능한지 궁금할 것이다. 그것은 가능하나 여기까지 Adobe로 도달하기는 상당히 힘들다.

최근에 출시된 iPhone을 위한 Packager(Adobe Flash Pro CS5의 일부로 포함)는 Flash 개발자가 ActionScript 3 기반으로 한 프로젝트를 iOS 기기에 배치에 제격인 고유의 iOS 애플리케이션으로 변환 및 iTunes App Store에 제출도 가능하게 해준다.

iPhone을 위한 Packager는 Flash 콘텐츠를 Flash 런타임에서 묶인 Advanced RISC 머신 (ARM)코드로 컴파일하여 작동한다. XCode는 필요하지 않다. 이 도구는 사실 윈도우 바탕의 기계에서도 작동 된다. 이 크로스 컴파일하는 방법은 다음에서 읽을 수 있듯이 Apple이 iPhone OS 4.0 SDK 허가 동의서 약정 항목 3.3.1으로 확장하고 업데이트할 때 문제가 생길 수가 있다.

> 3.3.1 – 애플리케이션은 Apple이 지정한 방식으로 문서화된 API만 사용할 수 있으며, 어떠한 개인의 API도 사용하거나 호출해서는 안 된다. iPhone OS WebKit 엔진으로 실행되듯이 애플리케이션은 애초에 Objective-C, C, C++ 혹은 JavaScript로만 작성되어야 한다. 그리고 C, C++, Objective-C에서만 쓰인 코드만 컴파일되고 직접적으로 문서화된 API를 대상으로 하여 직접 연결된다(예를 들어 중계 번역기 또는 호환층, 도구를 통한 문서화된 API로 링크된 애플리케이션은 금지한다).

Apple은 Adobe Flash에 반감을 표현했고 iOS 플랫폼의 일부로 Flash를 사용하는 것에 관심이 없었기 때문에 이 항목은 Adobe를 겨냥하는 경로로 해설이 된다. 이것은 한동안 Adobe의 CS5에서 제공하는 iPhone을 위한 Packager 구성요소 중단을 일으켰고 몇몇의 고유 개발 도구(Corona와 Rhode 같은)의 미래가 불분명 해졌다. 이런 모든 도구는 아마도 "중계번역기 또는 호환층, 도구를 통한 문서화 API로 링크"되는 애플리케이션을 만들었을 것이며, 대부분 C, C++ 또는 Objective-C로 쓰인 것이 아니었다.

Apple과 Adobe 사이의 언어 전쟁의 모든 것은 아래 Apple이 작성한 변경된 허가 동의서 약정과 변경 의도를 분명히 하려는 2010년 9월 9일자의 Apple 출판물 발췌문에 가장 잘 정리되어 있다.

> 우리는 계속해서 App Store가 더욱 좋아지도록 노력할 것이다. 우리의 개발자에게 귀를 기울였으며 진심으로 의견을 받아들였다. 그것을 바탕으로 오늘 우리는 올해 초에 만들었던 iOS 개발자 프로그램 허가 3.3.1, 3.3.2 그리고 3.3.9의 제한을 완화하는 아주 중요한 변화를 결정했다.

> 특별히 결과적인 App이 어떠한 소스도 다운로드 받지 않는 조건 하에 iOS App을 만드는 데 사용하는 개발 도구의 제한을 완화하기로 한다. 이로써 개발자에게는 그들이 원하는 융통성을, 우리는 우리에게 필요한 보안을 유지하게 될 것이다.

한 가지 재밌는 것은 iPhone을 위한 Packager는 윈도우를 사용하는 PC를 위하여 디자인된 것이며, 이 의미는 사용자가 iPhone 애플리케이션을 개발하기 위해 굳이 Mac을 사지 않아도 된다는 것이었다. Flash 툴 체인은 iTunes App Store에 제출하거나 기기로 설치할 수 있는 iPhone 애플리케이션을 만들 수 있다. 개발자는 code-signing 인증을 위해 여전히 iPhone 개발자 프로그램을 연간 구독을 구매해야 한다.

C.6 Mono (.NET)

개발자가 Microsoft.NET 개발 플랫폼에 익숙하다면 Xamarin (이전엔 Novell로 불렸던) Mono 오픈 소스 프로젝트를 들어봤을 것이다. Mono 프로젝트는 호환되는 .NET CLR 런타임 환경과 Microsoft을 지원하지 않는 개발 환경(Mac OS X과 같은 주로 Linux와 UNIX 바탕의 시스템)에서 지원할 수 있는 환경 개발 도구를 만드는 것이 목표이다.

Xamarin는 다수의 Mono 기술을 다시 이용하여 .NET 애플리케이션을 iOS 기기에서 실행할 수 있도록 하는 .NET 런타임 환경을 만들었다. 이것은 개발자가 iPhone에 탑재시키는 C# 애플리케이션을 만들기 위해 Visual Studio를(혹은 Xamarin의 MonoDevelop IDE) 사용할 수 있다는 뜻이 된다. 가비지 수거자와 기본 클래스 라이브러리의 광대한 세트와 같은 .NET의 편리함을 여전히 즐길 수 있다.

그림 C.4 iTunes App Store의 Raptor Copter. Unity3D 엔진으로 MonoTouch 기반의 .NET 기술을 사용하여 만든 첫 iPhone 게임 중의 하나이다.

대부분의 MonoTouch는 Adobe Flash 해결책과 비슷한 방법으로 작동된다. iOS가 just-in-time(JIT) 컴파일러를 필요로 하는 런타임 환경을 지원하지 않기 때문에, MonoTouch는 ahead-of-time(AOT) 컴파일이 가능한 컴파일러를 포함하고 있다. 이는 매번 애플리케이션이 시작할 때마다 이 과정을 수행하는 것보다 컴파일할 때 Common Intermediate Language(CIL) 바탕의 어셈블리를 ARM코드로 바꾸는 일을 한다. 한 가지 제한되는 것은 시스템과 같은 몇 개의 기본 클래스 라이브러리 API이다. MonoTouch에서 지원되지 않는 외부 소스에서 코드를 활동적으로 생산 하거나 로드하게 되는 Assembly.LoadFrom을 출력한다.

MonoTouch는 또한 Silverlight, WPF 혹은 Windform 같은 전통적인 .NET UI 구성의 수행을 제공하지 않는다. 대신 Objective-C-to-.NET 연결 기술을 이용하여, C# 개발자는 UIKit으로 조화하여 100% 고유의 모습과 느낌을 가지고 있는 UI를 만들 수 있는데, 이는 Objective-C 개발자가 사용하는 것과 같은 클래스와 컨트롤을 사용하기 때문이다.

419

이 연결 기술은 C# 애플리케이션이 주소록, GPS, 그리고 가속도계 같은 iPhone SDK에서 제공된 모든 기능을 이용할 수 있게 해준다.

iTunes App Store를 통해 성공적으로 출시된 여러 애플리케이션은 .NET 바탕의 언어로 개발되었고 내부적으로는 MonoTouch 기반의 기술에 의존한다. 그림 C.4에서 보듯이 Flashbang Studio에서 개발한 Raptor Copter가 한 예이다.

MonoTouch는 http://ios.xamarin.com/에서 온라인 구매가 가능한 상업적 제품이다. iPhone 과 iPad 시뮬레이터를 위한 애플리케이션 배포가 제한 된 무료 평가판도 있다. 플래시를 위한 Adobe 솔루션과 다르게 MonoTouch는 여전히 하단의 XCode를 요구하므로 Mac에서만 사용가능한 솔루션이다.

Xamarin은 Android 기기에 .NET 애플리케이션을 개발할 수 있는 Mono for Android라는 MonoTouch의 다음 상품을 발표했다. Visual Studio, MonoTouch 그리고 Mono for Android를 합친 것은 한 플랫폼 이상을 지원하는 데 관심 있는 개발자에게 크로스 플랫폼 실행 가능성을 제공하게 되었다. Microsoft의 Windows Phone 7 플랫폼이 .NET 바탕으로 세 개의 모든 도구를 사용하는 것은 애플리케이션 로직의 중심이 .NET 바탕의 API 표준으로 개발될 수 있다. 이 중심 로직은 세 개의 플랫폼과 함께 사용할 수 있으며 각 플랫폼을 위해 얇은 기기 특정 UI 층이 만들 수 있다. 이것은 실행되어 플랫폼과 보이는 느낌이 완전히 융합되었지만 세 배의 개발 노력 없이도 세 개의 애플리케이션을 개발하였다. 추가로, 모든 개발은 잠재적으로 세 개(Objective-C, Java. 그리고 C#)의 언어를 사용한 것이 아니라 하나의 언어를 사용하였을 것이다.

C.6 요약

iOS가 더 성숙한 개발 플랫폼이 될수록, 광범위한 개발 도구가 다음 iTunes App Store의 걸작을 개발하기 위해 나왔다. 거의 모든 개발자의 필요에 맞출 수 있는 도구가 있다.

누군가에게는 Mac OS X 개발 경험 이전에, Objective-C, Cocoa Touch 그리고 XCode 플랫폼이 익숙한 영역이었을 것이다. 모든 iOS 하드웨어와 소프트웨어 기능은 완전하고 적절하게 사용할 수 있으며, 이는 Apple에 의해 잘 지원된다. 이것이 Objective-C를 iPhone 애플리케이션 개발을 위한 강한 초기 유력자로 만든다. 애플리케이션의 코어를 만들기 위해 다른 언어를 선택하였어도, 결국에는 선택한 환경의 능력을 확장하거나 구성하기 위해 XCode와 Objective-C로 손을 뻗어야 할 때가 있을 것이다.

모바일 컴퓨팅 공간이 뜨겁게 달아오르면서 경쟁하는 여러 개의 플랫폼이 나왔고, 크로스 플랫폼의 콘셉트를 지원하고 애플리케이션을 하나 이상의 플랫폼에서 실행할 수 있는 것이 더 중요해졌다. XCode와 Objective-C는 iPhone이나 Mac OS X 외에는 적응능력이 떨어져 이런 면에서는 실패했다. 한 가지 대안은 C나 C++에서 코어 애플리케이션 로직을 개발하는 것이고 Objective-C의 인터페이스가 오직 UIKit 기반의 UI만 제공하는 것이다. 하지만 점점 중요한 모바일 플랫폼이 가상 기계를 바탕으로 한 개발 스토리를 발표하면서 C나 C++의 개발(적어도 전통 컴파일러는 안 됨)을 지원하지 않는다. 이 문제에 있어 .NET 플랫폼 개발은 좀 더 연구가 필요하다. Xamarian의 MonoTouch와 Mono for Android와 같은 상품은 저마다 iPhone과 Android 플랫폼을 지원하는 .NET를 제공하고 다수의 플랫폼에 걸친 개발 경험을 제공하도록 도와준다.

그래도 결국 개발도구 선택은 개발자 개개인의 선호와 편안함에 달려있다. Lua와 Ruby와 같은 스크립팅 언어에 의해 신속하게 제공되는 프로토타입과 진단하기 어려운 버그로부터의 보호를 지원되지 않는 서드파티 개발 도구이거나 새로운 플랫폼 기능(iPhone 4 고화질 스크린이나 iPad의 더 커진 사이즈)을 업데이트하지 못하게 될 수도 있는 위험과 맞바꿔야 한다. 기술면에 투자를 한다면, 애플리케이션을 다시 한 번 재개발할 때 자원을 소비하는 것에서 자신감을 느낄 것이고 혹은 개발 도구는 애플리케이션의 라이프타임이 넘도록 살아남을 수도 있다.

찾아보기

■ 역자 소개

김은주 2001년 숭실대학교 정보통계학과 학사
2003년 숭실대학교 컴퓨터학과 석사(인공지능 전공)
2004~2011년 숭실대학교 강사(주요과목: 프로그래밍 및 실습, 통계 및 실습, 인공지능)
2011년 숭실대학교 컴퓨터학과 박사(인공지능 전공)
2012년부터 ㈜세이프티아 기술연구소 선임연구원
연구분야: 인공지능, 데이터마이닝, 패턴인식
blue7786@gmail.com

예제로 배우는

오브젝티브-C의 정석

초판 1쇄 발행 2012년 9월 21일

지은이   Christopher K. Fairbairn, Johannes Fahrenkrug, Collin Ruffenach
옮긴이   김은주
펴낸이   최규학

진 행   고광노
표 지   김남우
본 문   초심디자인

발행처   도서출판 ITC
등록번호 제8-399호
등록일자 2003년 4월 15일
주소   경기도 파주시 문발동 파주출판도시 535-7 307호
전화   031-955-4353(대표)
팩스   031-955-4355
이메일   itc@itcpub.co.kr

인쇄   해외정판사
용지   신승지류유통
제본   동호문화

ISBN-13   978-89-6351-042-2   93560
ISBN-10   89-6351-042-5

값28,000원

www.itcpub.co.kr